스마트그리드의 기본 개념과 최근 동향

스마트그리드
S·M·A·R·T·G·R·I·D

지은이_ 최 동 배

감　수_ 문승일 · 정도영 · 정진도

인포더북스

스마트그리드

2011년 11월 21일 1판 1쇄 발행
2016년 6월 24일 개정판 1쇄 발행

지은이 : 최동배
펴낸이 : 최정식
기획, 진행 : 인포더북스 출판기획팀(books@infothe.com)

펴낸곳 : 미디어그룹 인포더
주　소 : (121-708) 서울시 마포구 마포동 33-1 신한디엠빌딩 13층
전　화 : (02) 719-6931
팩　스 : (02) 715-8245
등　록 : 1998년 12월 24일 제10-1691호

북디자인 : 강동윤

Copyright ⓒ 최동배, 2011. Printed in Seoul, Korea
본 도서는 저작권법에 의해 보호를 받는 저작물이므로 내용을 무단으로 복사, 복제, 전제 및 발췌하는 행위는 저작권법에 저촉되며, 민형사상의 처벌을 받게 됩니다.

책값은 뒤표지에 있습니다.
ISBN 978-89-94567-65-5 (93560)

Prologue

  최근에 Edison Electric Institute의 편집인 겸 발행인인 Jesse Berst는 'The First Push'라는 스마트 기술에 대한 대응에서 시장을 바꾸어 놓을 스마트 기술에 대해 전력회사의 성공적인 대응은 몇 번째 도미노가 먼저 쓰러질지를 알아내는 것과 같다고 강조하였다.
  현재 스마트 기술이 산업구조를 변화시킬만한 잠재력을 가지고 있는 시기에 진입하고 있기 때문에, 전력회사들은 이에 대응할 전략을 언제 그리고 또 어떻게 수정할 것인지를 고민해 볼 필요가 있다. 앞으로의 전력산업의 변화는 지난 50년 간보다 더 많은 변화를 향후 10년 동안 겪게 될 것이다. 이러한 변화에 대응하지 못하는 기업들은 인수합병 되거나 사업을 접어야 할지도 모른다는 말은 결코 과장이 아니다.
  전력IT의 선구자, 스마트그리드협회의 뉴스레터 등의 훌륭한 많은 분들의 충고와 발 빠른 정보 등을 입수하지 못했다면 아무도 이렇게 다양한 주제와 이토록 넓은 지역을 집대성한 책을 쓸 수는 없을 것이다. 폐기물 및 바이오에너지는 물론 스마트그리드를 1년 이상 연재하면서 녹색기술에 대한 중요성을 깨닫기 시작하였고, 특히 스마트그리드의 세계는 모든 산업을 아우르고 무한하며, 친환경적이라는 사실을 알게 되었다. 또한 전력과 IT, 전력과 자동차, 자동차와 IT 등의 융합을 통해 미래 비즈니스의 장을 개방할 수 있음을 알게 되었다.
  1997년 말 IMF의 이행사항으로 전력산업구조개편이 시작되었고, 2000년대 초에 지능형전력량계가 최초로 도입되었다. 이때 도입된 양방향 전력량계는 캐나다 Power Measurement사 제품으로 ABB에 OEM방식으로 납품한 세계 몇 안 되는 고품질의 지능형 전력량계이었다.
  이 때 한국지사장인 John T. Ludlum과의 수차례의 업무수행과 이어진 저녁식사 시간은 내게 가장 좋았던 추억이었다. 이 때의 경험을 통해 이 책 이곳저곳에 흩어진 단편적인 사실들을 차례로 연결하여 하나의 결론으로 도출할 수 있었다.

스마트경영, 기술기획 및 영업 등 일선 현장의 목소리를 직접 듣고, 체험할 수 있게 물심양면으로 지원을 아끼지 않으신 주)해강알로이 오충섭 회장에게도 지면으로나마 감사의 뜻을 전한다.

기후변화의 복합적인 문제에 대해서는 호서대 박사과정을 통하여 정진도 지도교수의 가르침을 얻을 수 있었고, 몽골출장에 동참하여 여러 가지 관점을 토론하여 결론을 내었던 한국국제협력단(KOICA) 조사단의 동료인 한국산업대학교 김영일 교수에게도 감사의 글을 전한다. 또한 인포더북스 김병훈 대리님과 편집자의 세심한 업무처리에 진심으로 감사를 표한다.

이 책을 집필하면서 항상 옆에서 보조와 기도를 아끼지 않았던 아내 한명륜은 이러저러한 단계마다 진화하는 나의 생각을 경청해 주었다. 일본 쓰쿠바(筑波)대학교에서 로봇공학을 전공하고, 2012년부터 일본 동경대학교 석사과정에 유일하게 한국인으로 입학예정인 아들 최우진과 지난 8월말에 큰 애와 동일한 과정인 일본 공대장학프로그램에 합격한 딸 최문정, 이들 모두가 맡은 일에 충실하고, 아빠의 집필활동에 지지를 아끼지 않았다.

이제 첫발을 내딛는 스마트그리드가 잘못된 정책, 지역 이기주의, 환경파괴, 무관심 등으로 실패할 경우, 우리 후세대들이 세상의 문제를 고스란히 떠안게 될 것이다. 특히 내 삶에 빛을 준 아들, 딸에게 우선 이 책이 미래기술, 환경문제 등에 유용한 지침서가 되고, 세계의 어려운 문제들을 해결하는 데 도움이 되기를 희망한다.

이 책을 집필하면서 무엇보다도 먼저 본인이 희망했던 것은 새로운 패러다임을 접하는 모든 독자분들에게 도움이 될 것을 가장 최우선으로 염두에 두었으며, 차선으로 기초를 다지면서 해결책을 제시하는 진정한 그린에너지 혁명을, 상상도 할 수 없던 일에서 당연한 일상의 일로 만든다는 측면에서 이 책이 어느 정도 기여를 하리라 자평해 본다.

본인에게 주어진 이름 그대로 저는 에너지의 혁명인 스마트그리드(지능형전력망)를 지향하고, 최상(품질)의 동력을 배양하는 의무를 가지고 태어났다. 최상의 동력이란 깨끗하고 친환경적인 스마트그리드와 신·재생에너지원을 지칭한 것이다. 즉 스마트그리드 및 신·재생에너지를 조금이나마 이해하고 실천하는데 도움을 줄 수 있고, 우리 스스로 환경보호 및 에너지절약을 실천하는데 일조가 되며, 밝은 세상과 빛이 필요한 모든 분께 이 책을 드린다.

2011. 11
村林(촌림) 최동배 배상

Chapter 01 에너지 분야의 녹색혁명, 스마트그리드

Section 01 스마트그리드의 개요 14
    1.1 스마트그리드의 구성 14
    1.2 저탄소·녹색성장 시대를 대비한 녹색경쟁력 확보 17
    1.3 에너지 효율과 스마트그리드 관련성 18
    1.4 그린에너지 관련 경쟁력 강화 및 탄소시장 19
    1.5 스마트산업(SOC)의 종류 21
    1.6 스마트그리드의 기대효과 23

Section 02 스마트그리드의 역사 25
    2.1 스마트그리드는 '제2의 전기혁명' 25
    2.2 제 5의 에너지는 바로 '에너지절약' 26
    2.3 제4의 르네상스 27
    2.4 전력-에너지-정보(IT)의 융합 27

Section 03 스마트그리드의 구성 분야 29
    3.1 스마트파워그리드(Smart Power Grid) 29
    3.2 스마트플레이스(Smart Place) 30
    3.3 스마트 신재생(Smart Renewable) 31
    3.4 스마트 수송(Smart Transportation) 32
    3.5 스마트엘렉서비스(Smart Elect. Service) 32

Section 04 스마트그리드 활용 에너지 및 온실가스 목표관리제 ... 34
    4.1 저탄소 녹색성장 기본법령 34
    4.2 온실가스·에너지 목표관리 제도 시행 35
    4.3 건축물 에너지·온실가스 목표관리제 시행 35
    4.4 온실가스대책 훈선 없앨 정부부처 협의체 37

Section 05 스마트그리드 구축에 필요한 기술 38
    5.1 분산전원 39
    5.2 마이크로그리드 기술 40
    5.3 전력망 관리 40
    5.4 사용자 전력관리 41
    5.5 전력선 통신(PLC, Power Line Communication) 42

Chapter 02 스마트그리드의 국외 동향

Section 01 스마트그리드 해외 시장동향 48
1.1 탄소제로도시의 확산 48
1.2 미국·캐나다의 시장동향 53
1.3 유럽의 시장동향 58
1.4 일본·중국 등 아시아의 시장동향 63
1.5 기타 국가의 시장동향 69
1.6 스마트그리드, 세계적인 기관의 평가 70

Section 02 스마트그리드 해외 시범사업 78
2.1 미국 인텔리그리드(IntelliGrid) 78
2.2 미국 콜로라도 볼더시 시범사업 등 81
2.3 독일 스마트그리드 프로젝트 82
2.4 네덜란드 스마트시티 계획 83
2.5 스페인 말라가섬 스마트시티 84
2.6 일본 군마현 오타시 펠타운 시범사업 86
2.7 몰타(Malta) 스마트시티 86
2.8 호주 스마트그리드 프로젝트 'Smart Grid, Smart Citie' 87

Section 03 21세기 그리드를 위한 미국정책의 시사점 88
3.1 정책구조 I : 연방정부 보고서 개요 88
3.2 정책구조 II : 비용효과적 스마트그리드 투자구현을 위한 경로 90
3.3 정책구조 III : 전기부문 혁신의 발전경로 91

Chapter 03 스마트그리드의 국내 동향

Section 01 스마트그리드 국내 동향 94
1.1 제주실증단지(한국형 스마트그리드 모델) 94
1.2 국내 스마트그리드 거점도시 및 탄소제로도시 98
1.3 국내 스마트그리드 기술개발 100
1.4 국내 에너지저장 기술개발 및 산업화전략 102
1.5 국내 스마트그리드 시장동향 103

Section 02 스마트그리드 국제표준 110
2.1 국제에너지기구(IEA)의 신재생 실무위원회(REWP) 110
2.2 스마트그리드 주요 국제표준 개발기관 111
2.3 스마트그리드 표준화 포럼 114
2.4 스마트그리드 표준화 동향 119
2.5 플러그인 충전소 및 전기자동차 표준화 121
2.6 전력선 통신 국제표준화 123

Section 03 스마트그리드 전략 및 로드맵 125
3.1 한국의 스마트그리드 전략 125
3.2 스마트 파워그리드(Smart Power Grid) 전략 및 로드맵 126
3.3 스마트 플레이스(Smart Place) 전략 및 로드맵 127
3.4 스마트 신재생(Smart Renewable) 전략 및 로드맵 128
3.5 스마트 수송(Smart Transportation) 전략 및 로드맵 130
3.6 스마트 전력서비스(Smart Elect. Service) 전략 및 로드맵 131

Section 04 지방자치단체 스마트그리드 전략 및 한국형 스마트그리드의 과제 131
    4.1 지방자치단체(지자체)의 스마트그리드 전략 131
    4.2 경북 혁신도시인 김천시의 스마트그리드 거점도시 추진 예 133
    4.3 한국형 스마트그리드의 과제 138
    4.4 한국형 스마트그리드의 해외소개 138

Chapter 04 스마트산업의 인프라, 스마트파워그리드

Section 01 유틸리티 산업을 둘러싼 환경변화 144
    1.1 유틸리티 산업의 특성 144
    1.2 유틸리티 산업을 둘러싼 환경변화 144
    1.3 유틸리티가 스마트그리드를 구축하고 싶은 이유 145
    1.4 유틸리티 산업의 미래 발전방향 147
    EMS(Energy Management System) 150
    2.1 중앙급전시스템으로서의 EMS 기능과 역할 150
    2.2 K-EMS의 개발현황 151
    2.3 미국 EPRI의 송전효율화 및 에너지저장 152
    2.4 에너지 자동관리시스템으로서 EMS의 기능과 역할 153
    2.5 중국 칭하이-티베트 파워그리드 구축 154

Section 03 EMS의 개발과제 155
    3.1 제 1과제 155
    3.2 제 2과제 156
    3.3 제 3과제 157
    3.4 제 4과제 157
    3.5 제 5과제 158

Section 04 송전망 감시·운영시스템 159
    4.1 송전설비 온라인 감시시스템 159
    4.2 전력계통 무효전력 관리시스템 161
    4.3 위성망을 이용한 위기관리시스템 163

Section 05 SAS(Substation Automation System) 166
    5.1 SAS의 개요 166
    5.2 원격단말장치(RTU) 167
    5.3 왜 IEC 61850이 중요한가? 168

Section 06 SCADA, DAS 및 PQMS 169
    6.1 SCADA의 연계 필요성 169
    6.2 SCADA-DAS의 연계방식 169
    6.3 배전자동화시스템(DAS)의 개요 171
    6.4 한전 종합 배전자동화시스템의 추진 현황 172
    6.5 종합 배전자동화시스템의 국내개발 현황 175
    6.6 전력품질 모니터링 시스템(PQMS)의 개요 176
    6.7 전력품질 측정·해석·보상 프로그램 177
    6.8 전력품질모니터의 전력품질문제 해소 177

Section 07 스마트파워그리드 연계 신송·배전기술 179
    7.1 전압 무효전력제어 179
    7.2 FACTS(유연송전)전력계통 운영기술 179

7.3 직류송전(HVDC) 운영기술 181
7.4 에너지저장장치(SMES) 181
7.5 초전도 전력기기 개발 182
7.6 전력변환장치 설계 및 응용기술 182
7.7 고전압 전력 IGBT 개발 182
7.8 전기철도 급전시스템의 보호 및 자동감시제어기술 185

Chapter 05 소비자가 주인인 스마트그리드

Section 01 스마트플레이스의 개요 188
1.1 미래 전력기술의 특징 188
1.2 스마트플레이스의 발전 190

Section 02 AMI의 국내·외 기술개발 동향 192
2.1 AMI와 스마트그리드 192
2.2 AMI 국내·외 기술개발 현황 194
2.3 AMI 국내 연구개발 추진 예 195

Section 03 AMI의 국내·외 시장 동향 198
3.1 AMI의 종류 및 발전과정 198
3.2 AMI 추진동향 및 국내·외 시장 199
3.3 다중칩과 Pre-Standard SOC 202

Section 04 스마트 세대분전반 204
4.1 스마트 세대분전반 개요 204
4.2 스마트 세대분전반의 특징 204
4.3 스마트 세대분전반의 부하예정표와 구성화면 206

Section 05 스마트 소비자(Smart Consumer) 분야 208
5.1 DR자원 및 수용가 서비스 208
5.2 스마트그리드 비용 209
5.3 스마트 소비자, 실행이 중요 210
5.4 AMI 비즈니스 모델 211

Section 06 스마트그리드와 전력품질 212
6.1 전기에도 품질이 있다? 212
6.2 전력품질별 특기사항 213
6.3 국내 전력품질 현황 215
6.4 미래 신개념 전력품질의 현황과 전망 217
6.5 미래 신개념 전력품질의 요구사항 218
6.6 전력품질문제의 해결사안 220

Chapter 06 스마트그리드로 신재생 꽃피운다

Section 01 스마트 신재생 (Smart Renewable) 224
1.1 스마트 신재생 기술개발 224
1.2 스마트 신재생 시스템의 요소기기 225
1.3 마이크로그리드 연구 및 실증현황 231

Section 02 스마트 신재생 국내·외 기술개발 234
2.1 국내·외 기술개발 개요 234
2.2 국내형 스마트 신재생 운영시스템 236

  2.3 해외진출형 스마트 신재생 운영시스템 ········· 237
  2.4 소규모 보급형 스마트 신재생 운영시스템 ········· 238
  2.5 보안/통신 시스템 ········· 239
  2.6 스마트 신재생 계통연계 기술 ········· 241
  2.7 스마트 신재생 시스템 기술개발 전략 ········· 243
  2.8 국외 스마트 신재생 기술개발 현황 ········· 246
 Section 03 **스마트 신재생 국·내외 시장동향** ········· 248
  3.1 스마트그리드 연계 신·재생에너지 국외 시장동향 ········· 248
  3.2 스마트그리드 연계 신·재생에너지 국내 시장동향 ········· 252
 Section 04 **비즈니스 모델 및 풍력발전 예측프로그램** ········· 255
  4.1 스마트 신재생 비즈니스 모델 ········· 255
  4.2 풍력 및 태양력발전 예측 프로그램 ········· 256
 Section 05 **세계적인 대전력 계통연계의 예** ········· 258
  5.1 데저텍(Desertec) 프로젝트 ········· 258
  5.2 미국 북서부 스마트그리드 실증 프로젝트 ········· 259
  5.3 유럽 및 일본의 신·재생에너지 프로젝트 ········· 260
  5.4 중국의 청정에너지에 대한 적극성 ········· 261
 Section 06 **스마트그리드하의 계통연계 규정** ········· 262
  6.1 풍력발전 계통연계의 특성 및 필요조건 ········· 262
  6.2 풍력발전 계통연계 시 주의점 ········· 263
  6.3 분산형 전원 계통연계 특성 ········· 264
  6.4 스마트 신재생 표준화그룹 ········· 266

Chapter 07 컨버전스 IT가 미래비즈니스를 지배

 Section 01 **컨버전스(Convergence) IT** ········· 270
  1.1 컨버전스 IT ········· 270
  1.2 이종 산업간 컨버전스 ········· 270
 Section 02 **네트워크와 전력선 통신(PLC)** ········· 272
  2.1 스마트그리드 네트워크 ········· 272
  2.2 기존 인터넷의 한계 ········· 274
  2.3 전력선 통신(PLC) 기술의 정의 ········· 276
  2.4 전력선 통신(PLC) 기술 특성 ········· 279
 Section 03 **전력선 통신(PLC)사업의 국내·외 시장동향** ········· 282
  3.1 전력선 통신사업의 국외시장 동향 ········· 282
  3.2 전력선 통신 국내시장 동향 ········· 283
  3.3 기타 무선 네트워크 사업의 시장 동향 ········· 285
 Section 04 **전력선 통신 응용분야** ········· 286
  4.1 전력선 통신 응용분야 개요 ········· 286
  4.2 전력선 통신 미래 응용분야 ········· 286
 Section 05 **전력선 통신 주요 기술** ········· 291
  5.1 전력선 통신 채널 ········· 291
  5.2 고속 PLC의 변조방식 ········· 292
  5.3 전력선 통신을 위한 채널부호화 ········· 294
  5.4 전력선 통신 MAC 프로토콜 ········· 294

Section 06 　전력 IT의 국제표준화 298
　　6.1 전력 IT 표준화 개요 298
　　6.2 국외의 PLC 표준화 동향 300
　　6.3 미국 및 북미 전력선 통신 표준화 동향 301
　　6.4 일본 전력선 통신 표준화 동향 303
　　6.5 국내의 PLC 표준화 동향 303

Chapter 08 전기자동차 실증사업 및 응용분야

Section 01 　전기자동차의 육성 및 국내·외 동향 306
　　1.1 전기자동차의 의미 306
　　1.2 전기자동차 육성정책과 지원방안 306
　　1.3 각국 정부, 배기가스 규제 및 전기자동차 확산 307
　　1.4 전기자동차-ICT 융합신기술 국외 동향 308
　　1.5 전기자동차-ICT 융합신기술 국내 동향 310

Section 02 　스마트수송 국내·외 시장 동향 314
　　2.1 스마트수송 해외시장 동향 314
　　2.2 한국의 스마트수송 실증단지 추진현황 316
　　2.3 V2G(Vehicle to Grid) 개발 동향과 실증사례 316
　　2.4 V2G 글로벌 시장 동향 317

Section 03 　플러그인(Plug-in) 전기 충전소 319
　　3.1 충전인프라의 개요 319
　　3.2 국내 충전인프라 수요 분석 319
　　3.3 해외 구축 및 운영사례 321
　　3.4 국내 충전소 설계 및 시장동향 323
　　3.5 국외 충전소 설계 및 시장동향 324

Section 03 　전기자동차의 연료탱크 326
　　4.1 2차 전지, 시장전망 326
　　4.2 2차 전지 기술개발현황 및 발전방안 327

Section 03 　미래 전기자동차 응용 330
　　5.1 새로운 비즈니스인 전기자동차 응용 330
　　5.2 전기자동차 시대의 필요성 331
　　5.3 전기자동차 구매와 충전수요 문제 332
　　5.4 전력 및 에너지 산업에의 영향 334

Section 03 　스마트수송 표준화 336
　　6.1 전기충전소 국내·외 표준화 동향 336
　　6.2 전기자동차 관련 법령 및 표준화 활동 337
　　6.3 EU의 전기자동차 충전규격 표준화 현황 339

Chapter 09 실시간 전기요금제를 위한 스마트엘렉서비스

Section 01 　전기요금제의 개요 342
　　1.1 전기도 인터넷처럼 골라 쓴다 342
　　1.2 국내 현행요금제도 342
　　1.3 전기요금제의 종류 343

Section 02 실시간요금제도의 도입 및 계산과정 345
   2.1 탄력적 요금의 단계적 도입 345
   2.2 실시간요금의 계산 및 수익보정 346

Section 03 스마트엘렉서비스 국·내외 시장동향 349
   3.1 미국 IBM 등 스마트엘렉서비스 해외시장 동향 349
   3.2 유럽 스마트엘렉서비스 실증단지 추진현황 351
   3.3 국내 스마트엘렉서비스 실증단지 추진현황 351
   3.4 스마트엘렉서비스 국·내외 시장동향 353

Section 04 실시간요금제의 국·내외 도입현황 356
   4.1 국외 RTP 도입현황 356
   4.2 국내 RTP 도입현황 356

Section 05 최적 전력계통운영 및 사이버보안 360
   5.1 신송전 기술 개요 360
   5.2 전력계통 운용을 위한 최적조류계산(OPF) 361
   5.3 사이버보안에 대한 대응 363

Section 06 데이터관리 공동 플랫폼과 표준화 366
   6.1 스마트그리드를 위한 데이터관리 공통 플랫폼 366
   6.2 스마트그리드와 신사업 기회 368
   6.3 스마트엘렉서비스 표준화 369
   6.4 스마트그리드 평가 프로그램 소개 370

Chapter 10 에필로그

Section 01 스마트그리드의 정리 374
   1.1 스마트그리드의 필수요소 및 문제점 374
   1.2 해외 신·재생에너지와 스마트그리드 정책 378
   1.3 9·15 정전사태와 에너지정책 전환 383
   1.4 한국 스마트그리드 정책을 위한 제언 384

Section 02 맺는 말 386

Chapter 01

「에너지 분야의 녹색혁명, 스마트그리드」

Section 01 스마트그리드의 개요
Section 02 스마트그리드의 역사
Section 03 스마트그리드의 구성분야
Section 04 스마트그리드 활용 에너지 및 온실가스목표관리제
Section 05 스마트그리드 구축에 필요한 기술

| Section 01 |

스마트그리드의 개요

1.1 스마트그리드의 구성

이제 우리는 에너지 인터넷 시대로 들어섰다. 유틸리티회사는 바람이 불거나 태양이 비치는 상황을 고려하여 고객의 냉장고를 가동하고 자동온도조절장치를 조정할 수 있다. 공급과 수요를 일치시킬 수도 있다. 그리하여 훨씬 저렴한 비용으로 신·재생에너지 자원을 더 많이 사용할 수 있다. 구름이 태양을 가리거나, 바람이 잦아든 날, 유틸리티회사의 스마트그리드는 가격을 올리거나 주택 내 온도조절기를 조절함으로써 수요를 떨어뜨린다.

~중략~ 하지만 모든 혁명과 마찬가지로 이 하나가 동시에 많은 것을 변화시켰다. 스마트그리드가 스마트 홈, 스마트 자동차로 확장되었을 때 전기계량기의 반대편에 완전히 새로운 개념의 에너지 시장이 창조되었다. 옛날에는 주택으로 들어오는, 가공하지 않은 멍청한 전기 이외의 시장은 존재하지 않았다. 모든 것은 계량기를 통해야 했고, 이에 따라 계산되어 나온 금액대로 월말에 지급만 하면 되었다. 하지만 가전기기가 컴퓨터화되고 스마트 세대분전반(SBB, Smart Black Box)이 각 가정에 도입되면서 가정과 더 광범위하게는 전국의 모든 공장 및 기업에 계량기를 뛰어넘는 시장이 만들어졌다.

~중략~ 오전 6시 37분, 모닝콜이 울린다. 비틀스의 명곡 「Here Comes the Sun」이다. 지역 전화회사 및 아이튠즈(iTunes) 사이트와 제휴하여, 지역 유틸리티회사가 제공한 일만 개의 모닝콜 곡 중 지난밤에 내가 찾아서 입력해둔 노래다. 알람시계는 없다. 음악은 집 전화기 스피커에서 흘러나온다. 스피커는 SBB라고 부르는 가정용 기기에 통합되어 있다.

이제 모든 집에는 개인 에너지 계기판인 SBB가 갖춰져 있다. 케이블 TV를 신청하면 셋톱박스나 디지털 기록 장치를 주는 것과 마찬가지로 이제, 현대적인 유틸리티회사에 에너지인터넷을 신청할 경우 SBB를 제공해 준다. 노스캐롤라이나나 사우스캐롤라이나에 산다면 듀크에너지에, 저 멀리 서쪽에 산다면 서던캘리포니아 에디슨에 신청하면 된다.

이 장면은 「코드그린」에 기술된 2020년 후인 미래 우리의 모습이다. 이 책의 저자인 토마스 프리드먼은 스마트그리드 기술은 미래 에너지 부문의 인터넷 역할을 수행할 것으로 예측한다. 또한, 미국의 경제주간지 비즈니스 2.0과 월스트리트저널에서는 지구 온난화로 인한 기상이변 및 환경오염으로부터 인류를 구할 8가지 기술 중 하나로 스마트그리드를 선정하였고, 2009년 7월9일 G8 확대 정상회의의 기후변화 주요국 회의(MEF)에서도 스마트그리드를 '세상을 바꾸는 7대 기술'로 선정하였다. 7대 기술은 스마트그리드, 에너지효율, 태양광, 탄소포집기술(CCS), 첨단자동차, 바이오에너지, 석탄가스화복합발전(IGCC)이며, 한국은 이탈리아와 공동으로 스마트그리드 선도국가(Leading Role)로 지정되었다.

'스마트그리드'란 기존 전력망에 정보기술(IT)을 접목하여 에너지 효율을 최적화하는 첨단전력기술이다. 또한 기존 공급자 위주의 단방향 전력운용시스템에서 소비자도 참여하는 양방향 운용시스템으로 융·복합화하여 전력시스템과 중전기기를 디지털화, 지능화하고 전력서비스를 고부가 가치화하는 똑똑한 전력기술망(Smart Grid)을 총칭한다.

인류의 산업화는 에너지 소비 증가에 따른 에너지 확보에 어려움을 겪게 했으며, 지구 온난화의 주범인 이산화탄소의 과다한 배출을 가져왔다. 이러한 에너지 확보의 위기와 지구 온난화란 중대한 현실적인 문제를 해결할 수 있는 에너지 절약형 전력망이 바로 스마트그리드이다. 스마트그리드는 에너지 효율 향상에 의해 버려지는 에너지를 절감하고 신·재생에너지에 바탕을 둔 분산전원의 활성화를 통해 에너지 해외 의존도 감소 및 기존의 발전설비에 들어가는 화석연료 사용절감을 통한 온실가스 저감효과를 불러온다.

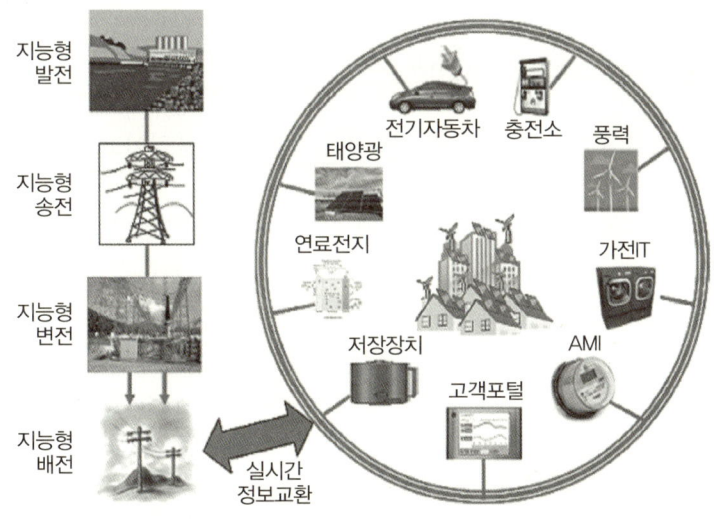

[그림 1.1] 지능형 전력망(스마트그리드)의 구성도

지식경제부(이하 지경부)는 2011년 6월 저탄소·녹색성장의 기치 아래 15대 그린에너지 산업(태양광, 풍력, 연료전지, 석탄가스화복합발전, 바이오연료, 이산화탄소 포집·저장, 청정연료, 에너지저장, 고효율 신광원, 그린카, 에너지절약형 건물, 히트펌프, 원자력, 스마트그리드-전력IT, 청정화력발전) 분야별로 '그린에너지 전략로드맵 2011'을 수립하였다.

또한, 그린에너지 세계시장 점유율을 현 1.2% 수준에서 2030년 18%까지 확대하는 것을 목표로 5대 전략 방향을 설정했다. 5대 전략 방향은 ① 핵심 부품·소재 기술개발 강화, ② 중소·중견 선도기업 육성, ③ 기술 분야 간 연계 강화, ④ 공공 분야의 R&D 역할 강화, ⑤ 시장수요 지향적 미래 혁신·원천 기술개발로 나뉘며, 스마트그리드 경우 분산전원의 기반이 되는 에너지저장시스템, 전기자동차 충전시스템 등과의 연계를 통한 기술개발이 요구되는 상황이다.

이번 로드맵에 포함된 대표적인 육성산업이 그린에너지와 탄소시장 분야이다. 이중 스마트그리드는 그린에너지와 탄소시장의 인프라가 되는 대표적인 녹색기술이자, 바로미터(Barometer)이다. 이번에 발표된 스마트그리드기술 분야의 R&D 전략은 다음과 같다.

- 제주 실증단지 운영을 통해 에너지관리시스템, 전기자동차 충전인프라, 스마트미터 등 다양한 기술에 대한 검증으로 기술개발, 표준화, 실용화에 이르는 전주기적 기술 확보
- 거점도시, 광역단위로 실증사업을 확대하여 2030년까지 국가단위의 스마트그리드 구축완료

스마트그리드를 스마트파워그리드(Smart Power Grid), 스마트플레이스(Smart Place), 스마트신재생(Smart Renewable), 스마트교통(Smart Transportation), 스마트엘렉서비스(Smart Elect. Service)의 5개 분야로 분류하고, 핵심기술 개발을 지원해 조기 국제표준화와 표준화 가이드라인을 마련키로 하는 등의 내용이 포함되어 있어 지경부 기술표준원에서 국제적인 표준 및 법규제정에 활발히 움직이고 있다.

또한, 에너지저장 기술개발 및 산업화 전략은 2011년 5월말에 발표되어 2020년까지 세계시장 30% 점유를 목표로 총 6.4조원 규모의 기술개발 및 실증, R&D 인프라 구축, 제도적 기반구축 등의 전략과제를 추진해 나갈 계획이다.

스마트그리드는 기존 전력산업과 정보통신기술(ICT, Information and Communication Technologies)의 결합을 통해 전력산업의 진화와 발전을 가져오는 것이기 때문에 누가 ICT 역량을 가장 잘 가지고 있느냐가 관건이다. 스마트그리드는 영역별로 봤을 때 송배전, 발전, 수용가 단위 등 많은 밸류 체인(Value Chain)이 있다. 송배전의 자동화 및 서비스 부분은 유틸리티와 같은 기존의 전력산업계에서 진행할 것이다. 이외 분산형 전원(Dispersed Generation System), 수용가단(Utility Area)에서의 서비스, 전기자동차 영역 등은 에너지, 자동차, 통신 및 장비산업 등에서 많은 참여가 이루

어지고 있다.

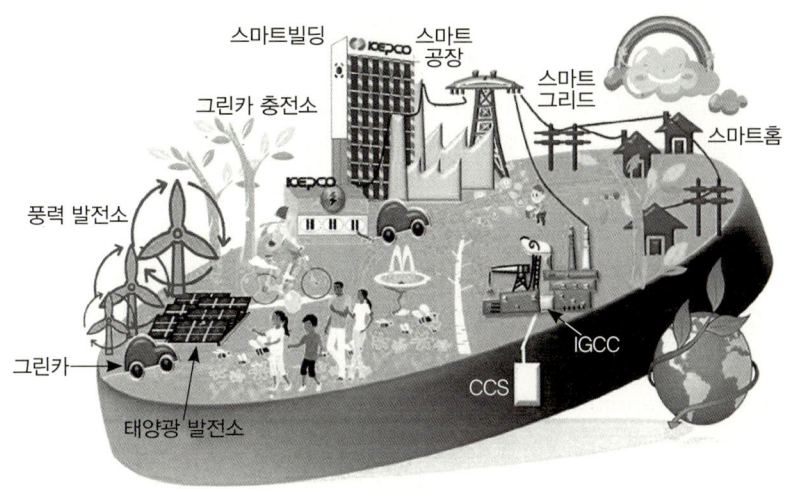

[그림 1.2] 스마트그리드의 모습

지금까지는 공급자 위주로 단방향으로만 소통을 하였지만, 스마트그리드에 의해 이제는 소비자와 공급자 간의 양방향 소통이 이루어지게 되었다. 이제는 소비자도 '우리 집에서 사용되는 에너지양, 종류 및 온실가스 절감량이 얼마인지?'를 알게 될 것이다.

1.2 저탄소·녹색성장 시대를 대비한 녹색경쟁력 확보

우리나라는 2009년에 녹색성장 추진동력을 활발히 전개하여 지경부에서 '저탄소·녹색성장의 열쇠, 그린에너지 산업발전전략'을 발표했으며, 각 부처의 저탄소·녹색성장 관련 추진사업의 향후 방향에 대한 발표가 이어지고 있다. 이와 더불어 각 지방정부도 녹색성장을 통해 지역산업을 육성하고 일자리를 창출하기 위한 다양한 정책을 속속 발표하고 있다.

대표적인 지역으로 제주도와 강릉시를 들 수 있는데, 제주도는 풍력·태양광·지열발전 등 신·재생에너지원뿐만 아니라 세계적인 스마트그리드 시범 실증단지로 지정되어 추진하고 있으며, 강릉시는 2009년 7월15일 강릉 경포지구가 환경부 녹색시범도시 대상지역으로 선정되어 최근에는 저탄소 녹색시범도시 내에 스마트그리드를 인프라로 하고, 신·재생에너지원 보급을 통한 친환경 녹색기술 복합단지 조성사업을 민간 주도 개발 및 운영방식으로 진행하고 있다.

1.3 에너지 효율과 스마트그리드 관련성

1973년 제1차 오일쇼크, 1979년 제2차 오일쇼크로 원유가격이 수직 상승하는 몇 차례의 오일쇼크를 거치면서 에너지의 중요성이 부각되었다. 1990년 중반에는 일본과 유럽을 중심으로 에너지의 효율적인 개선을 보다 효과적으로 수행하기 위한 에너지절감(ESCO) 사업이 활발히 전개되기 시작하였다. 국내에서도 에너지관리공단이 설립되어 에너지절감(ESCO) 기업을 정책적으로 지원하게 되었다.

우선 2009년부터 에너지 효율 분야에서 기업 및 산업 활동이 활발히 전개되고 있다. 특히 에너지를 많이 쓰는 석유화학, 철강, 시멘트 관련 업체들이 앞장서서 에너지 효율을 높이는 작업에 힘쓰고 있으며, 이와 관련해 정부는 기존의 자발적 협약(VA, Voluntary Agreement)에서 의무적으로 규정부과가 가능한 정부협약(NA, Negotiated Agreement)으로 변경하였다.

따라서 에너지 다소비 기업들은 이에 대비하기 위해서라도 에너지 효율에 대한 투자를 확대하고 있다. 특히, 에너지를 줄일 수 있는 잠재감축량은 데이터센터가 현재 소비량의 30%로 가장 많고, 빌딩 20%, 산업·발전과 가정 부문이 각각 15%로 조사돼 데이터센터와 빌딩의 적극적인 에너지 소비관리가 태양광·풍력 등 신·재생에너지 개발보다는 더 큰 에너지절약을 할 수 있음을 알게 된다.

스튜어트 소로굿 슈나이더 일렉트릭 동남아지역 수석 부사장은 '에너지 자동관리 시스템을 이용하면 전력수요 증가와 온실가스 배출량 감축이라는 두 마리 토끼를 잡을 수 있다.'라며 '세계 각국의 정부와 기업들이 관심을 보여 빠른 속도로 확산될 것'이라고 예상했다.

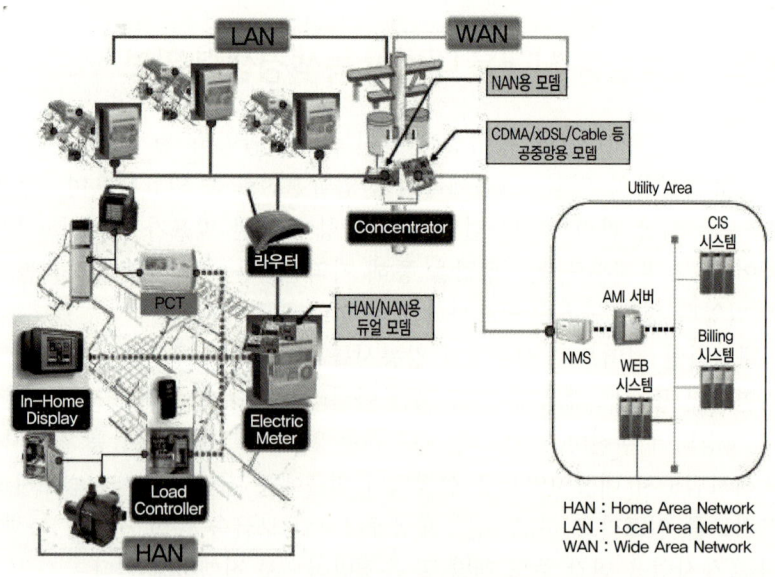

[그림 1.3] AMI 네트워크와 수용가단

1.4 그린에너지 관련 경쟁력 강화 및 탄소시장

저탄소·녹색성장의 또 다른 두 축은 그린에너지와 탄소시장 분야이다. 2009년 이후에는 그린에너지 관련 산업 육성이 매우 활발히 전개되고 있다. 정부는 12대 그린에너지 산업을 선정했으며, 향후 5년간(2008~2012년) 총 3조 원을 그린에너지 기술 R&D에 투자하여 2012년에는 선진국 수준의 기술력을 확보하겠다는 목표를 설정했다.

2009년부터는 이러한 추진계획이 실행으로 이어지면서 관련 산업이 본격적으로 태동해 시장이 활발하게 형성되고 있다. 특히 이 중에서도 전력과 IT, 통신과 IT, 자동차와 IT 등 전체산업과 융합되어 새로운 에너지 패러다임을 조성하고 있는 스마트그리드가 세계 선도국가로 지정됨에 따라 가장 활발하게 그리고 발 빠르게 성장하고 있다.

1) 탄소시장

2008년 8월에 입법 예고한 '기후변화대책기본법'에 따라 2009년에는 탄소시장에 대한 법적 토대가 마련되었다. 이에 따라 2009년 12월 코펜하겐 협상(15차 유엔 기후변화협약 당사국 총회)에서 정부는 2020년까지 온실가스배출량을 전망치(BAU, Business as Usual) 대비 30% 감축하겠다고 선언했다. 이러한 구체적인 온실가스 감축방식이 발표되면서, 구체적인 달성을 위해 2009년 이후에는 탄소 라벨링 제도, 배출권거래제도와 이의 원활한 운용을 위한 배출권거래소 설립 등이 추진되고 있다.

2) '저탄소·녹색성장 기본법' 제정

정부는 2010년 1월 13일 '저탄소녹색성장 기본법'을 제정하였고, 이어 4월 6일 국무회의에서 '저탄소·녹색성장 기본법 시행령' 제정(안)을 의결하였다. 이번 시행령을 보면 녹색기업 지원 등을 위한 세부기준·절차 등의 수립을 마무리하여, 투자 확대 및 일자리 창출을 유도하고, 또한 온실가스 관리체계를 마련해 국가 온실가스 중기 감축목표인 2020년까지 BAU 대비 국가 온실가스 배출량 30%를 감축하는 이행작업에 착수토록 하고 있다.

3) 글로벌 녹색성장연구소(GGGI)의 공식 출범

정부의 녹색성장 정책은 대한민국을 넘어 세계로 나갈 준비를 착착 진행하고 있다. 2010년 6월 16일에는 글로벌 녹색성장연구소(GGGI)가 공식 출범하였고, GGGI 1차 이사회에서는 녹색성장계획(Green Growth Plan) 수립을 우선 지원할 3개국(인도네시아, 브라질, 에티오피아)을 선정하였으며, 옥스퍼드대와 온실가스 감축 잠재량 분석모델 공동연구를 확정하기로 했다. 또한 GGGI는 Board Members 17인, Staff 34인 등 글로벌 인사로 이사회를 구성하고, 최고 수준의 국제적 역량을 갖춘 인물 중 연구소 대표(Executive Director)로 Richard Samans를 채용하였다. 사무실은 서울을 본사로 하고, 코펜하겐과 아부다비에 각각 지사를 두었다.

4) 에너지기술전망(ETP, Energy Technology Perspectives) 2010

ETP 2010은 국제에너지기구(IEA, International Energy Agency)에서 격년으로 발행하는 '에너지기술 이정표'로서, 2050년에 현재의 2배 수준까지 상승이 예상되는 이산화탄소 배출량을 2007년 대비 50% 감축하기 위해 적용되어야 하는 기술과 이를 위해 필요한 정책을 제시하고 있다.

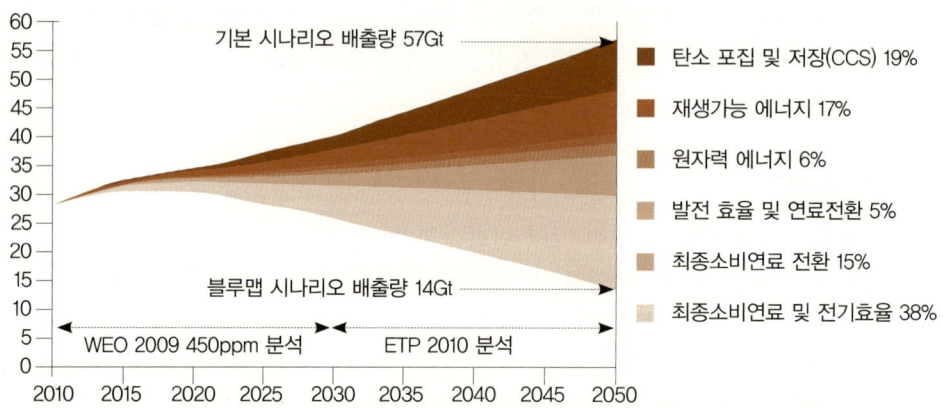

[그림 1.4] 'BLUE Map 시나리오' 하에서 이산화탄소 감축을 위한 주요기술

출처 : IEA, 세계에너지기구

IEA는 '전 세계적으로 에너지 기술혁신이 빠른 속도로 진행되고 있으나 장기적인 CO_2 감축을 위해서는 획기적인 추가 투자가 필요하며, 단기적으로는 에너지효율 향상이, 중장기적으로는 신재생, 원자력 및 CCS의 보급 확대와 전기자동차 등 수송기술 혁신이 핵심적인 역할을 담당할 것'이라고 전망하였다.

ETP의 주요 내용은 그림과 같이 추가적인 정책이 없을 때인 베이스라인 시나리오에서 2050년 CO_2 배출량은 570억 톤(57Gt)으로 예상되며, '블루맵 시나리오'에서는 2050년까지 지구온도 상승을 2~3도로 제한하면서 최소 비용으로 CO_2를 배출하는 경우를 보여줌과 동시에, 어떻게 하면 저탄소 경제로의 전환이 에너지 안보를 향상시키고 경제발전에 기여할 수 있는지를 보여준다. 이 시나리오 하에서는 2050년경에는 석유, 가스 및 석탄 수요가 지금보다 낮을 것으로 전망하고, 석유 수요 하나만 보아도 2007년 대비 27% 정도 줄어들 것으로 보고 있다. 또한 지구 전체의 석유수요가 2030~2035년경에 Oil Peak에 다다를 것으로 보고 있다. 이는 곧, 상당수 국가가 가격상승 압력과 수입의존에서 벗어날 것을 의미한다. ETP 2010의 주요한 메시지를 한마디로 말하면, 이제는 에너지 기술혁명이 도달 가능한 범위에 있다는 것이다. 이를 위해서는 모든 에너지 분야 이해관계자들의 역량 강화와 상당한 초기비용이 필요하나, 장기적으로 이러한 투자는 그 혜택에 의해 보상될 것이다. 전 세계의 정부, 투자자, 소비자들은 그들의 영향력이 미치는 범위에서 변화를 시작하고 추진하기 위해 대담한 그리고 결단력 있는 행동을 취해야 하며, 협력을 위한 노력을 증대해 나가야 한다.

1.5 스마트산업(SOC)의 종류

스마트 SOC는 스마트그리드(Smart Grid)가 플랫폼, 즉 인프라가 되고 스마트 트래픽, 스마트 에듀, 스마트 헬스케어, 스마트 에코의 5가지 종류로 나눈다. 정보통신기술을 활용한 '똑똑한' 인프라로서 기존의 SOC가 타율적(Dependent), 일방적(Unidirectional), 대응적(Reactive)이었다면 스마트 SOC는 자율적(Autonomous), 쌍방향적(Interactive), 선제적(Proactive)이다.

1) 스마트 SOC 투자의 필요성

첫째, 사회 인프라의 효율과 기능을 비약적 향상으로, 투자규모(전체 SOC의 5~10%)에 비해 이를 통한 전체 SOC의 효율성 및 생산성은 10~30%정도 개선이 가능하여 국가 경쟁력 강화

둘째, 경기부양과 성장잠재력 확충을 동시에 달성하는 효과적 수단으로 스마트 SOC 투자는 양질의 고용을 확대하는 최선책으로 미래 신산업·신수요를 창출하고 생산성을 향상하는 등 성장잠재력 강화

셋째, 세계 최고 수준인 한국의 IT산업이 다시 한번 도약하는 계기

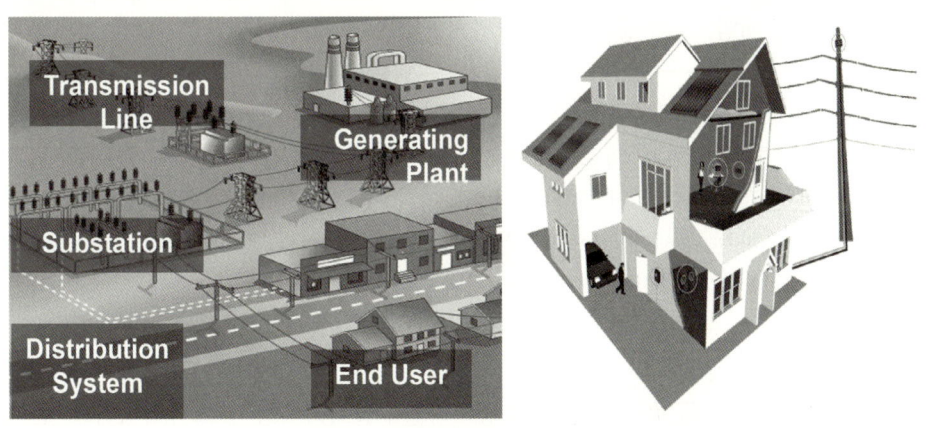

[그림 1.5] 지능형 전력망과 지능형 홈(Home) 시스템

2) 5대 스마트 SOC분야 부문별 연간 기대효과

① 스마트그리드(Smart Grid)

전력 흐름을 지능적으로 제어하고 실시간 정보를 교환(에너지의 인터넷), 전력공급자와 수요자 간 양방향 정보교환으로 피크타임 전력수요를 낮추어 발전설비 이용효율을 높이고, 피크부하 발전소 신규건설을 감소시켜 연간 3.5조 원의 비용절감을 시킨다. 발전설비의 효율 제고와 태양광, 풍력 등 불규칙한 전력을 공급하는 신·재생에너지의 활용을 촉진하여 전력 흐름의 안정화를 가능하게 한다.

플러그인(Plug-in) 전기자동차의 보급을 촉진하고, 소형 전기자동차의 배터리용량은 휴대전화의 약 1만 배로 배터리산업을 급속도로 발전시키고 있다.

② 스마트 트래픽(Smart Traffic)

국내 도로의 혼잡비용과 사고비용은 각각 24.6조 원과 14.5조 원으로 GDP의 4.6%(2006년 기준)로, 교통흐름을 최적으로 제어하는 지능형 교통시스템은 도로 혼잡·사고비용을 연간 1.3조 원 경감하여 교통 혼잡 개선 및 물류산업 발전을 촉진한다. 도로수송 물류비용 77.4조 원도 절감률 14%로 10.5조 원 절감한다.

그동안 교통대란으로 고향방문에 불편함이 많았으나, 2011년 추석에는 전국고속도로망에 지능형 센서가 설치·운영되어 원활한 소통이 이루어져 모처럼 즐거웠던 것은 스마트트래픽의 효용성이 입증되었기 때문이다. 이외에도 혼잡비용과 사고비용의 절감으로 텔레매틱스 산업과 복합물류 산업의 성장을 촉진한다.

③ 스마트 에듀(Smart Education)

교육용 PC와 TV 등을 광대역 네트워크로 연결하여 양방향 개인 맞춤형 교육을 제공하는 시스템으로 사교육비 부담을 연간 1.2조 원 경감하고, 바람직한 PC 문화를 정착시킨다. 디지털 교과서 등 신 정보단말기 시장 창출과 가상·증강 현실 기술 기반의 게임, 영화 등 콘텐츠 산업의 발전에도 이바지한다.

④ 스마트 헬스케어(Smart Healthcare)

디지털화된 개인의 의료정보를 네트워킹하여 시공간적 제약을 극복함으로써 효율적인 의료서비스를 제공하는 시스템이다. 고령화와 만성질환 증가로 의료비 부담이 증가하는 추세에 있으며, 건강보험 재정 건실화 및 예방의학 등 웰니스산업과 의료기기 및 제약산업 발전에도 이바지하고 있다.

⑤ 스마트 에코(Smart Eco)

센서네트워크를 활용해 대기환경·하천수질 등을 상시 모니터링하고 상하수도관 등 용수 공급망을 효율적으로 관리하는 시스템이다. 대기질과 수질개선 및 누수절감을 통해 연간 9천억 원의 사회적 편익을 창출하며, 물처리산업·관광산업 발전에도 이바지하고 있다.

[표 1.1] 스마트 SOC의 부문별 연간 기대효과

스마트SOC 부문	사회적 편익	신성장산업 육성효과	고용 유발계수	대중화 가능시기
스마트 트래픽	11.8조원	34.2조원	13.9	3년 이내
스마트그리드	3.5조원	49.1조원	3.9	10년 이내
스마트 에듀	1.2조원	24.5조원	19.8	6년 이내
스마트 헬스케어	2.5조원	22.3조원	13.5	6년 이내
스마트 에코	0.9조원	29.5조원	13.3	6년 이내
합계	19.9조원	159.7조원		

주 1. 사회적 편익은 앞의 분석정리
주 2. 신성장 육성효과는 정부제시 2018년 17대 신성장동력 산업의 국내 생산액 목표 중 스마트SOC가 기여한 효과를 추정
주 3. 고용 유발계수는 한국은행의 산업연관표(2005년 기준)에 의거

1.6 스마트그리드의 기대효과

1) 전력서비스의 안정성 확보

미국 전력인프라는 건설된 지 60년이 넘어 2001년 캘리포니아주 대규모 정전사태나 60억 달러의 피해가 집계된 2003년 8월 중동부지역 정전사태 등으로 스마트그리드의 필요성이 크게 대두하였다. EU도 2006년 발표한 '스마트그리드 비전과 전력' 보고서에서 전력설비가 40년을 초과해 대규모 교체가 필요하다고 밝혔다.

2) 에너지의 효율적 이용

현재의 전력시스템 하에서는 오전 시간대 보다는 오후 시간대가, 계절적으로는 여름의 전력소비량이 많아 이때 가동되는 예비 발전설비의 전력생산 비용이 기저 발전설비 비용의 2.7배에 달하는 등 발전설비 효율이 낮은 상황이다.

스마트그리드와 연계하여 가정 내 스마트분전반을 설치하면 시스템이 알아서 전기요금이 싼 심야에 자동 운전토록 하고 기존 홈 네트워크 시스템과 연동하여 다양한 기능을 수행할 수 있다. 여기서 스마트하다는 것은 전력망의 이용과 관리의 효율성을 획기적으로 높인다는 뜻으로 IT를 이용해 전력망을 구성하는 각종 기기의 고장을 신속하게 진단하고 처리함은 물론이고, 심지어 고장발생 이전에도 그 징후를 예측해 고장을 사전에 방지할 수 있게 한다.

관련업계는 신규발전 건설비 지출 감소 효과 등을 통해 연간 1조8,000억 원의 전기요금 및 1조 원의 설비 투자비용을 절감할 수 있을 것으로 추산하고 있다.

3) 신·재생에너지 활용 및 투자 촉진

신·재생에너지 확산은 대형발전소, 원전 외 다수 소규모 발전설비위주의 분산발전 체계를 구축한다는 의미이며, 분산발전원이 많아지면 전력공급 안정성이 떨어지므로 스마트그리드를 도입하여 전체 전기사용량을 실시간으로 추적, 모니터링하고 관리하여 신·재생에너지 활용을 극대화한다.

스마트그리드 구축으로 에너지 효율적인 분산전원(태양광, 풍력, 바이오, 수소연료전지 등) 최적 운용시스템을 제공하며, 실시간 전기가격의 현실화로 신·재생에너지사업의 투자를 촉진한다.

궁극적으로 발전설비의 효율 제고와 태양광, 풍력 등 불규칙한 전력을 공급하는 신·재생에너지의 활용을 촉진하고 전력 흐름의 안정화가 가능하다.

4) 차세대 신성장산업

IEA는 2030년까지 스마트그리드 관련 글로벌 시장규모는 2조 9천억 달러에 이를 것으로 예상하고 있고, 한전 KDN은 2010년 1,340억에서 2030년 8,700억 달러로 급성장할 것으로 보고 있다. 2012년까지 실증시험과 상용화 기술개발을 통해 2020년경에는 연간 50조 원 규모의 수출산업으로 성장하며, 중전기기업체들은 개발기기를 상용화하고, 한국전력공사는 지능형 전력계통망 운영기술을 체득하여 동반 해외 진출을 목표로 하고 있다.

[그림 1.6] 지능형 전력망(스마트그리드)의 개념도

5) 무정전·고품질 전력서비스 제공

한국의 전력품질은 현재 선진국 수준으로, 반도체·석유화학산업은 전력품질에 민감하므로 고장요인을 사전에 감지·제거하여 무정전·고품질로 운영한다. 참고로 2007년 8월 삼성전자의 정전사고로 400억 원과 2008년 5월 여수공단에서 유사한 정전사고로 123억 원의 손해를 입었다.

> **스마트그리드 구축으로 기대되는 효과**
> - 가정산업 : 전기사용량 절약(5~15%, 1.8조원/년), 전기품질 저하비용 감소(0.5조원/년)
> - 전력산업 : 신규발전투자 절감(1조원/년), 송배전손실감소(200억원/년), 에너지절약 컨설팅 등 신규 비즈니스 창출
> - 신규산업 : 전기자동차(160만대 보급 시 CO_2 배출 320만 톤 감소), 스마트그리드 설비투자(20조원, 12~30년)

| Section 02 |
스마트그리드의 역사

2.1 스마트그리드는 '제2의 전기혁명'

산업혁명 이후 경제가 발전되어 가면서 인류의 물질적 욕구 향상과 함께 화석연료의 사용은 폭발적으로 늘어났다. 화석연료에 포함된 유기물의 탄소(C)와 공기 중 산소(O_2)가 연소하면서 발생시키는 이산화탄소(CO_2)는 온실가스 역할을 하면서 지구 온난화의 주원인으로 밝혀지고 있다.

지구 온난화에 대응하고자 하는 국제적 노력의 목적으로 1992년 유엔 기후변화협약(UNFCCC)이 시작된 이후 1994년 교토의정서 체결, 2009년 12월 코펜하겐 협상(15차 UNFCCC 당사국 총회), 2010년 멕시코 칸쿤회의(COP16)까지 십여 차례의 협상을 거쳤지만, 중요당사자인 중국이 작고 가난한 국가들 뒤에 숨어서 국제사회의 압력을 영리하게 피해 갔다.

온난화 문제는 환경문제로서 국가의 에너지관리 능력 개선 및 국가산업의 에너지 효율성 향상이라는 과제를 주지만 경제적인 관점에서 볼 때 그로 인한 에너지절감(ESCO)산업, 신·재생에너지 산업의 성장 등 새로운 사업 기회의 탄생을 주목할 필요가 있다.

이러한 흐름 가운데 수소에너지 사회, 태양에너지 사회 및 풍력에너지 사회가 대안으로 제시되고 있지만 널리 인식되고 있지 못하고 있다. 이에 대한 가장 현실적인 대안으로 스마트그리드를 주목하고 있다.

유틸리티 산업은 고객의 일상생활 및 산업생산에 필요한 전력·가스·통신·상하수도 등 사회 인프라 서비스를 공급하는 산업으로, 지난 100여 년간 '공급확대, 균질성, 중앙 집중화'라는 3대 패러다임 하에 발전을 거듭해왔다. 그러나 안정적인 이익을 거두던 유틸리티산업을 둘러싸고 최근 들어 에너지자원 가격상승, 환경규제 강화 등에 따른 위협요인과 고객니즈 다양화, 설비 소형화 및 분산화, 쌍방향 정보교환 확산으로 인한 기회 요인이 함께 등장하면서 산업의 패러다임이 급변하고 있다.

전기의 발명 이후 '제2의 전기혁명'이라 할 수 있는 스마트그리드 시장의 중심축에 한국이 세계 선도국가가 된 것은 단군 이래 '한강의 기적'에 이어 두 번째로 의미가 깊은 역사적 전환점이라 할 수 있다. 앞으로 스마트그리드 산업은 자동차, 조선 산업에 이어 우리나라의 대표적인 신성장동력원으로 거듭날 것이다.

> **스마트그리드를 주목하고 있는 이유**
> 첫째, 한국은 국토가 조밀하고 초고속 인터넷망이 잘 갖춰져 스마트그리드 구축에 강점이 있으며, 특히 전력선 통신의 표준화에 빠른 진전을 보이고 있다.
> 둘째, 스마트그리드를 상용화할 때 풍력, 태양광 등 친환경 전력구매 시 별도 요금을 차등 부과하는 녹색요금제와 전력품질에 따라 요금을 차등 부과하는 품질별 요금제가 도입될 수 있다.
> 셋째, 전력망의 이용과 관리의 효율성을 획기적으로 높인다는 뜻으로 IT를 이용해 전력망을 구성하는 각종 기기의 고장을 신속하게 진단하고 처리할 수 있음은 물론이고, 고장 발생 이전에도 그 징후를 예측해 고장을 사전에 방지할 수 있다.
> 넷째, 스마트그리드 관점에서 보면 에너지목표관리제 및 온실가스 목표관리제를 아우르는 융합솔루션이 스마트그리드 산업이라고 할 때 환경부, 지식경제부의 주관을 뛰어넘어 산업 각 분야에서 도입되어야 할 주요 미래 수출산업이다.
> 다섯째, 스마트그리드 산업이 국제에너지기구(IEA)에서는 세계 시장이 2030년까지 2조9,000억 달러에 이를 것으로 예상하고 있으며, 한국에서도 스마트그리드가 구축 완료되는 2030년에는 원자력발전소 약 10개에 해당하는 에너지를 절감할 수 있다.
>
> 이에 높은 시장 성장성과 전력, 건설, 자동차, 에너지산업 등에 폭넓게 적용되는 산업적 파급력은 정부가 신성장사업으로 육성해야 할 주된 이유라고 볼 수 있다.

2.2 제 5의 에너지는 바로 '에너지절약'

2010년 초 미국 타임지는 '제5의 에너지'를 발표했다. 불 · 석유 · 원자력 · 신재생에너지에 이은 제5의 에너지가 다름 아닌 '에너지절약'이었다. 에너지절약은 에너지 개발보다 더 중요하며, 새 에너지 패러다임의 한 축(軸)이다.

최근 국제 유가는 다시 급등세를 보이고 있다. 2010년 1월 스위스 다보스(Davos)포럼에서 일부 자산운용사들은 연내에 배럴당 90달러, 2011년에는 110달러까지 오를 것이라고 예상했다. 세 자리 수 국제 유가는 세계 경제 회복에 '죽음의 키스'가 될 수 있다는 분석이 고개를 들고 있으며, '국제유가 세 자리 수 시대'는 결국 시간 문제일 뿐이다.

무엇보다 현재의 유가 상승이 산유국의 생산량과 재고 영향에 무관하게 경기 지표상 변화에 반응하고 있으며, 국제통화기금(IMF)은 최근 일부 유럽국가의 재정위기 사태에도 '세계경제는 회복세에 있다.'라고 진단하고 있으니 유가는 계속 오를 수밖에 없다.

이제는 에너지 소비 효율화를 이루지 못하면 우리나라도 '죽음의 키스'를 당할 수밖에 없는 상황이다. 우리나라는 석유수입 세계 4위, 에너지 소비 세계 9위, 온실가스배출량 세계 16위로, 이런 나라에서 온실가스 배출을 준비 없이 강제로 줄이면 경제 선반에 전례 없는 혼란이 발생할 수 있다.

2010년 1월에 제정된 '저탄소·녹색성장 기본법'에 따라 기업들은 2011년 9월부터 온실가스 감축 목표를 부여받고 2012년부터는 온실가스 배출량을 의무적으로 줄여야 한다.

코펜하겐회의에서 한국은 2020년까지 온실가스 배출전망치(BAU) 대비 30%를 감축하겠다고 선언했다. 개발도상국 중 최고 목표치다. 이 선언으로 세계가 놀랐으며, '한국이 어쩌려고 저러느냐?'라는 의미가 포함돼 있다. 이제 그 걱정을 기우(杞憂)로 만들려면 에너지 효율화 관련 기술과 이산화탄소 감축기술을 개발해야 한다. 에너지절약과 기존 시설의 효율 향상으로 세계 에너지의 20% 이상을 절약할 수 있다는 맥킨지의 분석은 공언(公言)이 아니다. 한마디로 승부는 여기에 달렸다. 세 자리 수 국제 유가 시대가 현실이 된다고 해도 일류 국가형 스마트그리드 시스템만 갖춘다면 죽음의 키스는 얼마든지 피할 수 있다.

2.3 제4의 르네상스

중세시대를 마감한 14세기 르네상스를 '제1의 르네상스'라 한다면, 혼란한 열강 제국시대를 마감한 1769년 영국의 제임스 와트가 증기기관을 개발하면서 시작된 산업혁명을 '제2의 르네상스'라 할 수 있다. 그 후 1946년 미국 펜실베이니아 대학 연구팀이 최초의 전자식 컴퓨터 에니악(ENIAC)을 만들어내고, 1969년 미 국방성이 '네트워크들의 네트워크(Network of Networks)'로 불리는 인터넷을 선보임으로써 인류는 고도화된 탈공업사회, 즉 '정보화' 사회로 진입하게 됐다.

한마디로 정보혁명을 이루어낸 '제3의 르네상스'라 할 수 있다. 그리고 이 새로운 미래시대에는 산업시대와 정보시대를 아우르고, 산업간 통합 및 에너지와 IT가 융합된 스마트그리드가 미래 에너지혁명을 주도할 것으로 미래학자들은 예측하고 있으며, 이를 '제4의 르네상스'라 할 수 있다.

2.4 전력-에너지-정보(IT)의 융합

인터넷, 고용량 하드디스크, 광케이블 등과 함께 등장한 IT 혁명은 정보 전달에 대한 공간, 시간적 패러다임을 바꾸며 인류의 삶을 뒤바꾸었다. 이러한 IT 패러다임을 에너지에 적용한다면 지능형 전력망에 의해 자동 송배전을 하면서 실시간 부하 상태와 전력망 상태를 감시하여 사고를 미리 방지할 수 있다. 전력망과 IT 시스템의 융합, 그리고 정보를 누구나 생산하듯이 에너지를 가정에서 생산하는 것, 하드디스크에 정보를 저장하듯이 쓰고 남은 에너지를 저장할 수 있다는 것, 이러한 총체적 에너지시스템이 결코 꿈이 아닌 현재 진행형인 '스마트그리드'이다.

늘어나는 에너지 수요에 공급을 맞추기 위해 발전소를 늘리는 시대는 끝나야 한다. 스마트그리드는 각 가정용 전자기기와 통신을 하며 피크 시간대의 냉난방 에너지 사용을 조절한다. 또한 실시간으로 전기요금을 결정하고 결제되어 가격 통제에 따라 에너지 수요를 관리한다. 각 지역의 전력망 상태에 대한 원격검침, 원격제어를 통하여 만일의 사태에도 대규모 정전을 피할 수 있고 스스로 복구(Self-Healing)가 가능하다. 에너지 효율을 통한 수요관리와 친환경 에너지 중심인 스마트그리드가 미래의 유비쿼터스 디지털 사회를 지탱하는 시스템이다.

스마트그리드는 현실화되고 있으며 상상 속의 시스템이 아니다. 지구 온난화로 인해 에너지에 대한 관심과 투자가 늘어나고 있으며 풍력발전, 태양광발전 기술은 점점 향상되면서 보급이 늘어나고 있다. 하지만 스마트그리드에서 요구되는 기술은 앞에서 설명한 바와 같이 전혀 새로운 것이 아니다. 현존하는 IT 및 센서기술들의 정교화, 응용을 바탕으로 기술 표준을 정하고 예산 투자를 통해 기술개발을 하며 산업계와 정부 및 소비자간 이해관계 합의를 통해 완성할 수 있다.

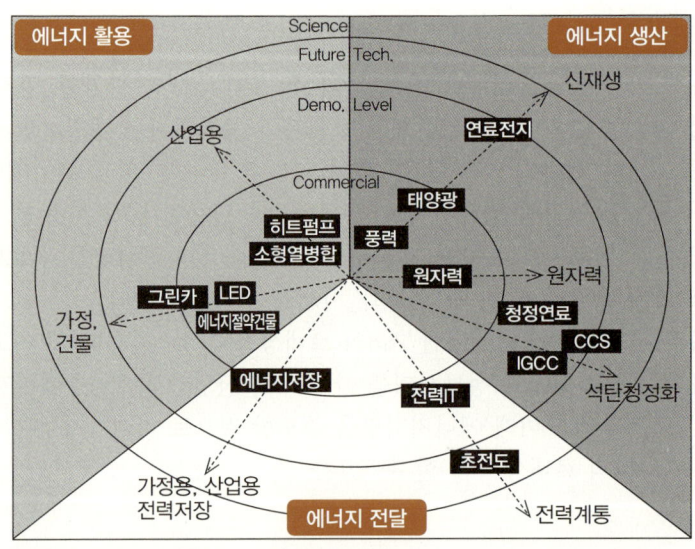

[그림 1.7] 스마트그리드(전력IT) 등 녹색기술의 현재 위치

Section 03
스마트그리드의 구성 분야

3.1 스마트파워그리드(Smart Power Grid)

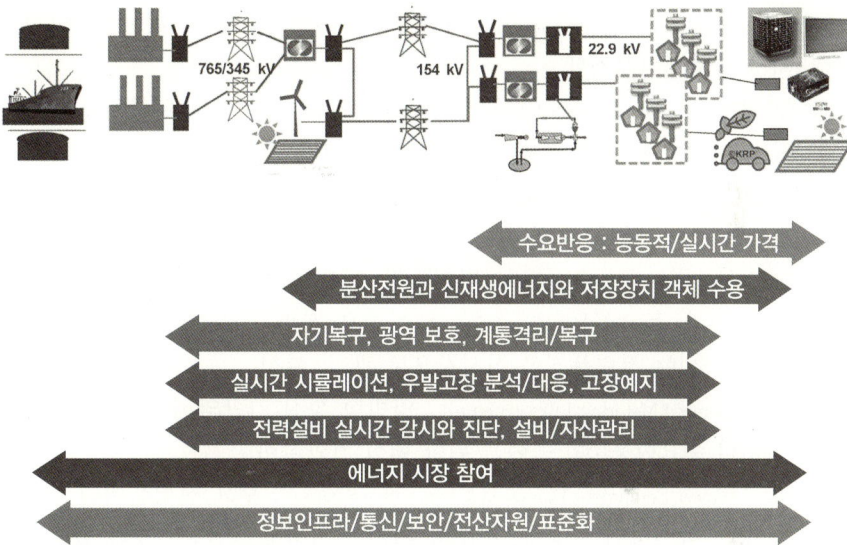

[그림 1.8] 스마트그리드의 주요기능 및 테마

1) 기존 전력망과 스마트그리드의 차이

항 목	기존 전력망	스마트그리드(지능형 전력망)
통제 시스템	아날로그	디지털
통신	단방향	쌍방향
전력공급원	중앙전원(발전소)	분산전원(발전소, 태양광, 풍력, 전기차, 연료전지)
고장진단	불가능	자가진단
고장복구	수동복구	반자동 복구 및 자기치유
설비점검	수동	원격
제어 시스템	국지적 제어	광범위한 제어

항 목	기존 전력망	스마트그리드(지능형 전력망)
가격정보	제한적(한 달에 한번 총액만)	실시간(15분마다)으로 모든 정보 열람 가능
소비자 전력 구매 선택	제한적	다양

자료 : 성균관대, LS산전 최종웅 부사장

2) 스마트파워그리드 종류

① **EMS**(Energy Management System) : 전력계통의 효율적인 관리로 경제급전을 수행하는 대규모 전력계통제어 시스템

② **ECMS**(Electrical Equipment Control & Monitoring System) : 디지털계전기를 적용하여 발전 전력설비 운전관리 및 제어

③ **SAS**(Substation Automation System) : 디지털계전기를 적용하여 변전소 전력설비 실시간 감시제어시스템

④ **SCADA**(Supervisory Control And Data Acquisition System) : 현장에 설치된 장비를 원격단말 장치(RTU)를 통해 중앙 감시실에서 실시간 감시제어

⑤ **DAS**(Distribution Automation System) : 배전선로 개폐기의 상태를 감시제어하고, 사고 시 고장점 탐색 및 복구

⑥ **PMS**(Power Monitoring System) : 단위공장, 빌딩 등에 적용되는 전력설비 감시제어

⑦ **PQMS**(Power Quality Monitoring System) : 주요 전력공급계통에 PQ Meter를 설치하여, 공급되는 전력품질을 실시간으로 관리, 분석

⑧ **AMI**(Advanced Metering Infrastructure) : 양방향 통신 기반의 수요정보 시스템, Smart Grid의 수요반응(DR) 구현을 위한 핵심 기반설비

⑨ **PDPS**(Power Equipment Diagnosis & Preventive System) : 주요 전력설비의 기능이나 성능을 상시 감시하여 고장 및 사고를 미리 방지하고, 기기별 이력 및 DB 관리로 효율적인 전력설비 관리를 지원하는 시스템

3.2 스마트플레이스(Smart Place)

1) 스마트플레이스의 종류

① **Smart Green Home** : 저탄소 녹색 에너지원과 AMI를 적용하여 에너지 사용효율을 극대화하며, 편리하고 쾌적한 주거환경을 제공하는 친환경 주택

② **Smart Green Building** : 저탄소 녹색에너지원과 에너지 효율화 시스템 적용을 통하여 에너지 사용효율을 극대화하여 온실가스 배출을 최소화하고, 친환경기기의 적용을 통해 환경오염을 최소화하는 그린빌딩

③ **Smart Green Factory** : 온실가스 배출 최소화, 자원 및 에너지 낭비 최소화, 환경오염 최소화를 목표로 저탄소 녹색에너지원, AMI, 친환경기기 및 에너지 효

율화 시스템을 적용한 공장

④ Smart Green School : 친환경 건축자재를 적용하여 친환경적인 교육의 장을 제공하고, 신·재생에너지원, 빗물저류 이용시설, 에너지효율화시스템 적용을 통해 에너지 효율을 극대화한 학교

2) 비즈니스 모델
① Smart Place 분야에서의 새로운 소비자 가치 전망/유형/분석
② 비즈니스 모델이 성공을 위해 필요한 전제조건 및 우선순위
③ 스마트그리드로 인한 소비자의 효용성을 증명하기 위해서는 빌딩이나 공장이 밀집한 지역이 제일 좋다. 앞으로 스마트그리드 도시를 선정하게 된다면 이런 여러 가지 여건을 고려해야 할 것 같다.

3) 기술표준원, 전력량계 기술기준 상향조정
① 국제기준(IEC)에 부합하도록 개정, 2010년 1월 11일부터 시행
② 특히 기계적 구조와 진동, 충격성능, 전자기 적합성, 내한성 등 국제수준에 미달하는 일부 기준을 상향조정 하였으며, 제품개발시간 단축을 위해 전력량계 형식승인 시험기간을 4개월에서 2개월로 줄이고 형식승인 변경규정도 완화한다.
③ 개정기준으로 승인받은 전력량계는 한전 채택시험 면제 혜택이 있다.

3.3 스마트 신재생(Smart Renewable)

1) 스마트 신재생의 종류
① 풍력발전과 연계
② 태양광/태양열발전과 연계
③ 수소 연료전지 및 분산전원

2) 전력저장장치 종류
① **배터리** : 납축전지, 2차 전지, LIB, 리튬폴리머전지
② **NaS 배터리** : 미국 AEP는 1.2MW급 저장장치(일본 NGK인슐레이터 기술) 설치하여 실증 중
③ **열에너지 저장(TES)방식** : 2008년 35개국 3,300개 빌딩에 적용
④ **댐에너지 저장방식** : 미국 워싱턴주, 영국 웨일스 지방 양수발전, 에너지효율 30% 정도
⑤ **플라이휠 방식**
⑥ **청정에너지 저장시설** : 미래에는 신·재생에너지 전원을 이용, 수소를 생산하여 저장한 청정에너지 저장시설

3.4 스마트 수송(Smart Transportation)

1) 충전 인프라 구축
① 해외 구축 및 운영사례, 가격체계
② 입지별(도심지, 아파트, 고속도로) 충전소 설계 및 관련 주요 이슈
③ 충전 인프라 확산을 반드시 해결해야 할 기술적/제도적 이슈
④ 문제점 및 이슈 해결을 위한 대안과 국내 충전 인프라 수요 분석

2) 스마트수송의 종류
① **주택용 EV 충전** : 개별주택 또는 공동주택단지 내 220V 상용전원을 이용하여 손쉽게 충전할 수 있도록 인프라 구축(완속충전방식)
② **배터리 임대/교환** : 충전시간이 오래 걸리는 전기자동차의 단점을 보완하고, 신속한 배터리 충전이 필요한 경우 배터리를 임대/교환하는 인프라 구축(배터리 교환방식)
③ **오피스용 EV 충전** : 출퇴근 차량의 경우, 근무 시간 동안 회사 내 주차장의 소형 충전기를 이용하여 충전하도록 인프라 구축(완속충전방식)
④ **EV 급속충전** : 전기자동차 급속 충전소 또는 주차시간이 비교적 짧은 식당/상가/극장 등의 주차장에서 빠르게 충전하는 인프라 구축(급속충전방식)

3.5 스마트엘렉서비스(Smart Elect. Service)

1) 고정요금제
SMP(System Marginal Price) : 현행요금제에서 전력가격 결정의 기준이 되는 요금제

2) 변동요금제
① RTP(Real Time Price) : 휴대전화 요금제처럼 사용시간대에 따라 다른 가격을 적용하며, 스마트그리드의 궁극적인 요금제도
② TOU(Time of Use) : 사용 시간대별 요금제도
③ CPP(Critical Peak Pricing) : 에너지 피크시간을 고려한 피크요금제로 RTP와 병행하여 추진되어야 할 요금제
④ RTP(Rebate Time Price) : 대용량 전력사용 사업장과 계약에 의해 피크부하 시 일정 기간 단전을 한 후 이를 보상하는 요금제도

3) 소프트웨어 및 System Integration

[그림 1.9] 스마트그리드 실증단지 모습(출처 : 한국스마트그리드사업단)

| Section 04 |

스마트그리드 활용 에너지 및 온실가스 목표관리제

4.1 저탄소 녹색성장 기본법령

정부는 2010년 4월 6일 국무회의에서 '저탄소 녹색성장 기본법 시행령' 제정(안)을 의결했으며, 주요 내용은 다음과 같다.

첫째, 환경부가 국가·사업장 인벤토리 총괄 및 대외적 대표기관 역할로 설정되었고, 환경부에 온실가스 종합정보센터를 설치, 국가 온실가스 인벤토리 구축 및 부문별 온실가스 감축목표 설정을 지원한다.

둘째, 산업발전은 지경부, 건물교통은 국토해양부(이하 국토부), 농업 축산은 농림수산식품부(이하 농식품부), 폐기물은 환경부 등 관리업체별 목표관리제 주관부처를 단일화하여 이중규제 부담을 해소하였다.

셋째, 녹색인증제(제19조) 및 녹색산업투자회사(제17조) 세부 운영절차 및 기준을 마련한 것이다. 마지막으로 자동차 연비 및 온실가스 배출규제를 환경부에서 국제적 동향 등을 고려하여 통합적으로 관리할 수 있도록 하였다(제37조). 즉 자동차 연비 기준은 지경부가, 자동차 온실가스 배출기준은 환경부가 각각 정하되, 환경부가 관련 기준을 지경부와 협의를 거쳐 고시하도록 하였다. 이를 통해 환경부는 제도의 운영에, 지경부는 친환경 자동차 개발 등에 역량을 보다 집중할 수 있을 것으로 기대된다.

저탄소 녹색성장 기본법 시행령으로 산업계의 부담이 최소화될 수 있도록 규제를 단일화하고, 제도 운영 관련 업계의 부담을 최소화했다는 것은 많은 의미가 있다. 우선 관리업체를 관장하는 부처가 '관리업체 지정 → 목표설정 → 이행실적 보고 및 점검 → 평가'의 전 과정을 담당하게 함으로써, 관리업체는 온실가스 목표관리제 전 과정에서 단일 부처만 상대하도록 하여 업무절차를 대폭 간소화한 것이다.

4.2 온실가스·에너지 목표관리 제도 시행

온실가스 · 에너지 목표관리 제도란 정부가 관리업체(온실가스 다배출 및 에너지 다소비업체)의 온실가스 배출량과 에너지 사용량에 대한 목표를 부과하고, 이에 대한 실적을 점검 · 관리해 나가는 제도로서 이를 통해 온실가스 배출 및 에너지 사용에 대한 정보가 체계적으로 관리됨에 따라 앞으로 국가 온실가스 관리의 초석이 될 전망이다. 관리업체 온실가스 배출량은 국가 전체의 약 70%, 산업계 배출량의 90% 이상이 된다.

이 제도는 환경부가 총괄하여 종합적인 지침 · 기준수립, 부처 간 중복 · 누락 등의 조정, 관장기관의 소관 사무에 대한 종합적인 점검평가 등을 수행하며, 농식품부, 지경부, 환경부, 국토부 등은 부문별 관장기관으로서 소관 부문별 관리업체에 대한 목표설정, 이행지원, 실적평가, 행정처분 등 직접적 관리를 맡는 것으로 부처의 역할을 명확히 하였다.

4.3 건축물 에너지·온실가스 목표관리제 시행

저탄소 녹색성장 기본법이 시행됨에 따라 에너지 소비가 많은 대형 건축물에 대한 에너지 · 온실가스 목표관리제가 시작되었다. 이에 따라, 2010년 4월에는 한국무역협회, 인천국제공항공사 등 12개 기관대표가 국토해양부와 '건축물 에너지 · 온실가스 목표관리제 사업협약'을 체결하고, 앞으로 3년 동안 연평균 1.0~6.0%의 절감목표를 제시하였다.

[그림 1.10] 건축물의 에너지효율

국토해양부의 2010년 사업계획에 따르면 녹색건축물 보급을 활성화하고 에너지과 소비형 도시를 녹색기술 녹색산업이 성장할 수 있는 녹색 도시로의 개편에 적극적으로 나섰다. 에너지 효율 등급 인증대상을 신축업무용 건축물로 확대하는 제도, 에너지 성능개선 컨설팅서비스 등은 이미 시행되고 있다.

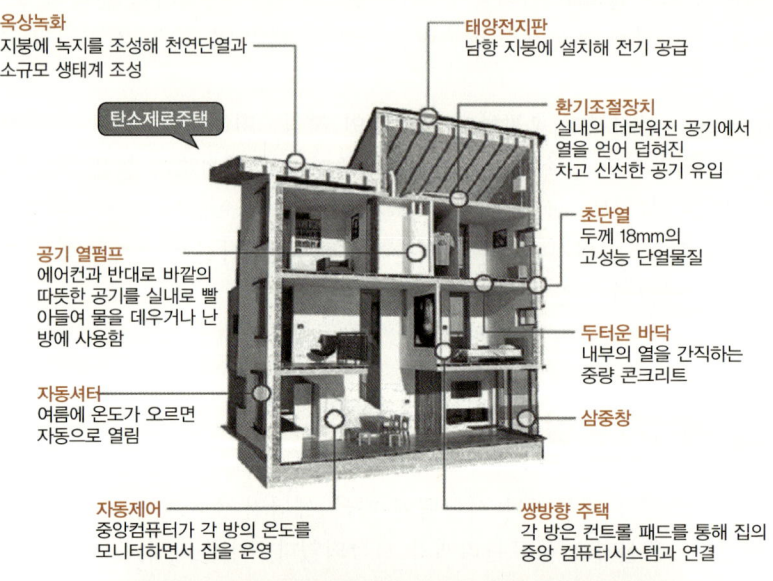

[그림 1.11] 건축물의 에너지효율

또한, 2010년 1월에 발표한 에너지경제연구원의 '스마트그리드의 에너지절약 및 온실가스 감축효과 분석'에 따르면 ▲송배전 손실을 낮춘 '지능형 전력전송' ▲가전기기 통제시스템을 갖춘 '지능형 건물' ▲전기자동차를 포함한 '지능형 수송' ▲소비지 근처에서 소규모 발전이 이뤄지는 '지능형 분산발전' ▲경쟁을 기반으로 한

'지능형 전력시장' 등의 스마트그리드가 도입되면 국내 전력소비량이 ▼2015년 249Wh ▼2020년 3,314GWh ▼2025년 4,927GWh ▼2030년 10,652GWh 줄어들 것으로 분석됐다. 이는 2007년 우리나라 전체 전력소비량(36만8,605GWh)의 2.9%에 이르는 양이다.

4.4 온실가스대책 혼선 없앨 정부부처 협의체

환경부 산하 '기후변화정보센터(온실가스 인벤토리 센터)'의 역할은 각 부처에서는 분야별 온실가스에 대한 권한만 행사하고 이를 환경부에서 총괄 정리하여 온실가스 유엔보고 등 대외공포 기능과 온실가스 통계·관리·취합을 할 수 있도록 정리했다.

| Section 05 |
스마트그리드 구축에 필요한 기술

스마트그리드를 구성하는 기술요소는 발전, 배전부분에서 청정에너지를 생산하는 분산전원 분야, 전력망 부분에서는 에너지 효율을 높이고 외부 충격이나 고장사고에도 자가 복구가 가능한 전력망 관리 분야, 사용자들의 에너지 효율을 높이고 전력품질을 향상하는 사용자 전력관리 분야, 그리고 속도별 · 전압별로 나누며 보안기술과도 접목되어야 하는 전력선 통신 분야로 크게 3개 분야, 6가지 기술(18개 항목)로 나눌 수 있다.

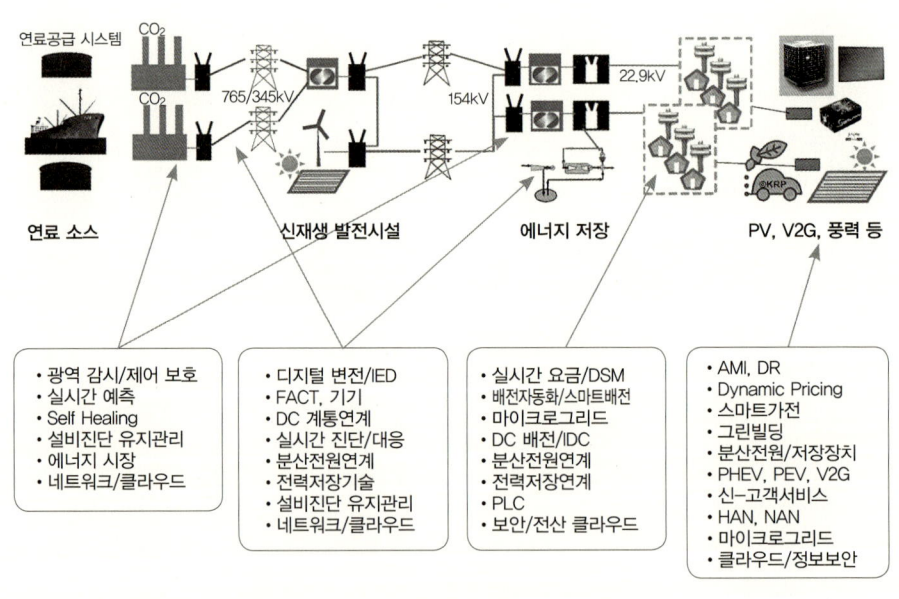

[그림 1.12] 스마트그리드 요소기술 발굴

5.1 분산전원

1) 분산전원(Distributed Resource) 계통연결

현재 풍력발전, 태양광발전, 수소 연료전지, 마이크로 터빈, 소형 열병합, 왕복운동기관 등을 이용하여 소규모 생산된 전력은 대부분 예비전력으로 이용되고 있고, 전체 전력망에 유기적으로 연결되어 있지 않다. 이들을 기존 전력망에 통합하기 위해서는 보다 정교하고 자동화된 제어시스템이 필요하다. 이를 통해 신뢰도를 높일 수 있으며 근거리 발전으로 인한 전력손실을 줄이고 전력발전으로 인해 생기는 열 손실을 줄일 수 있다.

2) 전력저장기술(Energy Storage Integration)

전력저장기술을 전력망에 적용한다면 전력 흐름을 더욱 안정화 시키고 전력망에 가해지는 외부 충격에 대한 완충장치 역할을 할 수 있다. 전통적으로 쓰이는 납축전지는 일반적으로 사용되며 대규모의 나트륨 황(Sodium Sulfur)전지가 일본에서는 사용되고 있다. 역방향 전지(Reversible Flow Battery) 연구도 진행 중이다. 여러 가지 기타 기술로 초전도 자기 에너지 저장장치, 플라이휠(Flywheel) 등이 쓰이고 있다. 발전소 규모의 플라이휠 테스트가 미국에서 진행 중이다.

전력저장기술을 갖춘 스마트그리드는 큰 경제적 효과가 있을 것이며, 종류는 다음과 같다.

① **배터리** : 수명을 연장하고 경제성을 높이는 배터리 기술개발이 필요하며, 최근 전기자동차에 쓰이는 장시간 차량용 배터리도 개발되고 있다. 미국 AEP는 찰스턴에 1.2MW급 저장시설을 설치하였고, 일본 NGK는 NaS방식 배터리를 개발했다.

② **축전지(Capacitor)** : 소형용량으로 개발 여지가 많다. 국내는 삼화콘덴서에서 대용량 개발하고 있다.

③ **열에너지저장방식(TES)** : 얼음 이용 에어컨 냉방, 35개국 3,300개 빌딩에 사용하고 있다.

④ **댐을 에너지저장시설로 이용** : 미국 워싱턴주와 영국 웨일스지방의 양수발전, 에너지효율이 30%로 낮고, 대부분 피크부하대의 대체전원으로 사용된다.

⑤ **플라이휠 방식의 에너지 저장시설** : 회전자(Rotor), 반도체공장 무정전 전원공급 시설로 적용

⑥ **수소 이용 에너지저장기술** : 신·재생에너지 이용 → 수소생산 → 청정에너지 저장시설

5.2 마이크로그리드 기술

마이크로그리드 기술이 스마트그리드를 구성하는 핵심기술로서 그 위상을 높여가고 있다. 분산전원, 신·재생에너지 등을 포함하는 종합에너지 공급 모델로서의 마이크로그리드 기술은 현재 전력산업의 최대 관심사 중 하나인 분야로 전력시스템, 전력전자, 통신 및 제어기술 등의 기술이 융합되는 기술로서 이해가 필요하다. 마이크로그리드의 구성은 마이크로그리드 개념의 이해 및 마이크로소스(Micro Source) 및 마이크로그리드 모델링/해석 기법, 마이크로그리드 에너지 최적화 및 IT에 기반을 둔 통합관리 기법 등이다.

5.3 전력망 관리

1) 실시간 감시(Real-time Monitoring)

발전소부터 송·변전소, 배전소 그리고 사용자까지의 전력망 곳곳에 센서들을 설치하여 전력망 상태, 전력 사용량 등의 정보를 실시간으로 감시 가능하도록 하는 기술로써, 전력망의 고속 진단 및 문제 발생 시 자가 복구를 할 수 있다. 송전망 사용 효율을 높이며 신뢰도와 경제성을 높인다(㎖ 에너지관리시스템(EMS), WAMS 등).

2) 송배전 자동화(Transmission/Distribution Automation)

기존에는 전력망의 관리자가 변전소나 배전소, 전력 수요시설(공장, 병원, 가정 등)의 현장에서 수동으로 처리하던 작업들을 자동으로 원격제어를 가능케 하는 기술이다.
　미국에서 일부 지역에 상용화시켜본 결과, 송전에서의 큰 효율 증대와 5%가량 전력절감을 할 수 있었다. 또한 이 기술을 통해 어느 지역에 전력공급이 불안정하거나 정전이 되었을 때 병원이나 금융기관 등 안정적인 전력공급이 필요한 곳에 자동으로 공급해 줄 수 있다. 만약 이 기술이 미국과 캐나다의 송전선로에 일찍이 적용되었다면, 1990년대 말에 발생한 '북미지역의 대정전'은 막을 수 도 있었다.

3) 수요반응(Demand Response)

전력 공급자와 수요자 사이의 양방향 통신을 통하여 전력망의 상태에 따라 유연하게 전력 사용량을 조절하는 기술이다. 예를 들어 전력망에 과부하가 걸릴 때, 고객은 전력사용 자제요청을 인터넷이나 각종 온라인 매체를 통해 실시간으로 받게 된다. 또한 전력사용 절감 시 요금청구서로 보상(Bonus)을 받을 수 있다. 전체 전력사용량을 줄이고 피크 시 자가발전에 의해 분산전원 발전을 사용함으로써 분산전원 보급을 촉진할 수 있다.
　수요반응은 스마트그리드가 실제로 확산하는 핵심 애플리케이션이라고 할 수 있다. 수요반응의 확산에 핵심은 최종 소비자가 수요반응 프로그램에 참여할 수 있도록 하는 인센티브이다. 미국 에너지성(DOE)은 수요반응 확산을 위한 두 가지 프로그램을 추진하고 있다. 첫째, 가격기반 수용반응 프로그램으로서 RTP (Real Time Pricing), CPP(Critical Peak Pricing), TOU(Time-of-Use) 등이고, 둘째는 인센티브 기반 수요반응 프로그램으로서 전력망 신뢰성 문제 또는 높은 발전비용이 발생하는 경우에 인센티브를 부여해 문제를 완화 또는 해결해 가는 방식이다.

5.4 사용자 전력관리

1) 스마트미터(Smart Meter)

전력사용량을 시간마다 디지털 방식으로 기록하여 원격통신을 통해 보고한다. 이 장치는 스마트그리드 시스템에서 매우 중요하며, 전력망의 전력 사용량 시간대별 변화에 따라 가격측정을 가능케 한다. 즉 피크시간 동안 전력사용을 피하게 함으로써 고객은 경제적인 보상을 받음과 동시에 전력망에 걸리는 부하를 줄일 수 있다.

앞으로 스마트미터에 이산화탄소 저감량도 기록할 수 있는 미터기능을 추가하여 단위 사업별, 개인주택별 온실가스 저감량을 할당할 수 있는 기후변화 관리역할도 수행할 예정이다.

2) 스마트빌딩(Smart Building)

공조 설비, 냉난방, 조명 등의 에너지 사용을 센서와 자동제어 기술을 이용해 전력망과 연결되어 건물 에너지사용을 전력망 상태에 따라 조절할 수 있다. 수요응답이 필요한 때 건물에너지 사용을 줄일 수 있다.

3) 스마트 가전제품(Smart Appliance)

스마트 가전제품은 스마트 칩이 내장되어 전력망의 신호를 받아 전력망에 부하가 걸릴 때 사용을 줄일 수 있다. 또한 전기요금이 저렴할 때만 작동하도록 프로그래밍을 할 수도 있다. 온수기, 건조기, 냉난방장치에 응용되어 피크 시의 전력사용을 줄이고 전력망의 안전성을 높일 수 있다.

4) 수요자 전압 조절(Consumer Voltage Regulation)

모든 전기기구는 표준전압에 작동하도록 설계되어 있다. 하지만 현재 전력망에서 공급되는 전기의 전압은 변동이 심하여 에너지를 낭비하고 민감한 반도체 설비, 모터 등의 수명을 단축시키고 있다. 수요자 측에 전압 조절장치를 설치하여 고품질의 전력을 공급한다.

[표 1.3] 스마트그리드 요소기술

핵심 R&D 영역		세부 항목
Grid 지능화기술	스마트 송전/계통운영	• 광역계통 실시간 감시/제어 : 고속시뮬레이션, 고장예지 • 전력수송 : FACTS, 초전도기기, B2B/HVDC • Network Balancing, Self-healing, Isolation
	스마트변전/지능화기기	• 디지털 변전소 : 고도화 기기, 복합 IED 개발 • 실시간 보호/제어, 고장자동복구, Dynamic Rating • 최적 자산관리, 실시간 감시/진단, 고장예지
	스마트배전	• 배전지능화, LOOP운전, 실시간 감시/제어, 고장예측 • 분산전원연계 : 태양광/풍력전원, 저장장치(객체) 연계 • DC 배전 : DC 객체 연계, DC 배전 요소기술
녹색서비스 기술	녹색서비스 인프라/플랫폼	• 고객서비스 아키텍처 • 고객서비스 운영 플랫폼 • AMI : PLC, HAN, 스마트 가전기기
	녹색 신 서비스	• DR/실시간-능동 가격시스템, Home-EMS • PHEV/PEV : 충전 인프라, V2X • 녹색 신서비스 개발, 에너지 컨설팅
ICT인프라 표준화	통신, 보안 기반 표준화 활동	• 유무선 통합 그리드 플랫폼 • Self-Organization, 자기치유(Self-Healing) • 서비스별 정보보호 체계 및 메커니즘

5.5 전력선 통신(PLC, Power Line Communication)

그동안 전력선(Power Line)은 단순히 각 가정이나 사업장에 전력을 공급하는 전송선로로서 사용됐다. 그러나 약 15년 전부터 전력선을 전력전송 수단뿐만 아니라 통신수단으로 사용하고자 하는 아이디어를 실용화한 저속 전력선 통신(PLC) 기술이 개발되어 주로 조명이나 배전선의 제어용으로 사용해 왔다.

전력선은 별도의 배선이 필요 없기 때문에 편리하고 구축비용이 저렴하다. 또한 전력선은 조명뿐만 아니라 방범, 방재, 가전기기를 제어하는 기능을 수행하기도 한다.

PLC 방식은 크게 22kV의 고압 송전망을 이용하는 방식과 110/220V급의 일반 수용가 전력망을 사용하는 방식으로 구분되며, 특히 저압의 수용가 망에 대한 연구개발이 활발하게 진행되고 있다.

PLC는 지금까지 각종 부하에 따른 열악한 통신채널 특성으로 인해, 저속 통신에 기반을 둔 음성 전송이나 원격제어, 검침 등의 단순한 응용분야에 주로 활용됐다. 그러나 최근 부하로 인한 잡음을 제거하고, 임피던스 매칭, 전송속도 및 전송거리 증대 등 기술적인 문제가 해결되면서 새로운 가능성을 보여주고 있다. 그래서 최근에는 가정에서 초고속 인터넷 접속의 유망한 수단으로 관심을 끌고 있다.

PLC의 기본원리는 구리선을 이용한 초고속데이터통신망(ADSL)과 유사하다.

전력은 60Hz의 저주파 파형으로 전달되며, 데이터는 해당 매체가 수용할 수 있는 주파수 대역폭에서 고주파 대역(2~15MHz)으로 전송하는 기본원리는 다음과 같다.

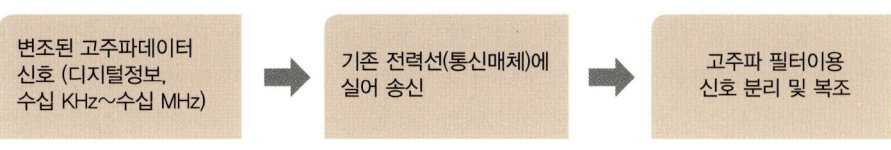

[그림 1.13] PLC의 기본 원리

1) PLC의 종류

PLC는 사용하는 주파수 대역에 따라 크게 협대역(Narrow Band) PLC와 광대역(Broad Band) PLC로 구분된다. PLC를 추진하는 단체는 여러 곳이 있으나 표준안의 제시는 HPA(HomePlug Power-line Alliance), UPA(Universal Power-line Association)가 주도하고 있다.

① **협대역 PLC** : 9~450kHz 대역을 사용하여 수 kbps 급 통신 속도를 실현하며 제어신호 및 인터폰 등의 저속 데이터 서비스를 제공하는 기술로 저속 PLC 또는 저주파 PLC라 한다.
② **광대역 PLC** : 1.7~30MHz 대역을 사용하여 수 Mbps에서 100Mbps급의 통신 속도를 가능하게 하며 음성, 데이터, 멀티미디어 신호의 전송서비스를 제공하는 기술로 고속 PLC 또는 고주파 PLC이라고 한다.
③ **옥내 PLC** : 하나의 건물 내에 부설된 110/220V 저압배선 케이블을 이용하는 PLC
④ **옥외 PLC** : 변전소에서 고압(22.9kV) 배전선로를 이용하여 통신망을 구성하는 고압 PLC와 주상변압기에서 가정용 전력량계까지 저압인입선을 이용하는 옥외 저압 PLC로 구분한다.

[표 1.4] 전력선 통신 구분 및 대상시장 구분

구분	통신 속도	적용대상
저속	60bps~수백 bps	Home Network(가스·조명 등 단순 제어용)
중속	2,400bps ~ 19,200bps	Home Network(가전기기 Networking) Industrial 기기제어 및 감시(조명제어·전력감시 제어 등)
고속	1Mbps 이상	Broadband Network(BPLC) AMR(광역 원격검침) 디지털 영상 전송

2) PLC의 특징

PLC의 역사는 1920대부터 시작되었지만 광대역 데이터 전송의 개념은 최근에 개발되었다. 새로 개발된 전력선 통신 기술은 양방향 통신으로 기존의 단방향 저속 통신을 대체하면서 더욱 넓은 대역폭이 가능해졌다. 지금까지 PLC 기술의 주요 어플리케이션들은 부하 모니터링 및 관리, 저용량의 데이터 통신, 다양한 오토메이션 시스템, 원격 검침 시스템과 9600bps의 저속 데이터 통신과 아날로그 신호 전달에 제한되어 있었다. 무엇보다도 부하 영향과 선의 신호 감쇠가 데이터 통신에 큰 영향을 미치지 않는 가장 최적의 전력선 채널 스펙트럼도 최근 국내업체(젤파워)에 의해 제시되었다.

3) PLC의 장·단점

① 장점
- 기존의 전력시설을 활용하기 때문에 비용이 적게 들고 설치기간이 없거나 매우 짧아 새로운 통신망을 구축하는 것보다는 비용 측면에서 효율적이다.
- 전 세계 대부분 가정에는 최소한 하나 이상의 전원 플러그가 설치되어 있어 이를 통해 어떠한 통신기술 보다 이용자들이 익숙해져 있어 사용이 쉽다.
- 단일 인프라를 통해 음성, 영상, 데이터 및 기타 서비스를 보다 쉽게 통합하여 서비스를 제공할 수 있어서 통신, 전력 및 기타 부가서비스를 하나의 사업자로부터 일괄적으로 제공받고자 하는 소비자를 보다 효과적으로 공략할 수 있게 된다.
- 통합서비스를 통한 마케팅 및 고객 유지관리를 위한 비용의 절감, 일괄적인 요금 청구 및 이용자 보호 등을 동시에 달성하여 규모의 경제를 실현할 수 있다.
- PLC 방식은 전용선 통신방식보다 약 20% 이상 경제적이며 효율적인 방식이고 또한 친환경적이며, 시공기간도 대폭 단축할 수 있다.

② 단점
홈네트워크나 인터넷 접속을 위한 대안으로 등장하기 위해서는 아직도 많은 장애요인이 있다.
- 우선 비용 상의 문제점으로 현재로서는 기술의 상용화와 비용 우위를 동시에 달성하기는 어렵다. 이와 같은 고비용의 주된 원인은 기술적 불안정성과 그것을 보완하기 위한 추가적인 소모비용, 그리고 높은 부하간섭과 잡음(Noise)현상이 기술의 상용화를 더디게 하고 비용 상으로 불리하게 만들고 있다.
- 기술적으로는 가입자 접속을 위한 통신선로로서 제한된 전송능력으로 인해 통신 가능 거리에 대한 제약이 존재한다.
- 가변적이고 높은 감쇠 현상, 가변 임피던스 레벨잡음, 주파수 선택적 페이딩(Fading)채널의 특성, 전력선 배치의 구조적 문제로 인한 가입자 증가 시의 신호 처리 장애 또는 신호 폭주 시 문제처리 능력 미비 등 보완이 필요하다.

- 정책적으로는 전력과 통신을 분리하여 시장을 운영하는 각국의 규제정책과 업체 및 국가 간의 표준화에 대한 이견 등이 걸림돌이 되고 있다.

대부분의 국가가 저속의 데이터 전송을 위한 주파수 대역은 할당되어 있으나 고속 데이터 전송을 위한 주파수 규제는 완화를 검토 중이거나 새롭게 제정하려는 단계이며, 저속 PLC 부분은 국제표준화가 가닥을 잡아가고 있다. 중·고속 PLC 부분도 경쟁적인 국제구도에 의해 부하간섭, 잡음현상 및 통신 가능 거리가 최근 상당 부분 해소되고 있다.

4) 통신 네트워크(Communication Networks)

케이블, 광섬유 송전선과 무선통신은 스마트그리드를 통합하는 중요한 부분이다. 전력망 상태에 따라 전력기기들이 정보를 주고받고 대응하게 한다. 사용자 수요 관리 영역에서 사용자 정보 게이트웨이(Consumer Information Gateway)는 쌍방향으로 전력망과 연결되어 가정, 공장 등 수요자 측의 전력사용 정보를 전력망에 전달하는 핵심적인 역할을 하게 된다.

고압 PLC 개발에는 기술적인 난제가 많다. 고압 PLC가 개발되어 전력망을 통신망으로 융합할 때에는 전력망을 인터넷으로 활용할 수 있어 설치비가 고가인 별도의 통신선이 유명무실해진다.

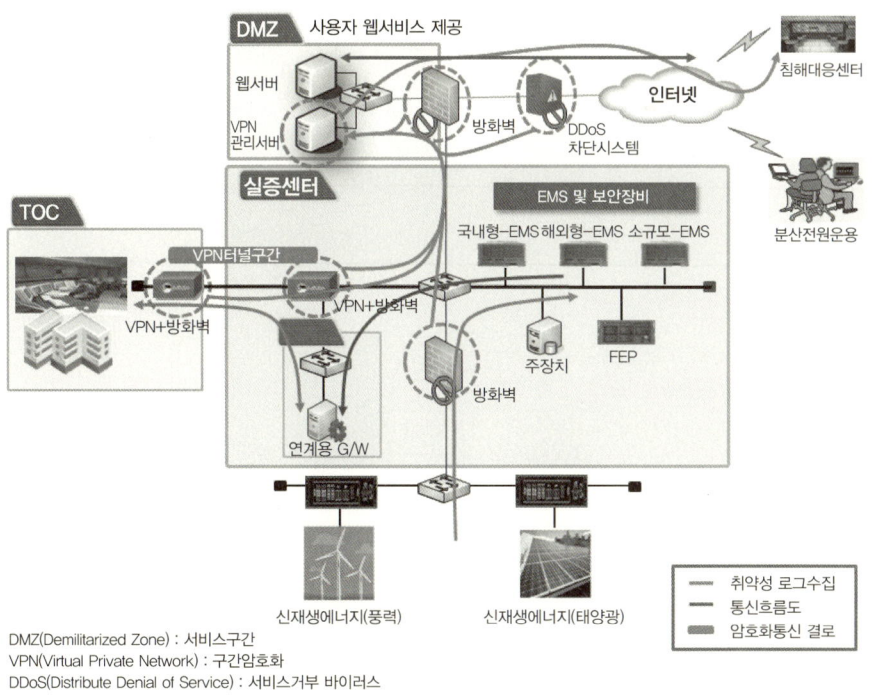

DMZ(Demilitarized Zone) : 서비스구간
VPN(Virtual Private Network) : 구간암호화
DDoS(Distribute Denial of Service) : 서비스거부 바이러스

[그림 1.14] 보안시스템 구성도(출처 : 제주 실증사업보고서)

5) 보안통합(Security Integration) 기술

고압 PLC 기술과 같이 앞으로도 계속 연구가 되어야 할 분야로 서비스별 정보보호 체계와 메커니즘 등 보안 기반기술과 보안 통합기술 개발도 병행 추진해야 한다.

① **접근 보안** : ID/Password 방식의 사용자 인증, 사용자 접근제어 방식 구축
② **네트워크 보안** : 통신구간 암호화 및 상호인증, 원격사용자 네트워크 접근제어, IP, Port 단위의 권한별 정책관리 등 통합보안관리 시스템 구축
③ **시스템 보안** : 보안 OS를 통합 시스템 접근통제, 바이러스 방역체계 구축
④ **물리적 보안** : 출입통제, 잠금장치, CCTV 설치를 통한 보안체계 확립 등

Chapter 02

스마트그리드의 국외 동향

Section 01 스마트그리드 해외 시장동향
Section 02 스마트그리드 해외 시범사업
Section 03 21세기 그리드를 위한 미국정책의 시사점

Section 01
스마트그리드 해외 시장동향

1.1 탄소제로도시의 확산

최근 영국, 일본, 스페인, UAE, 중국, 캐나다 등 세계 곳곳에서 탄소제로 도시 프로젝트가 붐을 이루고 있다. 탄소제로 도시는 이산화탄소 순배출량이 '0'인 도시를 의미한다. 에너지 절감형 건물(에너지 효율화)을 짓거나 친환경 교통시스템을 도입, 폐기물 재활용 등의 방식으로 탄소배출량을 최대한 줄이고, 그래도 발생하는 탄소는 나무를 심거나 탄소배출권을 구입함으로써 상쇄(Offset)하여 실질적인 탄소배출을 0(Zero)으로 만드는 것으로 화석연료 기반의 전기를 사용함으로써 발생하는 간접적 탄소배출(Indirect Emission)을 신·재생에너지로 대체하여 감축하는 것이다.

[표 2.1] 탄소제로 도시 확산의 주요 배경

추진 목적	주요 배경
기후변화 대응	선진국은 교토의정서 발효에 따라 온실가스를 의무적으로 감축해야 하며, 한국도 2013년경 의무 감축 국에 포함될 것으로 예상 ※ '탄소배출권거래제' 시행으로 탄소배출량이 경제적 가치 보유
녹색산업 주도권 강화	탄소제로 도시 개발을 통해 환경·에너지 관련 기술 및 시장주도권을 장악 ※ 도시개발은 복합시스템 사업으로 다양한 산업에 파급효과가 큼
도시경쟁력 제고	녹색경제(Green Economy)시대를 맞아 저탄소·저에너지가 도시 경쟁력의 핵심요인으로 부상 ※ 오염이 없는 쾌적한 도시환경을 구현하여 거주민의 만족도 제고
친환경이미지 제고	환경오염국의 이미지를 탈피, 친환경이미지를 높이기 위해 탄소제로 도시를 건설하고 대외적으로 홍보(중국의 예)

도시의 수명을 고려할 때 탄소제로 도시개발은 장기적·거시적으로 상당한 편익을 제공한다는 견해가 지배적이다. 우리나라는 '에너지 다소비국가'이면서도, 에너지 대외의존도가 97% 이상인 현실을 감안할 때 탄소제로 도시 건설이 더욱 절실한 입장이다. 게다가 2009년 12월 코펜하겐 협상에서 우리 정부가 약속한 2020년까지 온실가스배출량을 전망치 BAU 대비 30%의 감축 등을 위해서라도 '저탄소 도

시'로의 전환이 매우 중요하다. 특히 신도시·재개발(뉴타운)·보금자리주택 등 친환경 도시를 건설할 때 탄소제로에 맞먹는 특단의 탄소저감 방안을 적용할 필요가 있다.

앞으로 본격적으로 개막될 '그린 컨버전스' 시대를 주도하기 위해서도 테스트베드의 역할을 할 수 있는 탄소제로 도시건설이 필수이다. 또한 국내기업들이 해외에서 탄소제로 도시개발을 수주하기 위해서는 탄소제로 도시를 개발했던 경험(Track Record)이 있어야 한다는 점도 무시할 수 없는 과제이다.

[표 2.2] 우리나라의 온실가스 배출 및 에너지 소비현황

		현 황	비 고
온실가스 (2006)	배출량	6억 톤	1990년의 2배
	1인당 배출량	12.4톤	연평균증가율(1990~2006) : 3.7%
에너지 (2009)	총 소비량	2.4억 톤	세계 9위
	1인당 소비	4.99톤	
	대외의존도	96.4%	원유수입 세계 4위
	부문별 소비비중	산업(58%), 가정·상업·공공 (22%), 수송(20%)	산업을 제외하면 주로 도시생활과 관련

*에너지경제연구원(2011) : '2010년 에너지통계연보' 보도자료

1) 영국 베드제드(BedZED) 탄소제로 시범단지

2002년에 100가구를 완공한 BedZED(Beddington Zero Fossil Emissions Development)는 화석연료 대신 태양, 바람 등을 에너지원으로 사용해 탄소배출량 제로를 지향하는 친환경 마을로 주요 에너지관리시스템과 태양광패널, 태양광전지로 자동차 충전, 열병합발전소 등 녹색교통계획에 따라 전기 또는 하이브리드 승용차 40대를 공용으로 사용하고 있다.

베드제드는 전기뿐 아니라 물 사용량도 모두 검침기에 나타나 절약을 유도하고 있다. 빗물을 저장탱크에 받아 화장실에 재사용하고, 온실 마련, 하늘 정원, 30cm 슈퍼 단열재 등 태양에너지를 최대한 활용한 남향주택으로 난방수요도 다른 주택에 비해 1/10로 절감된다. 지붕에 설치된 태양전지로 전기사용량의 10%를 충당하고 나머지는 폐기물고형연료(RDF, Refuge Derived Fuel)를 사용한 바이오매스 열병합발전으로 전력 자급자족을 이루고 있으며, 발생하는 폐열로 난방을 해결하고 있다.

수송수단은 재택 근무실 공간마련과 '녹색교통계획'에 따라 공용 하이브리드 승용차 40대를 두고 필요할 때만 이용료를 내고 임대하고 있다.

2) 독일 프라이부르크의 태양 녹색도시

독일 프라이부르크는 인간과 자연이 공생하고, 도심은 사람과 자전거가 주인인 태양 녹색도시이다. 시의회에서는 건물의 에너지절약 기준을 강제적으로 적용하는 한편 태양광발전, 소수력, 열병합발전을 장려, 1992년을 기준으로 2010년까지 온실가스를 25% 이상 줄이는 에너지계획을 실천하고 있다. 롤프디쉬(Rolf Disch)가 설계한 회전형 태양건물 '헬리오트롭(Heliotrop)'은 3층짜리 원통형 나무집으로 전면은 단열유리로 이루어져 있고 뒷면은 단열재로 덮여 있다.

한집에서 사용하는 전력소비량은 절반밖에 사용하지 않는 집이 있을 정도로 사용량이 적은 반면, 한집 당 평균 생산전력은 평균 8,500kWh으로 남는 전력은 정부가 50센트/kWh로 구매함으로써 8~9년이면 투자 회수가 가능하다. 난방용 전력은 12kWh로 다른 주택(15kWh)보다 적어 연간 200만ℓ의 석유와 500톤 이상의 이산화탄소 배출량을 절감한다.

[그림 2.1] 독일 프라이부르크 헬리오트롭과 태양열배관

3) 일본, 요코하마 등 4개 도시에서 스마트그리드 실증

일본은 요코하마시, 키타규슈시(후쿠오카현), 도요타시(아이치현), 케이한나학연도시(교토부:京都府) 등 4개 도시를 스마트그리드 실증사업 시범도시로 선정, 5,000세대에 태양광 및 풍력발전기와 스마트미터, 가정용 2차 전지 충전기 등을 갖춘 스마트그리드 시스템의 효용성 시험을 위해 5년간 1,300억 엔에 달하는 실증프로젝트를 시작했다.

4개 지역의 실증이 진행되는 한편, 정부주도로 진행 중인 '종합특구·환경 미래도시 구상'에 대한 특별 사정(査定)도 검토되고 있다. 지자체들은 이번 실증사업을 통해 이산화탄소 배출량을 앞으로 15년(2026년)까지 적어도 30%까지 감소할 수 있을 것으로 전망한다.

4개 지역 외에 동경전력은 2010년 10월 동경 코다이라(小平)시에서 시작한 스마트계량기와 무선방식의 통신네트워크 기능을 검증하는 자동검침 실증시험이 동일본대지진의 영향으로 잠시 중단되었으나, 2011년 10월에 재개되었다. 현재까지 약 1,000호에 설치된 이 시스템은 30분 단위 무선방식으로 자동 송신하고, 서버에 집약하는 시스템으로 구축할 계획이다.

[표 2.3] 일본 스마트 커뮤니티의 가능성과 과제(출처 : 일본 전기신문)

스마트 커뮤니티 일본국내 4개 지역의 도입상황	
◎ 요코하마시(총사업비 740억 엔) [광역대도시형] 미나토 미라이, 고호쿠(港北)뉴타운, 카나자와의 3 지구에서 실행 4,000세대에 스마트하우스, EV 2,000대 보급, 태양광발전 및 대규모 에너지관리	◎ 도요타시(총사업비 227억 엔) [개별주택형] 70호의 주택에 태양광, 연료전지, 히트펌프, 차세대자동차를 함께 도입(주택 추가 검토 중) EV, PHEV 합계 약 3,100대 도입
◎ 케이한나 학연도시(총사업비 136억 엔) [주택단지형] 주택 300호, 업무용빌딩, 연구기관이 에너지관리 대상 대상지구의 900호 전체에 태양광 설치	◎ 키타규슈시(총사업비 163억 엔) [지방 중소도시형] 키타규슈 히가시다(東田)지구의 주택 200호, 기업 70개사 등이 대상 지역 내 모든 고객에게 스마트미터 설치

4) 미국 뉴멕시코주 태양광 · 스마트그리드 실증단지

미국 뉴멕시코주 로스앨러모스와 앨버커키(Albuquerque)의 태양광 및 스마트그리드 프로젝트에 총 31개의 일본기업이 참여하고 있다. 프로젝트는 미국 측이 100억 달러, 일본이 3,340만 달러를 투자할 예정이다. 뉴멕시코주는 연평균 일조량이 343일로 풍부해 뛰어난 태양광 실증요건을 지니고 있다.

5) UAE 아부다비 마스다르(Masdar) 프로젝트

아부다비 인근에 2016년까지 총 220억 달러(약 29조 원)를 투입해 인구 5만 명 규모의 신도시를 건설하는 초대형 프로젝트로 탄소, 쓰레기, 화석연료, 그리고 자동차가 없는 4無의 도시를 추구한다. 빌딩에너지 효율화를 통해 탄소배출을 56% 감축하고, 신 · 재생에너지를 사용해 24%, 폐기물을 재활용하거나 에너지로 변환함으로써 12%, 전기자동차 등 청정 교통시스템을 도입해 7%를 감축해서 궁극적으로 완전한 탄소제로 도시를 구현하겠다는 구상이다. 부문별 탄소배출 저감방안은 다음과 같다.

① **건물** : 효율적인 에너지 설계를 하여 단열강화, 자연채광 및 자연통풍 확대, LED 조명 설치, 바람길 및 그늘 확보가 가능한 건물 배치를 통해 열섬현상 방지
② **교통** : 도시의 간선도로 폭이 10m에 불과하고, 내연기관 자동차를 불허하여 전동 PRT(Personal Rapid Transit)시스템, 세그웨이, 태양광자동차, 경전철 등 청정 교통수단을 이용
③ **에너지** : 에너지 사용량을 상시 모니터링 할 수 있는 시스템을 구축하고, 현재

10MW 규모의 태양광발전소가 완공되어 전력을 공급 중이며, 에너지원별 비중을 태양광(52%), 태양열(26%), 진공집열기(14%), 폐기물 에너지화(7%), 풍력(1%) 등 100% 재생에너지를 사용

④ **폐기물** : 물 사용량 50% 절감 및 물 재순환 80%를 목표로 도시의 모든 폐기물이 100% 재활용/재순환 또는 에너지화

6) 캐나다 Dockside Green

캐나다 서부 밴쿠버 인근의 빅토리아 내항에 있는 (구)공업단지 부지(12만m^2)를 주거시설, 오피스, 광산업단지, 공원 등이 복합된 탄소제로 복합단지로 재개발하는 프로젝트이다. 약 5억 캐나다달러를 들여 초기부터 세계적인 친환경인증인 LED Platinum 등급 획득을 목표로 건물과 시스템을 계획하였으며, 탄소배출을 최대한 줄이고, 바이오매스 플랜트를 통해 에너지 자급률(약 75%)을 높여 탄소제로 도시를 구현한다는 것이다. 현재 약 40% 공정률로 완공까지는 앞으로 6년 정도가 소요될 전망이다. 부문별 탄소배출 저감방안은 다음과 같다.

① **건물** : 건물방향, 단열, 옥상녹화, 폐열 LED 조명, 동작인식 기반 조명제어, 차양설치, 고 에너지효율 가전을 사용하는 등 Passive Design 등을 통해 건물 에너지 사용량을 50~52%로 절감하며, 주거단지는 LEED 'Platinum' 등급을 획득

② **교통** : 대중교통 활성화, Car Sharing 프로그램 도입(전기자동차), 수상택시 이용, 주택과 주차공간 분리 판매 등을 통해 탄소배출 최소화

③ **에너지** : 태양광 발전, 폐열회수 시스템을 도입하여 지구 내 바이오매스 플랜트에서 폐목재 조각 등을 가스로 변환시켜 온수와 열을 공급하고, 잉여 에너지는 인근에 판매한다. 각 가정에 물, 전기, 열 등 언제 어디서나 인터넷에 접속하여 모니터링 및 컨트롤이 가능하도록 에너지 사용량을 종합 모니터링 할 수 있는 인터넷 기반 시스템을 설치하여, 자발적 에너지절약을 유도

④ **폐기물** : 하수를 정수하여 화장실, 농지, 연못 등에 재활용하고, 절수형 샤워헤드 · 변기 · 세탁기 등을 사용하여 물 사용량을 66.5% 절감

7) 중국 동탄(東灘) 탄소제로도시

2050년까지 상하이 인근 총밍섬(맨해튼의 3/4 크기인 86km^2)에 인구 50만 명을 수용하는 탄소제로 신도시를 건설하는 장기 프로젝트로 '환경 친화적 국가'라는 이미지를 겨냥한 국가전략 프로젝트이다. 전체 부지의 40%는 도시로 개발하고 나머지는 농업 및 에너지 생산기지로 활용하거나 습지상태를 유지할 예정이다.

2010년까지 1단계(1km^2, 1만명 수용), 2020년까지 2단계(6.5km^2, 8만명 수용), 2050년까지 3단계(30km^2, 50만명 수용)로 이루어진 초대형 프로젝트이다. 옥상녹화, 바이오매스 등 다양한 환경 · 에너지기술이 적용될 예정이며, 완공되면 일반도시 대비 에너지 사

용 60%, 오폐수 배출 88%, 폐기물 배출 83%이 매우 감소할 것으로 기대된다. 부문별 탄소배출 저감방안은 다음과 같다.

① **건물** : 태양광 패널이 설치되어 소비에너지의 약 20%를 공급하며, 모든 건물은 8층 이하로만 지을 수 있고, 단열·방음·수자원 재활용을 위해 지붕은 모두 잔디와 녹색식물로 녹화
② **교통** : 탄소제로 자동차, 연료전지 등을 사용하는 무공해 버스·트램·수상택시 등 친환경 교통수단만 허용하며, 가솔린 오토바이는 불허하고, 전기스쿠터나 자전거로 대체하여 친환경 대중교통 중심으로 도로 교통체계 설계
③ **에너지** : 쌀겨를 연료로 하는 열병합발전소가 열·냉방·전기를 공급하며, 도시 외곽에 해풍을 이용하는 풍력발전 등을 설치하여 모든 에너지 수요를 바이오, 풍력, 태양광 등 재생에너지로 충당할 예정이다. 또한 중앙에너지센터가 풍력, 바이오에너지 등 전체 에너지를 관리한다.
④ **폐기물** : 80% 정도의 고형 폐기물을 재활용하여 대부분의 도시 폐기물이 바이오 연료 등으로 재활용되며, 유기물 쓰레기는 에너지원 또는 비료로 활용

1.2 미국·캐나다의 시장동향

에너지를 공급에만 초점을 맞춰왔던 미국의 정책에 '절약'과 '환경'이라는 이슈가 새롭게 등장하면서 최근 미국의 에너지 정책기조가 '공급' 위주 정책에서 '절약' 중심으로 전환 중이며, 오바마 정부가 들어선 이후 더욱 가속화되고 있다. 또한 석유, 석탄, 가스와 같은 화석연료에 지급하는 보조금을 대폭 삭감하여 2012년 정책 예산에서 청정에너지 분야 연구 및 개발 지원을 활성화하고, 전기자동차를 구매하는 단계에서부터 미리 세금을 공제하여 판매가격 자체를 낮추는 법안을 2012년 회계연도 중 295억 달러를 미 에너지부(DOE, Department of Energy)에 지급하기로 되어 있다.

미국은 전력 인프라 시설이 노후하여, 대규모 정전사태와 같은 각종 사고가 자주 발생하고 있다. 이에 대응하여 전력공급의 안정성 및 신뢰도 제고를 위해 전력 시스템 관련 기술과 IT를 융합한 새로운 기술이 요구되었다. 그리하여 DOE에서는 새로운 전력산업의 미래를 이끌어 갈 'Grid 2030'이라는 새로운 비전을 [표 2.4]와 같이 제시하였다.

1) 인텔리그리드(Intelligrid)

미국의 스마트그리드 관련 프로젝트 중 가장 대표적으로 활발히 추진하고 있다. 2003년 미 에너지부(DOE)의 지원으로 미국 전력연구센터(EPRI)에 의해 시작되었으며, EPRI의 주도로 세계의 수많은 기업 및 연구소, 대학 등의 많은 참여로 R&D가

진행되고 있다. 현재 우리나라의 한국전력연구원이 연구비를 출연하고 2차 연구프로그램에 참여 중이다.

사전조사에 의해 인텔리그리드의 R&D 4대 영역을 살펴보면, EPRI는 인텔리그리드 아키텍처, DER/ADA(Dispersed Energy Resource/Advanced Distribution Automation), 컨슈머 포털, FSM(Fast Simulation and Modeling)의 4가지 영역을 중점적으로 개발하고 있음을 알 수 있었다(*자세한 내용은 'Session 3'을 참조).

[표 2.4] Grid 2030 프로젝트

2010	2020	2030
양방향통신이 가능하고 요금거래 Interface를 갖춘 차세대 스마트미터기 개발 그리드와 결합한 지능형 가전기구와 전기제품 개발 수요자 중심운영과 분산전원 개발로 전력시장에 소비자 참여 유도	Plug & Play 방식으로 전력, 냉난방, 습도조절 기능을 갖춘 수요자 중심의 종합에너지시스템개발(임대방식으로 확충) 전압, 주파수 등의 자동제어로 완벽한 전력품질 제공 원거리용 초전도 전력케이블 개발	어느 소비자가 원하든지 안정적이고 효율성이 높은 디지털화된 전력시스템 사용 전국 어디서나 저탄소 청정에너지의 사용 가능 누구나 사용할 수 있는 에너지 저장시스템 개발 국가 초전도케이블

2) 미국 의회 스마트그리드 지원 법안을 연방법안으로 통과

소위 '스마트그리드 법률'로 알려진 2007년 에너지독립안보법(EISA)은 미국 내 스마트그리드에 대한 관심과 투자를 구체화한 법률이다. 이 법률은 스마트그리드에 관한 일반적인 개념을 정의하고 스마트그리드 개념의 성공적 전개를 통한 전략적 이익의 기본 틀을 마련하고 있다. EISA에 포함된 스마트그리드에 대한 정책과 규정은 스마트그리드 개념의 성공적 실시에 필요한 규제 혁신을 점검하기 위해 스마트그리드 Task Force를 통한 연방정부 각 기관의 협조와 주 및 연방의 공동 노력을 요청하고 있다.

3) 그리드 와이즈(Grid-Wise)

2003년 DOE의 배전분야 부서에 의해 설립되었으며, 여러 전력회사의 대표자들로 이루어진 그리드 와이즈 얼라이언스(GWA, Grid-Wise Alliance)로 구성되어 있다. 정기적으로 회의 및 성과보고를 통해 기술 간의 교류를 꾀하고 있으며, 인터넷을 통해 그리드 와이즈 전자신문 및 보고서 등을 공개하고 있다. 사업자와 일반 시민들도 이런 정보에 쉽게 접할 수 있다.

민간 이해 관계자의 컨소시엄으로 시설, IT업체, 장비대여업체, 신기술 제공자 및 학계가 참여하고 있다. GWA 회원들은 스마트그리드 시스템이 인프라, 프로세스, 장비, 정보 및 시장구조를 통합할 수 있다고 하는 비전을 공유하고 있다. 이러한 통합시스템을 통해 에너지는 보다 효율적이고 저렴하게 생산, 분배 및 소비될 수 있어 스마트그리드는 보다 융통성 있고 안전하며 신뢰성을 갖는 에너지 시스템이 될 수 있다.

4) 액센추어(Accenture), 스마트그리드 데이터관리 솔루션

액센추어는 스마트그리드 네트워크를 통해 수백만 명의 실시간 데이터 통합 및 분석, 유틸리티 디자인, 전개, 관리를 위한 데이터관리 플랫폼인 AINDE(Accenture Intelligent Network Data Enterprise)를 출시하였다. 동 솔루션에는 스마트그리드의 빠른 구현과 리스크를 줄이기 위한 소프트웨어 애플리케이션, 분석관리 도구, 데이터베이스 및 프로세스 등이 포함된다.

INDE는 망에서의 가공되지 않은 데이터와 유틸리티의 기존 운전 및 기업 IT 시스템 사이에서 복잡한 운전관리를 위해 중앙 소프트웨어 역할을 한다. 또한 동 솔루션은 스마트그리드 디자인 가속화를 가져오는 동시에 비용 및 리스크 감소에도 도움이 될 것으로 기대된다.

5) 미국 에너지부(DOE), 스마트그리드 실증에 약 6억 달러 지원

2개 지역으로 나누어 대규모 에너지저장, 스마트계량기, 송배전시스템 모니터링 등이 포함된 총 32개 실증프로젝트로 진행된다.

민간 자금 10억 포함된 총 16억 달러 규모의 사업으로 16개 프로젝트에 총 4억 3,500만 달러가 지원되는 첫 번째 그룹은 21개 주에 광범위하게 실시간 커뮤니케이션, 정전방지를 위한 운영자의 모니터링과 전력 흐름 조절 모니터링 기기, 스마트미터와 In-home 시스템, 에너지저장, 신·재생에너지원의 전력망으로의 통합 등에 대해 스마트그리드를 실증하게 된다.

16개 프로젝트에 총 1억8,500만 달러가 지원되는 두 번째 그룹은 신규발전소 건립 필요성이 줄어들도록 유틸리티 규모 전력망의 안정성과 효율성을 높이는 첨단 배터리시스템, 플라이휠, 압축공기 에너지시스템을 포함한 에너지저장프로젝트를 진행하게 된다.

6) 미국 환경보호청(EPA) CO_2 유해물질 지정

온실가스 다량 배출시설에 대한 규제가 가시화되고, 미국 EPA는 2009년 12월 이산화탄소 등 온실가스가 건강을 위협하기 때문에 규제가 필요하다고 밝히면서, 온실가스 규제방안 마련과 온실가스 다량 배출시설 등록 등 구체적 방안을 발표하였다. 이에 따라 2010년부터 온실가스 대량 방출하는 발전소, 기관 등은 온실가스 방출에 제한을 받고 있다.

이러한 시점에서 스마트그리드는 청정, 안전, 신뢰할만한 에너지를 제공하기 위해 개발되어 있고, 신·재생에너지에 초점을 두고 있는 점 등을 볼 때 더욱 주목받을 것이다.

7) 스마트그리드, 반도체 칩 제조업체에 새로운 기회의 장

미국 연방정부의 스마트미터 설치 계획을 확대하여 반도체 칩 수요증가를 통해 침

체된 반도체 산업에 활력소를 부가한다. ADI(Analog Devices Inc.)는 보다 정교한 부품에 대한 요구를 받고 있다고 밝히면서 전력회사들이 지출과 리스크를 최소화하는 방안을 찾고 있다.

8) 캘리포니아주의 스마트그리드 진행현황

캘리포니아주 공공시설위원회 CPUC(California Public Utilities Commission)는 유틸리티들이 2010년까지 개별소비자들과 그들이 지정한 공급업체에 에너지 소비데이터 접근권을 주어야 하며, 2011년까지는 얼마 정도는 실시간 방식으로 데이터를 제공해야 한다는 정책을 채택했다. 에너지관리시스템(EMS)이 전력소비를 5~15%까지 줄일 수 있으나 그동안 관련 데이터를 이용할 수 없어 EMS활용이 어려웠다. CPUC의 동 정책으로 기존 시스템을 EMS로 바꾸어 캘리포니아의 다양한 상업용·주거용 에너지 서비스를 조성할 것이다.

9) 미국 DOE의 지능형 신·재생에너지 추진현황

DOE는 지역의 신·재생에너지 전개를 지원하는 5개 프로젝트를 선정하여 경기부양자금을 통해 2,050만 달러를 지원할 계획이다.

선정된 5개 프로젝트는 몬트필리어시, 포리스트 카운티 포타와토미 부족지구, 필립스 카운티, 새크라멘토 자치운영지구, 캘리포니아대학이다. 이 프로젝트로 인해 고용창출, 지역사회의 장기적 신·재생에너지 제공, 소비자 비용 감소가 기대되며, 청정에너지 인프라에 대한 투자가 촉진될 것으로 전망하고 있다.

10) 인텔 홈 에너지 매니지먼트 시스템(EMS)

인텔 Atom 프로세서는 스마트 어플라이언스, 스마트플러그, 스마트 전력 유틸리티 미터, 가정에 설치된 센서의 모니터링 교환, 데이터 조절을 위해 디자인된 저전력 임베디드 컴퓨팅(Low-power Embedded Computing) 패널이다. 컨셉터(Concept)는 중앙제어센터로 이는 가족 구성원에게 하루의 활동계획, 유틸리티 비용제어, 개인적 메시지 접근, 홈 보안시스템 작동을 돕는 정보를 제공한다.

11) 미국 Nations Power, 선불서비스 및 실시간 요금 제공

텍사스에 기반을 둔 'Nations Power'는 미국 유틸리티 최초로 전기 소비자들에게 선불서비스와 실시간요금 등 서비스를 제공한다. 텍사스 내 100만 스마트미터 설치 소비자들에게 제공 가능하며, 소비자는 전 달의 요금을 반영하거나 미래 사용량을 평가해 요금을 선택해 지불할 수 있다.

12) 미국 NIST, '2010 CES를 통해 고찰해 본 스마트그리드'

북미표준기술원(NIST)의 George Arnold는 '스마트그리드는 전력망 현대화의 인프라 프로젝트로 정전 시 전력망의 치유력을 향상하거나 분산발전을 가능하게 하는 등 새로운 기능뿐만 아니라, 새로운 제품과 서비스를 창출할 가능성도 가진다.'라고 하였다. 주간도로망, 전화망 및 인터넷과 같은 기존 미국의 다른 인프라 프로젝트처럼 스마트그리드는 국가 전체를 바꿀 수도 있다.

CES(Consumer Electronics Show)의 많은 혁신제품과 기술은 인터넷 브로드밴드 인프라로 인해 가능한 것들이었다. 인터넷은 20년도 채 안 되어 전 세계 사람들이 모여 정보를 교환하고 사회적 관계를 형성하고 일하고 쇼핑을 할 수 있게 했으며, 기업의 확장과 공급망을 간소화시켜 비용을 절감시키고 생산성을 높였다.

우리는 앞으로 몇십 년 후에 스마트그리드로 인한 인터넷과 같은 변화 양상을 보게 될 것이다. 인터넷이 우리가 정보에 대해 생각하고, 사용하고, 관리하는 방법을 근본적으로 바꾼 것처럼, 스마트그리드는 우리가 에너지에 대해 생각하고, 사용하고, 관리하는 방법을 근본적으로 바꿀 것이다. 스마트그리드는 자동차 오일을 전기로 대체시키고, 전기발전에 사용되는 석탄을 풍력과 태양광으로 대체시킬 것이다. 또한 스마트그리드는 국가적 우선순위의 일환으로(미국은 공공과 민간에서 82억 달러 이상을 투자) 막대한 노력과 자원이 집중되고, 미국 45개 주 및 지역 전체의 스마트그리드 프로젝트가 130개로 대폭 증가하여, 앞으로 3년간 약 1,800만개의 스마트미터와 약 120만개의 IHD(In Home Display)가 도입될 것이다.

소비자의 전기에너지 사용·관리는 근본적 변화를 겪게 될 것이다. 무형의 단방향 전기는 전기와 에너지사용 비용에 대한 실시간 정보로 양방향이 될 것이며, 스마트그리드는 버튼 하나만 누르면 보이는 사용자 우선(User Preference)에 기반을 두어 에너지 사용이 자동으로 최적화되고, 플러그앤플레이(Plug-and-Play), 자동인식(Auto-Configuring)이 되어야 하는 Enabled Device(유사기능이 특화된 저렴하고 사용하기 쉬운 IPTV, 인터넷 게임기 등을 말한다.)로 디자인되지 않는다면, 스마트그리드 전자제품은 21세기의 VCR이 될 것이다.

13) 미국, 스마트그리드 소비자 연합 출범

미국 가전 및 기술기업, 유통업체, 소비자단체, 유틸리티 등이 창립하였으며, 소비자 수용 형성과 스마트그리드 사용을 돕기 위해 스마트그리드 소비자 연합(SGCC : Smart Grid Consumer Collaborative)이 출범되었다. 회원사는 Control14, GE, GridWise Alliance, IBM, Magnolia/Best Buy, Office of the Ohio Consumers' Counsel, Silver Spring Networks 등이며, SGCC는 소비자 니즈 및 선호도 파악, 인지도 구축, 스마트그리드의 이익에 대한 소비자 교육, 베스트 Practice 공유 등의 활동을 전개할 예정이다. 한편, 북미 소비자의 절반정도는 차세대 스마트미터를 가질 것으로 예상되고 있으며, SGCC의 Executive Director는 '여러 이유로 전력시스템의 현대화를 추진해야 하지만, 소비자의 지원과 참여 없이는 아무것도 할 수 없다.'며 소비자와의 상호 네트워킹의 중요성을 시사했다.

14) 캐나다, 19개 클린에너지프로젝트에 1억4,600만 달러 투자

캐나다는 2008년부터 2012년까지 5년에 걸쳐 건물의 에너지 사용, 커뮤니티 열 생성, 재생 및 에너지 저장장치 등 19개 클린에너지 프로젝트를 발표하였고, 각 프로젝트에 250만 달러에서 2,000만 달러를 투입할 예정이다. 동(同) 프로젝트에는 캘거리시, 앨버타주, 온타리오주, 브리티시컬럼비아주 등에서 이루어지는 상업빌딩을 위한 스마트그리드기술 실증, 주거용 태양열 난방을 위한 태양열 집열방식 비교 및 저장기술, 밴쿠버 아일랜드의 100kW급 조력발전 장치, 프린스에드워드 아일랜드의 9MW 규모의 풍력발전 및 저장시스템 등이 포함된다.

캐나다 뉴브런즈윅(New Brunswick) 환경부는 스마트그리드 개발지원을 위해 NB Power에 240만 달러를 투입하였고, 환경부는 이 같은 투자는 뉴브런즈윅의 기후변화액션플랜의 목표달성을 확실히 하게 될 것이라고 밝혔으며, 망 개선의 목표는 풍력, 태양열과 같은 예측 가능성이 적은 전력이 망으로 들어오는 데 있어서의 상세한 변화 측정과 발전과 수요의 전력 흐름을 매칭(Matching)하는 것이다.

15) 미국 에너지부-국방부 간 청정에너지혁신 MOU

미국 DOE와 국방부(DOD, Department of Defence)는 2010년 7월에 청정에너지혁신 가속화와 국가에너지 보안 강화를 위한 MOU를 체결하였다. 안전, 보안에 대한 비전을 공유한 양 기관의 이번 MOU는 에너지효율, 신·재생에너지, 망 보안, 스마트그리드, 에너지저장 등의 내용을 포함하고 있다. 그동안 연료공급에 큰 비용을 지불했던 미국 군대는, 추가비용, 위험, 운영상의 유연성을 놓치는 등의 취약점을 줄이기 위해 DOE와 함께 신재생에너지, 효율성 개선을 추진하고자 한다.

DOD는 혁신적 에너지 가속화, 에너지효율과 신·재생에너지 기술 창출 및 실증을 위한 테스트 베드로서 군사시설 사용을 목표로 하며, DOE는 고급 에너지 기술의 개발과 전개에 대한 연방기구의 책임을 주도한다.

1.3 유럽의 시장동향

1) 유럽 전반

유럽은 낡은 석조건물이 많고, 통신선 설치가 어려워 홈네트워크용 전력선 통신(PLC) 요구가 증대되고 있으며, 광대역 인터넷통신 보급률이 낮아 PLC 이용한 인터넷시범사업을 활성화시키고 있다. 2005년 이탈리아에서는 저속 PLC를 이용한 3,000만 호 원격검침설비를 완료했다.

2010년 10월에는 EU 경제회복계획 미사용 예산 1.46억 유로를 에너지 효율성·신재생에너지·스마트그리드 프로젝트 지원 자금으로 전환하기로 EU 의장국인 벨기에와 합의했다.

2) 유럽(EU) 정부공동체 최초로 IRENA 가입

EU 유럽에너지집행위원인 Andris Piebalgs는 국제 신·재생에너지기구(IRENA) 가입에 서명했다. 본 기구는 2010년 1월26일 설립기구로 미국, 인도, 한국, 일본, 유럽과 아프리카 대부분의 국가가 가입하였고, 이로써 EU는 IRENA의 138번째 회원이자 정부공동체로서는 첫 번째 회원이 되었다. Andris Piebalgs는 EU의 IRENA 가입이 EU의 신·재생에너지 촉진 의지를 보여주는 것이라고 밝혔다.

3) 유럽재생에너지협회, 2050년까지 100% 재생에너지 공급방안 제시

유럽재생에너지협회(EREC: European Renewable Energy Council)는 'Re-Thinking 2050' 보고서를 발표, 유럽연합이 전기, 냉난방, 수송부문에서 100% 재생에너지를 공급하는 방안을 제시했다. EREC의 회장인 Zervos는 재생에너지 기반 경제는 기후변화 완화, 에너지공급안보 강화, 지속가능 미래 지향 일자리 창출 등의 이점이 있다고 강조했다.

이 보고서는 2020년까지 재생에너지 보급은 유럽연합에서 연간 에너지 관련 이산화탄소 배출량을 1990년 대비 약 1,200Mt까지 줄일 수 있고, 2050년까지 에너지 관련 이산화탄소 배출량을 90% 이상 감축할 수 있을 것으로 전망한다. 또한 재생에너지 부문은 2020년까지 총 270만 개의 일자리를 창출하며, 2030년까지 440만 개, 2050년에는 610만 개로 늘어날 것으로 기대한다. 2050년까지 재생에너지의 활용분야 중 가장 큰 영역을 차지할 분야는 재생 가능한 전력분야로, 특히 풍력이나 태양광과 같은 순수 전력생산 분야의 성장이 돋보일 것으로 보인다고 강조했다.

4) 영국의 스마트그리드 현황

영국정부는 대형 풍력발전 등 다양한 재생에너지원 개발에 주력하고 있다. 또한, 환경보호와 지속 가능한 성장의 관점에서 온실가스 절감과 대체에너지 보급 등에 주력하고 있다. 스마트그리드 기술을 유력한 수단으로 인식, 스마트미터(전자식 전력량계) 설치를 통한 파일럿 프로젝트를 추진해 왔다.

2009년 6월 영국은 대규모 풍력발전소 건설방침에 따라 지상 송전망 연결을 위한 150억 파운드(약 26조 원) 규모의 신규 송전망 건설계획을 발표한 바가 있다. 지난 총선에서는 보수당이 스마트그리드 추진 공약을 내세우기도 했다. 특히 에너지기후변화부(DECC)는 스마트미터 보급을 위해 70~90억 파운드의 예산을 책정했고, 스마트미터 설치를 통해 CO_2 저감과 재생에너지 적용에 따른 전력수급 문제를 함께 해결하려 하고 있다. DECC는 2009년 5월에는 2020년까지 모든 가정에 스마트미터를 보급하겠다고 발표했다. 이에 따라 70억 유로(약 10조 원)를 들여 약 2,600만 개의 전기계량기와 2,200만 개의 가스계량기를 스마트미터로 교체할 방침이다. 이를 위해 영국정부는 앞으로 20년간 각 가구당 전기요금에 추가로 연간

15.78파운드씩 부과해 전체 사업비인 110억 파운드를 충당할 계획이다.

British Gas는 2012년까지 200만 가구에 스마트미터 구축을 위해 6개의 회사와 수백만 파운드에 달하는 계약을 체결했다. 이에 따라 British Gas는 소비자들의 에너지 사용정보를 자동으로 모니터링 하는 네트워크를 구축할 것으로 보이며, 보다 정확하고 자동화된 빌링시스템을 고객들에게 제공할 계획이다.

또한 영국정부는 스마트그리드 관련 사업에 2년 동안 10억 파운드를 지원할 예정이며, 풍력발전 및 저탄소발전을 전력망에 연결하는 인프라 구축과 그 중 약 7억 파운드는 송전망 구축과 조력/파력발전의 전력송전을 위한 스코틀랜드 프로젝트에 쓰일 계획이다.

OFGEM은 전력생산 기업들의 신·재생에너지 생산 및 온실가스 감축 노력을 평가해 친환경 전력생산이 인증된 전력업체에 녹색 에너지 라벨을 부착할 계획이다. OFGEM은 현재 영국국민의 2%만 친환경 에너지를 구입하고 있지만, 신뢰감 있는 라벨이 도입되면 친환경 에너지 사용은 점차 늘어날 것으로 기대한다.

영국은 지능형 전력망 개발과 전기자동차 네트워크 개발을 추진 중이며, 5년 내에 전기자동차 상용화 목표로 전기자동차 충전소와 주차장 설립에 3,000만 파운드를 투자하고 있다. 이 투자금액은 4만 파운드 규모의 저탄소 자동차 지원금의 일부이며, 지역당국, 에너지공급자 및 사업체에 충전소 설치와 주차장 설치에 필요한 비용마련을 위해 협력할 것을 요청했다. 영국정부는 영국이 전기자동차와 저탄소 자동차 분야에서 선도국으로 발돋움하여 5년 안에 가정에 전기자동차와 저탄소 자동차를 보급하는 것이 목표라고 밝히고, 이러한 변화가 기존 자동차회사에 기회가 될 수 있다는 점을 강조했다. 한편, 스마트그리드 전문기업 알엘테크(RLtec)와 가전 제조업체 인디싯(Indesit)은 영국에서 최초로 스마트가전 시범사업을 시작하였다. 2009년 말 알엘테크는 변동수요기술(Dynamic Demand Technology)에 최적화된 냉장고와 냉장냉동고를 보급할 계획을 밝혔다.

5) 프랑스의 신환경법

프랑스는 신환경법(Loi Grenelle 1) 제정을 통해 온실가스 배출량을 1990년 대비 2020년까지 20%, 50년까지는 1/4 수준(Facteur)으로 감축키로 공식화했다. 이를 위해 지능형 계량기 보급사업, 풍력·태양광·조력 등 분산전원을 효율적으로 통합 가능한 새로운 전력망 시스템이 필요해 기술개발 및 지능형 전력망 로드맵을 수립해 놓은 상황이다.

6) 네덜란드의 스마트그리드 현황

네덜란드 전기시험센터(KEMA)는 스마트그리드 시범도시 프로젝트에 착수, 마이크로그리드 프로젝트를 추진하고 있다. Power Matching City를 콘셉트로 25가구 규모의 공동체에서 스마트그리드 도시를 구현하는 이 프로젝트는 유럽 최초의 마이크로그리드 프로젝트로 가구별 또는 공동으로 전기를 생산하는 발전설비를 갖추고 생산된 전기를 배분한다. 보유설비 및 장비는 하이브리드 열펌프, 태양열 패널, 스마트장비, 전기 차량 등이며, 동 프로젝트는 2년간 수행되어 대규모 스마트그리드 프로젝트의 모델을 만들고 소비자의 전기 소비행태에 대한 분석과 연구가 진행될 예정이다.

암스테르담은 전기자동차로의 사업전환 장려를 위해 300만 유로를 지원하기로 하고, 2015년까지 전기자동차 1만 대를 도입할 예정이다. 암스테르담 시는 앞으로 도로변과 공원, 운행시설의 최적위치에 약 200개에 충전소를 구축할 계획이며, 에너지회사 Nuon이 충전소에 신·재생에너지를 공급할 계획이다.

7) 이탈리아의 스마트그리드 현황

AlpEnergy는 이탈리아, 독일, 스위스, 프랑스, 슬로베니아, 오스트리아 6개 국가가 참여하는 재생에너지의 효율적 공급을 위한 국가 간 협력 프로그램을 알프스 지역 중심의 지능형전력망 구축을 시도한다. 이탈리아 에너지공사(ENEL)을 중심으로 유럽 11개 국가 에너지 분야 25개 유럽기업 및 연구소, 학계 등의 컨소시엄이 형성되어 1,900만 유로가 투자되는 'ADDRESS(Active Distribution Networks with Integration of Demand and Distributed Energy Resource) 프로젝트'를 진행하고 있다.

8) 독일의 스마트그리드 현황

독일의 전력시장은 완전히 자율화되어 있고, 전력망 등 송배전시설을 민간 기업이 소유하고 있어서 스마트그리드 구축을 위한 정부 역할은 제한적이라 할 수 있다. 하지만 독일정부는 스마트그리드를 위해 전력요금을 차등 적용하는 '전력검침제도 합리화 방안(2008)'과 연구개발을 지원하는 'E-에너지 프로젝트' 정책을 추진하고 있다.

'E-에너지 프로젝트'는 정보통신기술(ICT)을 기본으로 한 차세대 에너지 시스템으로, 2006년부터 강조한 스마트그리드(차세대 송배전망) 실증사업으로 에너지문제와 ICT 산업진흥의 합류점에서 태어난 국가 프로젝트이다. 2007년에는 기술공모를 통하여 모집한 28개의 지역사업 가운데 6개 사업을 'Beacon Project'로 채택했다. 공급신뢰성과 환경성, 경제성의 균형을 목표로 에너지정책의 장래를 고민하는 독일 원자력발전소의 운전기간 연장이 제안된 바 있으나, 이번 후쿠시마 원전사태 이후로 '탈원자력정책'과 재생가능에너지 비율을 30%까지 확대하기로 한 '트렌드를 뒤집을 움직임은 없다.'라고 한다.

Daimler AG, RWE AG가 구축하는 세계 최대 친환경 전기자동차 조인트 프로젝트인 베를린 'E-Mobility Berlin 프로젝트'는 메르세데스 벤츠와 스마트 전기자동차 100대 및 500개 충전소 운영계획을 가지고 있다. 주차장 중심으로 먼저 56개 충전소를 2010년부터 운영 중이다. RWE는 충전소 인프라 운영, 전기 공급, 중앙 통제시스템을 맡고, BMW 역시 베를린에서 바텐폴사가 재생에너지로 생산한

전력을 사용해 전기자동차 실증을 진행하고 있다. 요금 시스템은 전기자동차와 충전소 간의 데이터교환을 통해 이루어진다.

프라이부르크는 태양에너지를 활용한 세계 최초 회전형 주택 헬리오트롭(Heliotrope)을 실증한 친환경 주택단지 '보봉마을'을 구축하였으며, 또한 시민 출자로 바데노바 경기장의 태양광 발전장치를 구축했다.

9) 덴마크의 스마트그리드 현황

섬주민이 자발적으로 재생에너지 시설에 개인 및 공동 소유 또는 협동조합 형태로 투자한 '삼소(Samso)섬'은 지난 10년간 육상풍력발전 터빈 11기, 해상풍력발전 터빈 10기, 밀짚연소 난방공장 3기, 태양열·나뭇조각 연소난방공장 1기 등 다양한 재생에너지 시설을 건설하여 세계 최초의 탄소제로 도시에 근접하고 있다. 또한 10년 내 100% 재생에너지의 자립섬 마을과 100% 탄소 중립섬이라는 비전을 현실화하고 있다. 풍력발전의 비율이 이미 20%에 이르는 덴마크는 2025년까지 풍력발전의 비율을 50%로 확대시키는 동시에 보른홀름섬 방식의 스마트그리드를 전 지역으로 확산시킨다는 계획이다. 덴마크 보른홀름섬 2,000가구와 상업용 고객이 스마트폰, 태블릿, PC를 통해 온라인으로 가격을 확인하고 전기를 구입하는 'EcoGrid EU 프로젝트'의 일환이다.

10) 스웨덴의 스마트그리드 현황

스톡홀름은 유럽 최초 대규모 스마트그리드 실증사업을 진행하고 있다. 주관기관은 ABB, Nordic Utility Fortum이며 에너지효율 가구, 마이크로그리드 실현, 스마트그리드 디자인, 에너지저장, 파워그리드를 중점 개발목표로 하고 있다.

ABB와 Nordic Utility Fortum이 공동으로 신·재생에너지로부터 발생된 전력공급을 위한 다양한 솔루션개발 및 스웨덴 스톡홀름 내 새로운 단지에 대규모 스마트그리드 구축 및 디자인을 위해 합동개발 프로젝트 계획 중이다. 2020년까지 스웨덴 수도 70%의 지역에 온실가스 배출을 저감할 지속가능하고 효율적인 전력생산, 송배전에 포커스를 맞춘 도시성장을 목표로 하는 Clinton Climate Initiative의 16개 글로벌프로젝트 중의 하나로서 스톡홀름 Royal Seaport 지역에서 저탄소 배출 전력네트워크 개념을 테스트하는데 그 목적이 있다.

이번 프로젝트로 인해 스웨덴의 국가목표인 신·재생에너지(풍력, 태양력) 사용증대 및 2030년까지 스톡홀름 Royal Seaport 내 화석연료 사용 전면금지를 추진하는데 가속도가 붙을 것으로 전망된다.

11) 스웨덴·독일에서 스마트미터링 실증 시작

스웨덴과 독일에서 스마트미터링 실증사업이 시작되어 스웨덴의 SWECO사는 시간별 미터리딩(Hourly Meter Reading)에 대한 이점을 조사하고 있으며, 독일 에어딩(Erding)은 GE의 스마트미터 3만3,000개를 보급하고 있다. 스웨덴 유틸리티들은 이미 스웨덴 가정에 AMR 기술을 보급하였고, 2009년 여름에는 모든 소비자를 대상으로 실제 월별 미터 검침결과 기반의 전기요금 부과를 시작했다.

현재 EMI(Energy Market Inspectorate)가 스웨덴 엔지니어링 그룹 SWECO의 위임을 받아 시간별 미터 검침의 이점을 조사하고 있다. 이 조사는 현재 AMR 기술로 시간별 미터 검침 가능 여부와 더 많이 보급하기 위해 업그레이드가 필요한지를 분석하는 것이다. 한편 독일 에어딩의 공공사업부와 Stadwerke Erding은 3만3,000가구의 전기, 가스, 물, 난방 사용량을 보고하기 위한 스마트그리드 기술을 보급하고 있다.

1.4 일본·중국 등 아시아의 시장동향

안정적 전력공급 및 전력시스템 선진화 측면에서 본다면 아부다비 에미리트가 가장 앞서 있는 상태다. 스마트그리드의 핵심요소인 디지털 계량기를 2010년까지 전 가구에 공급하고, 인근의 탄소배출 제로도시인 '마스다르시티'는 전력소비 절감 차원에서 전력망에 스마트그리드 개념이 적용될 것으로 전망되고 있으나 수요관리 측면보다는 공급중심이 강하다.

중국 해양석유총공사(CNOOC)는 현재 전기차 배터리 충전소 건설을 계획하고 있으며, 리튬전지 생산업체인 텐진 리션배터리에 50억 위안을 투자하여 거대한 중국시장의 전기자동차 확산에 일조할 것으로 예상한다. 한편, 일본 산요전기는 푸조가 제작하는 하이브리드카에 니켈-수소 배터리 및 리튬이온 배터리를 공급키로 한 바 있다. 이미 산요 전지는 혼다 및 포드의 전기 하이브리드카에 니켈-수소 배터리를 공급하고 있으며, 조만간 폴크스바겐과 도요타엔 리튬이온 배터리를 공급할 계획이다.

1) 일본의 스마트그리드 개발현황

일본은 고속 PLC 통신을 옥내만 허가하였고, 도쿄전력과 간사이전력 등 일본 10개 전력회사는 전력을 효율적으로 공급하는 차세대 송전망인 스마트그리드 구축을 위해 2020년까지 약 1조 엔(12조 6,000억 원)을 투입할 계획이다. 도쿄전력은 올해 스마트그리드 도입에 착수, 2,000만대 이상을 보급할 방침이며, 간사이전력은 3월 말까지 40만 가구에 설치한 뒤 단계적으로 1,200만대로 확대할 예정이다. 이외 8개 전력회사도 스마트그리드 도입을 검토 중인 것으로 알려져 2020년까지 일본 내 전 가구에 스마트미터기 설치가 가능할 것으로 보인다.

총무성은 ICT를 활용한 스마트그리드 추진을 통해 환경파괴 최소화 등을 적극적으로 추진키로 하며, 스마트그리드 보급과 데이터센터 에너지 효율화표 등에도 나설 예정이다. 한편, 총무성은 이를 통해 2020년에 1990년도의 12.3% 수준까지 이산화탄소 배출량을 줄이겠다는 계획이다. 산업체에서 미쓰비시전기는 스마트그리드 실증설비 구축에 2012년 3월까지 7,600만 달러를 투자하여 효고현 아마가사키 공장지역에 전기배급 시스템과 충전배터리가 포함된 4,000kW 태양광 설비를 구축할 예정이며,

와카야마현에는 200kW 태양광 전력기기를 구축해 아마가사키 지역에서 모니터링하게 된다. 히타치, 도시바 등 대형 전자업체들도 스마트그리드 비즈니스를 향한 조직개편에 들어갔다.

히타치는 스마트그리드를 추진하기 위해서는 IT와 전력, 환경기술의 융합 등 종합적인 능력이 필요하다며 대담한 조직재편과 M&A에 착수했다. 2006년 미국의 대형 원자력기업인 웨스팅하우스(WH)사를 약 6,200억 엔에 인수한 도시바는 이번에는 약 4,000억 엔을 투입해서 프랑스 아레바(Areva)의 송·변전 배전기기 사업의 인수경쟁(2009.11.27)에 뛰어들었다. 가전업체 파나소닉은 2009년 12월엔 2012년까지 환경 친화적인 '그린홈' 사업을 새로운 핵심 비즈니스로 육성하기 위해 10억 달러(약 1조 원) 규모의 투자계획을 발표하여 진행하고 있다.

2) 일본 자동차업계, 전기자동차 및 배터리 개발에 박차

일본 경제산업성은 전기자동차의 본격 보급을 위해 지방자치단체와 제휴한 충전인프라 정비를 진행하고 있다. 2010년 4월 12일에 발표된 '차세대 자동차 전략 2010' 보고서에서 2020년에 완속충전기 200만대, 급속충전기 5,000대 정비를 목표로 설정했으며, 2010년도부터 100/200V의 완속충전기를 청정에너지자동차 등 도입촉진 대책비 보조금(CEV보조금) 대상에 추가했다.

자동차 각사 및 산업계의 업계단체 대표 등이 참가한 경제산업성의 차세대자동차전략 연구회에서 동 보고서가 채택되었고, 보고서는 정부의 적극적인 지원을 전제로 하이브리드차와 EV·PHEV로 대표되는 차세대 자동차가 일본 내의 신차판매 대수에 점하는 비율을 2020년도에 최대 50%, 2030년에는 70%로 높이는 것을 주된 내용으로 하고 있다.

EV의 본격보급에 필수적인 인프라 정비는 2020년까지 국가 및 지자체 등 '관'이 담당하며 전국에서 완속충전기 200만기, 급속충전기 5,000기의 설치를 목표로 하고 당면한 8개의 EV, PHEV타운을 중심으로 인프라 정비에 착수할 예정이다. 또한 국토교통성과도 제휴해 충전인프라의 소재지를 표시하는 위치정보와 국가·자동차메이커·충전기회사·전력회사·부동산회사 등을 중심으로 '충전인프라 등 정비 가이드라인'을 결정하고 있다.

관서전력, 미쓰비시 자동차, 미쓰비시상사, 미쓰비시 오토리스가 2009년 9월에 설립한 '관서전기자동차 보급추진 협의회'는 2010년 5월부터 전기자동차의 주행·충전에 관한 실태조사 연구를 개시했다. 보유하고 있는 EV나 충전설비를 제공하고 2년간에 걸쳐 전용기기에 의한 실제 운행 데이터를 파악해 나가면서 편리성, 경제 합리성 등 충전인프라를 검증하고 있다.

도요타 자동차는 가정용 전원으로 충전할 수 있는 플러그인 하이브리드카(PHEV)를 2011년 말부터 일반에 시판할 계획이다. 특히, 판매차량의 일정비율을 에코차로 의무화(미 CA주)하는 미국에는 연간 약 1만 5천 대를 판매할 계획에 있다. 도요타는 전기자동차보다 주행거리가 긴 PHEV가 시장에서 관심을 끌 것으로 판단하고 낮은 가격에 보급할 예정이다. 개발 중인 PHEV는 고성능 리튬이온 배터리를 장착하고 있으며 완전 충전 시 전기모터 동력만으로 약 20km 주행할 수 있고 연비는 55km 이상이다. 2011년까지 1,230억 엔을 투자해 리튬이온 배터리 개발을 추진하고 있는 파나소닉은 2018년까지 리튬이온 배터리 시장이 현재보다 5배 이상 성장할 것으로 예상하고 있다.

푸조 시트로엥이 미쓰비시 자동차에 약 3,000억 엔을 투자해 지분 50%를 확보하여 자동차업계 간 시너지효과 증대를 위해 합병 추진한다. 스즈키 자동차는 폴크스바겐이 스즈키자동차를 인수할 예정으로써 폴크스바겐은 인도 등 신흥시장에서 강한 스즈키의 영업망을 활용, 스즈키는 전기자동차 등 친환경자동차에서 앞선 폴크스바겐의 기술력을 도입할 계획이다. 2012년 말까지 공장과 자동차 모델, 자재 개발을 위해 258억 유로를 투자하고 이 중 199억 유로는 도요타를 따라잡기 위한 생산과 설비 관련 시설에 집중 투자한다.

또한, 미쓰비시는 전기자동차 충전기능을 가진 입체 주차장을 개발하였으며 이는 전기자동차와 플러그인 하이브리드차 전용 충전기능을 가진 엘리베이터식 입체 주차장(플러그인 리프트 파크)이다. 2011년 1월부터 영업을 시작한 플러그인 리프트파크는 맨션, 빌딩 등에 많이 사용되는 리프트 파크의 개량형으로 자동차를 싣는 팔레트에 전기자동차 전용 충전 콘센트를 설치하여 충전케이블을 접속한 후 기존의 입고조작만으로 자동으로 충전이 되는 것이 특징이다. 향후 미쓰비시는 수직 순환식 플러그인 타워 파크, 평면 왕복방식 플러그인 프레스토 파크 등에도 충전기능을 탑재할 계획이며 태양광에너지를 사용한 저에너지 부하형 입체주차장 개발도 추진 중이다.

미쓰비시화학은 2010년 5월 부극재의 주원료가 되는 구형화흑연제조합병회사를 중국 현지에 설립하였으며, 새로운 회사는 합병회사에 인접한 곳에서 원료부터 제품까지 일련의 생산체제를 갖추고 있다. 가칭 청도아능도화학(靑島雅能都化學)으로 설립되는 이 회사는 미쓰비시 화학이 100% 출자하여 약 20억 엔의 설비를 투자하고 연간 4,000톤의 제조능력을 갖추었다.

3) 일본 스마트그리드의 국제표준

일본 경제무역산업성은 IEC에 자국 26개 스마트그리드 관련 기술을 세계표준으로 채택할 수 있도록 제안할 계획이다. 태양전지 충전배터리 제어시스템, 송배전제어설비 등 스마트그리드 관련 핵심기술로서 만약 이것들이 국제표준으로 받아들여진다면 일본회사들은 공급채널을 확대할 수 있을 것으로 기대하고 있다.

전기자동차 국제표준 선점을 위해서 도요타, 닛산, 미쓰비시, 후지중공업 등 일본의 4개 대형자동차회사와 전력회사 등 관련업계는 전기자동차 충전방식을 통일하고 이를 국제표준으로 만들기 위해 협회결성을 검토하였다.

'차데모(CHAdeMO)'라는 이름으로 출범된 동 협회는 공동으로 개발한 전기충전기술을 해외에서도 사용할 수 있도록 표준화하는 데 그 목적을 두고 있으며, 독일의 로버트보쉬 GmbH, 프랑스 PSA 푸조 시트로엥 등 해외기업 20여 곳도 참여하고 있다.

4) 일본 스마트그리드 주요동향

일본은 스마트그리드 관련 유력기업 및 단체가 결집한 관민연합체인 Japan Smart Community Alliance를 2010년 4월6일 설립하였고, 스마트그리드 관련 도시개발, 사회시스템 구축을 본격적으로 추진하고 있다. 중전기, 전력, 가스, 자동차, 주택, IT, 대학 등 286개 기업 및 단체가 연합에 참가했으며, 신에너지 산업기술종합개발기구(NEDO : News Energy and Industrial Technology Development Organization)가 사무국이 되어 4개의 작업분회를 설치하였다. 동 연합을 통해 시스템 구축은 물론 국내·외 정세파악, 정보발신, 국제표준화, 기술개발의 행정표를 책정하고 스마트그리드를 구성하는 주택 'Smart House'를 검토하고 있다.

Smart Community에서 여러 분야의 기업이 연계하여 협력하지 않으면 종합적인 도시개발, 일체의 시스템화 된 사업화, 대형 사업수주로 이어지지 않게 되므로 업종과 분야의 벽을 넘어 협력하는 자세와 추진체제가 요구되고 있다.

한편 일본 환경성은 2012년부터 전력계통 안정화를 위해 재생가능 에너지 보급추진과 관련 전력회사가 계통 후에 NaS 전지등 대용량 축전지를 설치할 경우 지원금을 지급할 계획이다. 이는 경제산업성의 고객 측보다 계통 측에 축전지를 설치하는 것이 비용측면에 유리하다는 평가이다.

5) 중국, 스마트그리드 에너지 기업 간 협력프로젝트 추진

중국은 2002년에 고속 PLC에 대한 정부허가로 북경 시내 인터넷 시범서비스를 하고 있으며, 스마트그리드에 대한 계획을 3단계로 나눠 실시하고 있다. 후쉐하오 국가전력망 전력과학연구원 부총엔지니어는 최근 개최된 청정에너지 국제정상회의에서 지능형전력망계획은 2010년에, 지능형전력망의 기본구조는 최근 발표하였다.

2009년부터 2020년까지 최소 4조 위안 투입할 계획이며, 3단계로 나누어 실시할 예정으로, 1단계는 앞으로 2년 내에 시범적으로 추진하며, 두 번째 단계인 2011~2015년에 대규모 보급을 진행하고, 세 번째 단계는 2016~2020년에 업그레이드시켜 나갈 계획이다.

2009년 7월에는 미-중 양국 간 그린에너지 개발을 위한 협력 필요성에 따라 미·중 정책 협력을 위한 전략경제대화(Strategic & Economic Dialogue)에서 기후변화 및 청정에너지에 대한 MOU를 체결하고 전기자동차, 스마트그리드개발 등을 위한 협력을 강화키로 하였다. 이에 대한 후속조치로 1억5,000만 달러를 지원해 미·중 클린에너지 연구센터를 건립하고 빌딩에너지 효율성, 전기자동차, 탄소포집 및 저장에 대한 양국 간 R&D 협력 프로젝트를 추진하고 있다.

6) 중국, 에너지효율성 개선

중국의 에너지 효율성 개선을 위한 유럽투자은행(EIB, European Investment Bank)으로부터 1억3,400만 유로를 차입하였으며, 이는 2007년 11월 20개 프로젝트 지원을 위해 계획된 3억3,400만 유로 규모 CCCFL(The China Climate Change Framework Loan)의 일부로, 관련 프로젝트가 모두 구축되면 매년 157만 톤의 이산화탄소가 감축될 것으로 기대된다.

　첫 번째 사업은 산둥성 지난 지역의 지역난방시스템 변환사업으로 3,100만 유로가 투입되며, 스팀방식에서 온수방식으로 변환되는 것으로 전체 자동 시스템을 개선하는 것이다. 동 프로젝트는 에너지 효율성을 증대시키고, 더 나은 자원 활용을 이끌고 이산화탄소 감축과 물 소비 감소를 가져올 것이다.

　두 번째 사업은 태양광에너지를 사용한 도로, 빌딩과 같은 시설의 조명효율 개선 프로젝트로 랴오닝성 차오양시에서 진행되며, 2,900만 유로가 지원된다. 이 사업은 에너지저장을 위한 배터리 생산, 광전지를 통한 에너지 생산 등이 주요 내용이다.

　세 번째 사업으로 후베이성 이창시에 총 62MW급 규모의 10개 소규모 수력발전소 건설 사업으로 신·재생에너지 공유 증대를 목표로 한다. 이 사업에는 4,000만 유로가 지원될 예정이다.

　마지막으로 3,000만 유로가 투입되는 잉여 열, 폐기물 가스 스트림(Stream) 및 고체 잔류물을 통해 에너지를 생산하는 발전소 건립사업으로, 에너지 효율성 개선을 위한 이 4개 프로젝트를 통해 83만 톤의 이산화탄소가 감축될 것으로 본다.

7) 중국, 스마트그리드 발전계획

중국 국가전망공사(國家電網公司)는 '기업그린발전백서'를 발표, 2020년까지 스마트그리드 구축을 완료할 계획이라고 2009년 5월 발표했다. 스마트그리드 건설은 3단계로 진행되며 총 4조 위엔(약 661조 원) 이상의 투자액이 투입된다. 또한 스마트그리드를 에너지 배치의 그린 플랫폼으로 활용하여 중국의 청정에너지 소비능력을 대폭 향상시키고, 전력산업과 전체사회의 그린발전 잠재력의 융·복합을 실현한다는 목표를 제시하고 있다.

　이 백서에는 스마트그리드 구축을 위해 117건에 달하는 핵심기술 연구 추진, 풍력과 태양광 발전으로 생산된 전력수송의 일체화 실현, 지능화 변전소 구축 등 시범프로젝트 연구, 국가풍력발전 연구측정센터, 국가 태양광 연구 측정센터, 지능화 전력사용 기술연구 측정센터 구축 추진 등 그린발전전략의 구체적인 실행계획을 제시하고 있다.

8) 중국, 스마트그리드산업 진행현황

중국의 스마트그리드 산업현황으로는 에너지자원분포의 불균형으로 전력망 송전능력 제고를 통해 원거리, 대용량 배전이 가능한 연합 전력망 구축이 필요한 바 1,000kV와 직류로 구성된 초고압전력망 중심의 대형 수력발전, 화력발전, 핵발전, 대형 재생가능 에너지 등 4대 기지 전력망 발전전략을 추진하고, 발전·송전·변전·배전·전력소비·조달 6대 투자분야를 확정하였다. 스마트그리드 발전을 위한 6대 투자분야, 기초 마련 및 진행현황과 관련 제품 및 기술현황은 다음과 같다.

① **발전분야** : 풍력발전, 태양광전지, 에너지저장 프로젝트
② **송전분야** : 송전능력 증대
③ **변전분야** : 지능화변전소 건립
④ **배전분야** : 에너지 저장기술, 전기자동차 충전, 배전자동화
⑤ **전력소비분야** : 지능 전자측정계, 전력소비 정보수집시스템
⑥ **조달분야** : 지능형 조달시스템

9) 대만정부의 스마트그리드 현황

전기자동차 판매량 6만5,000대 달성 및 전기자동차 2,000억 대만 달러 달성을 목표로 6개년 계획의 전기자동차 발전지원제도를 3년씩 2단계로 추진한다. 1~3차 년도까지는 10개 지역을 선정해 국영사업체 공무용 차량 또는 대중교통 시범운행을 실시하며, 4차 년도부터는 전기자동차 보급 확산을 위해 해외 선진국 정부의 전기자동차 지원정책을 표방해 계획을 수립할 예정이다.

대만 국가 에너지절약 및 저탄소 계획에 스마트그리드 추진계획을 포함하고 있다. 대만 행정원은 '국가 에너지절약 및 저탄소 계획'을 통해 스마트그리드 산업을 본격적으로 추진할 전망이다. 이 계획의 10대 목표에는 스마트미터기 기초인프라 구축방안이 포함되어 있으며, 중기적으로는 저압전력 사용자의 50% 비중에 달하는 600만 세대의 미터기를 스마트미터기로 교체하는 것을 시행 목표로 하고 있다. 또한 저압전력 사용자에 대한 스마트그리드 서비스의 성과가 양호할 경우 대만 전역에 1,200만 세대에 달하는 모든 저압 전력사용자를 대상으로 스마트미터기를 보급할 계획이다.

10) 인도정부의 스마트그리드 추진현황

중국의 11차 5개년 계획과 같이 인도 역시 관련 시장이 방대해 전문가들은 앞으로 수요(2030년까지 연간 10% 증가)가 크게 팽창할 것으로 예상한다. 아직 전력인프라가 발달되지 않았기 때문에 정부 주도로 중장기 계획을 추진할 것으로 예상되며, 스마트그리드 프로젝트는 원격검침(AMR), 시스템·초고압전력(UHV), 송전·변전 및 배전 등 여러 분야의 사업이 동시에 이뤄지는 형태로 추진될 전망이다. 인도에서 스마트그리드를 도입하는 가장 큰 이유는 합리적인 비용으로 최대전력수요와 최대전력부하를 억제하는 것이고, 전력손실을 줄이는 것이다.

선진국에서 채택된 많은 솔루션 중 전기자동차, 신재생에너지 등은 인도에서는 그리 시급하지 않을 수도 있다. 오히려 고려해야 할 것은 기술적 차원의 전력손실과 전력요금 비지불 및 도전으로 인한 재정손실, 전력공급의 부족 등이다. 인도정부는 2003년 신전력법을 제정해 전력산업 개혁을 추진하고 있으며, 이를 통해 발전·송전·배전 사업 전반에 걸쳐 민영화를 단행했다. 이 법에서 인도정부는 발전능력 확대를 위한 5대 목표를 설정했다. 5대 목표는 다음과 같다.

① 5년 내 전 가구에 전력공급
② 2012년까지 예비율을 포함한 전력수요 충족
③ 전력품질 안정화
④ 2012년까지 1인당 전력소비 1,000kWh로 확대
⑤ 전력소비자 이익보호이다.

인도정부는 스마트그리드 구축을 위해 2012년까지 1,000억 달러(약 120조 원)를 발전·변전·배전 등의 인프라에 투자할 계획이다. 그러나 가장 큰 문제는 비용이며, 전력회사의 투자여력이 부족하기 때문에 전력회사의 IT 인프라를 업그레이드하기 위한 대규모 중앙정부 프로그램(R-APDRP)에서 20억 달러의 투자재원을 만들어 모든 도시 및 준도시 지역에서 지능형 요금청구시스템, 소비자 데이터베이스, 지리정보시스템, 데이터센터, 모든 배전변압기에 대한 검침 등의 인프라가 요구된다. 아울러 이러한 상황에서 비용을 줄이는 혁신과 기능단순화, 모듈화가 필요하다.

인도, 멕시코, 남아공, 터키 정부는 전력망을 현대화시키기 위한 스마트그리드계획에 미국경기부양법과 같은 자금지원 대신 규제변경, 세금공제, 규제기관 및 소비자교육 등을 기대한다.

1.5 기타 국가의 시장동향

1) 호주, 지능형 전력망 개발을 추진 중

호주의 유틸리티사인 'Western Power'는 10,500대의 스마트미터를 구축하여 소비자 에너지 사용패턴 파악이 용이할 것으로 기대된다. 가계와 기업은 스마트미터를 통해 에너지 사용량을 보다 투명하게 모니터링하고, IBM은 2012년에 완료될 스마트그리드 시범을 위해 50만 달러 규모의 시스템 통합과 프로젝트 운영 서비스를 제공할 예정이다.

호주 기후변화부는 빌딩에너지 효율 증진을 위한 법안을 최근 제출했다고 밝히고 있으며, 이는 대형 상업용 빌딩 소유자들이 건물판매나 리스 시 에너지효율 정보를 밝히는 의무를 부여하는 법안을 의회에 제출한 것이다.

또한, 이 법안은 대형 상업용 빌딩의 에너지 효율성을 증진시키며, 호주가 온난화의 원인으로 비난받는 온실가스 배출을 감축하는 데 도움을 줄 것이다.

2) 브라질의 스마트그리드의 동향

브라질은 송배전 중 손실전력의 증가로 스마트그리드 기술도입이 시급하다. 일부 전력업체가 실증단지를 설립하고 지능형 전력망을 설치하여 스마트그리드 기술 활용을 테스트하고 있으나, 고가의 투자비용으로 인해 소수업체만 기술도입에 적극적인 입장

을 견지하고 있다. 브라질은 열악한 전력송배전 인프라로 인해 한해 약 56억 달러의 손해를 입고 있어서 몇 년 전부터 스마트그리드 시스템 전문가를 초청해 세미나를 여는 등 어느 때보다 스마트그리드기술에 대해 높은 관심을 표명하고 있다.

시장은 정부가 계획한 6,300만 대의 아날로그식 전기계량기 교체 프로젝트만 보더라도 약 80억 달러의 투자가 필요할 것으로 예상하고 있다. 브라질 전력공사(ANEEL, Agencia Nacional de Energia ELetrica)는 최근 전기통신망 전력선 통신 관련 규정을 확정함에 따라 지금까지 스마트그리드기술 활용에 가장 큰 장애로 작용했던 통신 인프라 문제가 개선될 전망이다.

브라질 대표적 전력업체인 CPFL Energia은 2009년부터 2014년까지 그린빌딩, 스마트그리드 기술 확산 등 에너지효율 제고를 위한 R&D 부문에 약 2억 달러를 투자할 예정으로 이를 독일(Fraunhofer), 네덜란드(KEMA) 등 에너지전문 컨설팅업체와 계약을 체결하였다. 브라질 에너지규제기관은 2021년까지 전국적으로 6,300만 대의 스마트미터기 설치계획을 발표한 바 있다. Northeast Group은 남미 스마트그리드 시장이 2020년까지 1억450만대의 미터가 설치되고, 시장규모는 251억 달러에 이를 것으로 전망하고 있다. 이중 브라질이 대규모 전개를 시작하는 첫 번째 국가이고, 칠레와 아르헨티나가 그 다음 국가가 될 것이다.

3) 아프리카 남아공화국의 스마트그리드의 동향

남아공화국은 신·재생에너지와 에너지효율 향상을 위해 CTF(The Clean Technology Fund)로부터 5억 달러, EIB로부터 4,000만 유로의 기금을 지원받았다. CTF에서 지원한 5억 달러는 약 50만 가정에 5년에 걸쳐 태양열온수기를 보급하고 에너지 효율성 프로젝트에 쓰일 계획이다.

남아공화국 전력 유틸리티인 Eskom은 동 프로젝트의 일환으로 이 지역의 첫 번째 태양열발전소와 100MW급 풍력발전소를 건설할 예정이다. 한편, EIB가 지원한 기금 4,000만 유로는 에너지효율과 신·재생에너지 프로젝트 지원을 위해 사용될 예정으로 First Rand Bank에 제공된다.

1.6 스마트그리드, 세계적인 기관의 평가

1) IDC의 스마트그리드시장 평가

ICT 관련 17개 핵심기술을 집중적으로 사용할 경우, 2020년까지 CO_2 배출량 58억 톤 감축이 가능하며, 스마트그리드 이용 시 생산 및 유통부문에서 가장 큰 CO_2 감축 잠재력(중국이 약 2억 톤 배출 감축 잠재력)이 있다. 운송부문에는 ICT 기술이 공급망 물류 및 운송 최적화 부분에 투자가 집중될 것으로 예상된다(미국이 2020년 약 5억 톤 감축잠재력).

빌딩을 위한 ICT 기반의 에너지관리시스템과 지능형 빌딩디자인은 G20 국가 에너지절감의 약 12% 감축이 가능할 것이다. 산업부문에서는 지능형 모터제어기 사용을 통해 중국이 가장 큰 온실가스 감축을 이룩할 수 있을 것으로 전망하고 있다. G20 국가 중 지속가능성지수(2010년 자료)에서 일본(1위), 미국(2위), 브라질, 프랑스, 독일, 영국(3위 그룹) 등이 상위 랭크되었고, 한국은 11위에 랭크되어 있다.

2) Zpryme의 스마트그리드 시장 4년 내 두 배 성장 전망

미국 스마트그리드 시장은 2009년 214억 달러에서 2014년 적어도 428억 달러로 추정되며, 세계 시장은 2009년 693억 달러에서 2014년에 세계시장 규모가 1,714억 달러로 추정된다. 특히 스마트기기 하드웨어 및 소프트웨어 분야의 성장이 기대된다.

유틸리티에 수백만의 스마트미터를 공급하는 스마트미터 생산업체와 스마트그리드 네트워킹 제공업체 등이 앞으로 거대한 이익을 얻을 것으로 본다. 2011년 31억 달러로 전망되는 스마트가전 시장은 2015년 152억 달러로 연평균 49% 성장을 예상하고 있다.

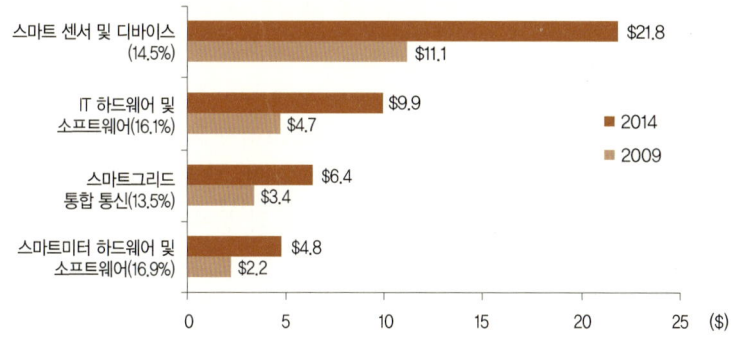

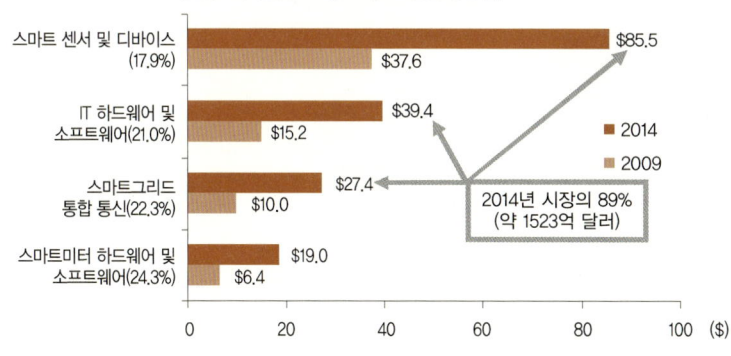

[그림 2.2] 스마트그리드 기술별 미국시장 및 세계시장

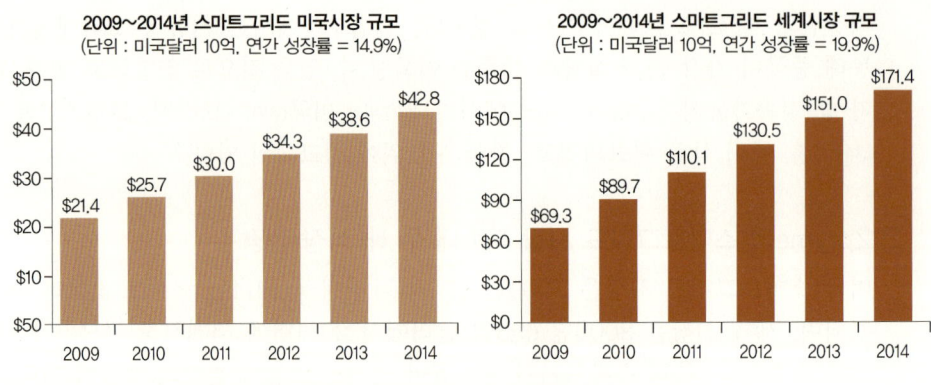

[그림 2.3] 스마트그리드 미국시장 및 세계시장 규모

3) Frost & Sullivan, 스마트그리드 선도그룹으로 EU 지목

시장분석기관인 Frost & Sullivan이 AMI, IT시스템, Communication Technology 등을 포함한 분석에서 2015년 스마트그리드 및 스마트미터 시장 규모가 110억 달러에 육박할 것으로 예상하며, 이탈리아를 포함한 EU를 스마트그리드 최강국으로 지목하고 있다.

덴마크는 20%의 전력을 풍력에너지로 생산하고 있으며 청정에너지 사용 확대를 위해 스마트그리드 구축개발을 강화하고, EU 스마트그리드 시장은 지난 몇 년간의 경험을 바탕으로 스마트그리드 진보를 이룩해오면서 전체 전력망 자동화를 구축해오고 있으나 정보처리 상호운용 가능성 및 데이터 보안 등의 문제점으로 인해 시장 확산에 걸림돌로 작용하고 있다. 또한, 비즈니스 모델의 부족으로 대규모의 실증단지 배치와 투자지연이 야기되고 있다고 발표하였다.

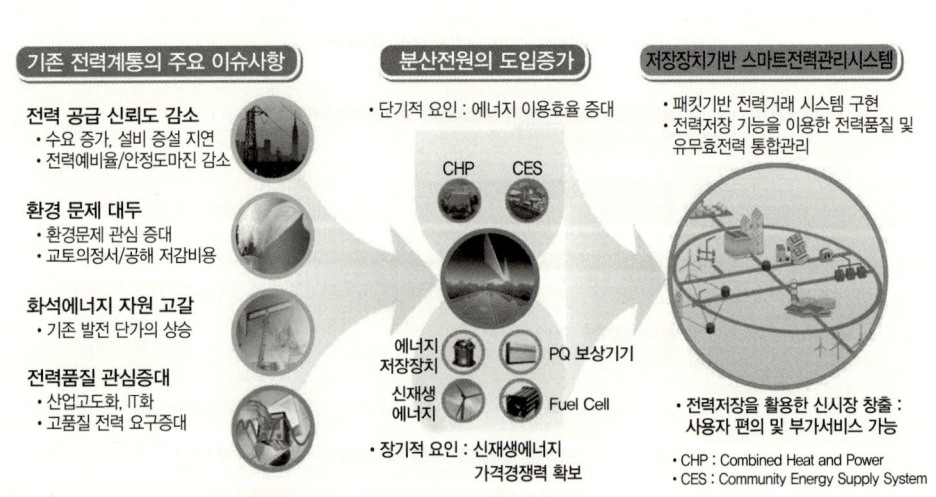

[그림 2.4] 스마트그리드 애플리케이션

4) Pike Research의 스마트그리드 시장 평가

Pike Research는 2015년까지 스마트그리드 시장규모를 2,000억 달러, 유럽의 기술투자가 2010년에서 2020년 사이 803억 달러에 이를 것으로 전망하고 있으며, 이 중 전력망 자동화 부문이 전체 스마트그리드 투자의 84%를, AMI 부문에 14%(약 2억4,000만대), 전기자동차 부문에 2%를 차지할 것으로 발표하였다.

또한 스마트그리드로 인한 수익은 각 정부의 지원에 따라 2013년에 절정을 보이다 점차 축소되리라 전망하고 있다. 스마트그리드시장 성장의 주요인은 기존 전력망의 신뢰성, 보안, 운영 효율성 향상으로 파악되며, 전력사업자들은 스마트그리드 기술채택으로 큰 투자수익이 기대되고 이 수익은 송전망 업그레이드 및 변전소·배전망 자동화 등이 전력망인프라에 재투자될 것으로 예상된다. 그러나 공통의 계획과 표준의 부재, 빈약한 사업 및 규제모델, 소비자의 스마트그리드에 대한 인식 및 신뢰의 결여가 스마트그리드 시장 성장의 걸림돌이라고 지적하고 있다.

한편, Pike Research는 한국정부의 정책 환경과 경제발전 목표, 기술과 표준이슈, 전력소비자의 주요 애플리케이션과 Market Player의 전략 등을 조사하여 'Smart Grid in Korea' 보고서를 발간하였다. 최근에 한국은 글로벌 테크놀로지 허브로 잘 알려졌고, 기술선도 회사들이 성공적으로 발전하고 있으며 혁신적 상품을 광범위하게 수출하고 있음을 소개했다.

한국정부는 민영기업을 파트너로 새로운 스마트그리드 전략의 선두에 있으며, 이 노력은 2009년부터 2016년까지 158억 달러에 달하는 규모를 스마트그리드 인프라에 투자하게 하고 중요한 글로벌 수출시장 구축을 제공할 것이라고 하였다.

산업분석가인 'Andy Bae'는 한국의 테크놀로지 회사들은 정보 및 커뮤니케이션 기술혁신에서 선봉에 있다고 평가하면서 한국은 스마트그리드 시장에서 중요한 리더십 역할을 하고 있다고 했다. 또한 한국 회사들은 고급의 스마트그리드 인프라(전원의 생성 및 분배의 효율성 향상, 재생 및 분산발전의 통합, 전기자동차와 관련된 교통 인프라의 진화 등) 구축을 통해서 다른 분야의 기술력을 끌어올리는 데 목표를 두고 있다. 변전소 자동화와 신·재생에너지 관리시스템에 따라 전력분산 자동화와 송전 업그레이드는 앞으로 몇 년간 한국의 스마트그리드 시장에서 가장 큰 기회가 될 것이며, 스마트미터와 전기자동차 관리시스템 역시 크지는 않지만 상당한 애플리케이션 영역이 될 것이라고 평가하고 있다.

5) Berg Insight의 스마트그리드 평가

Berg Insight는 보고서를 통해 2014년까지 유럽 내 9,630만 가구가 스마트미터를 보유할 것으로 전망하며, 이 수치는 2020년까지 80%의 스마트미터를 구축하겠다는 EU의 목표가 잘 진행되고 있을 때를 전제로 한다고 했다. EU 국가 중 이탈리아는 스마트그리드 기술을 받아들인 유럽의 첫 번째 국가였으며, 스웨덴은 2009년에 지능형 미터를 의무화했고, 다른 국가들도 동 목표와 관련해 추진 중이다.

6) 미국 ABI 리서치의 스마트그리드 평가

시장조사업체인 'ABI 리서치'는 하이브리드카와 전기자동차가 2010년부터 빠르게 보급되면서 인프라인 충전소 시장의 급성장을 전망하고 있다. 동 보고서에 따르면 전 세계 플러그인 자동차용 충전소는 2015년에 300만 개소가 될 전망이며, 플러그인 자동차용 충전소 시장규모는 117억5,000만 달러에 달할 것으로 예측하고 있다. 지역별로 보면 미국이 전 세계 충전소 시장의 절반 이상인 54%를 차지할 것으로 예측했으며, 중국이 23%로 그 뒤를 잇고 나머지 해외시장이 23%를 점할 것으로 예상하고 있다.

7) 미국 GTM 리서치의 스마트그리드 평가

'GTM 리서치'는 미국 내 스마트그리드 시장이 2010년 56억 달러에서 5년간 70% 성장, 2015년에는 96억 달러 규모가 되리라 전망했다. 이는 미국 정부의 적극적인 지원책 등에 힘입어 스마트그리드에 대한 관심이 높아지는 가운데 앞으로 시장 성장에 대한 전망이다.

이러한 시장성장의 원동력은 송전시설 현대화를 위한 연방정부의 경기부양 지원금(ARRA, The American Recovery and Reinvestment Act of 2009)과 시장 내 경쟁 및 합병의 증가, IT 관련 대기업들이 스마트그리드 관련 업체에 투자를 돌리면서 발생되는 기술적 시너지 효과 등으로 분석된다. 새로운 하드웨어, 소프트웨어 및 시스템이 대거 도입되면서 송전시스템이 더욱 지능적으로 진화하게 돼 앞으로 10~15년 정도면 기존의 배전시설과 스마트그리드 간의 차이가 사라질 전망이다.

당분간 스마트그리드 시장은 성장할 것이지만, 아직도 장기적인 장애물들이 적지 않은 상황으로, 대규모 통합작업을 위해서는 앞으로 20년간 약 1억6,500만 달러의 투자가 필요할 것으로 추산된다. 이를 위해서는 정부의 안정적인 지원자금과 주정부와 연방정부 단위의 명확한 정책이 뒷받침돼야 하며, 새로운 기술이 소비자에게 줄 수 있는 혜택을 효율적으로 보여주어 인식을 높이는 것도 필요하다.

8) 미국 SBI Energy의 스마트그리드 평가

글로벌컨설팅업체 SBI Energy는 'Global Smart Grid Enabling Products Market' 보고서를 발간, 앞으로 5년 동안은 전력망 부품업체들이 판매실적을 올리고 전력망 공급 사슬에서 장기계약을 체결하는 과정임에 따라, 전 세계 스마트그리드 시장에서 매우 중요한 시간이 될 것이라고 분석했다. 또한, 정부의 재원 인센티브가 개발업체들에 중요할 것이며, 스마트그리드 부품판매를 촉진하는 핵심 역할을 할 것이라고 강조한다.

9) 일본 후지경제의 스마트하우스 관련제품 및 시스템의 세계 시장 조사

일본 후지경제(Fuji-keizai)와 NDSL에서 정리한 '스마트하우스 관련 기술, 시장현황과 장래전망 2011' 보고서의 요약 내용이다.

① 2010년 스마트하우스 관련 제품 및 시스템 시장은 2009년 대비 27% 증가한 2조 1,486억 엔으로 기록되었으며, 해외시장이 1조1,234억 엔, 일본 국내시장이 1조 252억 엔이었다.
② 해외시장에서는 주택을 위한 태양광발전시스템, 일본 국내시장에서는 에어컨을 중심으로 한 네트워크 대응의 스마트가전이 약 60%를 차지했다. 단, 스마트가전 중 네트워크에 접속된 것은 아주 낮은 비율이며, 관련제품과 시스템 대부분은 아직 시장이 형성되지 않았거나 상품화된 지 얼마 되지 않은 단계이다.
③ 스마트하우스의 주요 구성제품은 태양광발전시스템, HEMS와 축전지 등이며, 주택을 위한 태양광발전시스템은 2009년에 일본 국내에서 시장이 급격히 확대되었다. 주요 구성제품 중 HEMS는 스마트하우스의 핵심시스템으로 자리 잡았으며, 축전지는 가정용 정치형 리튬이온전지 및 V2G/V2H가 2012년부터 시장이 형성될 전망이다.

가정용 정치형 리튬이온전지는 2020년 시장전망이 약 126억 엔이다.

① 일반가정에 설치하는 리튬이온전지의 제품화는 주택건설회사가 중심이 되어 추진된다.
② 가정용 축전지로의 수요가 어느 정도인가는 불명확하지만, 리튬이온전지 제조사 및 벤처기업은 가정용 축전지 시장에의 참여를 목표로 하고 있다.
③ 가정용 정치형 리튬이온전지의 사업화는 실증시험 종료 후인 2011년부터 진행될 것으로 보이며, 2013년부터 주택건설회사가 리튬이온전지를 설치한 스마트하우스의 판매를 확대하고, 2015년부터 가정용 정치형 리튬이온전지에 대한 국가 보조금의 교부가 개시되며, 2020년까지 주택기준으로 10만 가구에 달하는 시장을 형성할 것으로 예측된다.

V2G/V2H의 2020년 시장전망이 약 2,550억 엔이다.

① 주택 내의 가전기기 및 급탕기구의 에너지를 네트워크로 연결하여 자동제어하는 HEMS와 V2H를 조합시켜 가정 내의 축전설비로서 EV 및 PHV를 이용한다.
② V2H 적용주택은 2011년에 판매될 예정이다.
③ 시장은 주택용 축전지, V2G용 자동차 탑재기, 충전인프라 전력정보 관리시스템, 스마트충전기 등 자동차와 계통 또는 자동차와 주택 사이에 필요한 기구 및 시스템을 대상으로 하고 있어 이러한 것들의 상품화에 의해 시장이 형성될 것으로 보인다.
④ EV/PHEV의 보급과 충전인프라의 정비가 추진되는 2015년 이후에는 시장이 본격화될 것으로 예측된다.

EV/PHEV 충전기의 일본 국내 시장전망은 2010년 51억 엔(2009년 대비 318.8%), 2020년 1,930억 엔(2009년 대비 121배)으로 전망된다. 해외에서는 프랑스, 독일, 영국 등에서 도입하고 있으며, 시장형성이 선행되어 있다. 단상 100V, 200V의 전원을 사용하는 보통충전기를 대상으로 한다(삼상 200V를 전원으로 하는 급속충전기는 대상 제외).

① 급속충전기보다 보통충전기가 주로 보급된 상태로, 네덜란드는 2012년까지 충전소를 1만 개 설치, 프랑스 및 영국은 2015년까지 인프라를 정비할 계획이다.
② 미국에서도 2013년까지 애리조나주, 오리건주, 캘리포니아주, 테네시주, 워싱턴주에서 총 1만 950대를 설치하는 프로젝트가 계획되어 있다.
③ 일본 국내에서는 2009년부터 시장이 형성되고 있으며, 2010년에는 미쓰비시 자동차공업이 개인을 위한 EV를 판매하여 수요의 상승이 기대된다.
④ 시장 형성 초기에 가격이 45만 엔 이상이었기 때문에 일반가정보다는 지방자치제 및 법인을 위한 제품이 주력이었다. 그러나 2010년부터 상업시설 및 공동주택을 대상으로 한 제품이 등장하고 있다.
⑤ 2010년의 판매대수는 약 300대(시장규모 1억 엔)이었고, 2011년에는 3,000대, 2012년에는 1만2,000대로 본격적인 시장 확대가 예측된다.

10) GTM Research - 전기자동차 보급이 스마트그리드 시장에 미치는 영향

GTM Research는 'The Networked EV : The Convergence of Smart Grids and Electric Vehicles' 보고서에서 전기자동차 보급이 어떻게 스마트그리드기술 확산에 영향을 미치는지를 다음과 같이 논의했다.

① 전기자동차는 기존 전력망에서 상당한 전력부하를 필요로 하므로, 전기자동차 시장은 스마트그리드 하드웨어, 소프트웨어, 통신사업자들에게 큰 시장기회를 제공할 것이다.
② 상승하는 유가 및 자동차산업의 발전이 이러한 전기자동차 시장을 형성하면서, 다양한 범위의 스마트그리드 기술들이 점차 전력사업자가 전력망 신뢰성 및 안정성을 유지하기 위해 갖춰야 할 필수요소가 된다.
③ 전 세계 누적 전기자동차 판매량이 2016년까지 380만대에 이를 것으로 전망하며, 이러한 전기자동차의 빠른 보급은 배전자동화기술, V2G 통신, 신규 소프트웨어 애플리케이션 등의 확산을 촉진시킬 것으로 예상된다.
④ 특히 2011년은 자동차업체들의 본격적인 전기자동차 출시가 예상되며, 2016년까지 시장규모가 5배 이상 확대될 것으로 전망-이는 기존 전력인프라에 상당한 부하를 안겨줘 전력사업자들은 전력망과 전기자동차 간 디지털통신을 활성화함으로써 발전용량에 따라 전력망 신뢰성을 확보하는 스마트그리드 솔루션 개발 및 확보에 주력하고 있다.
⑤ GTM Research는 전기자동차를 지원하기 위한 5단계의 스마트그리드 업그레이드 절차로 1단계 통신플랫폼 구축, 2단계 센서망 구축, 3단계 분석기업·소프트웨어·시뮬레이션기법 활용, 4단계 통제 및 보안 강화, 5단계 가전기기 및 기타 전력

기기와 연계로 본다.
⑥ 동 보고서는 앞으로 10년간 충분한 배전망 신뢰성을 확보하는 일은 전기자동차 초기 보급에서 주요 도전과제가 될 것으로 전망한다.
⑦ 또한, 여러 관련 전력망제어 및 보호 과제가 스마트그리드기술의 투자를 촉진할 것으로 보이는 가운데, 전력망통신과 배전자동화 부문의 투자가 활발해질 것으로 예상된다.
⑧ 현재 전기자동차 인프라 투자가 충전소를 통한 전력전달에 초점을 맞추고 있으나, 공공 충전소 및 가정용 충전기 보급이 보다 확대되면서 새로운 세대의 전력망장치에 대한 투자가 중심이 될 것이라고 GTM Research 측은 강조한다.
⑨ 차세대변압기 탭조정기, 전압제어기, 커패시터 뱅크 및 개폐기, 스마트장치를 지원하기 위한 통신네트워크와 같은 스마트그리드 기술들이 새로운 수준의 전력망 최적화 및 제어를 가능하게 하여 전기자동차의 보급기반을 제공할 것이다.

11) EC Joint Research Center에서 조사한 유럽 스마트그리드

현재 유럽의 EU15(오스트리아, 벨기에, 덴마크, 핀란드, 프랑스, 독일, 그리스, 아일랜드, 이탈리아, 룩셈부르크, 네델란드, 포르투갈, 스페인, 스웨덴, 영국)를 중심으로 55억 유로(77억 달러)를 투자하는 총219개 스마트그리드 프로젝트가 진행 중이다. 이 중에서도 이탈리아가 22억 유로(대부분 스마트미터)로 가장 많고, 독일(통합시스템분야), 핀란드(통합시스템과 미터분야), 프랑스(스마트미터), 영국(송전자동화 일부 및 미터 · 통합 · DA · 가전 · 저장), 덴마크(미터 · 통합 · DA · 송전자동화), 오스트리아(전력망 현대화), 스웨덴(대부분 미터와 통합시스템이며, DA · 가전 · 저장은 소량) 순이다. 한편, 투자비용 측면에서 하위권에는 루마니아 160만 유로, 불가리아 70만 유로, 에스토니아 23만 유로 등이다.

12) IHS iSuppli – 스마트그리드로 인한 리튬이온 배터리 시장

2012년부터 스마트그리드 부문에서 리튬이온 배터리 시장은 빠른 성장을 보일 것으로 기대되며, 2020년까지 세계시장은 59억 8,000만 달러로 확대 될 것으로 전망된다. 이는 2012년 7,200만 달러 수준임을 감안할 때 약 80배 가까운 급성장이다. IHS 측은 스마트그리드가 수요변동에 적응하고, 시스템 전반에 걸쳐 전력전달을 최적화하기 위해 재충전 가능한 배터리를 필요로 한다고 강조한다.

| Section 02 |
스마트그리드 해외 시범사업

2.1 미국 인텔리그리드(IntelliGrid)

미국 EPRI의 주도하에 추진되고 있는 인텔리그리드 프로젝트는 전체 스마트그리드 중에서 가장 큰 비중을 차지하는 프로젝트이다. 정부, 전력회사, 기술회사들이 연구개발비를 공동으로 출연하여 연구 성과를 함께 공유하고 있다. 인텔리그리드를 정의하자면 미래 디지털 사회를 지원하는 고품질, 고신뢰도를 갖춘 지능화된 미래 전력 인프라 기술이다.

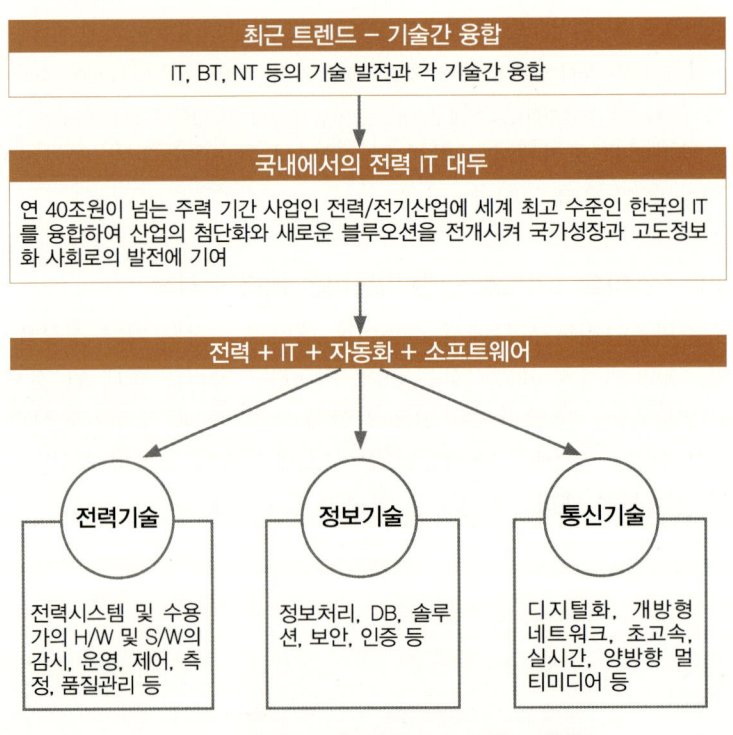

[그림 2.5] 전력 IT 프로젝트 개념도

에너지 효율을 높이는 것이 제5의 에너지 패러다임으로 불릴 만큼 그 분야에 대한 미국의 관심은 지대하다. 미국은 한국과 달리 전력공급을 위한 대형발전소를 짓는 것이 사실상 불가능하다. 즉 부족한 전력량을 양적인 공급확대를 통해 해결하기는 어렵다. 왜냐하면 주정부, 전력회사, 도시행정기관 등 여러 이해당사자와의 조율문제, 환경문제에 대한 민감성 때문이다. 그러므로 미국은 에너지의 양적인 확대보다는 에너지의 효율을 높이는 정책을 기반으로 인텔리그리드 프로젝트를 바라보고 추진한다고 볼 수 있다. 이러한 인텔리그리드 프로젝트를 통해 전력안정도 및 신뢰도 향상, 에너지 효율 향상을 기대하고 있다.

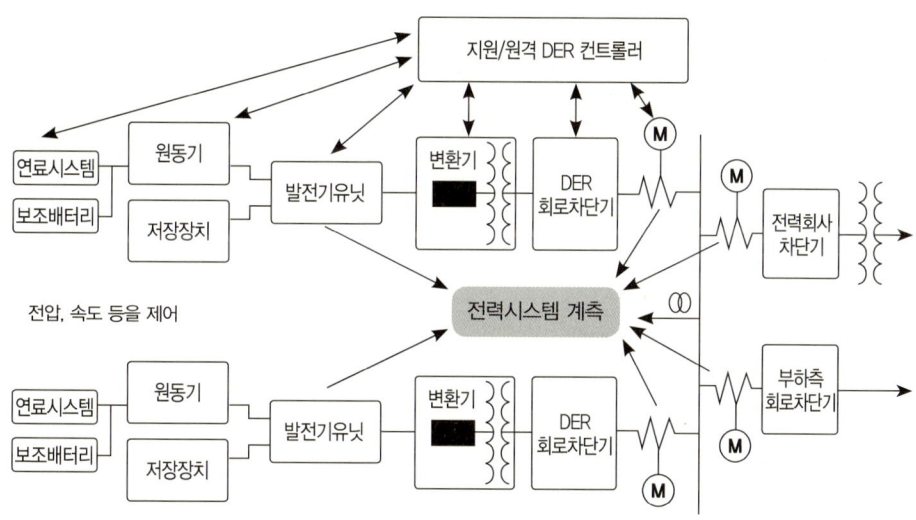

[그림 2.6] DER/ADA 개념도

1) 인텔리그리드(IntelliGrid) 아키텍처

주요 내용은 전력망의 지능화를 위해 전력기술과 IT가 응용되어 사용될 때 서로 간에 충돌 없이 시너지효과를 일으킬 수 있다. 주요 연구로는 표준화, 상호 운용성, 통합성, 보완성을 두루 갖춘 아키텍처를 설계한다. 아키텍처에서 제공하는 방법론과 툴 등을 사용하여 전력산업 엔지니어와 운영자는 IT가 포함된 전력계통을 설계, 운영할 수 있다. 현재 이 프로젝트는 초기의 권고사항 들을 자동미터기, 자동분배기와 같은 몇 가지 응용분야에 작업을 진행 중이다. 이러한 응용개발을 통해 표준에 기반을 둔 기술개발 관련 법규를 명문화하고 미래 전력기기를 개발 중이다.

2) DER/ADA(Dispersed Energy Resource/Advanced Distribution Automation)

주요 내용은 분산전원의 증가로 연계부분의 문제점이 증가하므로, 기술적인 문제를 해결하고 고성능의 배전자동화 시스템을 구축하는 것이다. 주요 연구로는 운전여부에 따른 계통연계를 연구하며 분산전원과 통신을 할 때 필요한 표준객체 모델과 그에 따른 운영을 연구한다. 경제적으로는 초기접속비용, 계통 증강비용, 주파수 변동에 대한 대응과 그에 따른 부담 등을 계통운영자가 부담할 것인지, 발전사업자가 부담할 것인지의 문제도 고려해 보아야 한다. 따라서 EPRI에서는 이 모든 문제를 아우르는 분산전원(DER)의 배전계통 연계를 위한 객체모델 개발이 실시되었다. 자동급전(ADA)기술이 제대로 정착되고, 더 큰 효과를 얻기 위해서 DER 프로젝트가 연계되고 있다.

프로젝트 목표는 계통 환경에서의 분산자원 가치 및 기술력 제고, 배전자동화 시스템 안에서 분산전원을 사용하기 위한 능력개발, 배전시스템과 새로운 분산전원의 호환, 최종 소비자에게 낮은 비용, 고신뢰도, 고품질의 전력공급 등이다. DER/ADA 프로젝트에서는 분산전원을 전략적으로 사용할 수 있도록 하는 연료전지와 내연기관 분산전원 통신 객체모델 개발, 유효성 검증 및 파일럿 테스트에 관한 연구결과물이 도출되었다. 분산전원의 통신 객체모델이 개발되어 현재 DER/ADA 프로젝트는 완료되어 IEEE와 IEC를 중심으로 표준화가 진행 중이다. 앞으로 계통연계 시 이 표준을 따라야 하며, 한국도 이러한 표준에 따르는 기술을 개발할 경우 풍력/태양광 발전 등의 기술제품을 수출할 수 있다.

3) 컨슈머 포털(Consumer Portal)

주요 내용은 전력서비스에 수요측 참여를 위한 IT 인프라 구축 및 부가서비스를 연구하는 것으로 공급자와 소비자 장치들 사이에 양방향 통신을 가능케 하는 하드웨어와 소프트웨어 장치를 만드는 것이다.

[표 2.5] 컨슈머 포털을 구현함으로써 얻을 수 있는 혜택

에너지 서비스 제공자	소비자
• 소비자들의 사용량을 자동으로 파악할 수 있다. • 소비자가 사는 곳에 다수 미터기에서 정보를 모을 수 있다. • 요금 안을 미터기에 다운로드할 수 있다. • 소비자들의 난방히터기와 온도계, 가정용 전기제품 등의 제어를 통해 자발적으로 부하를 줄여 참여도 높은 고객들에게 인센티브 제공이 가능하다. • 비상 상황에서 있어 소비자들의 과도한 부하를 제어할 수 있다.	• 긴급 상황이 발생할 때 서비스 제공자로부터 통지사항을 받을 수 있다. • 실시간으로 가격이나 에너지 사용량을 볼 수 있다. • 전기요금체계가 선납, 온라인 납부, 분납형태로 다양해질 수 있다. • 소비자의 선택권이 넓어져 에너지서비스 사업자를 직접 고를 수 있다. • DR에 참여함으로써 절약된 사용량을 볼 수 있다. • 현재 받는 전력서비스의 문제점을 직접 보고할 수 있다. • 어떻게 부하량이 가격에 반응하는지를 알 수 있다.

4) FSM(Fast Simulation & Modeling)

스마트그리드의 복잡한 네트워크 환경에서는 전력계통 안정화에 관하여 전력망 성능을 최적화할 수 있는 지능형 제어가 필요한데 이에 대한 수학적 알고리즘의 기초를 설계하는 것이다.

2.2 미국 콜로라도 볼더시 시범사업 등

1) 미국 콜로라도주 볼더시 시범단지

엑셀에너지에서는 발전사와 소비자 간의 통신네트워크 건설을 목표로 2008년 3월부터 콜로라도주 볼더시에 총 1억 달러 규모의 투자를 유치해 스마트 송전망을 건설하고 있다. 볼더시는 지정학적 중심지, 이상적인 도시규모, 모든 전력망 연계요소들과의 접근성, 지능형전력망 개발에 참여한 콜로라도 대학, 미국의 국립표준 및 기술연구소를 포함한 다수의 정부 연구기관의 입지 등의 장점을 보유하고 있어 지능형 전력망 시범도시로 선정되었다.

엑셀에너지로부터 5만5,000달러를 지원받아 아직 인프라가 구축되지 않은 녹색자동차에 대한 실험도 전개하고 있다. 충전소의 네트워크는 피크타임 시간대에 자동차 배터리를 전기 생산에 활용할 수 있도록 파워그리드에 스마트 링크를 가질 것이다. 온라인 에너지관리, 에너지 저장 및 백업, 태양광 패널 및 하이브리드 전기자동차와의 연결, 스마트그리드 시티의 스마트미터기 설치 및 실증 등 다양한 프로젝트가 진행 중이다.

[그림 2.7] 스마트그리드 송전망이 건설되고 있는 콜로라도주 볼더시

2) 미국 북서부 스마트그리드 실증 프로젝트

주정부의 강력한 에너지, 환경정책 아래 캘리포니아주를 중심으로 미국 북서부 주는 Northwest Smart Energy Initiative를 세우고 미국에서 가장 효율적이고 친환경적인 전력시스템을 구축 중이다. 특히 실리콘밸리에서는 녹색기술(환경기술)을 중심으로 수많은 신생 벤처기업들이 기술개발 중이며 스마트그리드의 테스트베드 역할을 하고 있다.

실증범위는 Idaho, Montana, Oregon, Washington, Wyoming 등 5개 주에 걸쳐 대규모 실증단지로 구축할 예정이며, 6만 개 스마트미터기를 보급한다. 기간은 5

년간이며, 실증에 약 1억7,800만 달러 비용이 소요된다. 참여기업은 Battelle 등 30여 개 기업 및 (대학)연구소가 참여하게 된다.

3) 미국 하와이 마우이섬 스마트그리드 시범단지

주요 내용은 지능형 전력망을 이용해 2012년까지 15% 이상 에너지사용량을 줄이고, 풍력발전을 연계해 재생가능 에너지 비중도 높일 계획이다. 하와이는 전력의 90% 외부에서 끌어다 쓰는 실정이다.

하와이 자연에너지 연구기구(NELHA, Natural Energy Laboratory of Hawaii Authority)는 온도차발전(OTEC)에서 바닷속 해류 온도차를 이용해 에어컨을 가동하는 프로젝트도 병행 추진한다.

2.3 독일 스마트그리드 프로젝트

FP7(EU R&D 프로그램), E-에너지(독일 에너지 R&D 프로그램)를 통해 스마트그리드 프로젝트를 수행하고 있다. 독일 연방정부가 'E-에너지 Beacon Project'로 채택한 6개 사업에 대한 보조금은 경제기술성이 4개 사업에 4,000만 유로, 환경자연보호원자력안전성이 2개 사업에 2,000만 유로, 여기에 각종 컨소시엄이 8,000만 유로를 추가하여 합계 1억4,000만 유로를 투자하고 있다.

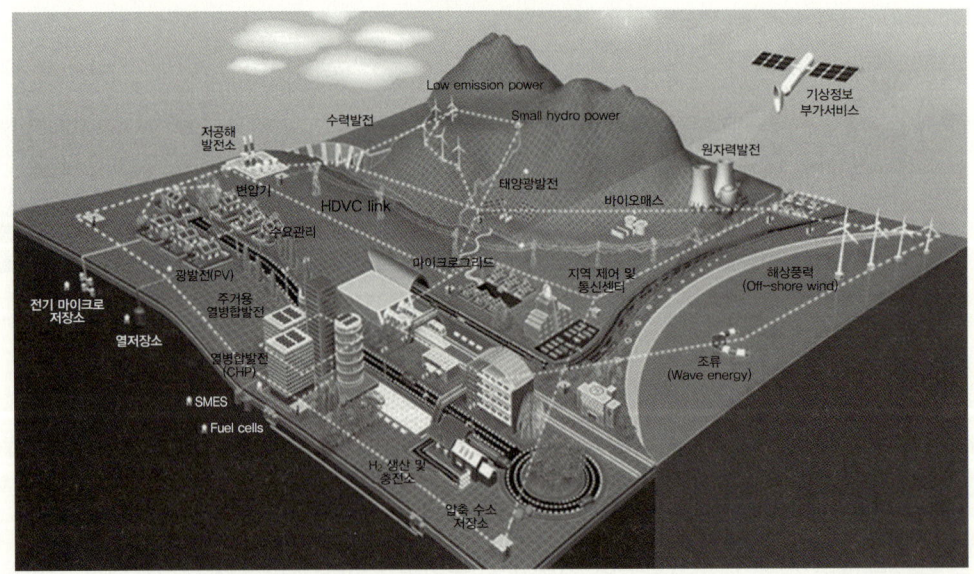

[그림 2.8] 스마트그리드 시범도시(거점도시) 전경

1) 메레지오(MeRegio, 배출최소지역 프로젝트)

E-Energy 시장의 콘셉트는 효율적 에너지 사용에 대한 인센티브 부여, 에너지 공급자 변경의 간소화, 스마트미터 데이터 관리, 분산발전 및 저장 등이 있다. 메레지오는 모델주택의 태양광 발전설비와 열원장치, 축전지 등을 정보통신기술로 통합하고 고객이 스마트미터 등을 통하여 값싼 요금시간대에 가전을 사용하도록 전환하는 것이 주요 내용이다. 일반가정의 에너지사용 합리화를 실현하여 이산화탄소 배출이 가장 적은 지역을 실현하고자 하는 것이다.

2) NOVEL : NOC 구축

개인 에너지 소비자들이 대규모 혹은 소규모 에너지 생산자와 그들의 에너지 니즈를 직접 통신할 수 있는 에너지 중개 시스템을 구축함으로써 에너지 사용을 효율화한다.

3) Open Gate Way System인 OGEMA 개발

맨하임에서는 일반가정 1,500호를 대상으로 전기요금 변동에 따라 가전제품을 자동 제어하는 시스템 '에너지 패트롤'을 검증한다. 이 시스템의 기반이 되는 것이 프라운포어 풍력·에너지시스템연구소(IWGS, 독일 중부 카셀)가 개발한 Open Gate Way System 'OGEMA'이다. Gate Way System은 인터넷과 전용회선을 통한 외부 서버와 가정 내 기기 사이에 정보를 주고받기 위한 '정보의 출입구' 역할을 한다.

가전제품에 부착된 어댑터와 무선으로 통신하여 가전제품 사용상황 전송과 자동제어 등을 실시한다. 프라운포어 IWGS는 유럽 최대의 연구기구 프라운포어 연구소의 산하조직으로 풍력이나 태양광 등 재생 가능 에너지를 에너지공급시스템에 적용하는 기술개발이 전문이다.

4) 시사점

① 스마트그리드 관련 EU, US의 Utility, 국책 연구소, 대학, 대기업 등이 함께 참여하는 워킹그룹 활동으로 스마트그리드 연구개발 활동을 활발히 진행한다.
② 국내 IT 기업의 스마트그리드 산업 내 다양한 분야로의 기술연구 및 활동반경 확대가 필요하다.
③ 국내의 산학연이 공동으로 진행하는 연구 참여방안 강구가 필요하다.

2.4 네덜란드 스마트시티 계획

운하 변을 노면전차가 횡단하고 시민의 40%가 자전거를 일상생활에 이용하는 네덜란드 암스테르담, 시민의 환경의식이 높은 도시이지만 그래도 자동차이용이 많다. 이 도시의 대기오염은 유럽기준을 초과하고 있고 벌금까지 지불하고 있는 상황이다. 이런 가운데 이 도시는 '스마트시티 액션플랜'의 일환으로 EV 1만 대를 보급하는 실증사업에 착수하여 인프라의 정비를 진행시키고 있다.

1) 야심찬 목표

2040년에 시내의 완전 EV 화를 목표로 2011년부터 충전데이터 등을 기초로 하여 EV 차량의 가격과 구매층의 관계, 충전방식 등을 검증할 계획이다. 집합주택이 대다수인 이 도시에서는 개인소유의 주차공간이 없기 때문에 주로 공공장소인 도로변 주차공간 등에 설치한다. 보통충전소를 2030년에 2,500개소 설치할 예정이다. 급속충전기도 암스테르담과 로테르담을 잇는 고속도로에 6개소를 설치할 예정이다. 전력 소매사업자가 발행하는 ID카드가 있으면 무료로 충전 가능하며, 충전이 완료되면 이용자의 휴대전화로 통지한다.

2) 도시의 재생

스마트시티 프로젝트는 생활, 노동, 운수, 공공의 4개 분야에서 실증을 수행하여 지속 가능한 시스템 구축을 목표로 하고 있다. 시민의 생활양식을 변화시켜 되도록 경제성을 가진 저탄소 도시로 나아가기 위해 스마트그리드 기술이 각 실증계획의 기반이 되고 있다. 시내의 집합주택에서는 이미 스마트미터를 활용한 에너지사용량의 '가시화'가 시작되었다. 전력, 가스미터에 통신기능을 탑재하였다. 무선디스플레이에는 사용현황 그래프와 목표치가 표시된다. 시내 실증장소는 약 500개소이다. 평균 전력소비 억제 9%, 가스소비 억제 14%가 목표이다.

2.5 스페인 말라가섬 스마트시티

말라가섬 스마트시티 건설 계획의 사업배경은 2008년 유럽집행위가 수립한 지침에 따라 스페인 정부는 2020년까지 1차 에너지원 중 신·재생에너지의 사용비율을 20% 수준으로 확대하고, 1995~2005년을 기준으로 2020년까지 에너지효율 20% 향상, 온실가스를 20% 감축시켜야 하는 바, EU 공동체의 환경정책목표에 부응하기 위한 스페인 차원의 정책으로 추진된다. 이를 위해 스페인 정부는 지난해부터 4년간 3,100만 유로에 달하는 자금을 조성해 말라가 스마트시티 계획에 투자하고 있다.

1) 사업 목적

장기적으로 기후변화, 에너지 수요확대 및 화석에너지에 대한 의존을 줄이기 위해 신·재생에너지의 생산을 확대하는 한편, 에너지 전달 및 최종 소비까지 에너지관련 전 부문에서의 효율 극대화를 통해 EU 환경정책 목표를 달성하기 위함이다. 또한, 인터넷을 통한 실시간 에너지관리 등 Advanced Distribution Automation 체제 구축,

신·재생에너지 등 분산에너지원, Smart Meter 보급, Smart Building 및 Smart Home 체제를 구축하기 위함이다.

2) 사업의 특징 및 장점

현재 전 세계 차원에서 유사 프로젝트가 진행 중이나, 말라가는 유일하게 생산에서 소비까지 에너지산업 전 분야에 걸쳐 사업이 진행되며, 신·재생에너지 생산, 송배전, 충전, 차량, 건물, 에너지절약, 소비자교육 등 전 분야에 걸쳐 실질적인 실험이 될 것이다. 특히 실제 프로젝트 기간 중 신기술의 적용효과 뿐만 아니라, 소비자들의 에너지 소비행태 변화 등 실질적인 자료들을 축적하여 앞으로 프로젝트 추진에 이용할 예정이므로 '에너지 효율화 관련 정부정책 및 비즈니스 계획의 효과를 측정해 볼 수 있는 살아 있는 실험실(Living Lab)'로 육성할 방침이다.

3) 구체적 사업내용

기본 사업방식으로 스마트시티는 ① 스마트에너지와 ② 스마트그리드 ③ 기술개발을 중심으로 에너지 효율화 사업을 추진한다. 전통적으로 에너지 부문은 투자의 규모상 생산에서 소비까지 중앙 집권화 된 방식으로 관리되어, 소비자와 생산자 및 에너지 생산기업 간 상호 교류가 원활하지 않아 비효율이 발생한 바, 스마트시티는 에너지 관리방식을 분권화하고 생산에서 소비까지 생산자-소비자-규제기관 간 유기적인 협력 체제를 구축하여 기후변화 등 환경파괴 문제를 최소화하고 에너지 효율화를 극대화하고자 한다. 또한 단계별 관련 데이터베이스를 축적하여 향후 사업 추진 시 결과를 적극적으로 반영할 예정이다.

4) 구체 사업 분야

① **스마트그리드 분야** : 자동화된 중소규모 수준의 전압 송전시설을 구축하고, 송배전 시설을 효율적으로 통합하여 에너지 배급 부분에서의 효율성을 극대화한다. 인터넷을 통한 실시간 에너지관리 등 첨단 자동에너지 공급체제구축, 신·재생에너지 등 분산전원(Distributed Energy Resource), 지능형 에너지 요금 측정기(Smart Meter) 보급, 에너지 효율건물(Smart Building) 및 가정(Smart Home) 체제를 구축한다.

② **스마트 에너지관리(Smart Energy Management) 분야** : 분권화된 에너지 체제관리를 구축하고 생산자, 규제당국 및 소비자간 정보교류를 확대하여 에너지 효율화를 달성한다. 에너지 최종 소비자인 기업과 가정의 수요에 효율적으로 대응하고 공공시설 조명 등을 효율적으로 관리할 수 있도록 인터넷 등 정보통신 기술을 이용한 에너지 관리시스템을 구축한다.

③ **지능형에너지 생산 및 저장(Smart Energy Generation and Storage) 분야** : 태양 및 풍력 등을 이용한 신·재생에너지 생산을 확대하고 에너지 축전기술 및 전기차량 기술개발을

지원한다.

④ **계몽된 소비자층 육성(Smart and Informed Customers) 분야** : 에너지 소비 20% 감소 및 연간 6,000톤 탄소배출량 계측장치 보급 등을 통해 소비자들의 에너지에 대한 인식을 제고하고 효율적인 에너지 이용을 위한 교육 프로그램을 마련하여 에너지 효율화를 위한 소비자들의 자발적 참여를 확대한다. 시범단지 내 소비자들의 행동패턴 변화 등을 연구하여 정책적인 인센티브 및 관련기술 개발에 적용할 예정이다.

2.6 일본 군마현 오타시 펠타운 시범사업

주관기관은 NEDO(New Energy and Industrial Tech. Development Organization)이며, 중앙집중형 세계 최대 태양광발전 마을로 12만 평 규모, 553세대로 구성되었으며, 가정마다 3개의 계량기를 설치(스마트미터기)하여 첫 번 계량기는 전력회사에서 전기를 얼마나 사왔는지를 보여준다. 두 번째 계량기는 태양광으로 만들어진 전기를 전력회사에 얼마나 팔고 있는지를 기록하며, 세 번째 계량기는 이산화탄소 배출량을 얼마나 줄였는지 알려준다.

가정에서 전기를 언제, 얼마나 쓰는지는 별도의 모니터를 통해 관리한다. 태양광발전 시스템 설치 가구에서 생산하는 전기는 연간 2,129kWh로 6년 동안의 연구기관, 총 800억 원을 투입하여 2002~2007년까지 완료되었다.

2.7 몰타(Malta) 스마트시티

지중해의 태양이 빛나는 섬 국가인 몰타에서는 2009년 3월 세계 최초로 국가 차원의 스마트그리드 구축에 나섰다. 5년간 7,000만 유로(약1,155억 원) 규모의 사업으로 25만 개의 몰타 내부 아날로그 전기미터기를 스마트미터기로 교체해 실시간으로 가구별 전력량을 파악, 전력 활용도를 높이는 Smart Metering 시범프로젝트로 주관기관은 미국 IBM(몰타 프로젝트 총괄)으로 기간은 2009~2012년까지 진행되고 있다.

2011년 6월 현재 6만6,000대 이상의 미터기가 설치 완료되었고 IBM과 몰타 유틸리티사는 소비자가 그들의 에너지사용량을 확인할 수 있는 웹사이트를 구축했다. 참고로, 1964년 독립한 몰타공화국은 인구 35만 명의 지중해의 작은 섬 국가로 수도는 Valletta이다.

2.8 호주 스마트그리드 프로젝트 'Smart Grid, Smart Citie'

Energy Australia가 주관하는 컨소시엄이 호주의 스마트그리드 프로젝트 상용화를 위한 실증단지 5곳에 정부지원금 8,200만 달러(1억 호주달러)를 지원받게 된다. 'Smart Grid, Smart Citie'로 불리는 이 프로젝트는 다음과 같은 내용이 포함된다.

① 뉴캐슬, 스콘, 쿠링가이, 시드니의 상업지역인 뉴잉톤 5만 가구에 스마트미터 설치
② 이 중 1만5,000가구에는 전력, 수도 사용량과 비용, CO_2 방출량을 알려주는 In-home 디스플레이 설치
③ 에어컨 및 다른 가전제품들을 원격 조정하고, 전력사용량과 온실가스를 줄이기 위한 비용 산정 테스트를 진행한다.
④ 스콘과 시드니에서는 배터리 저장이 실증된다.
⑤ 1만3,480마일에 이르는 EnergyAustralia의 전력망에 자기치유를 포함한 고장 감지 기능과 복구기능이 개선된 센서 1만2,000개 설치한다.
⑥ 시드니 시의회의 전기자동차 20대를 위한 배터리 저장 및 공공장소에 충전소 설치한다.

Section 03
21세기 그리드를 위한 미국정책의 시사점

3.1 정책구조 I : 연방정부 보고서 개요

2011년 6월에 발간한 '21세기 그리드를 위한 정책구조'의 연방정부 보고서는 2007년도 에너지 독립안보법에 명시된 정책방향과 혁신에 대한 복구법의 역사적인 투자에 힘입어 첨단정보와 에너지, 통신기술이 제공하는 기회를 활용하기 위해 그리드를 현대화해야 한다는 의무정책구조를 제공한다.

1) 본 정책구조의 4대 요소
① 비용효과적인 스마트그리드 투자의 구현
② 전기부문 혁신의 잠재력 개발
③ 소비자의 권한강화와 현명한 의사결정의 구현
④ 그리드 보안

2) 스마트그리드기술과 애플리케이션의 3개 기본 범주
① 센서와 자동화기능을 포함한 송전 및 배전시스템의 운영을 개선하는 첨단 정보 통신기능
② 기존 검침인프라를 개선 또는 교체하는 첨단 검침 솔루션
③ 에너지 정보를 이용하여 에너지가 저렴하거나 재생에너지가 제공될 때 작동할 수 있는 스마트 기기와 같이 에너지 사용정보에 접근하여 이를 활용할 수 있는 기술과 기기, 서비스

3) 스마트그리드의 기술과 애플리케이션의 3개 범주의 편익
① 재생에너지와 분산에너지원, 전기자동차, 전기저장의 사용증대로 청정에너지 경제를 촉진 및 구현
② 에너지 효율 뿐만 아니라 신뢰할 수 있는 전기전달의 지원을 통하여 소비자의 이용을 절감하는 전기 기반 시설을 조성

③ 미래의 일자리와 소비자가 에너지를 현명하게 사용하고 전기료를 절감할 수 있는 새로운 기회를 창출하는 혁신을 구현

4) 상세 정책

현재까지 25개 주가 이미 스마트그리드기술(NCSL 2011)에 관한 정책을 채택했으며, 각 지역의 필요성에 따라 다양한 스마트그리드로 전개되고 있다.

① **비용효과적인 스마트그리드 투자의 실현** : 효과적인 비용과 편익투자를 증진하고, 정보장벽을 해소키 위해 정보공유를 지속적으로 지원
② **전기부문 혁신 가능성 연구** : 최고 수요기간동안 소비자나 도매제공업자에게 제공되는 전력과 관련된 발전비용을 절감하고, 수요관리프로그램에 대한 참여를 장려하기 위해 노력한다.
③ **소비자의 권한 강화와 현명한 의사결정의 구현** : 공정정보 실천원칙(FIPP)에 부합하는 방식으로 소비자 데이터를 보호하는 방법을 고려하고, 에너지 소비에 관한 기계판독 정보에 신속하게 접근하고, 이를 제어할 수 있는 정책 및 전략의 개발방안을 지속한다.
④ **그리드보안** : 연방정부는 이해관계자와의 협력을 통해 적극적인 위험관리와 성과평가, 지속적 감시를 비롯한 엄격한 성과기반 사이버보안문화를 증진한다.

5) 기타 중요한 지속적 계획

① 스마트그리드기술이 그리드성과에 미치는 영향과 스마트그리드보조금 및 시범 프로젝트로 인한 소비자 행동에 관한 정보 업데이트
② 지역이해관계자 회의
③ 재투자법 프로젝트에서 파생되는 데이터를 적용하여 스마트그리드기술의 비용과 편익에 관한 지식을 발전시키기 위해 이해관계자 집단과 협력하는 지속적 노력
④ DOE의 공약 : 전미공익규제협회 및 소비자단체와의 협력관계 확대 및 소비자권한 강화에 관한 정보공유를 지속
⑤ DOE가 주도하는 스마트그리드 혁신허브
⑥ 고등연구계획국-에어치(ARPA-E)가 그리드에 수행하는 새로운 혁신적 연구 및 설계투자
⑦ 가정에너지 교육 사업을 비롯한 고객권한 강화를 위한 새로운 과제
⑧ 복구법이 후원하는 소비자 행동연구의 발표
⑨ 스마트그리드기술에 대한 농무부 농촌설비국(RUS)의 신규투자

3.2 정책구조 II : 비용효과적 스마트그리드 투자구현을 위한 경로

1) 청정에너지 경제촉진
① **가변재생자원** : 스마트그리드기술을 이용하여 전력공급의 변화를 신속하게 인식하고, 견고한 수요반응프로그램에 접근하여 이러한 변화에 신속하게 대응한다.
② **분산전원(DER)** : 송전 및 배전용량투자의 지연이나 방지, 주정부 재생에너지 포트폴리오 표준에 대한 대응, 에너지 가격변동에 대한 노출완화 등 다양한 편익을 제공한다.
③ **전기자동차(EV)** : 스마트그리드와 발전량제고는 필요불가분
④ 스마트그리드기술은 EV가 지역그리드에 초래하는 에너지수요증가를 관리할 수 있는 능력을 사용자와 공익 사업자에게 제공한다.
⑤ **에너지저장** : 이 시스템은 그리드운영능력과 재생에너지 사용을 최적화 할 수 있다.

2) 그리드운영의 에너지 효율개선을 위한 기회제공
① 송전 및 배전시스템의 전형적 손실은 6~10%로 추산되지만 이보다 훨씬 높은 경우도 있다.
② 현재 대다수 공익사업자는 배전망의 저압수치에 관한 실시간 데이터가 부족하기 때문에 최종사용자에게 도달 전에 추정치를 토대로 공급전력을 결정한다.
③ 이에 공익사업자는 Volt-Var제어를 이용하여 전압을 모니터링하고, 정밀 조정하여 최종사용자 요구에 부응하는 한편 에너지 낭비를 줄일 수 있다. (ⓓ AEPOhio는 6개 변전소에서 통합 Volt-Var 제어시스템을 시험 중)

3) 공익사업자의 스마트에너지 이용에 대한 투자지원
① 전통적인 수익률 규제에 따라 공익사업자에게 스마트그리드 투자를 늘리고, 전기판매량을 늘리는 것이 고객이 에너지 효율 개선하도록 지원하는 것보다 수익성이 높다.
② 공익사업자에게 강력한 인센티브가 제시될 경우, 수요반응기술(스마트그리드로 구현되는 기술포함)은 특히 매력적인 투자가 될 수 있다.

4) 공익설비 인센티브와 제휴
주 및 연방규제기관은 에너지 효율을 개선하는 비용효과적인 투자의 공급에 부합하는 시장 및 공익사업자 인센티브를 제공하기 위한 전략을 지속적으로 고려해야 한다.

5) 연구 및 개발
연방정부는 스마트그리드 연구, 개발, 시범프로젝트에 대한 투자를 지속해야 한다. 연방기금은 혁신기술의 상용화를 촉진할 수 있다.

6) 정보공유

연방정부는 효과적인 비용-편익 투자를 증진하고 정보방법을 해소하기 위하여 스마트그리드배치를 통한 정보공유를 지속적으로 지원해야 한다. 이러한 정보에 대한 중앙공공저장소 설립을 비용효과적인 투자를 장려하고 중복된 실험을 완화할 수 있다.

3.3 정책구조Ⅲ : 전기부문 혁신의 발전경로

현재 전개되고 있는 스마트그리드기술은 대부분 감지 및 측정 능력을 개선하고, 시스템 인식과 운영효율이익에 대한 접근개선을 그리드 사업자에게 제공하는데 치중하였다. 그러나 지속적인 연구 및 개발로 기존의 기술을 개선하고, 특히 전기부문에서 혁신적인 발전을 촉진하게 된다.

이 같은 역할에는 표준의 제정 및 사용촉진, 새로운 에너지 효율프로그램 개발, 다양한 소비자 인센티브프로그램의 영향 연구, 반경쟁적 행동방지를 위한 시장의 감시 등이 포함된다.

1) 표준
① 연방정부는 계속해서 개방표준의 개발 및 채택을 촉진한다.
② 상호운용성 표준의 편익 : 표준은 미래가치 발휘, 혁신의 촉진, 소비자의 선택지원, 가격인하, 공익사업자에게 모범사례 제시, 시장개방 등에 도움이 된다.

2) 수요관리
① 연방과 주, 지방 공무원은 피크수여기간동안 소비자나 도매제공업자에게 제공되는 전력과 관련된 발전비용을 절감하고 수요관리 프로그램에 대한 참여를 장려하기 위해 노력해야 한다. 스마트그리드의 공급이 확대되면 혁신적인 요율설계가 가능해질 것이다.
② 수요반응의 다양한 프로그램
  - 소비자가 프로그램관리자에게 본인의 가전기기나 장비를 원격으로 중지시키도록 허용할 수 있는 직접부하제어(DLC)프로그램
  - 전력소비를 절약하여 요금절감 기회를 가입자에게 제공하는 수요입찰 및 재매입 프로그램
  - 소비자가 피크에너지 소비를 완화하여 비용을 직접 절약할 수 있는 기회를 조성하는 요율프로그램
  - 실시간 가격책정과 주요 피크가격 책정을 비롯하여 실제 생산원가의 반영을 개선하기 위해 시간별로 요율을 변경하는 프로그램
  - 대규모 상업 및 산업소비자가 그리드 비상시 전기사용을 감축하는 비상프로그램

3) 반 경쟁 행위 방지

연방 및 주 공무원은 스마트그리드 및 스마트 에너지 계획을 지속적으로 모니터링 하여 소비자 옵션을 보호하고 반경쟁적 관행을 방지해야 한다.

Chapter 03

스마트그리드의 국내 동향

Section 01   스마트그리드 국내 동향
Section 02   스마트그리드 국제표준
Section 03   스마트그리드 전략 및 로드맵
Section 04   지방자치단체 스마트그리드 전략 및
                 한국형 스마트그리드의 과제

| Section 01 |

스마트그리드 국내 동향

1.1 제주실증단지(한국형 스마트그리드 모델)

1) 제주 스마트그리드 실증단지 개요

지식경제부는 국내 처음으로 2009년 6월 제주시 구좌읍 일대 6,000가구를 스마트그리드 실증단지로 지정했다. 정부는 이곳에 2개 변전소와 4개 배전선로로 전력망을 짜서 2013년 11월까지 풍력·태양광 등을 연계한 신·재생에너지 저장, 안정공급, 실시간 전력계측, 전력-통신 융합서비스, 전기자동차 충전·운영 시스템 등에 관한 실증사업을 진행하고 있다.

실증단지가 구축되면 실증지역인 구좌읍은 세계 최초 미래에너지 마을이 될 것이며, 이는 Carbon Free의 청정섬을 지향하는 제주도의 확실한 기반과 녹색성장의 체험관이 되고, 또 다른 랜드마크이자 새로운 지역발전의 시발점이 될 것이다. 또한 스마트그리드 사업은 에너지절약은 물론 지역 일자리 창출, 국제적 관광 명소화 등 제주도의 발전과도 직결될 것으로 기대된다. 이 사업에는 국비 685억 원, 민자 1,710억 원 등 총 2,395억 원이 투입된다.

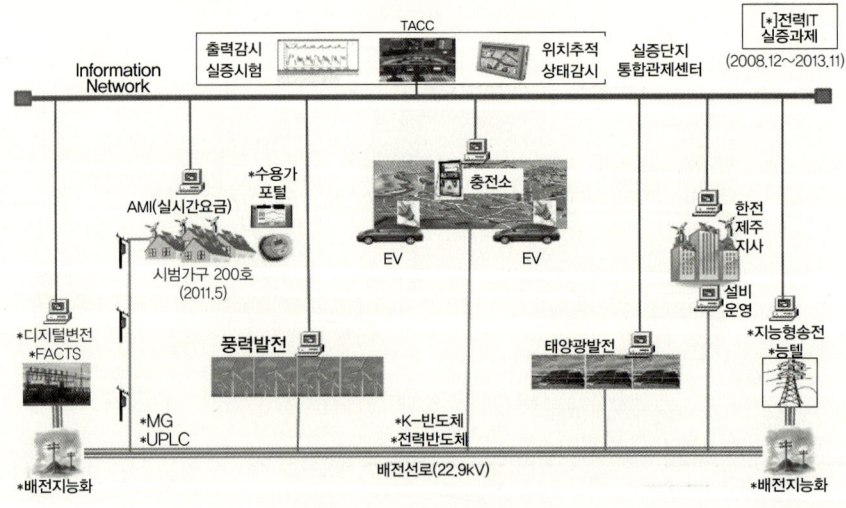

[그림 3.1] 제주 스마트그리드 통합실증단지 개념도 출처 : 한전 스마트그리드 추진팀 기업설명회 발표자료

2) 제주 스마트그리드 실증단지 구축사업 현황

2010년 4월 행원풍력발전단지 모니터링센터에 위치한 제주 스마트그리드 실증단지 임시 홍보관 개관으로 스마트그리드 실증사업의 국내외 홍보와 국민적 공감대 형성을 목적으로 하여, 스마트그리드 분야별 사업내용을 소개하고, 실증단지에 참여하는 컨소시엄별 구축내용 등을 홍보하며, 이와는 별도로 11월에 개최된 G20 정상회의 기간에 맞춰 종합 홍보체험관 1개소와 컨소시엄별 체험관 5개소를 구축하였다.

종합홍보체험관은 스마트그리드 및 실증단지 개념 이해, 실증단지 운영센터 체험을 주로 하고, 컨소시엄별 체험관은 체험을 통한 스마트그리드 이해, 비즈니스 모델 및 바이어 상담을 주로 한다.

한편, 제주도는 제주 스마트그리드 실증단지 거점 해외기업유치를 위한 '제주 스마트그리드 실증단지 거점 해외기업유치 용역사업' 우선 협상대상자로 노먼그룹을 최종 선정했다.

용역보고서의 주요 내용
① 스마트그리드 시장 환경 분석
② 해외 스마트그리드 기업 및 연구소 유치를 위한 정책방안
③ 해외 스마트그리드 기업·연구소와 국내기업 및 대학연계 방안을 통해 실증단지참여 컨소시엄과 해외기업과 연계 프로그램 제시
④ 해외기업 유치를 위한 도내 대학 인력양성 공급방안 제시
⑤ 해외기업 참여를 통한 스마트그리드 시범도시 조성방안 도출
⑥ 시범도시 내 스마트그리드 인증 및 필요충분 요건 도출

---

3) 제주 스마트그리드 실증단지 3개 분야 컨소시엄 구성

2009년 12월 제주도 실증 컨소시엄 10개를 확정하고 협약을 체결했다. 애초 계획된 8개 컨소시엄(123개사) 외에도 2개 컨소시엄(45개사)이 자체 예산으로 사업 참여를 결정함으로써 168개 업체로 늘어났다.

예산도 초기 1,200억 원에서 최종 투자규모는 2,395억 원으로 집계됐다. 실증단지에서는 전력(78개사), 통신(66개사), 자동차(6개사), 가전(4개사)업계가 협력하는 등 전면적 교류협력의 장을 마련한다. 제주 실증단지는 미국, 네덜란드 등에서 기 구축 중인 실증단지보다 최첨단의 기술 및 비즈니스 모델이 실증되고 있다.

스마트 그린홈·빌딩, 전기자동차 충전소 등 스마트그리드 주요 분야를 모두 포함한 세계 첫 All-in-one으로 새로운 가치창출이 기대된다. 실증 이후 본격적인 시장 창출을 위해 실증단지 성공모델을 국가표준으로 채택하며 완성된 스마트그리드 국가 로드맵과 실증단지 운영성과를 긴밀히 연계하여 추진하고 있다.

[표 3.1] 제주 스마트그리드 실증단지 3개 분야 컨소시엄 참여기업 현황

공모 분야	주도 기업	참여 기업
Smart Place (96개사)	SK텔레콤	삼성전자, 일진전기, 안철수연구소, EN Tech 등 29사
	KT	삼성SDS, 삼성물산, 루텍, 옴니시스템, 가인정보기술 등 14사
	LG전자	LG파워콤, GS건설, GS EPS, 이글루시큐리티, 제노텔 등 15사
	한전	대한전선, 누리텔레콤, 넥스첼, 우암 등 38사
Smart Transport (43개사)	한전	삼성SDI, 롯데정보통신, 피엔이솔루션, KAIST, LG텔레콤 등 22사
	SK에너지	SK네트웍스, 르노삼성, 일진전기, 벽산파워 등 14사
	GS칼텍스	LG CNS, ABB코리아, 넥스콘테크놀러지, GS퓨어셀 등 7사
Smart Renewable (29개사)	한전	남부발전, 효성, LS산전, 인텍FA, 한국전력기술 등 16사
	현대중공업	맥스컴, 아이셀시스템즈코리아, 전력품질기술 등 6사
	포스콘	LG화학, 포스데이터, 우진산전, 대경엔지니어링 등 7사

4) '풍력·태양광 발전단지 출력 예측' 용역

제주도 실증단지 사업에서 '풍력발전단지 발전량 예측' 용역을 한국전력기술(KEPCO E&C)에서 수행하고 있으며, 풍력발전단지 발전량 단기/장기 예측 알고리즘 개발을 위한 용역이다.

기대효과 : 풍력발전량 단기/장기 예측 기술 확보로 전력거래 입찰 시 효율적인 전력계통 운영, 스마트그리드 계통 연계분야 국제표준 추진으로 해외시장 주도권 확보, 신·재생에너지원의 출력 안정화 문제를 해결함으로써 신·재생에너지의 확대보급 촉진 및 관련 산업을 활성화 시킨다.

전력거래소에서도 '실증단지용 실시간 풍력 및 태양광 출력예측 시스템' 구축을 위한 회의를 열고 2010년 12월 말에 관련 시제품을 만들었으며, 2011년 5월에는 제주 실증단지에 서브로 설치하여 성능을 실증하고 있다. '실증단지용 실시간 풍력 및 태양광 출력예측 시스템'은 풍향, 풍속, 기상, 습도, 지형에 따라 달리 생산하는 풍력 및 태양광발전기의 전력량을 6~48시간 전에 예측할 수 있는 시스템을 말한다. 지금까지는 풍력이나 태양광발전의 전력생산량을 예측할 수 없어 기저부하나 첨두부하용 발전기를 별도로 가동해야만 했기 때문에 일간 전력수요에 맞춘 전력 외에 더 많은 예비율을 둔 셈이라고 볼 수 있다. 본 실증은 제주급전소에 설치된 서브와 전력계통 연계 운영을 한 후 2012년 11월까지 완료할 계획이다.

5) 제주 실증단지 홍보체험관 청사진

종합 홍보체험관은 2010년 10월에 개관되었으며, 스마트그리드 및 실증단지 개념 이해, 실증단지 운영센터를 체험할 수 있다. 특히 컨소시엄별 체험관의 경우, 컨소시엄

마다 개성 있는 비즈니스 모델을 적용한 시제품이 소개되었으며, 컨소시엄별 비즈니스모델 체험과 바이어 상담의 역할을 담당한다. G20 정상회의에 앞서 스마트그리드 선도국가로서의 위상을 홍보하기 위해 종합 홍보체험관 1개소, 컨소시엄별 체험관 5개소를 개관하였다.

6) 제주 실증단지의 KEPCO 컨소시엄의 특징 및 차별성

분산전원 계통연계 및 분산전원이 연계된 배전자동화선로 운영경험이 풍부한 한전이 본 컨소시엄 사업을 주관하며, 현재 분산전원 계통연계와 관련된 주요 이슈들은 다음과 같다.

① 양방향 조류에 의한 보호기기 들의 오동작 문제 : 한전에서 양방향보호기기 개발 연구 과제를 통해 마련한 해결방안을 다양한 조건에서 실증하고 있다.

② 발전용 연계변압기 결선방식이 접지원(Ground Source)으로 작용하는 문제 : 결선방식이 Grounded Wye(Utility)—Delta(DG)인 경우 접지원으로 작용함으로써 보호기기의 오동작을 발생시켜 전력회사 및 분산전원 측의 전력계통에 불필요한 정전을 발생시킨다. 이러한 현상은 인근 선로에서 1선 지락고장이 발생할 경우와 해당 선로에 불평형이 심한 경우 등 해당 선로 고장과 무관한 경우에도 발생하고 있다. 따라서 한전은 연계변압기의 중성점에 NGR(Neutral Grounding Reactor)을 설치하여 영상전류의 크기를 제한하거나 결선방식을 변경하는 대책을 검토 및 실증하고 있다.

③ Smart Renewable 운영시스템을 배전계통에 적용할 경우, 분산전원의 사례와 유사한 문제점들이 나타날 우려가 있다. 특히 현재 분산전원 배전계통 연계운전에서 금지하고 있는 단독운전을 스마트그리드에서는 허용하여야 하며, 의도적 단독운전(Intentional Islanding)을 허용할 경우 예상되는 계통 운영상 문제점과 전력회사 및 발전사업자의 전력설비 보호, 작업인원의 안전 확보를 위해 아직 국제적인 운영기준이 마련되지 않은 이 분야를 미리 대비할 필요가 있다.

④ 이러한 스마트그리드 계통운영 기준을 마련하려면 전력회사의 실증결과 제시가 필수적이며, 실제로 스마트기기를 개발하는 업체들과 동시에 스마트배전 보호협조 기준을 수립해야만 본 사업에서 개발된 Smart Renewable 운영시스템을 조기에 활용할 수 있다. 나아가 세계 스마트기술 관련 해외시장도 선도할 수 있다.

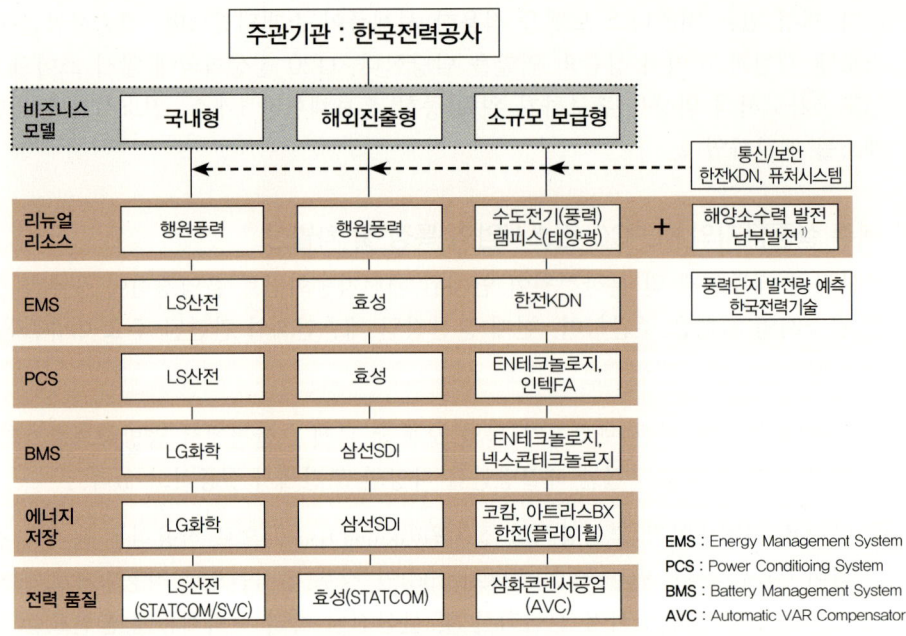

[그림 3.2] 컨소시엄 참여기업의 역할 분담(출처 : KEPCO 컨소시엄)

1.2 국내 스마트그리드 거점도시 및 탄소제로도시

우리나라는 최근 추진되는 다수의 신도시나 지자체에서 탄소저감 프로젝트를 추진하고 있다. 그러나 국내 실정에 맞는 벤치마킹 모델이 없고, 개별적으로 추진되다 보니 역량이 분산되며, 탄소제로 구현에 필요한 요소기술뿐 아니라 이들 기술을 통합하는 종합기획력이 특히 부족하다. 탄소저감은 피할 수 없는 시대적 요구로, 보다 능동적으로 대처하여 기회로 활용해야 한다.

탄소제로 도시개발을 통해 국내 산업을 업그레이드하고, 한국형 탄소제로 도시의 모델을 개발하는 것이 필요하다. 또한 탄소제로 도시개발이 보다 활성화되고 체계적인 추진이 이루어질 수 있도록 제도적 기반을 조성하는 것도 중요하다. 탄소제로 도시는 에너지 다소비 국가이며 에너지의 대외의존도가 100%에 육박하는 우리나라에 더욱 절실한 도시모델이다.

1) 국내 탄소제로도시 현황

세종시, 마곡지구, 무안 기업도시 등의 계획도시들이 대부분 탄소제로도시를 표방하고 있으며, 과천 등 기존 도시들도 탄소저감을 추진 중이다. 그러나 세종시 등 극소수 프로젝트를 제외하면 대부분 지자체 또는 개발주체 차원에서 진행되고 있어 국내 실정에 적합한 벤치마킹 모델이 부재한 상황이다.

국내에는 다양한 기술을 통합해 최적화하는 종합기획력 및 관리역량을 갖춘 기업과 인력이 크게 부족하며, 탄소제로 도시 구현에 필요한 신·재생에너지, 신소재, 전력, 친환경 교통수단 등 관련 기술이 일본 및 EU 대비 다소 열세이다.

그러나 한국은 IT, 전자, 자동차 등 핵심 산업에서 글로벌 경쟁력을 보유하고 있으며, 신·재생에너지, 하이브리드카 등에 대한 투자도 확대되는 추세이다.

2) 서울시 강서구 마곡지구 신·재생에너지 타운

앞으로 5년(2011~2016년) 내 에너지자급마을(Green Village)을 조성하기로 하였으나, 타 신도시보다 건축비가 높아져 건물분양에 어려움이 있어 용적률 조정과 같은 인센티브를 강구하고 있으며, 현재 토지보상 중이다.

3) 국내 탄소제로도시의 대응방안

① 건설뿐 아니라 다른 산업 전반을 업그레이드하는 계기를 제공

탄소제로 도시 개발은 다양한 소재·제품·시스템·서비스를 포함하는 복합시스템 사업으로서, 탄소제로 프로젝트를 추진하고 운영하는 과정에서 제반 데이터와 지식을 지속적으로 축적하고, 이를 토대로 최적화 역량을 확보한다. 이로써 축적된 실제 데이터에 기반을 두어 도시건물주택 차원의 '그린기술 경제성 평가모형'을 개발하고 타 프로젝트 및 해외 컨설팅에 활용할 수 있다.

② 우리나라의 특성에 맞는 모델을 개발

아파트 중심의 주거문화, 기후 및 지형적 특성, IT 중심의 산업구조 등 우리나라의 실정에 맞는 모델을 개발하고, 강점인 IT를 적극 활용하여 IT와 GT(Green Technology)가 결합된 차별화된 모델을 개발, 전략적 수출상품으로 육성한다.

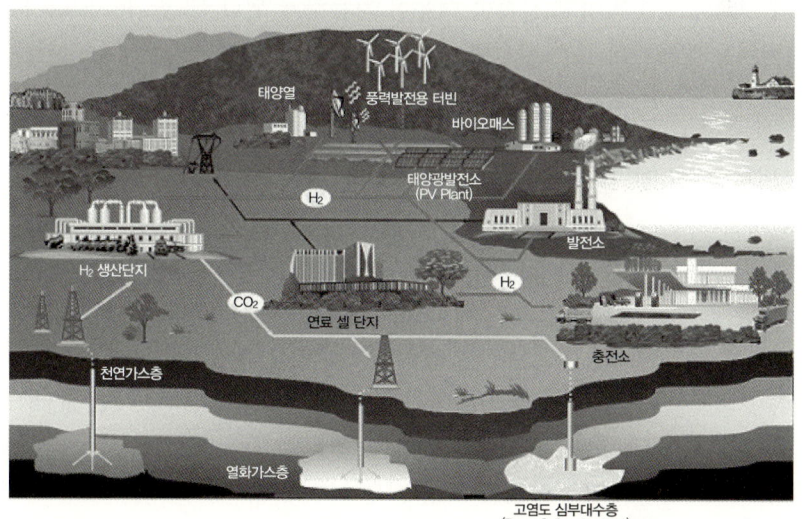

[그림 3.3] 스마트그리드 연계 탄소제로도시 (출처 : 지경부 보도자료)

③ 범정부 차원의 지원조직 구성을 적극적으로 검토

공공개발은 물론 재개발 · 재건축 등 민간주도형 개발 사업에도 탄소제로의 개념이 도입될 수 있도록 인허가 기준 정비, 용적률 인센티브 제공, 세금감면 등 포괄적인 유인장치를 마련하고, 건설(국토해양부)뿐만 아니라 환경(환경부), IT(지식경제부) 등 다양한 분야의 유기적 연계가 중요하다.

4) 대림산업, 에너지 사용량 줄인 스마트에코 e-편한세상 발표

대림산업은 냉난방 에너지 사용을 기존 표준주택에 비해 절반까지 줄인 '스마트에코 e 편한세상'을 발표하였다. 스마트에코 시스템은 에너지 효율을 끌어올려 에너지소비량을 줄이고 필요한 에너지 일부를 태양열과 지열 등 친환경 신 · 재생에너지로 공급하는 것이며, 정보통신 기술을 접목해 새어나가는 에너지를 최소화한다. 특히 태양열 급탕시스템, 태양광 · 풍력발전시스템, 지열시스템 등 친환경자원으로 전체 사용 에너지의 15%를 직접 만들어 사용할 예정이다.

1.3 국내 스마트그리드 기술개발

1) 한국형 에너지관리시스템(K-EMS) 국내 기술개발

송전량을 늘려 효율을 높일 수 있는 새로운 전력전송설비를 개발하여, 2010년 10월에 1,500시간 가동률 시험 및 실계통 운전에 성공하였다. 정보통신 및 S/W 공학기술이 결합된 첨단설비인 에너지관리시스템을 자체기술로 개발한 국가는 미국, 독일, 프랑스, 일본에 이어 우리나라가 다섯 번째이다. 이에 따라 앞으로 전망되는 스마트그리드 시대의 도래와 신재생에너지, 녹색산업 및 기후변화 대응 등 다양한 전력 및 관련 산업의 변화에 능동적이고 신속한 대응이 가능하게 된다. 또한 'K-EMS'는 전력계통 운영 외에도 고속철도 감시시스템, 상하수도 관리시스템, 지하철 관리시스템, 고속도로 관리시스템은 물론 빌딩자동화시스템 등 네트워크산업 모두에 적용할 수 있다.

2) '녹색전력 IT' 및 '통합실증단지' 국내 기술개발

녹색전력 IT의 사업목표는 고품질 전력서비스 제공이며, 필요성은 전력 IT산업의 신성장동력화 및 수출산업화를 이룩하는 것이다. 사업주체는 지식경제부 전력산업과이며, 추진절차는 중대형전략과제와 단기핵심과제로 구분하여 에너지경제연구원/스마트그리드 사업단에서 사업추진을 맡고 있다. 주요 추진계획은 실증단지(Test Bed) 구축 추진과 2004년부터 추진 중인 녹색전략 IT 10대 국책과제의 차질 없는 수행이다.

3) 녹색전략 IT 10대 국책과제

① 한국형 에너지관리시스템(EMS) 개발

② IT기반의 대용량 전력수송 제어시스템
③ 지능형 송전 Network감시, 운영시스템 기술개발
④ 디지털 기술기반의 차세대 변전시스템 개발
⑤ 배전지능화 시스템 개발
⑥ 능동형 텔레메트릭스 전력설비 상태감시 시스템 개발
⑦ 고부가 전력서비스용 수용가 통합자원관리 시스템
⑧ 전력선 통신 유비쿼터스 기술개발
⑨ 분산발전 및 산업용 인버터 응용을 위한 전력반도체 기술개발
⑩ 마이크로그리드용 통합에너지관리시스템 개발 및 실사이트용 적용기술 개발

4) 녹색성장위원회, 스마트그리드 관련 기술 핵심 녹색기술로 본격 개발

대통령 직속 녹색성장위원회는 녹색기술의 조기 상용화를 위해 차세대 이차전지, 고효율 태양전지, 그린카, 지능형전력망, 연료전지 등 10대 핵심 녹색기술 개발을 본격 추진키로 했다. 10대 녹색기술로는 차세대 이차전지, LED조명·디스플레이, 그린 PC, 고효율 태양전지, 그린카, 지능형전력망(스마트그리드), 개량형 경수로, 연료전지, CO_2 포집, 고도 수처리가 포함된다.

5) 정부, 녹색산업 투자활성화 위해 녹색인증제 시행

정부는 녹색산업에 대한 민간 투자 활성화를 위해 녹색인증제를 2010년 4월14일부터 시행하고 있다. 녹색인증제는 유망 녹색기술 및 녹색사업, 녹색전문기업을 명확히 제시하여 적격한 투자대상을 제시함으로써 녹색금융투자의 불확실성을 해소하고 정부 '녹색성장 비전'을 산업차원에서 실천하는 'Best Performance'를 달성하고자 한다. 녹색기술 인증대상은 신·재생에너지 등 10대 분야(61개 중점분야) 유망기술이다.

녹색기술 10대 분야
① 신·재생에너지 ② 탄소저감 ③ 첨단 수자원 ④ 그린 IT
⑤ 그린차량 ⑥ 첨단그린주택도시 ⑦ 신소재
⑧ 청정생산 ⑨ 친환경 농식품 ⑩ 환경보호 및 보전

6) 정부의 스마트그리드 추진현황

① **기획재정부(이하 기재부)** : 연료비 연동제를 도입하여 단계적인 가격 현실화로 유가 변동에 따른 효율적인 자원배분을 진행할 예정이며, 전기는 2011년 7월부터 스마트그리드 환경에 맞춰 계절별·시간대별로 전기요금이 차등화된 새로운 주택용 요금제가 시범 도입되었다. 이산화탄소 감축기술, 청정에너지 및 에너지효율화 기술 개발에 재정지원을 확대하고, 예산편성 시, 청사를 포함한 공공시설에 대해 에너지 절감시설 설치를 우선 고려하고 있다.

② **국토해양부** : 전기자동차 운행 실증사업 추진을 위해 2010년 정부예산에 전기자동차 도로주행 실증사업을 반영하고, 도로주행 모니터링을 통해 문제점 파악 및 안전 기준을 보완키로 하였다.

③ **지경부** : 중국·일본과 공동으로 스마트그리드·모바일 공개 소프트웨어 적용을 추진한다. 클라우드, 그린 컴퓨팅, 스마트그리드 및 모바일 분야에 최신 공개 소프트웨어 기술 적용 및 정보교류 및 동북아 공개 소프트웨어 표준, 호환성 증진과 생태계 조성, 인력양성을 하기로 하였다. 일본과는 비즈니스 협력을 강화하고 중국과는 스마트그리드, 클라우드 컴퓨팅 및 앱스토어 간 상호호환성을 제공하는 공통 규격 개발 등 공개 소프트웨어분야 연구개발 협력을 강화키로 하였다.

1.4 국내 에너지저장 기술개발 및 산업화전략

지경부는 가파르게 증가하는 미래 ESS(Energy Storage System)시장을 선점하기 위해 '에너지저장 기술개발 및 산업화전략'을 준비하였으며, 2020년까지 세계시장 30% 점유를 목표로 기술개발 및 실증, R&D 인프라 구축, 제도적 기반 구축 등의 전략과제를 추진해 나갈 계획이다.

1) 에너지저장 R&D 투자확대 및 전략성 강화

① **R&D 투자 확대** : 2020년까지 총 6.4조 원 규모의 R&D 및 설비투자, 단기적으로는 상용화 R&D 및 실증, 중장기적으로는 원천 기술개발 지원에 중점을 둔다.

② **R&D 전략성 강화** : 3년 내 MW급 이상의 시스템 개발 및 5년 내 산업화가 가능한 기술 분야(리튬이온전지, 나트륨-황전지, 레독스 흐름전지, 슈퍼 커패시터, 플라이휠, 압축공기저장 등)에서 4개 과제를 선정하여 앞으로 3~5년간 총 1,200억 원 규모의 시장 주도형 기술개발을 추진하고 마그네슘 전지, 금속-공기전지 등 새로운 방식의 원천 기술개발 및 미국, 일본 등 우수 기술 보유국가와의 국제 공동 기술개발을 추진키로 한다.

2) 에너지저장 실증을 통한 산업화 촉진

① **송전망 연계형 실증** : 제주도 조천 154kV 변전소에 실증 베드를 구축하여 총 8MW 규모의 파일럿 실증(2011~2014년/300억 원 규모)을 추진하고, 2015년 이후에는 345kV 이상의 변전소에 수십 MW규모의 실증을 추진하여 보급을 확대해 나간다.

② **발전원 연계형 실증** : 태양광, 풍력 등 신·재생에너지 발전소에 ESS를 설치하는 실증사업을 추진하고 중장기적으로는 기존 양수발전을 대체하는 수백 MW급 ESS 실증을 추진한다.

③ **수용가 연계형 실증** : 그린홈 100만 호 보급사업 등과 같은 주택·건물에 신·재생에너지를 보급하는 사업과 연계하여 수용가용 ESS 실증(대구지역 100가구에 LIB 10kWh급 실증 중, 2010.6~2013.5)을 확대하기로 한다.

④ **실증·보급을 위한 기반 구축** : 국내 ESS 실증·보급 확산을 위해 민관 공동으로 'ESS 실증·보급 추진위원회'를 구성하여 중장기 보급계획 및 실증 세부계획을 마련하고, 추진단을 에너지기술평가원(이하 에기평) 내에 설치하기로 한다.

3) 에너지저장 R&D 인프라 구축

① **시험·평가·인증 기반 구축** : 개발에 성공한 ESS의 안전성·신뢰성 확보를 위한 기술개발과 장비구축을 3년간 지원함과 동시에 ESS 인증에 관한 사항을 관련 규정(전기용품안전관리법, 품질경영및공산품안전관리법 등)에 반영하고 인증기관 지정 등 제도적 기반을 강화하기로 한다.
② **ESS 인력양성 지원** : 수요자 지향적 인력양성을 위해 기업이 원하는 교과 과정을 대학에서 제공하는 체계를 구축하여 실무적응형 학부 엔지니어 및 석·박사급 고급 연구인력 양성을 지원하고 세계를 리드할 최고 전문가 배출을 위해 10년간 대학 연구실에 지원한다.
③ **국제 표준화 및 특허 지원** : '에너지저장용 이차전지 성능·안정'규격에 대한 국내표준을 마련하여 국제표준화를 추진하고 R&D 기획 시 시장·기업 동향 및 특허 분석, IP 전략 수립 등을 추진키로 한다.

4) 국내시장 활성화를 위한 제도적 기반 조성

① **에너지저장시스템 보급 촉진** : 주택 등에 신·재생에너지 발전설비와 함께 ESS를 설치할 경우 RPS 공급인정서 발급, 설치보조금 지급 등을 검토하기로 하였으며, 전력망 ESS 보급을 위한 중장기 계획인 K-ESS 로드맵(~2030년)을 수립함과 동시에 전기사업법 등 관련 규정에 ESS 설치 및 운영에 관한 사항을 반영할 수 있도록 규정을 정비하기로 한다.
② **신규 비즈니스 창출** : 사업자가 주택 또는 건물에 ESS를 대신 설치해주고 이를 통해 절감되는 전기요금 중 일부를 회수하여 이익을 창출하는 ESS Service 사업을 육성한다.
③ **ESS 설치 의무화 검토** : 출력이 불안정한 신·재생에너지의 비율이 확대되어 전체 전력망이 불안정해지는 것을 미리 방지하기 위해 일정 규모 이상의 전력회사, 발전회사를 대상으로 전기공급량 일정비율만큼 ESS 설치를 의무화하는 방안을 검토한다.

1.5 국내 스마트그리드 시장동향

1) 한국-미국 차세대전력망(Smart Grid) 공동개발

2009년 6월에는 한·미 정상회담에서 스마트그리드 포함 7개 기술에 대한 MOU를 체결하였고, 2009년 9월 한·미 스마트그리드 로드맵 초안이 작성과 실무자회의와 공청회를 거쳐 2009년 말까지 로드맵을 최종 발표하였다.

2) 미국 일리노이주, 한국 지경부와 스마트그리드 관련 MOU 체결

미국 스마트그리드 시장 진출 교두보 확대를 위해 2010년 1월에 지식경제부 장관과 일리노이주 Warren Ribley 상무장관이 서명하였다. 투자·일자리 확대에 많은 도움을 줄 것으로 예상한다.

[표 3.2] 한-일리노이주 스마트그리드 협력 양해각서 추진현황

성 격	체결기관	주요 내용
전력사업 기관협력	• 한전 • ComED사	스마트그리드 R&D 및 기술실증, 사업정보 교환 협력
인력양성 기관협력	• 기초전력연구원 • 일리노이공대	미국 전력시장을 이해하는 스마트그리드 전문가 양성
기술개발 기관협력	• 에기평 • 일리노이과학기술연구소	스마트그리드 및 녹색기술분야의 연구과제 공동발굴, R&D 정책협력
정책·사업화 기관협력	• 스마트그리드사업단 • 일리노이과학기술연구소	스마트그리드 정책협력·사업화 협력
기술개발 사업협력 ①	• KT·LS산전·포스코 등 • 일리노이과학기술연구소	미국 내 빌딩환경 및 규제 적합성을 위한 공동연구
기술개발 사업협력 ②	• 한국전기연 • 일리노이과학기술연구소	분산전원 및 부하관리 공동 연구
기술개발 사업협력 ③	• 국가보안기술연구원 • 일리노이 주립대	스마트그리드 보안기술 공동 연구

3) 지경부, 국가 온실가스감축 주요 추진계획

2009년 11월말, 지경부는 온실가스 BAU기준 30% 감축안을 위해 에너지 목표관리제 도입, 청정에너지 확대, 스마트그리드 추진 등 국가 온실가스 감축을 위한 주요 추진계획을 발표하였다. 이에 대한 스마트그리드 분야의 세부적인 추진방안은 다음과 같다.

① 스마트그리드 구축을 2010년부터 본격 추진하여 2030년까지 완료한다.
② 핵심 기술개발 추진(2010년부터) 및 표준화 추진(2010년) : 국제표준으로 만들기 위한 포럼이 구성·운영되어 현재 활발히 진행되고 있다.
③ 제주 실증단지를 통한 비즈니스 성공모델 창출
④ 기술개발 외에 스마트그리드 제품 인증제도 도입
⑤ 스마트미터 단계적 보급(2020년까지) 및 전기자동차 충전 인프라 구축(2011년부터)
⑥ 대중교통의 수송 분담률을 65%로 높이면서 전기차 등 미래형 교통기술 개발을 중점 추진

⑦ 요금체계 개편 및 전력수급 대책 마련
⑧ 유관법령 정비 등 추진

> ※ IGCC(International Panel on Climate Change) 권고수준
> - 비의무감축국 : BAU 대비 15~30% 감축
> - 의무감축국 : 1990년 대비 25~40% 감축

4) 지경부, 2010년 스마트그리드관련 주요 추진업무

지능형전력망 구축 및 지원에 관한 특별법을 제정하였고, 온실가스 감축, 에너지 효율성, 스마트그리드 인프라 구축, 전력수급안정화, 신재생에너지, 전기자동차, 스마트그리드의 제도개선 등을 발표했다.

① 온실가스 감축에 대한 추진내용
- 2020년 국가 온실가스 감축 마스터플랜 수립(국가 온실가스 감축목표 이행전략)
- 비용효과적인 온실가스 감축목표 이행 기반 구축

② 전력수급 안정화와 신·재생에너지 분야의 추진내용
- 중장기 전력수급 안정을 위한 제5차 전력수급기본계획수립
- 차세대 태양광 기술 수준을 2009년 55%에서 2010년 70%로 향상시키고 민간투자를 2009년 3.2조 원에서 2010년 4조 원으로 확대
- 신·재생에너지 분야별 세부추진 : 태양광 분야는 소형 태양광 보급 우대로 국산제품 비중을 확대 및 박막형·염료감응형 등 차세대 주력제품 핵심기술 확보를 지원, 풍력분야는 영흥, 새만금지역 육상풍력단지 건설, 해상풍력 시범 단지 추진방안 등 활성화 방안 수립 추진, 수소 연료전지분야는 그린홈 사업과 관련하여 가정용 연료전지 보급 착수, 2012년도 수송용 연료전지 시범보급 성능확보를 위한 상용화 실증사업에 착수

③ 전기자동차 분야의 추진내용
- 2011년 전기자동차 및 2012년 플러그인 하이브리드차량 조기 양산
- 전기 자동차 세부추진 : 기술부분은 30개 전략부품·50개 부품업체 선정·개발 개시하고, 실증부분은 시범전기차를 제작, 도로운행 등 실증사업 시행 및 우수부품·충전 인터페이스 등 표준화를 추진
- 전기자동차 구입 시 세제감면 검토
- 울산시, 그린자동차 개발사업 추진계획을 수립

5) 지경부, 스마트그리드 정책동향

지경부는 2011년 업무보고에서 무역 1조 달러 선진경제 진입을 확고히 하기 위해 융

합과 녹색을 통한 산업 업그레이드와 성장가속화를 추진할 계획이라고 밝히며, 준중형급 전기자동차 개발과 신·재생에너지 산업을 2015년 수출 400억 달러 신 주력산업으로 육성할 방침이다. 세부추진 계획은 다음과 같다.

① 2010년 소형전기차 'BlueOn' 개발에 이어 2011년에는 준중형급 전기자동차 개발에 착수한다.
② 준중형 완성차 개발에 3년간 600억 원을 지원(분야 : 전동기, 공조시스템, 차량경량화 및 배터리 등 부품개발 지원)하고, 2014년부터 조기양산으로 세계시장을 선도할 계획이다.
③ 태양광과 풍력 등 원별 테스트베드 4~5개를 구축하여 중소·중견기업의 사업화를 지원한다.
④ 해외인증 획득부터 수주까지 신·재생에너지기업의 해외진출을 전주기적으로 지원해 2015년까지 수출 1억 달러 이상 글로벌 스타기업 50개를 육성한다.

6) 지경부, 20MW 이상 신·재생에너지 계통연계 기준강화

2009년 12월, 지경부는 비중앙급전발전기인 신·재생에너지 발전설비가 늘어나자 정부가 전력계통의 안정성을 확보하고 전기품질을 유지하기 위한 가이드라인을 제정했다(전력계통 신뢰도 및 전기품질 유지기준).

7) 지경부, 2011년 스마트그리드 활성화

지경부는 2011년 2월 스마트그리드 업계 의견을 폭넓게 수렴하여 '2011년도 스마트그리드 사업 활성화 계획'을 수립하고 발표하였으며, 주요 추진내용은 다음과 같다.

① 스마트그리드 환경에 맞춰 계절별·시간대별로 전기요금이 차등화된 새로운 주택용 요금제를 2011년 7월부터 시범 도입한다.
② 제주 실증사업을 활성화한다.
③ 신규 비즈니스 창출을 위한 제도개선 : 스마트미터·지능형가전·전기자동차 등을 활용하여 전력수요를 감축하고 그 실적에 따라 보상받는 상시 수요관리시장을 개설하여 투자비 회수체계를 마련하고, 전기소비 합리화 및 소비자편익도 증진시키는 주택용 계시별 요금제 도입 및 구역전기사업(CES)에 스마트그리드 적용을 추진한다.
④ 스마트그리드 보급·확대 기반구축 : 스마트미터의 2011년 보급수준이 5.7 % 이나 2020년까지 스마트미터 보급을 100% 완료한다. 2011년 하반기까지 전기자동차 충전인프라 보급을 위한 국가표준을 제정하며, 충전기 공인 시험인증 기준 및 충전기 안전기준 등을 마련한다. 또한 빌딩용 종합에너지관리시스템을 개발하고 대형빌딩에 적용하여 스마트그리드 기술이 집적된 랜드마크로 육성한다.
⑤ 스마트그리드 실증사업을 통한 기술사업모델 검증과 제도개선이 완료된 이후에는 전국적 상용화를 위한 스마트그리드 거점지구 지정을 2012년 이후로 추진할 것을

검토한다.

8) 한전의 스마트그리드 추진사항

2009년 12월 한전은 스마트그리드용 IT융합기술 상용화를 위해 고속 PLC와 Binary CDMA 무선기술을 융합한 스마트그리드 원격검침 통신기술을 세계 처음으로 상용화했다. 국내 고속 PLC는 지식경제부 주관의 R&D사업으로 개발한 기술로 현재 약 5만여 저압고객 원격검침사업에 주로 활용 중에 있다.

Binary CDMA 무선기술은 CDMA와 TDMA의 장점을 융합해 전자부품연구원에서 근거리 통신용으로 개발한 국산기술로, 기존의 해외 유가 경쟁기술과 비교 시 전송속도가 약 20배 빠르며, 통달거리도 2~5배 정도 우수한 것으로 나타났다. 성공한 융합기술은 많은 데이터도 고속으로 전달할 수 있으며, 데이터전송거리가 확장됨에 따라 통신연결 장치의 수량을 줄일 수 있어 경제성도 향상시킨다. 동 융합기술은 지능형 원격검침(AMI), 가전기기 제어용(HAN : Home Area Network) 등 미래 스마트그리드 환경에서 다양한 데이터 처리에 유용할 전망이다.

지경부의 2011년 스마트그리드 활성화 계획에 따라, 한전은 다음과 같이 2030년까지 스마트그리드 사업 분야와 제도개선에 8조 원을 투자할 계획이다.

① 송배전설비의 지능화, 스마트미터의 교체 등을 위해 앞으로 5년간 매년 4,000억 원 규모의 투자와 이후 2020년까지 2조3,000억 원, 2030년 3조7,000억 원 등 총 8조 원을 단계적으로 투입할 예정이다.
② 이를 통해 태양광, 풍력 등 신재생에너지원을 11%까지 수용하고, 전력피크를 감소하여 CO_2를 감축하는 데 기여하는 한편, 전기자동차 충전 및 스마트 홈, 공장과 같은 전력소비분야의 지능화 추진을 통해 전력설비 이용률을 높일 수 있다.
③ 특히 2011년에는 그동안 개발된 요소 기반기술을 토대로 스마트그리드 확산에 필요한 추가기기 개발과 확대 실증에 필요한 애플리케이션 중심의 기술개발에 투자할 예정이다.
④ 개발된 기술의 확대적용에 필요한 제도정비, 국내외 표준제정 및 실증이 끝난 스마트기기의 확대 설치와 운영을 위한 세부계획을 2011년 안에 확립한다.
⑤ 개발된 기술을 해외 전력회사 실정에 적합한 모델로 변환하여 유관기업과 함께 러시아, 동남아, 남미 등 해외시장 진출에 주력할 예정이다.

9) LS그룹의 스마트그리드 관련 제품 및 추진현황

말레이시아 내무부(Ministry of Home Affair) 산하 SI업체인 센티엔웨이브(Sentient Wave)사와 스마트그리드 및 그린비즈니스 사업협력 MOU를 체결하였다. 본 MOU 체결에 따라 LS산전은 말레이시아 시장에 AMR, AMI, LED조명, 태양광발전시스템 등 스마트그리드 관련 제품 및 솔루션을 공급하고 센티엔웨이브사는 시장 및 기술정보 제공과 함께 현지 사업추진을 맡게 된다.

LS그룹은 중국에서 처음으로 스마트그리드 시범단지가 조성되는 장쑤성(Jiangsu) 양저우시(Yangzhou)와 포괄적 사업협력 MOU를 체결했다. 동 MOU는 앞으로 중국 스마트그리드 프로젝트 참여와 생산기지 및 R&D센터 건설 시 상호 협력키로 하는 내용을 담고 있으며, 이로 인해 LS그룹은 중국시장에서 유리한 교두보를 확보할 것으로 기대된다.

10) 포스코 ICT, 스마트그리드 및 U-에코시티 집중 육성

포스코 ICT는 엔지니어링, 프로세스 오토메이션, IT 서비스를 3대 핵심 사업으로 추진하고 스마트그리드 및 U-에코시티 등의 그린 IT를 신 성장 동력으로 선정하여 집중 육성키로 했다. 스마트그리드사업에는 에너지관리센터를 구축하여 전기 수요처의 사용량을 모니터링하고 시간대별로 주전력과 태양광 등과 같은 분산전력원을 적절하게 사용할 수 있도록 제어하는 서비스를 제공할 계획이다.

또한 포스코 광양제철소 산소공장에 스마트그리드 인프라 구축을 완료하고, 에너지 사용 효율을 극대화하기 위한 '스마트인더스트리'라는 실증사업에 돌입했다. 산소공장의 인프라구축 완료로 각종 생산 단위 기기에 지능형계량기를 설치해 에너지사용량과 흐름을 파악하고, 원격제어 감시시스템을 도입해 각 기기의 동작 상태를 실시간으로 원격감시, 제어할 수 있게 된다.

11) LG그룹, 2020년까지 녹색경영에 20조원 투자

LG그룹은 'Green2020'을 확정하고 3대 전략과제인 그린 사업장 조성, 그린 신제품 확대, 그린 신사업 강화 등을 추진하기로 했다. 이를 위해 2020년까지 그린 신제품 개발 및 신사업 발굴 등 그린사업 R&D에 10조 원, 제조공정의 그린화 및 그린 신사업 설비 구축 등 관련 설비투자에 10조 원을 각각 투자할 예정이다. 2020년에는 그룹 전체매출의 10%를 태양전지, 차세대조명, 차세대전지 등 그린 신사업 분야에서 달성할 계획이다.

LG전자는 태양전지사업의 확대와 함께 차세대조명시스템, 총합공조, 스마트그리드 등에 집중하고, LG화학은 태양전지 및 LED 소재, 전기자동차용 전지, 스마트그리드용 전력저장장치 등 그린 신사업과 관련된 소재 개발에 힘쓸 예정이다. 3대 전략과제를 통해 2020년에는 연간 5천만 톤의 온실가스를 감축할 수 있을 것으로 기대된다.

12) 2차 전지 및 전기자동차 현황

국토해양부는 2010년 전기자동차 운행을 위해 정부예산에 전기자동차 도로주행 실증사업을 반영하고, 도로주행 모니터링을 통해 문제점 파악 및 안전기준을 보완하고 있다.

자동차관리법이 개정되어, 2010년 3월 30일부터 저속 전기자동차의 도로주행을 허용하고, 4월 14일부터 도로주행이 가능해졌다. 총중량 1,100kg 이하이고, 최고속도가 60km/h 이내인 저속 전기자동차(NEV)에 적정한 안전기준이 마련되었고, 교통안전 및 교통흐름 등을 고려하여 일정구역 내에서 도로운행을 허용하였다. 이로써 배터리 기술발전, 각국의 경쟁적 전기자동차 개발 등에 대응하고, 저탄소 녹색성장을 조기 실현과 온실가스 저감에 기여하여, 국내 전기자동차 초기시장 형성 촉진에 기대된다.

13) 환경부, 전기자동차 보급 선도도시 선정

환경부는 전기자동차 보급을 선도할 3개의 지자체로 서울·영광·제주를 선정·발표하였으며, 선도도시별 보급모델과 보급모델의 특징은 다음과 같다.

① **도시형** : 차량의 운행거리가 짧으면서 정체가 심한 도시에 적합한 모델(전기차 공동이용, 버스 등)로 서울시는 2011년부터 시민이 전기자동차를 공동으로 이용할 수 있는 시스템을 만들고, 전기버스와 배터리 교체형 전기택시를 시범 보급하고 있다.
② **구내근린형** : 영광은 소도시, 유인도서, 농어촌 지역의 저속주행에 적합한 차량을 보급하여 관할지역의 안내·순찰·점검, 거동이 불편한 노약자 등을 위한 복지업무 등에 활용한다. 전라남도와 함께 2014년까지 총 2,100대의 전기자동차를 보급할 계획이다.
③ **관광생태형** : 관광지의 대중교통체계와 연계한 모델(렌터카, 공동이용 등)로 제주도가 해당되며, 제주도 내 렌터카가 총 1만2,000대에 달하는 것을 고려하면 그 보급 효과가 상당할 것으로 기대된다.

14) 지경부 '지능형 전력방법 시행령 규칙 제정(안)' 시행 목표

2011년 5월에 '지능형 전력망 구축 및 이용촉진에 관한 법률'을 공포하였고, 연말 내에 시행령·규칙(안)을 마무리할 예정이다. 이번 시행령의 주요내용은 지능형 전력망 사업자의 등록기준, 거점지구 지정의 세부 절차 사항마련 및 전기자동차 충전 등 관련 인프라에 대한 연구개발, 투자비용 지원 근거 등이다.

| Section 02 |
스마트그리드 국제표준

2.1 국제에너지기구(IEA)의 신재생 실무위원회(REWP)

REWP는 국제에너지 에이전시의 RD&D(Research, Development and Deployment) 혁신과 신·재생에너지 기술전개에 대한 광대한 네트워크에 포커스를 두는 회의로 2010년 초에 진행되었으며, 스마트그리드 국제표준의 중요성을 다시 한번 각인시켜 주었다.

1) 인상 깊었던 내용

가장 먼저 스마트그리드사업은 반드시 해야 한다는 전 세계적 컨세서스 형성을 확인하고 더 이상 선택이 아니라 필수라는 점에 공감했다. IEA와 OECD는 유럽국가 중심으로 구성되어 있어, 유럽은 국가망 단위의 슈퍼그리드를 준비해 추진하고 있는 상황으로, 한 국가에만 국한된 전력망이 아닌 유럽 전체를 하나의 대규모 전력망으로 연결하겠다는 것이다.

신·재생에너지 개발에 적극적이었고, 잘 알려진 대로 EU는 2020년까지 전체에너지 공급량의 20%를 신재생에너지로 충당한다는 목표를 잡고 있다. 특히, 덴마크는 회의에서 2050년까지 신재생 목표량 50%까지 끌어올린다는 계획이다. 유럽 국가들은 태양광과 풍력뿐만 아니라 바이오매스와 바이오에너지 등 다양한 신재생에너지원의 활용계획을 가지고 있다.

2) 유럽과 한국의 신·재생에너지 개발 차이점

유럽은 오래된 건축물이 많아 단열이 취약해 냉난방에 많은 관심이 있어 주로 잉여전력을 냉난방에 활용할 계획을 세웠으며, 이러한 부분에서 한국과는 많은 차이점이 있었다. 잉여전력을 저장하는 한국의 가정용 배터리에 대해서는 아직 의문을 가지고 있는 상황으로, 유럽은 가정용 배터리를 전기자동차 배터리와 표준화해 가정용 배터리를 전기차로 바로 쓸 수 있도록 하는 데 관심이 지대하다.

3) 한국 스마트그리드에 대해 유럽에서 관심을 가졌던 점

유럽 국가들이 스마트그리드에 대한 정책을 이야기하고 있다면, 한국은 Real Story를 가지고 있다는 점에서 주목받고 있으며, 한국의 실증사업 모델은 종합적 실증이라는 점에서 관심을 끌었다.

2.2 스마트그리드 주요 국제표준 개발기관

스마트그리드 국제 표준화 작업은 선진국 주도하에 IEA, WEC 등 국제에너지기구와 ISO, IEC 등 국제표준화기구의 파트너십형성을 통한 에너지정책과 표준연계를 강화하고 있다.

이 절에서는, IEC 기술위원회의 구성은 어떻게 되어 있는지? 또한, 국제표준 관련 기구 및 관련협회에 대한 소개도 곁들이고자 한다.

1) IEC(International Electrotechnical Commission)

SI 표준 및 다양한 국제표준을 주도하고, 유럽 및 국제 스마트그리드 표준 가이드라인 및 모델 개발을 담당하고 있다. 특히, IEC TC57은 스마트그리드에 적용될 수 있는 표준개발을 담당하고, IEC 61850은 Substation 자동화 아키텍처를 적용한다.

2) ITU(International Telecommunication Union)

국제통신표준을 담당하는 UN 산하기관으로 스마트그리드의 통합 통신 아키텍처 및 표준을 담당한다. ITU는 2010년 6월 1차 회의에서 IEC, JTCI, ETSI, NIST, ZigBee Forum 등과의 의장단회의에서 스마트그리드의 정보통신 요소에 대한 국제표준화를 주관하기로 합의하는데 이어, 2010년 8월2일~5일에 걸쳐 스위스 제네바에서 개최된 ITU-T Focus Group on Smart Grid 제2차 회의에서는 3개 워킹그룹을 결성하고 그룹별 초안문서를 작성했다. 즉, 스마트그리드를 활용한 서비스 및 응용방법을 규정하는 활용사례(Use Cases)그룹(의장국 : 한국 KT), 활용사례를 구현하기 위한 기술적 요구사항을 규정하는 Requirement 그룹(의장국 : 일본 미쓰비시전기) 및 해당 기술의 실현구조를 규정하는 Architecture 그룹(의장국 : 미국 NIST)으로 구분된다.

3) ISO(International Standard Organization)

국제표준을 개발하는 기관으로 Technical Reports, 기술사양서, 공공이용 사양서, Technical Corrigenda 및 지침서 등을 제공한다.

[표 3.3] 표준기관 분과별 국제표준화 현황

구분	No	기술위원회(TC)	국제표준(종)	KS도입(종)	도입률(%)	스마트그리드 관련 표준 수
IEC	1	4(수력발전)	21	10	47.6	1
	2	5(화력발전)	7	0	0	0
	3	8(표준전압)	5	3	40.0	1
	4	11(가공 송전선로)	8	4	50.0	0
	5	13(전기에너지측정·계측)	40	23	57.5	28
	6	14(전력용 변압기)	23	10	43.5	0
	7	17(개폐장치 및 조정장치)	56	18	32.1	4
	8	21(2차 전지)	34	32	94.1	3
	9	22(전력용·전자기기)	32	17	53.0	14
	10	23(배선 기구류)	93	70	75.3	0
	11	34(조명)	84	78	92.9	0
	12	35(1차 전지 및 축전지)	5	2	20	0
	13	42(고전압 시험)	8	7	87.5	0
	14	56(신뢰성)	49	42	85.7	1
	15	57(전력계통운용 및 정보운용)	105	76	72.4	90
	16	64(건물의 전기설비)	32	28	87.5	1
	17	65(공정계측 및 제어)	196	4	2.0	41
	18	66(계측, 제어 및 시험소기기의 안정성)	24	1	4.2	0
	19	69(전기자동차)	7	3	42.8	7
	20	72(가정용 자동제어장치)	17	17	100	4
	21	73(단락전류)	10	1	10	0
	22	SC77(전자기적합성)	44	38	86.4	0
	23	82(태양광)	48	36	75.0	25
	24	88(풍력)	10	10	100	2
	25	90(초전도)	12	6	50.0	1
	26	93(설계자동화)	23	19	82.6	19
	27	94(보조계전기)	15	5	30.0	0
	28	95(계측계전기 및 보호기기)	21	15	71.4	2
	29	96(저전압용 변압기류)	18	4	22.2	1

구분	No	기술위원회(TC)	국제표준(종)	KS도입(종)	도입률(%)	스마트그리드 관련 표준 수
IEC	30	99(고압시스템 고압 및 전력설비)	6	1	16.7	1
	31	105(연료전지)	9	2	22.2	0
	32	114(해양에너지)	0	0	0	0
ISO	1	180(태양에너지)	16	13	81.2	0
	2	184(산업자동화시스템 및 통합)	694	–	–	–
	3	197(수소에너지기술)	12	4	33.3	0
	4	211(지리정보)	35	32	91.4	0
	5	223(사회 안전)	1	1	100	0

출처 : 한국스마트그리드 협회

4) IEEE(Institute of Electrical and Electronics Engineers)

IEEE C37.118은 The IEEE Synchrophasors의 기술표준을 제공하며, IEEE P2030은 다음 IEEE의 현재 개발 중인 스마트그리드 프로젝트의 잠정적인 표준으로 적용된다.

5) ANSI(American National Standards Institute)

미국의 산업표준을 제정하는 기구로 ISO에 가입되어 있고, 스마트그리드 관련 코드는 ANSI C12(Smart Grid Meter Package Provides the Requirements and Guidance on Electricity Metering)가 해당된다.

6) DIN(Deutches Institut für Normung)

독일 표준기구로서 계량부분의 DIN 표준의 영향력이 크다.

7) 기타 국제표준 관련기구

① **MultiSpeak Initiatives** : 미국 National Rural Electric Cooperative Association의 조합기구로, 전기·가스·수도 설비업체가 사용하는 소프트웨어의 데이터 및 인터페이스 표준규격 수립, 다양한 시스템과 설비업체들이 상호호환 가능기술 개발
② **UCA International User Group** : 국제표준/기준 기구와 협업을 하는 기구
③ **LonMark International** : ISO/IEC 14908-1 및 연관된 국제표준을 통한 개방형 시스템의 효과적인 상용화를 위해 세워진 인증기관으로 상호호환 및 개방형 표준자격을 갖춘 장비(자동화, 제어 및 빌딩관리용)의 인증
④ **ECMA(ECMA International)** : 국제 ICT 표준기구로 컴퓨터와 통신시스템 업체들로 구성되어 있다.

⑤ **GridWise Alliance** : 2003년에 설립된 국제 Smart Grid 포럼으로서 산·학·연의 다양한 이해관계자들로 구성되어 있으며, 협업을 통하여 새로운 콘셉트 및 비즈니스 모델을 공유하여 스마트그리드의 실현을 촉진시키는 기구이다.
⑥ **ECIS(European Committee Interoperable System)** : ICT 기술의 상호호환을 위해 수립된 기구로 대부분의 멤버들은 정보통신 장비 및 S/W 업체들로 구성되어 있다.
⑦ **OASIS(Organization for the Advancement of Structured Information Standards)** : e-Business 및 웹 서비스 표준개발 및 도입 관련한 국제컨소시엄으로 투표를 통해 과제 및 활동을 결정한다.

8) 한국 765kV 송전기술, 국제표준으로 채택

2010년 6월 한국이 독자적으로 개발한 초고압(765kV) 송전방식에 대한 전기자기 장해 참조값 및 측정방법이 국제표준(IEC)에 최종 반영됐다. 700kV 이상 초고압송전은 고압송전에 비해 낮은 송전손실로 경제성이 뛰어나며 대용량 전력수송이 가능하지만, 전기자기 장해 등 환경에 미치는 영향 등을 복합적으로 고려해야 하기 때문에 전 세계적으로 캐나다, 미국, 남아공 등 9개국에서만 운영하고 있다.

9) 기술표준원, 한-유럽 스마트그리드 협력단 구성

기술표준원은 미국에 이어 스마트그리드 분야의 비즈니스 창출과 국내업체의 세계화를 위해 '한-유럽 스마트그리드 협력단'을 구성, 스마트그리드 강국인 독일, 프랑스와 민간 중심의 긴밀한 기술표준 협력채널을 구축하였다. 협력기관은 독일 전기기술위원회(DKE), 프랑스 전기기술연합(UTE), 그리고 유럽지역표준화기구인 유럽표준화위원회(CEN), 유럽전기기술표준화위원회(CEN-ELEC), 유럽전기통신협회(ETSI)이다.

2.3 스마트그리드 표준화 포럼

한국스마트그리드협회는 한국의 스마트그리드의 성공적 구축과 시스템 간 상호운용성 확보를 위한 스마트그리드 표준화 종합 추진전략을 수립하고 민간차원의 표준개발을 중점 추진하는 '스마트그리드 표준화 포럼'을 출범했다. 이 포럼은 한국이 중점 추진 중인 스마트그리드 5대 주요영역에 대한 표준개발을 효과적으로 추진하기 위해 총 6개 분야 표준화 분과위원회를 구성하고, 각 분과위원회는 실증 컨소시엄 업계 및 R&D 전문기관 등에서 300여 명의 전문가가 참여하여 작업반을 구성하고 표준개발을 하게 된다. 2010년에는 표준개발이 시급한 전기자동차 충전인프라 및 스마트계량기 분야 표준을 개발하고, 제주 실증단지 구축사업과 밀접히 연계한 포럼활동을 통해 스마트그리드에 필요한 표준개발을 추진하고, 앞으로 한·중·일 등 동북아 협력을 기반으로 미국·독일 등 스마트그리드 선도 국가들과의 표준화 협력활동을 확대해 나가고 있다.

1) 표준 프레임워크

9개 도메인 도출 및 도메인별 3개 표준화 계층구조 정의 등 표준 프레임워크 구성방안을 마련했다. 9개 도메인은 서비스분야(제공자, 운영자, 전기사업), 그리드분야(발전, 송전, 배전), 소비자분야(소비자, 신재생, 전기자동차)로 나누고, 스마트그리드 국가 로드맵의 5개 영역을 더욱 세분화하여 7개 도메인으로 구성된 Top 모델을 개발 추진한다.

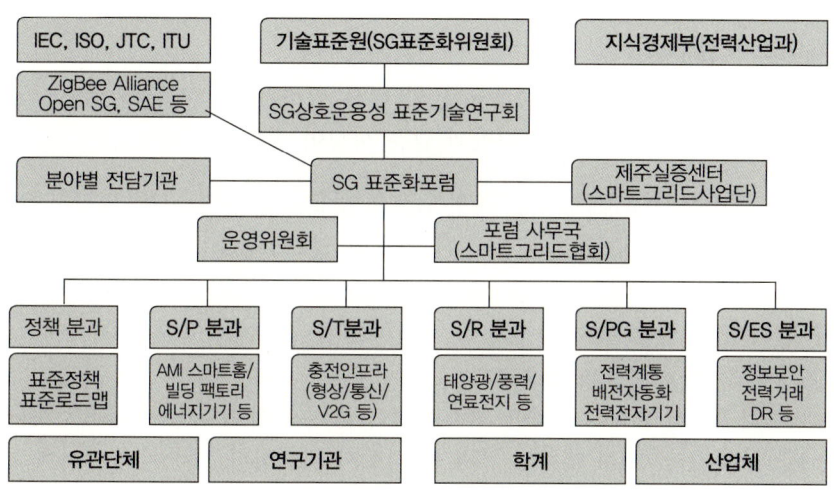

[그림 3.4] 스마트그리드 표준포럼 체계

[표 3.4] 스마트그리드 포럼 단계별 추진분야

1단계 ('10~'11)	제품표준 및 전기차 충전인프라 등 실증단지 구축에 시급한 표준 중점개발 : 지능형 전력기기, AMI, 전기차 충전인프라, 전력저장장치 등
2단계 ('11~'12)	전력 감시/제어 등 통합시스템 표준개발 및 검증 : 송·배전 계통시스템, 전력변환, DR, 가상발전 등
3단계 ('14~)	광역망 통합운영센터 및 통합에너지 관리시스템 등 광역서비스 표준개발 : 광역 계통감시/제어, 통합에너지 관리, 전기자동차 계통연계, 전력거래 등

2) 스마트미터

전자식 유무효 전력량계 한국산업표준(KS C 1214)을 바탕으로 스마트미터 일반 요구사항 및 보안 요구사항의 KS 표준안을 작성하며, 스마트미터의 저압용 일반 요구사항은 다음과 같다.

① 보안내용을 제외한 일반 요구사항에 대하여 포괄적 협의가 완료되었다.
② Temper Detection 내용에 대하여 추가가 필요하다.

③ 통신 프로토콜, 인터페이스 등에 대한 추가 논의

다음은 스마트미터의 저압용 보안 요구사항을 나타낸다.

① 하드웨어 성능과 통신선로에 대한 보안내용을 표준문서에 포함하는 것은 어렵다.
② 알고리즘 적용 리스트 중 지적재산권과 연계되는 부분은 추가적인 검토가 필요하다.
③ 양방향 정보 흐름을 제공하는 통신환경에 대하여 누락되어 있는 HAN 영역 등 소비자 환경에 대한 내용을 추가한다.

3) 인터페이스 모델(CIM)

제주실증단지 내 운영센터 간 정보교환 및 정보 인터페이스 기술의 국가·국제표준 추진을 위한 표준안을 작성한다. 다음과 같은 사항이 협의되었다.

① **보안규격 추가협의** : AES 128bit 특정 암호화 알고리즘 규격 지양, ARIA, SEED 등 선택 가능하도록 규격 보완하고 국산 암호화 알고리즘도 반영 검토, Key 길이로 보안강도 표시
② **문구수정 협의** : 특정분야 및 명칭을 지칭하는 문구 삭제, 표준화 문서에서 공통으로 사용하는 문구 활용을 검토한다.
③ **데이터연계 호환성 협의** : 다양한 시스템 환경을 수용할 수 있도록 ESB 기술종속비율, DB 구축방식, CIM 메시지 규격 등 검토가 필요하다.
④ **기타** : 운영센터의 하위 디바이스 수집 등에 대한 규격 포함 여부 검토가 필요하다.

4) 전기자동차 충전인프라

AC/DC 충전소 등 전기자동차 충전시스템 관련 예고고시 완료된 표준안 6종에 대한 검토 및 앞으로 일정을 논의하였다. 다음은 KS 안으로 수정·보완된 내용이다.

① 61851-22, DC 충전기에 대한 전자파적합성(EMC) 추가사항 협의
② AC커플러 제어파일럿 기능의 명확화를 위해 문구를 반영하고, 필수 및 선택기능에 대한 의미 명확화를 차기 회의에서 결정한다.
③ 통신프로토콜 : 현대차가 제안한 수정사항은 ICT WG에서 재협의하여 결정한다.
④ DC커플러 검토 : 현재 KS 안 차데모 표준을 준용하나, 핀(Pin)치수가 상이한 부분과 DC커플러 표준은 차량제조사(현대차 등)의 의견이 중요하므로 차기 회의에서 논의키로 한다.

다음은 유럽충전 방식을 KS 안에 수용 검토한 내용이다.

① KS 안에는 AC충전(5핀), DC충전(10핀)을 고려, 유럽차량의 국내보급 방안 마련 : 현 KS에는 연결방식 'C' 타입은 유럽충전방식(7핀)이 불가능하다.
② 연결방식 'C' 타입 충전은 충전기에 5핀 아울렛 장착을 제안한다.

③ 안전(Safety) 및 비용(Cost) 관점에서 많은 논의가 필요하며, IEC 62196-2의 Type 2를 KS로 제안할 것을 권고한다.

5) 사용 예(Use Cases)

우리나라 전기자동차 등 스마트 수송 분야 비즈니스 모델에 대한 국제표준(ITU-T)을 반영 추진하였다. 다음은 응용분과위원회에서 스마트그리드 사용 예 표준문서 설명 및 개정을 논의한 주요 사항이다.

① 전기수송(Transportation)과 전기자동차의 정의에 대한 질의
② 도메인에 대한 정의가 필요하다.
③ ITU-T FG on SG 제7차 회의 전에 응용분과에서 의견수렴을 하기로 하였고, 2011년 내에 표준개정을 통해 수정 보완키로 한다.

다음은 기술분과위원회에서 스마트그리드 댁내 통신 프로토콜 WD를 검토한 주요 내용이다. 댁내스마트그리드 구성도 보완이 필요하며, 본문의 '표준의 구성 및 범위'의 내용을 명확하게 정리하기로 한다. 본 표준의 제안은 HEMS 범위에서 표준개발을 추진하기로 한다.

6) 시험 · 인증제도

인증취소 규정 추가 등 스마트그리드 촉진법의 시행령시행규칙(안)에 대한 보완사항 발굴 및 인증절차 방안 등이 논의되었다.

① 인증종류에 대한 검토(강제인증 vs 임의인증) : 한전/지능형전력망 사업자 구매사양과 연계한 임의인증이며, 법에서 인증획득에 따른 인센티브가 없다.
② 인증대상/적용기준(표준):실증단지 설치기기, 해외수출형기기별로 단계별 적용, 인증대상 기기를 개별적 규정 vs 대상 기기를 포괄적으로 규정, 국제표준화와 조화, 기기와 그리드 간 상호운용성 적용범위
③ 운용절차 : 인증기관, 시험기관인 인증심의회 운용절차, 대상 기기별 적용 유무를 구분하는 공장심사, 사후관리, IPRM 인증절차(신청, 검토, Test-case, 시험, 검토, 인증)
④ 건축물 인증/서비스 인증 : 홈/빌딩/공장의 기존 인증제도와 차별화, 지능형전력망 인증목적을 만족하기 위해 인증 받은 제품으로 구성할 경우 인센티브 주는 방안 강구

7) 스마트그리드 표준화포럼 운영조직

운영위원회	• 산학연 각계를 대표하는 전문가 30인 내외로 구성(현재 33명) • 총회 부의사항 및 총회에서 위임한 사항 • 분과위원회 설치/구성/폐지(위원장, 간사위원 임명)
사 무 국	• 표준화사업의 총괄책임자로 행정업무 총괄(KSGA)

분과위원회	• 운영위원회 또는 회원의 추천을 받아 15인 내외로 구성 • 해당분야에 대한 정보수집/분석/보급, 기술표준화, 적합성 평가 등 표준화 활동 총괄 수행 • 워킹그룹 설치/구성/폐지(위원장, 간사, 위원 임명)
워킹그룹	• 분과위원회 추천 및 공모를 통하여 10인 내외로 구성 • 해당 분야에 대한 실무 표준화 활동 • 표준화 로드맵 작성 및 표준정책 수립

8) 기대효과

① **단체표준 개발(1단계)** : 제주 실증단지 사업 성공
② **국가표준 제정(2단계)** : 국내 스마트그리드 시장창출 효과와 국제표준 선제적 대응
③ **국제표준 선도(3단계)** : 국제표준 협력을 위한 교류확대, 해외 스마트그리드 시장진출

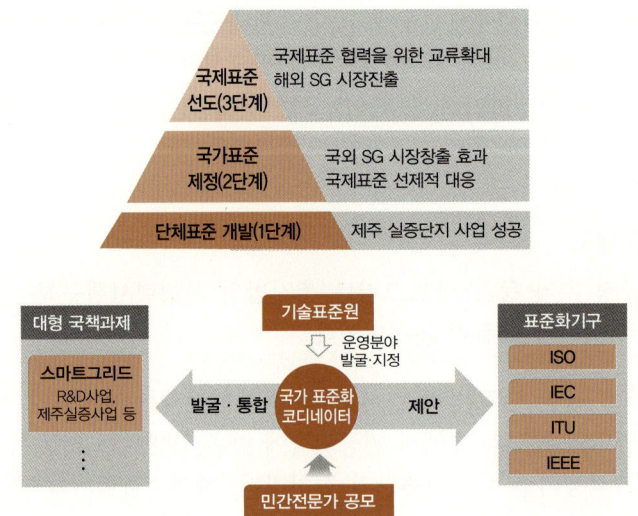

[그림 3.5] 국제표준화의 기대효과 및 국가 표준화 코디네이터 제도

9) 스마트그리드 ICT 포럼 기술분과위원회

① 표준명 : 스마트그리드 가정용 에너지관리 시스템 표준모델
② 디지털 기반의 홈 환경에서의 홈 어플라이언스, 가정 내 기기 등의 출현으로 홈 내 스마트에너지 정보 서비스, 홈 내 전력관리 서비스 등의 총체적인 에너지관리 시스템의 필요성이 증가됨에 따라 스마트그리드 가정용 에너지관리시스템(HEMS) 표준모델을 제시하여 HEMS 서비스 및 기능 요구사항 및 AMI와 같은 지능형 기기와 에너지 서비스 인터페이스, 에너지 MMI 등의 통신 인프라 상호연동을 위해서 PLC, ZigBee 기술 등의 유무선 네트워크 기술을 이용한 에너지 서비스 환경 제공하기 위한 통신 요구사항을 정의한다.

③ 가정 내 전기에너지 소비 정보의 실시간 수집 및 분석체계를 갖춘 가정용 에너지관리시스템 구축에 필요한 Use Cases의 요구사항을 정의하며, 통신 요구사항은 구성요소와 인터페이스 부분으로 나누어 정의한다.

10) 스마트그리드 ICT 포럼 응용분과위원회
① 표준명 : 스마트그리드 활용사례에 대한 표준
② 스마트그리드 개념과 능력을 기반으로 제공 가능한 활용 사례들을 규정함으로써, 상세 서비스 및 응용개발 방향을 제시한다.
③ 전력과 정보통신의 융합으로 성취되는 스마트그리드의 능력을 활용하는 사례를 규정함으로써, 앞으로 관련 서비스와 응용의 개발방향을 제시하고, 기능 요구사항과 아키텍처 표준을 개발하는 데 도움을 준다.
④ 세부 활용사례는 수요반응, WASA, 에너지 저장장치, Electric Transportation, AMI 시스템, Distribution Grid 관리, 시장운용, 사이버보안, 네트워크/시스템 운용, Existing User's Screens, Managing Appliance Through/By Energy G/W, 전기자동차, 지역에너지 생성 및 주입, 기타 활용사례 등을 다룬다.

2.4 스마트그리드 표준화 동향

1) 스마트그리드 표준화의 요체

스마트그리드(지능형전력망) 표준화의 요체는 전력통신망의 표준화이다.

① 스마트그리드의 인프라인 전력시스템은 국가별 고유의 전압과 주파수 체계에 따라서 구성되고 운영된다.
② 각 국가의 전력망을 구성하는 전력기기들은 해당 전력회사가 인정한 각기 개별적인 규격에 의해 시험되어 적용된다.
③ 전력기기의 세계적인 규격은 IEC로 통일되었으며, 경우에 따라서 ANSI, JEC, NEMA 등 다양한 규격이 기기별로 적용되기도 한다.
④ 스마트그리드를 추진하면서 지능형전력망의 표준화 골격은 전력망의 통신체계에 대한 표준화이다.
⑤ 과거 전력망에서 통신 프로토콜인 IEC 61850이 제정되어 표준화의 첨병으로 일부 적용되고 있다. 변전소 자동화시스템의 표준화를 위하여 개발된 IEC 61850은 현재 분산전원(IEC 61850-7-420) 및 풍력발전(IEC 61400-25)과 배전계통으로 확장 중이다.
⑥ 전력망 운영을 위해 이미 개발된 표준화는 IEC 62351, IEC 61968-9 등이 있으며, 데이터 표준화 및 정보교환의 인터페이스를 위하여 공통정보모델(CIM, Common Information Model)을 표준으로 채택한다.
⑦ 미래의 디지털 부하에 대비한 직류배전 운영기술이 개발 : 현재 IDC(Internet Data

Center)를 중심으로 DC화가 이루어지고 있고 이를 통해 전력변환 손실을 줄여 전체적인 효율을 높이고 있으며, 태양광, 연료전지 등 DC를 출력하는 분산전원이 늘어나고, 앞으로 디지털부하가 늘어남에 따라 직류 배전계통의 운영기술이 요구된다.

⑧ 스마트그리드에서는 과거에는 존재하지 않았던 스마트미터, AMI, 전기자동차, 분산전원 급전 및 기타 다양한 양방향 실시간 통신수요가 등장하고 있다.

⑨ IEEE는 스마트그리드에 대한 기술표준 가이드라인인 'IEEE P2030'을 최종 확정 발표했다. IEEE 2030에 담긴 주요내용은 스마트그리드 활용 및 대안, 관련용어의 정의, 스마트그리드의 특성, 실질적인 성능 및 평가, 소비자사용단계에서의 전력시스템(EPS)의 기술적 원칙 등을 포함한다.

- IEEE P2030.1 : 전력기반의 교통인프라에 대한 가이드라인
- IEEE P2030.2 : 전력기반 장치와 통합된 에너지 저장시스템의 상호운영성 가이드라인
- IEEE P2030.3 : 전력시스템 적용 및 전기에너지 저장기기의 테스트 절차에 대한 표준 등

2) 스마트그리드의 전력통신체계

스마트그리드 초기 단계인 현재까지 전력통신체계가 국제적으로 인증되어 표준화된 사례는 미미하며, 국가별로 표준화를 획득하기 위한 연구개발 및 노력이 경주되고 있는 상태이다. 그 예로, 스마트미터의 주요 표준체계가 될 수 있는 후보군은 다음과 같으며, 각기 장단점을 가지고 치열한 경쟁을 하고 있다.

- ZigBee-Home Plug Alliance
- OpenHAN
- ANSI C12.19
- IEC 시리즈

3) 고속전력선 통신

고속전력선 통신은 전력망 인프라 자체를 활용하여 광대역통신까지 가능한 기술로, 스마트홈이나 스마트그리드에서 채용될 가능성이 있다.

① 세계 각국은 관련기술 개발을 적극적으로 추진 중이며, 이미 부분 상용화 단계에 접어들고 있다.
② 국제기술기준을 ITU-R SG1A에서 한국을 포함한 선진각국이 공동으로 기술기준을 제안한 상태이다.
③ 또한, ITU-T SG15/Q4는 2008년 12월에 G.hn(G9960) 표준을 채택하였고, 이는 전력선을 매체로 고속 홈네트워킹이 가능한 표준이다.

2.5 플러그인 충전소 및 전기자동차 표준화

1) 국립환경과학원의 UN 자동차 인증제도 표준화 활동

국립환경과학원은 UN 자동차 인증제도 표준화 활동에 대응하기 위해 국내자동차 제작사, 자동차협회 등 시험기관과 공동으로 저공해자동차분야 등이 포함된 WP29 대응 Task Force를 구성하였다.

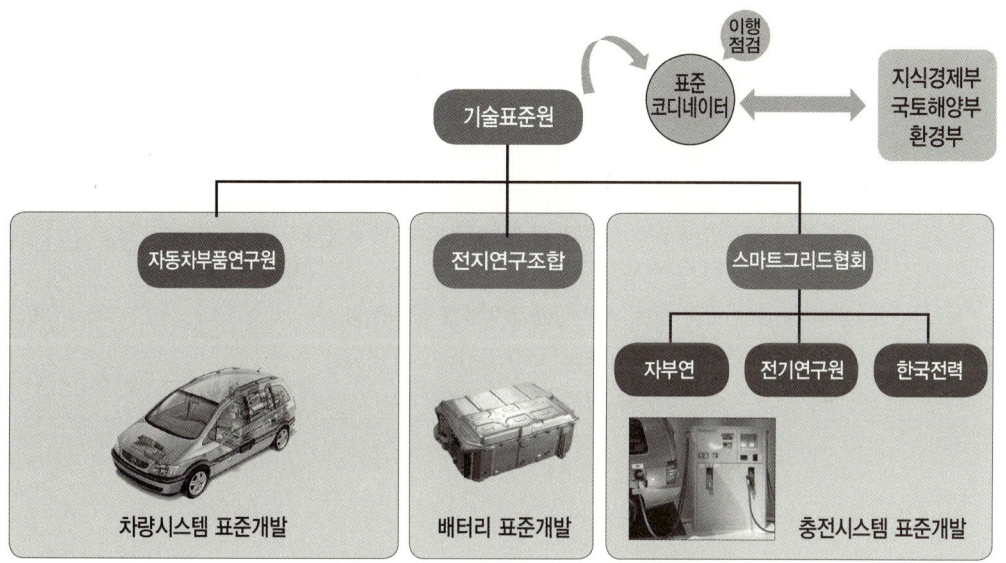

[그림 3.6] 한국의 전기자동차 표준화 추진체계

2011년 초에 마련된 충전시스템 국가표준(안)은 공청회를 통한 의견수렴과 예고 고시를 거쳐, 하반기에 국가표준으로 확정될 예정이다. 이번 공청회에서 발표된 충전시스템 표준안은 2010년 1년간 제주 스마트그리드 실증사업에 산학연이 공동으로 참여하여 개발한 결과물이며, 주요 내용은 다음과 같다.

① 완속 및 급속 충전설비인 '충전기'의 전압 및 전류, 전기적 안전성, 절연시험, 환경시험, 충전장치인 '충전커플러'의 형상, 감전보호, 전자파적합성 시험방법, 전기자동차의 배터리 관리시스템과 급속 충전기 사이의 통신메시지 구성방식 등이다.
② 충전기 및 충전 커플러의 안전인증제도 구축을 위해, 전기용품안전관리법 등 관련 법을 개정하는 방안도 함께 검토하여 안전성을 한층 더 강화시킨다.
③ 충전시스템 표준화가 전기자동차 충전인프라 구축의 초석을 제공함으로써, 친환경 무공해 전기자동차 상용화를 앞당겨 중국 등 신흥국 시장에 진출할 수 있는 계기가 될 것이다.
④ 전기자동차용 리튬이차전지 성능·안전성 평가방법 : 표준을 2011년까지 개발, 2012년까지 플러그인 하이브리드차(PHEV) 연비 측정방법 등 표준개발 및 국제표준

을 제안하며 국제표준화 대응을 강화해 나갈 계획이다.

2) 국내 전기자동차 표준화 추진현황

전기자동차 기술개발과 연계한 전지성능·안전성 평가방법 등 표준개발, 국제표준 제안 등 표준화 기반을 구축한다. 제주 지능형전력망 실증사업과 연계한 스마트그리드 표준화 사업에 전기자동차 충전인터페이스 표준화를 포함 다음과 같이 추진한다.

[표 3.5] 전기자동차 국내 표준화 추진현황

사업주관기관	주요 내용	사업기간
한국 스마트 그리드 협회	급속/완속 인렛·커넥터, 통신방식 표준개발 (IEC 국제표준 도입추진 제주 실증단지 설치)	2009.9~2011.8
자동차부품연구원	완속 인렛·커넥터, 충전스탠드 개발 및 표준화 (미국 SAE 단체표준 도입)	2009.6~2011.5
한국전기연구원	급속 인렛·커넥터, 충전기 개발 및 표준화	2009.6~2011.5
한국전력	급속 인렛·커넥터, 통신방식 및 충전기 개발 (한전 자체자금으로 현대차와 MOU 체결)	2009.10~2011.9

3) 기술표준원, 2011년에 국가표준 제정 계획

2009년 11월30일에 발표한 친서민 생활 표준화 계획에 스마트그리드 관련 표준이 포함되었다. 전기자동차 충전시스템의 표준화, 스마트그리드 기반 실시간 전기요금 관리체계 표준화 및 전기차용 배터리 성능과 안전성 평가방법 표준화 등의 내용이 포함되었다.

4) 한국환경공단, 2011년 말까지 급속 및 완속충전기 구축

한국은 초기 핵심기술 개발 및 초기 시장창출을 위해 2030년까지 2조7,000억 원을 지원하여 민간부문에서 2030년까지 24조8,000억 원 규모의 자발적 투자를 이뤄내겠다는 구상이다. 한국환경공단은 서울시, 제주특별자치도 등 38개 지자체, 국가기관 및 공공기관과 충전인프라 구축을 위한 협약을 체결하고, 2011년 말까지 급속 및 완속충전기 204대가 설치된다.

또한, 전기자동차 충전소는 2011년 시범도시에 200대가 설치되고, 공공기관·대형마트·주차장·주유소 등지로 전기자동차 충전소 설치를 확대해 2030년에는 2만 7000대를 만들 계획이다.

2.6 전력선 통신 국제표준화

1) 저압 전력선 통신 표준

ZigBee는 IEEE 802.15.4를 활용한 기술로 2008년 6월에 ZigBee Alliance에서 스마트에너지 Data Profile을 정의하여 HAN에서의 정보교환을 위한 토대를 마련했으며, 2008년 8월에는 HomePlug 및 전력회사들과 협력하여 Wired HAN 네트워크 표준화 작업(SEP 2.0, Smart Energy Profile)을 완료하였다.

2) 고압 전력선 통신 표준

고속 PLC의 표준화는 EMC 관련 국제표준과 통신방식에 관한 국제표준으로 구분된다. EMC 표준은 EMC 영향을 최소화하는 기준으로 미국·캐나다·호주·한국 등에서는 EMC 출력 값이 기준레벨 이하이면 허가 없이 사용 가능한 반면 유럽은 ETSI와 CENELEC에서 공동 표준화한 CENELEC 205A 기준치와 각 나라 지정 EMC 기준을 동시에 만족해야 한다. 한국은 2005년 30MHz 이하에서 사용되는 무선 서비스와의 간섭측정 및 분석을 통해 사용을 인정한다.

3) 한국의 전력선 통신 표준화 동향

2004년 12월에 전력선 통신 전파법을 개정하였으며, 2005년 10월에는 정부 차원의 PLC 사업 활성화를 위한 정책을 추진하였다. 그리고 2006년 5월에는 국내 PLC 기술의 국가표준(KS) 제정을 공표하였다. 2009년 8월에는 국내 PLC 기술의 국제표준(ISO/IEC 12139-1)이 등록됐다. 현재는 광대역 및 고압 전력선 통신은 물론, 홈 엔터테인먼트를 위한 KS X 4600-1 Class-B (PHY계층, MAC계층 규격) 표준화도 진행 중이다.

4) 미국의 표준화 동향

① HomePlug : Intellon 기술 중심으로 표준화가 추진되고 있으며, HomePlug AV 표준 사양은 2005년 9월 완료되었고, HomePlug BPL 표준 사양작업은 스마트 그리드 관련 저전력 전력선 통신 시스템인 HomePlug Green PHY 표준(PHY계층, MAC계층)화가 현재 진행 중이다.
② 2005년 6월에 200Mbps급 광대역 전력선 통신 기술은 IEEE(P1901)를 주축으로 표준화가 시작되었다.
③ IEEE P1901 : 2005년 2월에 IEEE P1901 W/G이 결성되어 2007년 7월 표준사양이 완료되었고, 2010년 3월에는 옥내(In-Home)와 옥외(Access Network) 광대역 전력선 통신 관련 IEEE P1901 표준계층(MAC/PHY계층) 표준이 제정되었다.

5) 유럽의 표준화 동향

① UPA(Universal Powerline Association) : 2004년12월 DS2 기술 중심으로 표준화, DS2 칩셋 적용모뎀 8개 제조업체 중심으로 구성되었다.
② OPERA Project(Open PLC European Research Alliance) : 2005년 2월 DS2 기술 중심으로 표준화하였고, 유럽 PLC업체 중심으로 결성하였다. BPL 표준화 및 Biz Plan도 수립한다.
③ PLC forum : 2000년 3월 유럽 내 BPL Access 표준제정 및 활성화를 목표로 발족되었으며, 옥내/옥외 간의 공존문제를 논의한다.
④ ITU-T에서 진행 중인 표준 : 2009년 10월에는 옥내(In-Home) 광대역 전력선/전화라인/동축케이블 모두에서 사용 가능한 ITU-T G.hn PHY계층 표준이 제정되었으며, 이외에 옥내 광대역 전력선통신 시스템에 관한 상호 공존성 관련 ITU-T G.cx 표준과 옥내 협대역 전력선통신 시스템에 관한 ITU-T G.hnem 표준이 있다.

6) 아시아 표준화 동향

① 일본 CEPCA(CE-PCA) : 2005년 1월 고속 PLC 간(옥외/옥내 PLC 간, 인접 가옥 PLC 간, 이종 PLC 간)의 공존을 위한 표준화를 수립하였다. 선박통신, 항공기 비콘 등에 적용된다.
② 한국 PLC forum Korea : 54개 국내단체가 참여하여 2000년 결성되었고, 2004년 12월 저속 PLC 표준화 완성, 2006년 5월 고속 PLC 표준화가 완성되었다. 한국젤라인이 개발한 고속 전력선 통신기술이 ISO 국제표준으로 채택되어 AMI 시스템 실현을 위한 기반기술로 전 세계 PLC 표준부재 문제를 해결하였다. 표준번호는 ISO/IEC 12139-1로써 2~30MHz 고속주파수를 사용하며, 전기·수도·가스 통합검침, 탄소배출절감·에너지관리 등 다양하게 적용된다.
③ 고압 PLC는 제주 월평동 시범단지에서 10km 장거리로 구축 중이다.

| Section 03 |
스마트그리드 전략 및 로드맵

3.1 한국의 스마트그리드 전략

한국정부는 조선·자동차·반도체 등 제조업 전 분야에 골고루 글로벌 리더십을 확보하는 등 탄탄한 산업기반을 보유하고 있다. 그러나 선도적으로 시장을 개척해 수익을 창출하지 않으면 현재의 경쟁력도 유지하기 어려운 상황이다. 일본은 잃어버린 10년을 조기에 극복하기 위해 단기간 상용화가 가능한 융합을 중심으로 '융합신산업 발전전략'인 'Focus 21'을 2004년부터 수립·시행하고 있으며, 선진국들은 경제위기를 극복하고 새로운 비즈니스 기회를 창출하기 위해 기술간·산업간 융합(Convergence)에 주목하고 있다.

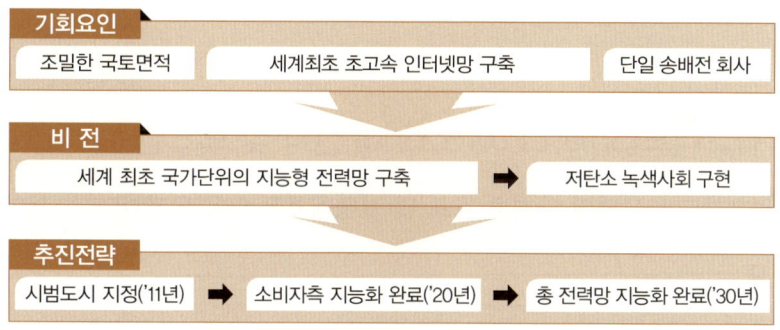

[그림 3.7] 스마트그리드의 기회요인 및 추진전략

지식경제부는 국가 중장기 R&D사업인 에너지기술개발사업의 '2010년 실행계획'을 발표하고, 이 해에 새로 추진된 중장기 핵심기술 과제 41개를 선정·공고하였다. '기후변화 대응', '자주적 자원 확보', '에너지의 성장 동력화'를 전략적으로 추진하기 위해 마련한 동 계획은 다음의 3대 전략과 10개 핵심과제로 요약된다.

- **전략 1** : 핵심 선도 기술 확보를 위해 ① 대형 R&D, ② 에너지 미래기술, ③ 상용화 및 실증연구 등 3개 신규 프로젝트를 추진

- **전략 2** : 신성장동력 육성을 위해 ④ 원전수출 산업화, ⑤ 신·재생에너지 시장 창출, ⑥ 스마트그리드 산업육성, ⑦ CCS 상용화 등 4개 저탄소 에너지 산업육성 프로젝트를 추진
- **전략 3** : 에너지 성과확산의 기틀을 다지기 위해 ⑧ 에너지 인력양성사업 혁신, ⑨ 국제공동 R&D 지원확대, ⑩ R&D 프로세스 전면 개편 등 3개 혁신 프로젝트 추진

특히 전략 2는 신성장동력 육성을 위해 스마트그리드 산업육성, 신·재생에너지 시장 창출 등이 포함된 4개 저탄소 에너지산업 육성 프로젝트로 추진된다. 한편, 2010년에 추진된 중장기 핵심기술과제는 41개로, 발굴과제 41개 중 다음 15대 그린에너지 로드맵 분야는 22개가 선정되었다.

① **청정에너지생산** : 태양광, 풍력, 수소 연료전지, IGCC, 원자력
② **화석연료 청정화** : 청정연료, CCS(이산화탄소 포집, 저장)
③ **효율향상** : 전력 IT, 에너지저장, 소형 열병합, 히트 펌프, 초전도, 차량용 배터리, 에너지건물, LED조명

그 밖에 에너지절약 및 온실가스 저감효과가 큰 에너지다소비기기 및 산업공정의 효율개선과제, 자원 확보에 필요한 자원개발 기술과제, 해양·바이오·태양열·지열 등 신·재생에너지과제가 선정된다. 이들 과제의 대부분은 스마트그리드와 관련성이 있으며, 양방향 통신기술, 에너지관리기술의 구현기술과 AMI, 전기자동차, 충전소 및 배터리, 신·재생에너지 등의 구성요소와 일맥상통함을 알 수 있다.

3.2 스마트 파워그리드(Smart Power Grid) 전략 및 로드맵

스마트 파워그리드 로드맵의 단계별 목표 및 실행계획은 다음과 같다.

1) 단계별 목표

1단계(2009~2012)	2단계(2013~2020)	3단계(2021~2030)
지능형 전력시스템 기반구축 • 지능형 송배전시스템개발 • DC 배전시스템 기술 개발	지능형 전력시스템 확대 • 지능형 송배전시스템 보급 • 저압 DC배전기술 상용화	광역 지능형 전력망 구축 • 광역계통 운영시스템 구축 • 고압 DC 배전기술 상용화

2) 실행계획

기술개발: 고품질, 고효율, 고신뢰성 추구		
1단계(2009~2012)	2단계(2013~2020)	3단계(2021~2030)
지능형 송배전시스템 기반 구축	지능형 송배전시스템 확대 적용 및 실시간 운영	국가단위 지능형 송배전시스템 구축 및 에너지통합 스마트그리드 구축

비즈니스: 지능형 전력설비 및 운영체계 수출산업화		
1단계(2009~2012)	2단계(2013~2020)	3단계(2021~2030)
배전지능화 확대 적용에 따른 지능형 전력설비·기기에 대한 시험·인증 활성화	지능형 배전시스템 및 DC 배전시스템 구현으로 다양한 직류 가전제품 및 관련 산업 활성화	전력망 요소기술 및 운영체계 해외시장 진출

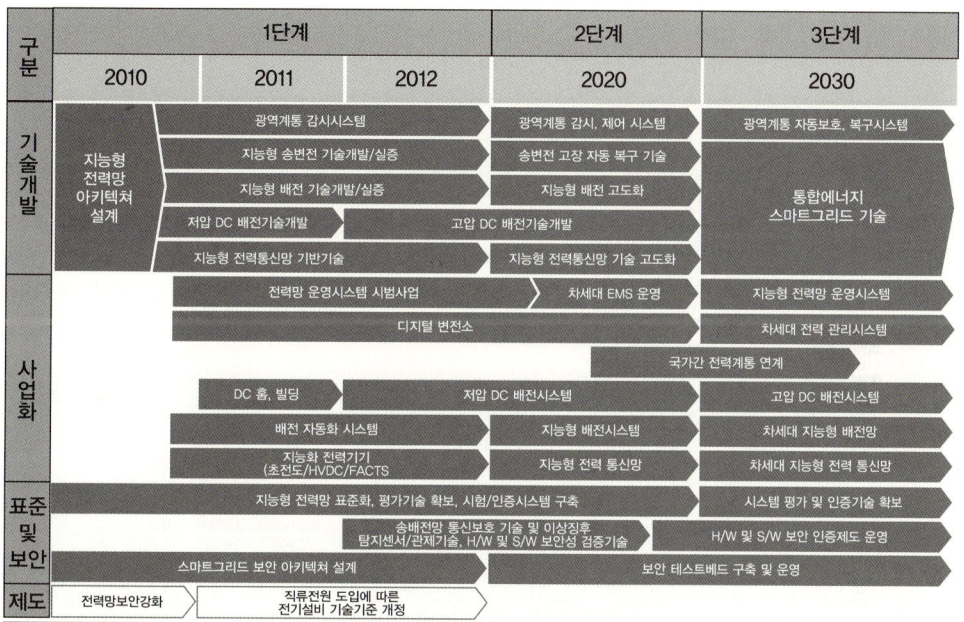

[그림 3.8] 스마트 파워그리드 세부 로드맵

3.3 스마트 플레이스(Smart Place) 전략 및 로드맵

스마트 플레이스 로드맵의 단계별 목표 및 실행계획은 다음과 같다.

1) 단계별 목표

1단계(2009~2012)	2단계(2013~2020)	3단계(2021~2030)
수요반응(DR) 기반기술 확보 •지능형 계량시스템 개발 •실시간 요금제 개발	DR시스템 구축 •지능형 가전기기 확대 •에너지 전문기업 활성화	양방향 전력거래 활성화 •맞춤형 요금제도 도입 •전력수요 반응 전력거래

2) 실행계획

기술개발 : 합리적인 에너지 소비를 위한 수요반응 시스템 개발		
1단계(2009~2012)	2단계(2013~2020)	3단계(2021~2030)
상호호환성을 고려한 지능형 계량시스템(AMI)개발 및 표준화, MDMS 표준 기술개발, DR에 따라 TOU, CPP기능을 갖는 스마트미터 기반의 실시간요금제 개발 & 시범운영	에너지소비 자동 최적화를 위한 AMI기반 빌딩용 에너지관리시스템, 지능형 가전기기 개발 및 상호연계	통합에너지 포털 서비스시스템 구축 기술, 소매전력거래 자동화 기술개발, 품질별 요금제

비즈니스 : 소비자 프로슈머화, 에너지관리서비스 사업자 등장		
1단계(2009~2012)	2단계(2013~2020)	3단계(2021~2030)
PCCS, 연료비 연동제 도입으로 소비자의 자발적 에너지절약 유도	다양한 에너지 정보 및 최적의 에너지솔루션을 제공하는 에너지절약 전문기업 활성화	가정과 빌딩의 신재생 발전원을 통해 여분의 전기를 판매하여 수익을 창출하는 프로슈머 등장

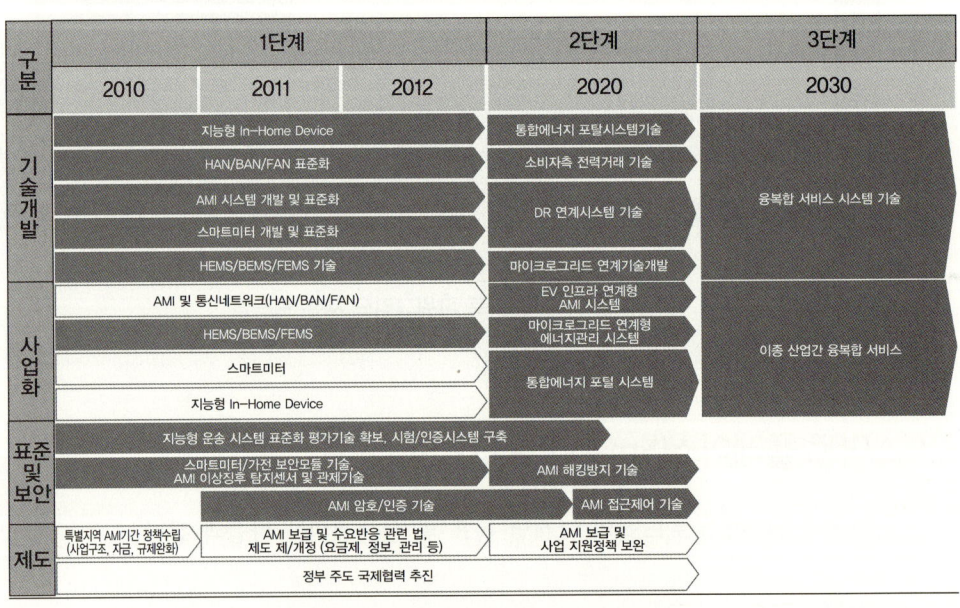

[그림 3.9] 스마트 플레이스 세부 로드맵

3.4 스마트 신재생(Smart Renewable) 전략 및 로드맵

스마트 신재생 로드맵의 단계별 목표 및 실행계획은 다음과 같다.

1) 단계별 목표

1단계(2009~2012)	2단계(2013~2020)	3단계(2021~2030)
신·재생에너지 핵심기술 개발 • 전력계통 연계기술개발 • 소규모 전력저장장치 연계	신·재생에너지 최적화운전 • 전력망 연계기술 개발 • 전력저장장치 보급	확대 마이크로그리드 상용화 • 마이크로그리드고도화 • 전력저장장치 대형화

2) 실행계획

기술개발 : 마이크로그리드 운영기술 개발 및 보호협조 체계 구축		
1단계(2009~2012)	2단계(2013~2020)	3단계(2021~2030)
마이크로그리드 플랫폼 구축을 위한 핵심기술 개발	스마트그리드와의 연계개발 및 실증, 마이크로그리드의 고장·사고 방지를 위해 보호협조체계 구축 및 기기개발, 대용량 에너지저장장치 운용기술 개발	스마트그리드 체제하에서의 분산전원 통합 플랫폼 구축 및 마이크로그리드 상용화

비즈니스: 마이크로그리드 운영설비·시스템 수출산업화		
1단계(2009~2012)	2단계(2013~2020)	3단계(2021~2030)
가정용 소규모 전력저장장치 생산 및 운영기술 활성화	마이크로그리드설비 고도화 운전기술 상용화	신·재생에너지의 생산·판매 사업 활성화

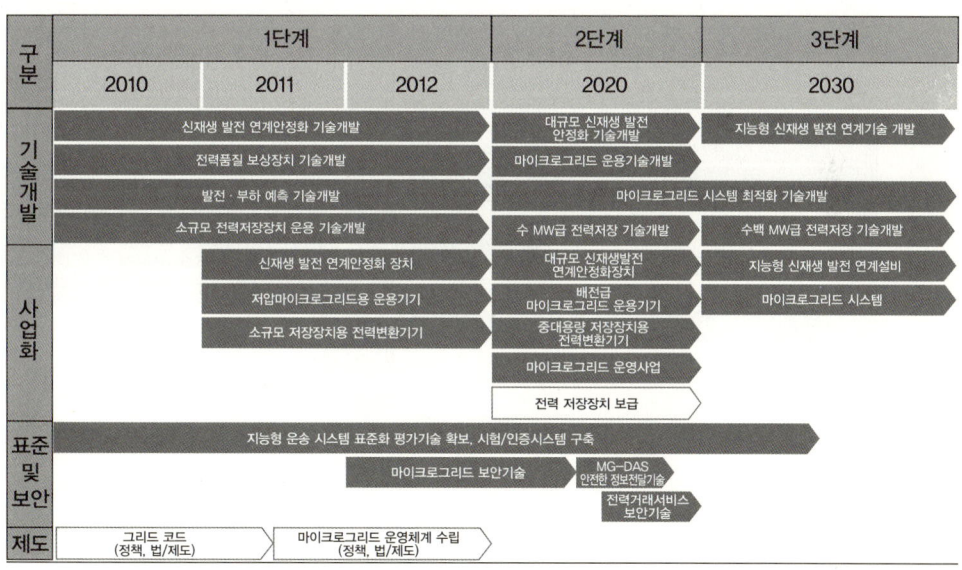

[그림 3.10] 지능형 신재생 세부 로드맵

3.5 스마트 수송(Smart Transportation) 전략 및 로드맵

스마트 수송 로드맵의 단계별 목표 및 실행계획은 다음과 같다.

1) 단계별 목표

1단계(2009~2012)	2단계(2013~2020)	3단계(2021~2030)
전기자동차 충전인프라 실증 • 시범도시 충전인프라 구축 • 법제도 정비/인증체계구축	주요도시 충전인프라 구축 • 충전망 구축/전기차 보급 • 배터리 임대, 충전사업	전국단위 충전인프라 구축 • 충전서비스 고도화 • V2G 시스템 구축운영

2) 실행계획

기술개발 : 배터리 기술개발 및 충전방식·통신방식 표준화		
1단계(2009~2012)	2단계(2013~2020)	3단계(2021~2030)
충전장치 및 통신방식을 표준화하여 기기간 상호호환성 확보, 다양한 충전방식 개발	충전관련 정보 인터페이스 기술 및 충·방전을 위한 PCS 기술개발, 저가 고성능 배터리 기술 확보	Advanced EV 및 VPP기술개발, 온/오프보드 충전기술 고도화, 전기자동차 ICT서비스 플랫폼을 구축

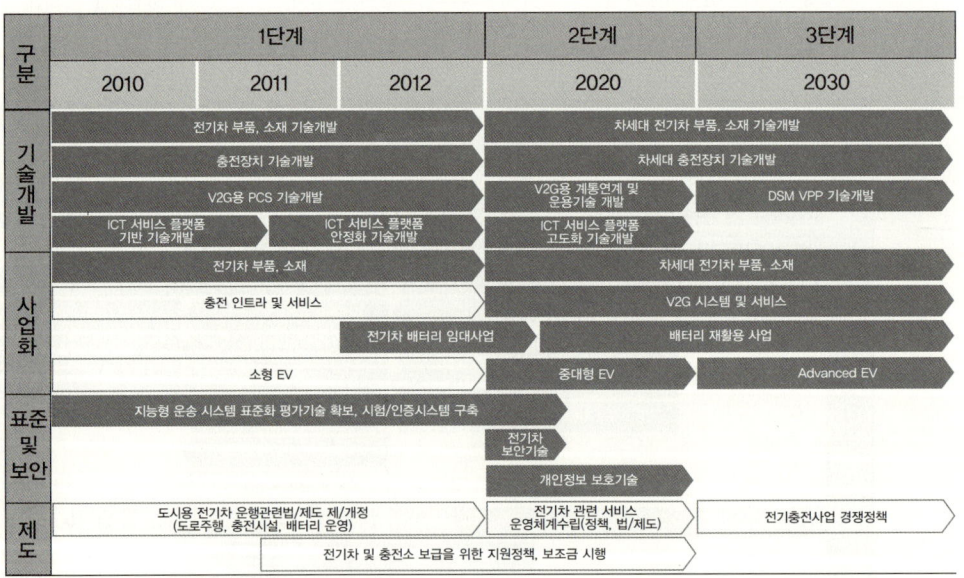

[그림 3.11] 지능형 운송 세부 로드맵

비즈니스 : 전기자동차 충전사업 및 소비자 맞춤형 서비스 출현		
1단계(2009~2012)	2단계(2013~2020)	3단계(2021~2030)
전기차 충전사업 법제도 정비 및 인증체계 구축	전기차 충전, 배터리 임대 및 배터리 재생사업 등이 각광받는 신비즈니스 모델로 부상	이동통신 기술에 기반을 둔 전기차 운행이력 관리 및 전기차 전력정보 제공 등 소비자 맞춤형 서비스 활성화, V2G시스템을 통해 소비자는 전력을 저장·판매하여 수익 창출

3.6 스마트 전력서비스(Smart Elect. Service) 전략 및 로드맵

스마트 전력서비스 로드맵의 단계별 목표 및 실행계획은 다음과 같다.

1) 단계별 목표

1단계(2009~2012)	2단계(2013~2020)	3단계(2021~2030)
실시간 DR시스템 구축 • RTP요금제 설계 및 실증 • 전력 부가서비스 개발	지능형 전력거래시스템 구축 • 양방향 전력거래 시스템 개발 • 에너지 포탈 구축	통합 전력거래시스템 구축 • 지능형 양방향 전력거래 • 에너지컨설팅사업 활성화

2) 실행계획

기술개발 : 수요반응형, 소비자참여형 전력서비스 기반 구현		
1단계(2009~2012)	2단계(2013~2020)	3단계(2021~2030)
수요자원 활용 기반구축	전력서비스 다양화	IT기반의 DR 운영시스템 최적화

비즈니스 : 마이크로그리드 운영설비·시스템 수출산업화		
1단계(2009~2012)	2단계(2013~2020)	3단계(2021~2030)
AMI 보급정책에 따른 스마트미터 및 관련기기 산업 및 에너지솔루션산업 활성화, CRM 기반의 고객특화형 DB구축 및 전력 부가서비스 개발	서비스사업자는 전기·가스 등 통합검침을 통해 비용을 절감하고 요금·품질정보 이외에 보안, 방재, 단전·단수 등 부가적 정보 제공, 해외시장 수출모델 개발	IT기반의 실시간 전력거래시스템의 고도화로 인해 현물·파생시장 등 출현 및 스마트그리드 통합 솔루션 수출사업 활성화

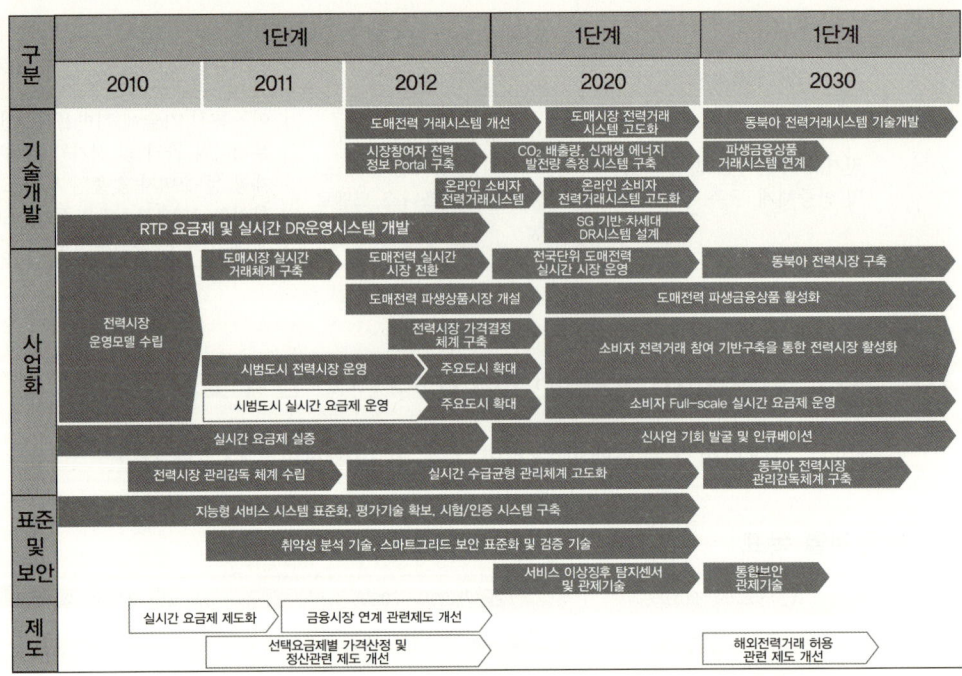

[그림 3.12] 지능형 전력서비스 세부 로드맵

[표 3.6] 스마트그리드 단계별 구축완료 시나리오

단계별 추진방향	1단계 ('10~'12) 실증단지 구축 및 운용 (기술검증)	2단계 ('13~'20) 광역단위 확장 (소비자측 지능화)	3단계 ('21~'30) 국가단위 완성 (전체 전력망 지능화)
스마트 파워그리드	• 디지털변전기술 실증 • 지능형 배전자동화 실증 • 송전설비 감시진단기술 실증	• 광역계통 실시간, 감시제어 • 분산전원, 저장장치의 배전계통 연계	• 통합에너지 스마트그리드 운영
스마트 플레이스	• 지능형 홈 전력관리 • 요금제 등 소비자 선택 다양화	• 지능형 빌딩/공장 전력관리 • 소비자의 전력생산 활성화	• 제로 에너지 홈/빌딩
스마트 수송	• 전기차 충전시설 구축 및 시범운영 • 전기차 시범운영	• 전기차 보급 확대 • 충전인프라 및 서비스 사업화	• 충전시설 보편화 • EV 및 충전서비스 다양화 • V2G서비스
스마트 신재생	• 신재생 발전 안정적 연계 • 마이크로그리드 시범단지 운영 • 소규모 전력저장장치 운용	• 신재생발전의 대량보급 체계 구축 • 마이크로그리드 시범보급 • 중대용량 전력저장장치 운용	• 대규모 신재생 발전 보편화 • 마이크로그리드 상용화
스마트 전력 서비스	• 실시간전기요금 개발 • 실시간 도매전력거래 시범운영 • 실시간 수요자원 시범운영	• 도매전력 파생상품 거래 • 전국단위 실시간요금제 시행 • 자율적 시장참여자 등장	• 다양한 형태의 전력거래 활성화 • 전력을 기초한 산업간 융합시장 활성화 • 동북아전력시장 주도

Section 04
지방자치단체 스마트그리드 전략 및 한국형 스마트그리드의 과제

4.1 지방자치단체(지자체)의 스마트그리드 전략

지자체 스마트그리드 관련사업 추진으로는 대표적으로 김천 혁신도시의 '신·재생에너지 산학연 클러스터 구축'을 위한 스마트그리드와 연계한 녹색도시 조성방안에 대한 연구와 2009년 7월 환경부의 환경시범도시로 지정된 강릉시의 '녹색기술 복합단지 조성 제안'을 들 수 있다. 또한, 지역적으로는 서울광역시 서초구의 현대자동차와 이동식 수소충전소 설치사업, 인천광역시 송도의 미국 벨연구소와 스마트그리드 연구사업, 춘천시의 스마트그리드 기술개발단지 조성사업, 2010년 1월에는 세종시에 삼성그룹이 그린에너지 관련 사업에 1조1,200억 원을 투자하기로 결정한 것 등이다.

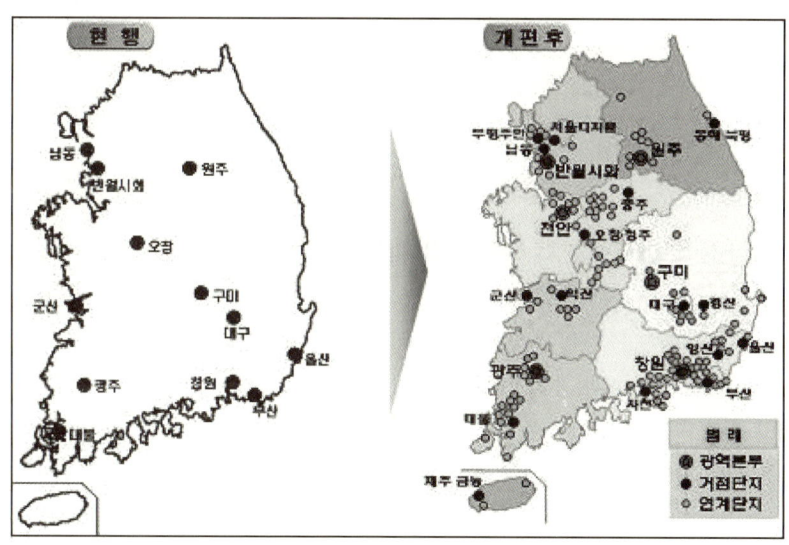

[그림 3.13] 국내 산업단지클러스터사업 확대

1) 서울광역시 서초구, 현대기아자동차와 이동식 수소충전소 설치

염곡동에 이동식 수소충전소를 설치하여 수소용기를 실은 이동차량이 지방에 있는 수소 생산 공장으로부터 수소가스를 받아 시가지 운행차량에 상시로 공급할 수 있게 된다.

2) 춘천시, 스마트그리드 기술개발 단지 조성 추진

㈜KD파워 등 22개사 컨소시엄은 5,600억 원을 투자, 2014년까지 남산면 창촌리 일원 아파트형 공장과 주택단지, 문화예술 산업시설을 함께 갖춘 대단위 전력 IT 문화복합산업단지를 조성할 예정이다. 산업단지는 첨단 IT를 바탕으로 산업, 주거, 문화예술이 어우러진 한국판 바우하우스로 구축된다.

3) 행복도시 세종시, 그린에너지 관련 사업 투자 결정

삼성그룹은 2010년 1월 초에 차세대전지, LED 조명사업 등에 투자하기로 결정하고, 총투자비는 1조1,200억 원, 고용 인력은 1만100명이 될 것으로 예상했다. 삼성그룹 외에 세종시에 투자를 결정한 한화, 웅진 등도 탄소저감 분야에 투자할 것으로 알려졌으며, 태양광, 태양열 등으로 유명한 오스트리아 SSF도 세종시 입주를 결정했다. 정부는 세종시를 전체 에너지 사용량의 15% 내외를 신·재생에너지로 보급하는 등 녹색도시로 조성키로 발표했다.

4) 전북, 거점도시 조성위한 연구 착수

전라북도는 2010년 8월 '스마트그리드 산업발전 및 거점도시 조성을 위한 기본계획 및 타당성조사 연구용역' 진행, 스마트그리드 육성 및 '스마트그리드 거점도시' 유치에 본격 대응하고 있다. 전북은 동 용역을 통해 스마트그리드 관련 산업을 신성장 동력산업으로 육성하기 위한 전략마련 및 연계사업을 체계적으로 추진하기 위한 세부 실천계획을 마련할 계획이다.

5) 강릉시, 저탄소 녹색시범도시 종합계획 확정

강릉시는 저탄소 녹색시범도시에 '스마트그리드 거점도시 구축'을 위한 스마트미터 디스플레이(IHD) 시범보급 사업에 한전과 업무 협약식을 체결하였다. 협약 주요 내용은 강릉 저탄소 녹색시범도시 조성사업과 연계한 지능형 전력망 구축을 위하여 2010년 하반기부터 전력원격검침시스템(AMR) 4,500호 보급 및 스마트미터 IHD 2,500호 시범보급사업을 추진하는 것으로, 현재 AMR은 설치가 완료되었고 IHD가 보급 중이다. 강릉시는 동사업으로 가정 내 저에너지소비가 실현될 것이며, IHD의 부가서비스로 시민생활 편익에 도움이 될 것으로 기대하고 있으며, 특히 본 사업을 계기로 앞으로 스마트그리드 거점도시가 구축될 경우 에너지절감률이 약 30%에 달할 것으로 전망된다.

2011년 5월에는 강릉 경포지역 일대에 2020년까지 1조 원을 투입하여 총 29개 사업을 중점 추진하는 종합계획을 확정 발표했다. 이번 계획에는 태양광·풍력, 해양심층수 등을 이용한 신재생에너지 R&D·생산타운 조성, 저탄소주택(Zed-Village)단지 조성, 스마트그린시티 및 U-City 구현 등 도시 인프라를 저탄소형으로 개편하는 내용을 포함하고 있다. 구체적인 내용은 다음과 같다.

- 신재생에너지 보급사업, 저탄소주택단지 조성 등은 2016년까지 구현
- 2020년까지는 신재생에너지 실증연구단지인 녹색기술 테마파크 조성, 스마트그린시티 구현
- 경포호 주변에 조성되는 '그린르네상스 랜드마크'는 녹색주택, 신재생에너지, 스마트그리드 등 친환경기술이 집약된 미래 저탄소 녹색도시의 축소판
- 환경부는 동 사업을 통해 에너지 이용량은 BAU대비 35.9%(4만1,778TOE) 감축되고, 신재생에너지 이용률은 전체 에너지소비량 대비 9.3%(10,813TOE) 제고될 것으로 전망

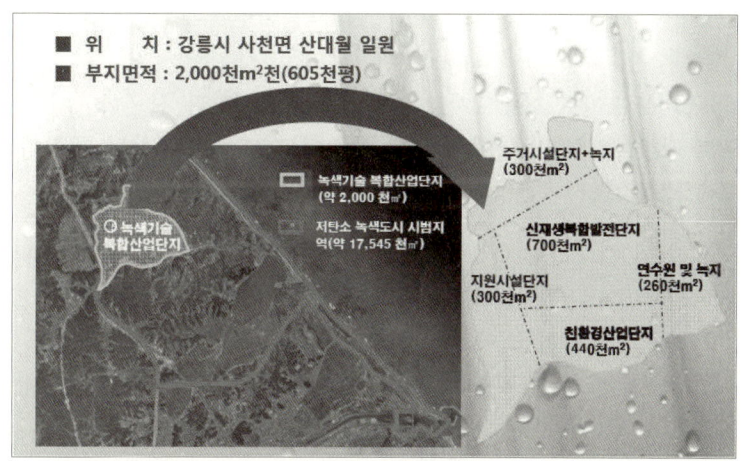

[그림 3.14] 강릉시 환경부 녹색시범도시 조성 조감도

4.2 경북 혁신도시인 김천시의 스마트그리드 거점도시 추진 예

경북 혁신도시에 차세대 전력 IT 시스템과 산·학·연 클러스터를 조성하기 위한 방안으로 세 가지 시나리오를 설정했다.

첫째, 이전 공공기관을 중심으로 전력 IT 산·학·연 기반을 조성하는 것으로 경북혁신도시에 이전하는 공공기관 중 유일한 에너지관련 공기업인 한국전력기술㈜을 중심으로 스마트그리드 시스템을 구축하는 방안을 설정한다.

둘째, 대기업중심으로 전력 IT 산·학·연 클러스터를 조성하는 것으로 구미와 김천 지역에 입지한 스마트그리드 관련 대기업과 지역대학의 부설연구소 등을 중심으로 스마트그리드 산·학·연 클러스터를 조성하는 방안을 설정한다.

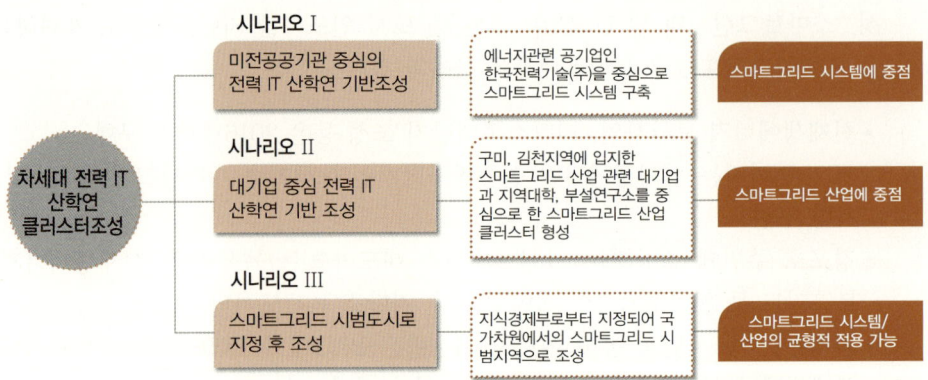

[그림 3.15] 경북 혁신도시 차세대전력IT 산·학·연 클러스터 조성 시나리오

셋째, 스마트그리드 시범도시로 지정받은 후 전력 IT 산·학·연 기반을 조성하는 것으로 정부에서 2012년에 지정할 예정이므로 이에 부합된 계획을 수립하여 '스마트그리드 거점도시'로 지정받는 방안이다.

위의 세 가지 시나리오 중 가장 바람직한 방안은 도시계획 단계에서부터 스마트그리드 플랫폼 개념을 적용하여 환경·에너지 혁신도시라는 기능을 담고 있는 '스마트그리드 거점도시'로 지정받아 스마트그리드 시스템을 조성하는 것이다. 또한, 이를 기반으로 산·학·연 클러스터를 추진함으로써 균형적 적용이 가능한 최적방안이다.

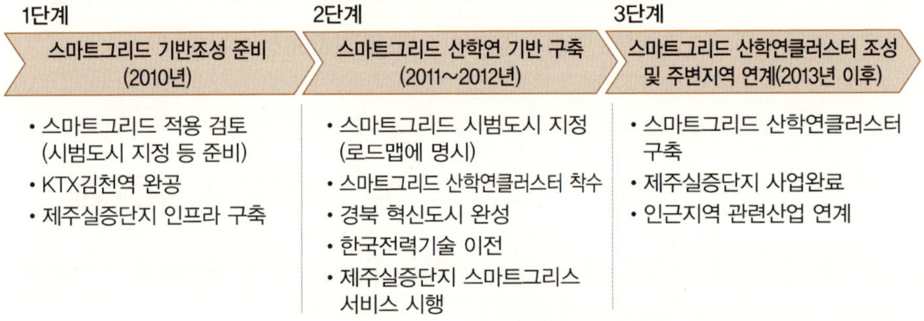

1단계	2단계	3단계
스마트그리드 기반조성 준비 (2010년)	스마트그리드 산학연 기반 구축 (2011~2012년)	스마트그리드 산학연클러스터 조성 및 주변지역 연계(2013년 이후)
• 스마트그리드 적용 검토 (시범도시 지정 등 준비) • KTX김천역 완공 • 제주실증단지 인프라 구축	• 스마트그리드 시범도시 지정 (로드맵에 명시) • 스마트그리드 산학연클러스터 착수 • 경북 혁신도시 완성 • 한국전력기술 이전 • 제주실증단지 스마트그리스 서비스 시행	• 스마트그리드 산학연클러스터 구축 • 제주실증단지 사업완료 • 인근지역 관련산업 연계

[그림 3.16] 차세대 전력 IT 시범도시의 단계별 개발구상

1) 사업추진단계

차세대 전력 IT 산·학·연 클러스터의 추진은 경북 혁신도시의 완공시기와 스마트그리드 거점도시 선정 및 완성시기, 제주실증단지의 조성단계 등을 고려하여 3단계로 설정한다.

① **1단계** : 스마트그리드 적용을 위한 거점도시 지정 단계 : 2012년도 지정될 예정이므로 거점도시 지정을 위한 사전준비를 시행하고, 경북지역 내 후보지를 사전 선정토록 한다.
② **2단계** : 스마트그리드 산·학·연 기반구축(2011~2013년) : 스마트그리드 거점도시로 지정받고, 한국전력기술㈜의 이전과 함께 제주 스마트그리드 실증단지의 연구결과와 연계한 스마트그리드 산·학·연 클러스터 조성을 착수한다.
③ **3단계** : 스마트그리드 산·학·연 클러스터 조성 및 주변지역 연계(2014년 이후) : 스마트그리드 산·학·연 클러스터를 구축하고, 제주 스마트그리드 실증사업의 완료와 함께 검증된 기술과 제품의 거점도시 확대 적용과 인근 지역 산업단지와 연계하여 개발 효과를 확산한다. 또한, 스마트그리드 및 저탄소 녹색성장 모델도시로서 도시개발을 도모한다.

2) 실행전략

경북 혁신도시가 차세대 전력 IT 산업 및 인접지역 연계산업의 거점지역으로서의 역할을 하기 위해서는 이를 수행할 수 있는 거점기관이 필요하며, 신규사업영역으로서 연관관계가 높은 산업을 대상으로 하는 거점기관은 해당 분야의 핵심과제를 수행하는 국책연구기관(예 전기연구원 등) 또는 공공연구기관(예 DGIST 등)이 바람직하나 대체로 이전이 어려운 상황이다.

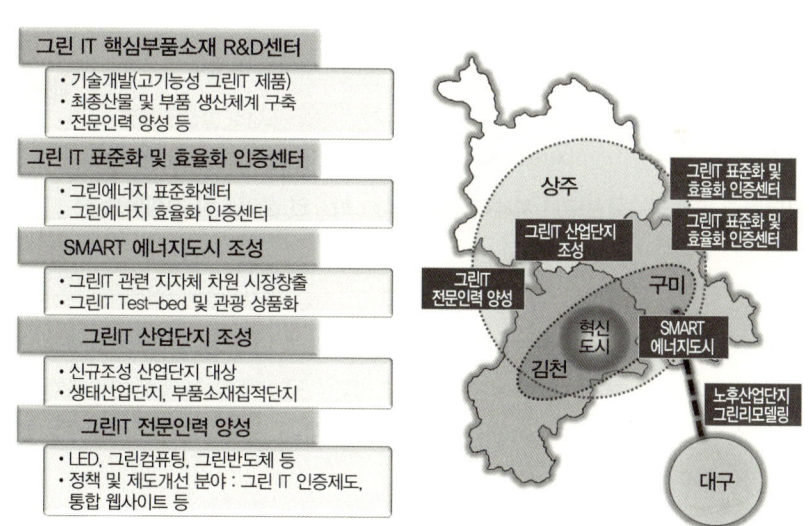

[그림 3.17] 그린IT산업 클러스터 구축 사업구상

따라서 혁신도시 이전기관 중 가장 규모가 크고 유일한 에너지부문 기관으로 차세대 전력 IT 산업과 신·재생에너지사업에 직간접적으로 연결된 이전기관인 한국전력기술이 거점기능을 담당하는 것이 바람직할 것으로 판단된다.

3) 관련 정부정책과의 연계사업 도모

지식경제부에서 2018년까지 지능형 홈 산업 선도 국가를 이룩하겠다는 목표 아래 디지털홈, 실시간 에너지 인지 기반 홈 전력절감 시스템 그린홈, 감성 융합홈의 3단계 추진전략을 제시하고 2009년까지 가전기기의 네트워크 및 지능화, 2012년까지 인간 중심의 그린홈 구현을 위한 원천기술 개발, 2015년까지 감성융합형 미디어 홈서비스를 제공할 계획이다.

국토해양부는 교통안전공단 자동차성능연구소에 위탁하여 고전원 전기장치, 대용량 축전지, 전기회생 제동장치 등 하이브리드 및 전기자동차의 안전기준을 바탕으로 2010년 8월부터 의정부, 안산, 상주 등 5개 지역을 모니터링하고 있으며, 2011년 3월부터 창원, 여수, 대구 등 5개 지역에 전기자동차를 투입하여 도로주행 실증사업을 실시하고 있다. 이로써 교통안전공단과 연계하여 경북 혁신도시는 지능형자동차 클러스터를 조성할 수 있다.

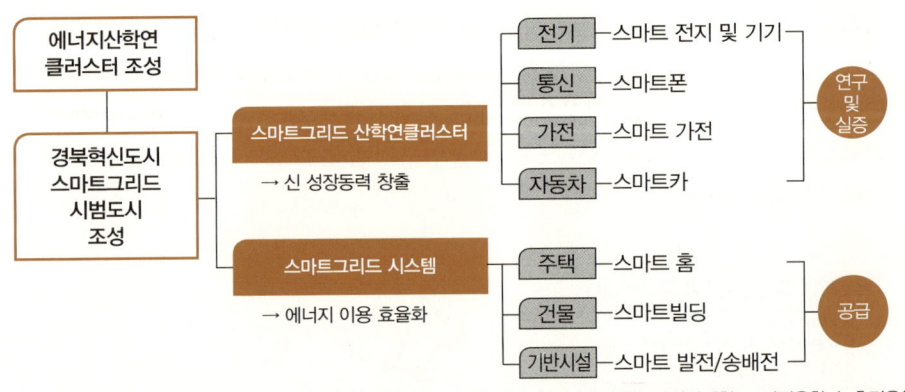

[그림 3.18] 경북혁신도시 차세대 전력IT 산·학·연 클러스터 계획목표

4) 기대효과

도시형성 측면에서 차세대 전력 IT산업은 미래 전력구조의 혁신을 가져오는 주요산업으로 2030년까지 전국적 확대를 목표로 하고 있는 국가주도산업이다. 또한 관련되는 기업과 연구소 등의 집적이 가능함에 따라 혁신도시의 경제적 자립기반 형성 및 일자리 확대에 기여한다.

경북 혁신도시 내 한국도로공사를 중심으로 하는 산·학·연 클러스터로 추진되는 자동차부품 클러스터는 전기자동차(그린카) 부문에서 스마트그리드 시스템과 연계되므로 상호 시너지효과 기대가 가능하고, 관련 이전공공기관 및 산·학·연 클러스터가 혁신도시 내에 입지함에 따라 인접지역 관련기업과의 상호교류가 혁신도시를 중심으로 이루어지게 되므로 도시 활성화가 가능하다. 혁신도시 기능 측면에서는 전력과 IT의 융합을 통한 산업발전에의 영향은 직접적으로는 스마트그리드 산업에 속하는 김천

주 : 〈유〉와 〈주〉는 각각 유보지와 연립주택 용지(C-5BL)를 의미함

[그림 3.19] 경북 혁신도시 스마트그리드 상세구획도

과 구미, 상주지역의 산업 활성화에 기여가 가능하며, 간접적으로는 기존의 IT, 자동차, 제철, 조선 등의 산업기반이 구축된 구미, 대구, 포항, 울산 등의 지역 활성화에도 기여 가능하다. 특히 스마트그리드산업은 수출산업으로서 기존에 형성된 수출 인프라를 중심으로 경북 전 지역에의 파급효과가 기대된다. 한편, 도시이미지 측면에서는 태양광, 풍력 등 신·재생에너지를 활용한 전력 IT 시스템의 적용으로 저탄소 도시로서의 인프라가 형성되며, 이를 통한 입주세대의 에너지 절감 효과(LS산전이 실제 약 80여 세대에 전력 IT 시스템을 설치하여 본 결과 기후변화 등 주변 환경에 따라 약 6-13%의 절감 효과가 있음을 증명)로 에너지절약형 도시이미지 및 차세대전력 IT산업은 생활에 필수적인 전력의 생산과 공급, 소비에 전격적인 변화를 가져오는 새로운 산업으로서 경북 혁신도시와 인근 지역을 스마트그리드산업의 거점으로 조성함으로써 첨단산업도시의 이미지로서 형성과 강화가 가능하다. 마지막으로, 전력과 통신의 융합을 통한 스마트그리드 시스템의 형성을 통해 U-city 형성에 주요 인프라로서 역할 및 시기단축이 기대된다.

5) 추후 시행과제

차세대 전력 IT 산업 수요조사에 따른 산학연 클러스터 부지 규모 적정성 평가 등 사업타당성보완을 위한 후속과제가 추진되어야 하고, 경북 혁신도시 내에 다른 이전 공공기관의 존재도 감안하여 여타 클러스터(농생명 클러스터, 지능형 자동차부품 클러스터 등)와 조화를 통한 효율적인 운영방안이 강구되어야 한다. 상기 이외 시행되어야 할 과제는 다음과 같다.

① 차세대 전력 IT 산·학·연 클러스터 조성에 부합된 관련계획의 수정 보완
② 스마트그리드 시범도시 지정을 위한 계획안 작성 및 추진

③ 인근 시군 및 관련기업대상 교육 및 홍보로 참여의식 제고
④ 스마트그리드 관련 기관과 업체 간 원활한 소통을 위한 협의체 마련
⑤ 스마트그리드 시스템과 산업도입의 효용성에 대한 주민홍보
⑥ 경북 혁신도시, 스마트 시범도시 지정 추진의 약점(연구기능 취약) 보강을 위한 방안 강구 및 시행

4.3 한국형 스마트그리드의 과제

앞장에서 언급했듯이 미국은 송전망이 40년 이상으로 노후화됐고 송배전 손실이 커 전력망의 현대화를 위해 스마트그리드를 추진하고 있으며 AMI와 같은 수요의 효율화를 위한 인프라 구축도 진행하고 있다. 하지만 AMI와 같은 스마트그리드 핵심기반 인프라 구축을 놓고 비용을 누가 부담해야 하는가 하는 문제가 불거져 난항을 겪고 있다. 소비자는 인프라 비용을 부담할 필요성을 아직 모르고 있으며, 규제기관은 소비자 비용부담이 커지는 것을 허용하지 않고 있어 앞으로 이 문제가 쟁점이 될 것으로 전망된다.

사업의 주체가 되는 유틸리티사들은 공급망 개선, 연구개발에 투자를 집중하고 있으며, 소비자 비용부담을 놓고 정부와 소비자·전력회사 간의 의견차가 발생하고 있다. 한국 역시 송배전 손실, 정전시간, 송배전 자동화 등 기술적인 측면에서 세계 최고 수준을 자랑하지만, 수요 측면에서는 가격구조의 불균형으로 비효율적인 소비가 이뤄지고 있는 형편이다.

더군다나 전기요금이 연료비 변동과 연동되지 못하는 경직성 때문에 원자재 가격 상승 시에도 비효율적인 소비가 증폭되고 있다. 그러므로 스마트그리드 추진에 있어 최우선 순위는 전력요금 정상화와 수요 선진화를 위한 인프라 구축이 돼야 한다. 기존 전력망을 스마트그리드화 하는 것은 마치 철길을 달리고 있는 디젤기관차를 달리는 상태에서 고속전철로 업그레이드하는 것과 같다.

모든 요소와 각각 역할들이 복합적으로 연결돼 있기 때문이다. 유틸리티사 주도의 공급망 업그레이드, 신재생 투자 같은 사업은 상대적으로 쉽게 진행할 수 있다. 그러나 요금의 정상화, AMI 구축과 같이 소비자의 직접 부담이 필요한 사업은 정부의 의지와 지원이 중요하다. 따라서 스마트그리드에 대한 소요 비용을 정량화하기 위한 더 많은 R&D와 시범사업이 필요하며 학계를 비롯한 여러 관련업계의 의견 수렴과정이 있어야 할 것으로 보인다.

4.4 한국형 스마트그리드의 해외소개

온라인 백과사전 위키피디아 영문판에 한국 스마트그리드가 상세히 소개되었다. 위키

피디아는 사용자 참여의 온라인 백과사전으로 전 세계 200개의 언어로 만들어지고 있다. 위키피디아는 'Smart Grid'를 목표, 정의, 송배전 현대화, 역사, 문제점, 기능, 특징, 기술, 정부정책 및 재정 등으로 나누어 설명하고 있으며, 이중 정부정책 및 재정 섹션에 한국의 스마트그리드 구축현황이 도표와 함께 자세히 설명되어 있다.

정부정책 및 재정 섹션은 호주, 캐나다, 중국, EU, 한국, 미국 등 주요 국가의 스마트그리드 정책에 대한 개요를 설명하고 있으며, 특히 한국은 다른 국가의 세배 이상의 분량을 차지하며 상당히 자세히 소개되어 있다. 또한 제주실증단지(Jeju Smart Grid Demonstration Project in Korea) 역시 위키피디아 영문판에 등록되어 국내 스마트그리드 구축현황의 해외 홍보에 도움이 될 것으로 기대된다.

국제전기통신연합(ITU : International Telecommunication Union)에서도 기관지를 통해 한국의 스마트그리드 현황을 소개했다. 'A Look at Digital Cities'라는 코너에 스웨덴의 스톡홀름과 함께 소개된 한국은 정보통신의 선두국가로 평가되었으며, 정보통신 발전지수에서 조사대상 159개국 중에서 3위를 차지했다고 소개되었다. 특히, 환경보호를 위해 이러한 최신 통신기술과 기존의 인프라를 접목시키는 노력을 기울이고 있는 한국의 스마트그리드 현황을 다음과 같이 소개했다.

- 세계 최초의 전국적 규모의 스마트그리드 시스템을 건설할 계획이며, 이를 통해 에너지 사용량을 더욱 효율적으로 모니터링하여 탄소배출을 저감할 수 있을 것으로 내다본다.
- 정부는 그린에너지 발전량을 현재의 2.4%에서 20년 안에 11%까지 끌어올리는 것을 목표로 1,030억 달러 규모의 발전계획을 세웠으며, 그 일환으로 스마트그리드를 2030년까지 구축할 계획이다.

이와 더불어 ITU는 파이크 리서치의 전문가 앤비 배(Andy Bae)의 말을 빌려 '한국의 기술업계는 그동안 정보통신기술 분야의 혁신을 주도해 왔고, 앞으로도 국내외 스마트그리드 시장에서 탁월한 리더십을 보여줄 것'이라고 평가했다.

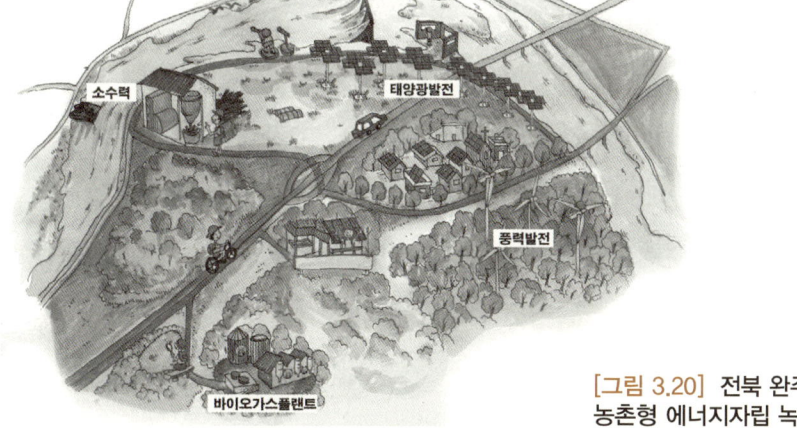

[그림 3.20] 전북 완주군 덕암마을, 농촌형 에너지자립 녹색마을

Chapter 04

스마트산업의 인프라, 스마트파워그리드

Section 01 　유틸리티 산업을 둘러싼 환경변화
Section 02 　EMS
Section 03 　EMS의 개발과제
Section 04 　지능형 송전망 감시 · 운영시스템
Section 05 　SAS
Section 06 　SCADA, DAS 및 PQMS
Section 07 　기타 스마트파워그리드 연계 신송 · 배전 기술

| Section 01 |
유틸리티 산업을 둘러싼 환경변화

1.1 유틸리티 산업의 특성

스마트미터, 에너지관리시스템 및 서비스 분야를 선도하는 스위스기업인 랜디스앤기어(Landis+Gyr)의 안드레아스 움바흐(Andreas Umbach) 회장은 '유틸리티 기업의 비즈니스 모델변화가 시급하다. 에너지는 더 적게 팔면서 돈을 더 많이 버는 비즈니스 모델을 개발해야 한다.'라고 말했다. 얼핏 보면 모순처럼 들리는 움바흐 회장의 주장에는 유틸리티 기업의 고민이 담겨있다. 전력회사로 대표되는 유틸리티 기업은 이제 물리적 자산(Physical Asset) 위주에서 정보자산(Information Asset) 중심으로 비즈니스를 변모시켜야 한다. 다시 말해 에너지 효율화를 통해 전력소비는 줄이면서도 스마트 가전제품, 스마트미터, 부가가치 서비스 등 예전과는 다른 제품과 비즈니스 모델로 돈을 벌어야 하는 시기가 다가온 것이다.

즉, 유틸리티 산업은 국민의 일상생활 및 산업생산에 필요한 전력·가스·수도·통신 등 사회 인프라 서비스를 공급하는 산업으로 지난 100여 년간 '공급확대·균질성·집중화'라는 3대 패러다임 하에 발전을 거듭해왔으나, 안정적인 수익을 거두던 유틸리티 산업을 둘러싸고 최근 들어 환경규제, 글로벌 금융위기 등에 따른 위협요인과 기술진보로 인한 기회 요인이 함께 등장하면서 산업의 패러다임이 급변하고 있다.

1.2 유틸리티 산업을 둘러싼 환경변화

유틸리티 산업을 둘러싼 환경변화로는 유가 및 원자재가격 상승(비용부담), 환경규제 강화, 고객 요구의 다양화, 설비 소형화 기술의 진전, 쌍방향 정보교환의 확산 등을 들 수 있다.

1) 유가 및 원자재가격 상승
유가를 비롯한 원자재가격의 급등으로 원가상승의 부담에 직면해 있다.

2) 환경규제 강화

2013년부터 대부분의 OECD 국가에서 전력부문을 중심으로 탄소배출권거래제도가 시행될 전망이며, 국내에서도 총량규제가 시행될 경우 탄소절감을 위한 사회적 비용은 국민 1인당 매년 54만 원에 달할 것으로 추산된다.

3) 고객니즈의 다양화

전력부문은 데이터센터의 확대, 디지털 전자기기의 확산, 전기자동차의 보급 등으로 고품질·직류전기 등 프리미엄 서비스에 대한 수요가 확산되고 있다. 미국에서는 다양한 사회단체가 인증(Green Tag)한 녹색전기에 대한 소비자들이 1MWh 당 20달러 내외의 프리미엄을 추가로 지불하고 있다. 이처럼 범세계적으로 환경보전에 대한 인식이 높아지면서 그린 유틸리티를 자발적으로 구매하는 소비자가 크게 증가하여, 프리미엄 서비스에 대한 수요가 확산되고 있다.

4) 설비소형화 기술의 진전

기술진보로 설비 소형화가 이루어지면서 분산형 설비 구축이 쉬워진 것도 앞으로 변화를 촉진하는 요인으로 작용하며, 인프라설비의 소형화로 인해 '소비자구축에너지(User-Created Energy)'의 구현도 가능하다. 즉, 태양광, 연료전지, 마이크로터빈 등 분산발전의 효율이 개선되고, 글로벌 금융위기 이후 각국 정부가 경기부양 및 녹색성장을 내걸고 전력망의 현대화를 지원하기 시작한 것도 호재이며, 소비자가 주택, 아파트, 빌딩 등에 분산형 인프라를 직접 구축하고 전기를 직접 생산하는 프로슈머(Prosumer)로 변모하고 있다.

5) 양방향 정보교환의 확산

IT강국이자 스마트그리드 선도국가인 한국의 경우, 유무선 통신 인프라가 전국 방방곡곡 구축되어 있기 때문에 스마트미터 등을 통한 양방향 정보교환이 경쟁국보다 한발 앞서 일반화될 가능성이 크며, 요금·품질 등의 기본정보는 물론 단수·단전 안내까지 소비자에게 실시간으로 제공하는 한편, 소비자의 시간대별·지역별 소비정보를 수집해 분석하는 것도 가능하다. 이렇듯 소비자와의 양방향 정보교환이 확산하면서 공급자 중심의 특성이 있었던 유틸리티 산업이 소비자 중심으로 변모할 것이다.

1.3 유틸리티가 스마트그리드를 구축하고 싶은 이유

1) 통신 가능구역

유틸리티들은 자사의 수신범위 이내에 있는 모든 개인 고객에 대한 서비스 공급이 가능해야 하고 핸드폰과 케이블 공급자들은 소수의 시골지역 고객을 위한 네트워크의 구축을 거절하는 경우가 많았지만 사설 네트워크는 모두에게 네트워크를 공급하는 것이 가능하다.

2) 공공 네트워크 기술의 빠른 발전

통신회사들은 광역망이나 무선데이터에 대한 증가하는 수요에 부합하기 위하여 자사의 네트워크를 끊임없이 업그레이드하고 있다. 이는 몇몇 유틸리티들에 장점이 될 수 있으나, 또 다른 유틸리티들은 변화하는 기술에 부합하도록 자사의 스마트미터를 자주 업그레이드해야 하기 때문에 오히려 이를 우려하고 있다.

3) 보안문제

유틸리티들은 공공 네트워크의 비용을 지불할 경우, 통신회사 들이 자사의 사설 네트워크에 대하여 공공 네트워크와 동일한 보안과 안정성을 보장할 수 없을지도 모른다고 우려하고 있다.

4) 대여 요금

유틸리티와 판매자들에 의하면, 스마트그리드 네트워크의 수명기간 동안 핸드폰 회사들은 비싼 요금을 받을 수 있는 있지만 네트워크 구축 시에는 자본 투자가 미리 이루어져야 하며, 초기 투자가 이루어진 이후에 유틸리티들은 대여 비용을 지불할 필요가 없다.

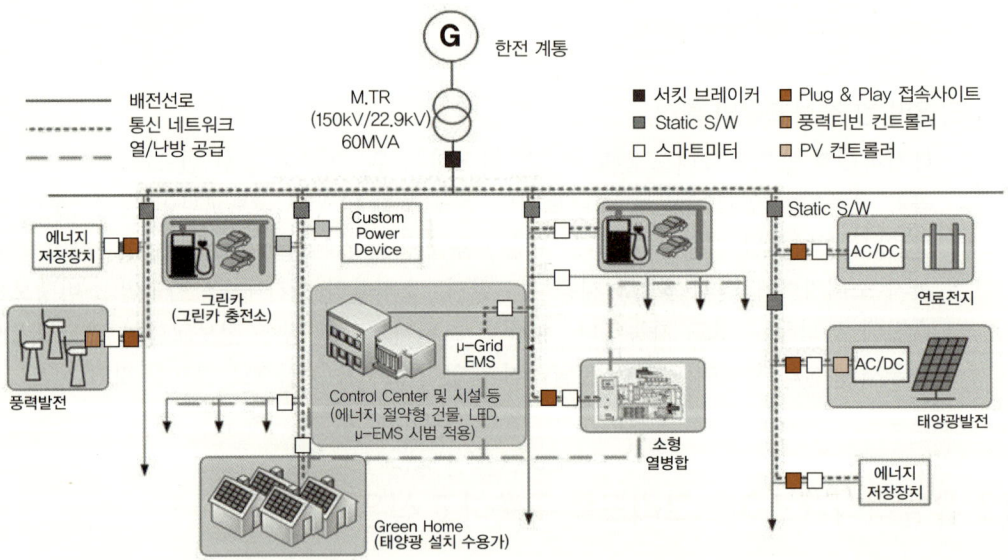

[그림 4.1] 전형적인 스마트그리드 하의 유틸리티 계통

출처 : 그린에너지 전략로드맵(에기평)

5) 규제의 문제

규제하의 유틸리티는 사설 네트워크 구축에 들어가는 비용 지출 등을 통해 수익을 얻을 수 있으며, 비용회수 구조를 살펴보면, 실제 작동 비용보다 유틸리티의 자본 지출량이 더 크다고 언급하고 있다.

6) 제어실패의 문제

서버에서 사용자까지 E2E(End-to-End) 통신시스템에 대한 통제가 가능하므로 유틸리티들은 자신의 네트워크를 구축하고 싶어 한다.

7) 광역망에 대한 수요의 문제

핸드폰, DSL, 케이블 조작자들은 광역망에 대한 높은 수요를 보이고 있다.

8) 미공유의 문제

유틸리티들은 다른 목적으로 사용되는 네트워크를 임대할 경우, 트래픽에서 우선권을 얻지 못할 수도 있다는 점을 지적하며, 일상적인 이동통신을 위한 네트워크가 마비되는 것을 원하지 않는다.

9) 홈네트워크 연결의 문제

에너지조절 서비스, 이웃과 동일한 수준의 네트워크를 거실에서 사용할 수 있는 서비스의 공급을 통해 홈네트워크 환경을 구축하고 싶어 하는 유틸리티들의 경우, 미국 내의 고객들에게 홈 인터넷 접속을 기대할 수가 없다. 가정, 망, 이웃을 연결하는 E2E망의 구축은 아직 실현되지 않은 전략에 불과하다.

10) 영상, 음성, 데이터의 문제

광역망에 대한 수요가 낮은 유틸리티와 대조적으로, 일부 유틸리티의 경우 자신의 네트워크가 높은 광역망 애플리케이션에서도 작동할 수 있도록 사용한다. 이 애플리케이션의 경우, 고객을 위한 이동통신과 영상 서비스의 공급이 가능하며, 데이터에 대한 접속과 분석을 할 수 있다. 이 모든 애플리케이션을 실현할 수 있는 네트워크의 구축은 공공네트워크를 대여하는 것보다도 훨씬 비용 효율적이다.

1.4 유틸리티 산업의 미래 발전방향

환경변화에 따른 기회/위협요인을 감안할 때 유틸리티 산업은 과거의 패러다임에서 벗어나 '효율화 및 서비스 다원화'를 양대 축으로 하는 새로운 도약을 할 것으로 예상된다. 이로써 자원 및 환경비용이 증가함에 따라 경제성이 우수한 분산형 설비를 활용하는 등 효율화 노력(투입비용 절감)을 통해 수익을 확보하고, 소비자의 개성과 편의 추구에 대한 욕구가 증가함에 따라 신기술 기반의 프리미엄 서비스를 개발하거나 소비자행태를 분석한 맞춤 서비스를 제공해 준다.

1) 효율화로 사회적 비용절감

수요변동에 따라서 요금이 실시간으로 바뀌는 '실시간 요금제'를 적용해 소비자는 가격이 저렴한 시간대로 전력소비를 분산시켜 전력요금을 절감하고, 사업자는 피크수요에 대비한 예비설비 투자를 절감하는 것이 대표적인 예이다. 전력요금보다 생산원가가 높은 시간대에 소비를 절감하면 소비자에게 금전적 보상을 제공해 주는 '네가와트(Nega Watt)' 제도 등 소비자의 합리적 소비를 유도하기 위한 관련 인프라의 구축도 중요하다.

2) 소비자 만족도 제고를 위한 서비스다원화

전력산업은 고품질전기, 직류(DC)전기, 녹색전기 등으로 시장세분화가 가능하며, 반도체, 초정밀 제조업을 대상으로 주파수가 안정된 고품질전기를 제공하거나, 데이터센터를 대상으로 무중단 전력공급 서비스를 제공해준다. 직류배전은 개별 전자제품의 정류과정을 대체함으로써 변환손실이 최소화되어 30%까지 전력절감이 가능하고, 태

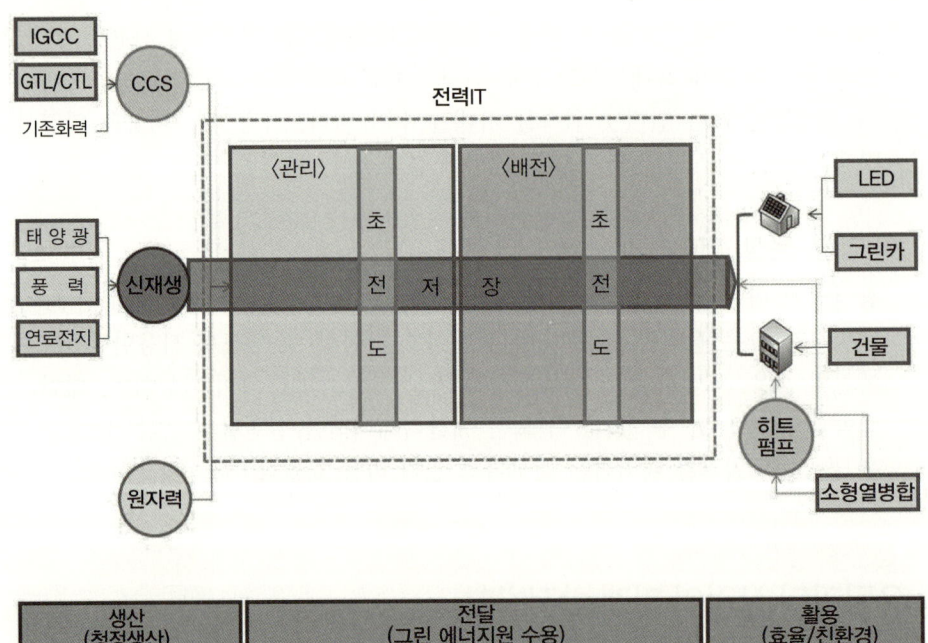

[그림 4.2] 그린에너지에서의 스마트그리드(전력IT)의 역할

출처 : 그린에너지 전략로드맵(에기평)

양광·연료전지 등 직류전원 기반의 신·재생에너지와 이차전지의 전력을 컨버터·인버터 없이 바로 사용할 수 있다.

3) 정부의 시사점

정부는 유틸리티 산업을 둘러싼 환경변화가 극심한 상황에서 경쟁력 있는 서비스를 지속적으로 창출하기 위해서는 장기적인 마스터플랜을 수립할 필요가 있다. 전 세계적으로 전력운영의 규제가 완화되고, 신재생에너지(분산전원) 기술을 국가정책으로 육성하며, 업종 간 컨버전스를 장려함으로써 유틸리티 산업의 경쟁을 촉진하는 정책을 개발한다.

4) 기업의 시사점

기업은 유틸리티 산업의 발전 축을 감안한 상품과 서비스를 선제적으로 개발하여 성장의 기회로 활용하고, 유틸리티 산업의 진화에 따라 발생할 수 있는 IT, 건설 및 엔지니어링 부문에서의 새로운 사업기회를 발굴해야 한다.

| Section 02 |
EMS(Energy Management System)

2.1 중앙급전시스템으로서의 EMS 기능과 역할

스마트그리드가 전기를 매체로 온실가스 감축과 화석연료의 의존도를 낮추는 데 필요한 핵심동력으로 기대되고 있다. 이와 관련하여 스마트그리드를 위한 핵심 인프라가 되는 전력계통 관점에서 스마트그리드는 다음 두 가지 내용으로 압축할 수 있다.

첫째, 신·재생에너지를 이용한 발전설비의 계통접속을 쉽게 하고 분산전원의 확대를 촉진할 수 있도록 그리드 코드를 표준화하는 것

둘째, 전기사업자와 소비자 간의 쌍방향 정보교환이 가능하도록 전력계통에 초고속 통신망 기능을 갖추는 것이다.

전력계통에서의 변화는 전압과 에너지수송량 그리고 소비자 근접성을 기준으로 배전망과 송전망에서의 변화로 구분된다. 송전망의 변화 핵심으로는 다음과 같은 기술의 범용화를 예상하고 있다.

첫째, 실시간으로 계통을 감시하고 제어하는 데 필요한 시각 동기화 데이터의 취득과 초고속 데이터통신 및 처리

둘째, 유연송전설비(FACTS), 초고압직류송전(HVDC), 에너지 저장장치와 같은 초고속 계통제어설비

셋째, 지능형 초고속 보호제어 시스템

넷째, 새로운 시뮬레이션 기법과 시각화 등 이와 같은 기술은 신·재생에너지 및 분산전원의 증가와 수요반응의 확대로 복잡해지는 수급상황과 계통설비계획 및 안정운영에 관련된 문제에 효과적으로 대응하는 데 필요한 기술들이며, 송전망 설비투자의 최적화를 가능하게 할 것으로 기대된다.

스마트그리드를 통한 전력수급 양태의 변화는 다음과 같이 설명할 수 있다.
논의의 편의를 위해 현재 전력수급이 균형을 이루고 있다고 가정하고, 기상여건 변화에 따라 신·재생에너지발전에 변화가 발생하고 소비자가 가격신호를 통해 수요가 반응하면 일차적으로 수급변동은 분산된 현상(Decentralized Phenomena)으로 나타나게 된

다. 이를 조정하여 전체계통의 수급균형 상태를 유지하기 위해서는 주파수의 전계통적 특성을 고려할 때 어떤 형태로든 중앙통제가 필요하게 되고, 이러한 통제는 경제적으로 이루어져야 할 것이 요구된다.

여기에 필요한 통제시스템이 EMS(Energy Management System) 즉 '중앙급전시스템'이라고 부르는 전산시스템이다. EMS는 계통 상태감시와 전력수요 예측을 통해 시시각각으로 변화하는 계통의 수급균형을 실시간으로 유지하고 경제적이고 안정적인 전력공급이 가능하도록 발전설비의 운영과 계통상태의 조작을 지시하는 에너지관리시스템이다. 즉 수급균형을 유지하며 발전연료의 소요비용을 최소화하기 위한 시스템이다. 전력계통이 스마트그리드화 하면서 스마트그리드가 지향하는 목표를 구체적으로 달성하는데 필수적인 기술이며, 스마트그리드의 진전에 따라 그 기능과 역할에 대한 변화 요구를 적정하게 수용할 수 있어야 한다.

2.2 K-EMS의 개발현황

EMS기술 특징은 첨단 IT 기술과 그림과 같이 고급 전력계통 기술이 통합된 복합기술이며, 다양한 기능 및 고도의 신뢰성을 요구하는 시스템이다. 또한, 일부 선진국(미국, 독일, 프랑스, 일본 등)만이 개발 제작할 수 있는 고도의 복합기술이다.

1) 추진 배경
가장 기술개발이 어려운 EMS를 개발하게 되면 광역 SCADA, DMS제품 확보가 쉬워지고, 전력IT기술 파급효과를 누릴 수 있다.

2) 추진 전략
① 분야별 전문기업 · 연구소 · 학계 공동개발로 기술 융합
② 국내외 기술표준을 적용하여 제품의 표준화 실현
③ 벤치마킹, 기술자문 수행으로 선진기술 국산화
④ 국내 전력계통운영에 최적인 한국형 제품개발

3) 일정 및 목표
① 1단계(Baseline EMS, 30개월) 개발목표 : SCADA 기본기능 구현, Test Bed 구축, 경제급전 · 자동발전제어, 수요예측, 예비력/보조서비스, 상태추정, 조류계산, 송전손실계수, 시뮬레이터(Simulator)설계, 실증시험 6개월 등
② 2단계(Prototype EMS, 44개월) 개발목표 : SCADA 고급기능 구현, 최적조류계산, 안전제약 경제급전, 조상설비 운용계획(전압계획), 시뮬레이터 개발, 실증시험 4개월 등
③ 3단계(Full-Scale EMS, 60개월) 개발목표 : 최적화 발전계획, 안전도 향상, 송전 가능

용량 계산, 고장회로 해석, 상정고장 해석, 시뮬레이터 실증시험, 총괄 실증시험 6개월 등
④ 중간평가(36개월) 및 최종평가(60개월)

2.3 미국 EPRI의 송전효율화 및 에너지저장

전력연구센터(EPRI)는 미국 17개 유틸리티 및 송전시스템 운영자들과 송전효율과 실증에 착수하여 송전선, 변전소, 망 운영 결과데이터 수집 및 분석을 진행하고 있다. 이 프로젝트는 효율화를 시행하기 위한 비용, 이점, 기술적인 요소들을 측정하는 것이 주요 목표로, 22개 프로젝트의 3분의 1 이상이 스마트그리드와 밀접하며 다음과 같이 스마트그리드에 따른 전압조정, VAR 제어, 무효전력관리에 초점을 맞춘다.

① 스마트그리드가 구현되면 전기를 먼 거리까지 전송하는 대신 현지 무효전력을 유지할 수 있어 넓은 지역에 이 시스템을 쓸 수 있다는 것이 장점으로, 무효전력을 유지한다면 송전선의 과부하와 손실을 줄이고 청정에너지를 통합할 수 있다.
② AEP와 알레게니 에너지(Allegheny Energy)가 송전시스템 효율을 향상시키고 탄소배출을 줄이는 PATH 프로젝트로 에너지손실을 줄이는 데 중심적 역할을 하게 된다.

EPRI는 에너지저장의 기술, 편익, 성능, 비용에 관한 보고서를 발표했다. 이 보고서는 에너지저장이 전력망에서 가정 에너지이용 관리에 이르기까지 어떤 역할을 하며, 연방 정부로부터 재원을 지원받은 기업들이 연구와 개발을 완료하고, 해당 기술의 시범적용에 들어가는 이유와 에너지저장에 대해 꼭 알아야 할 다음의 5가지를 포함한다.

1) 양수저장장치의 증명된 기술
① 전력망 에너지 저장기술은 전력망에 청정전력이 추가되면서 요구되고 있다.
② 양수발전(Pumping Water)은 현재 시장의 가장 큰 비중을 차지하고 있으며, 오래된 접근방식이다. 세계 에너지저장 시장에서 99%(127,000MW 이상)가 양수발전 시장이다.
③ 공기압축방식 또한 오래된 방식이며, 440MW를 차지하고 있다.

2) 에너지저장 애플리케이션의 고비용 문제
① EPRI는 에너지저장 애플리케이션 적정가격에 대해 전력사업자, 전력망운영자, 소비자가 각각 다른 생각을 하고 있다고 언급했다.
② 일부 에너지저장 애플리케이션은 수요가 높아서 더 높은 가격을 요구할 수 있다.

3) 비용이 높은 가운데, 편차는 매우 큼
① 다양한 형태의 저장시스템을 설치하는 비용은 크기, 지속성, 효율성, 사용방식 등

에 따라 달라진다.
② 수 시간의 전력저장을 하기 위해 MW급 저장시스템을 고려할 때, 가장 비용이 낮은 대안은 공기압축방식을 이용하는 것이다.
③ 공기압축 기술비용은 kW당 960~1,250달러 또는 kWh당 60~125달러 수준이다.
④ 전력망 운영자가 수행하는 주파수 제어를 위해 가장 저렴한 대안은 납산배터리로 kW당 950~1,590달러 또는 kWh당 2,770~3,800달러에 이르는 한편, 리튬이온 배터리는 kW당 1,085~1,550달러 또는 kWh당 4,340~6,200달러, 플라이휠은 kW당 1,950~2,200달러, kWh당 7,800~8,800달러에 이른다.
⑤ 리튬이온 배터리는 전력망 관리를 지원하는 저장장치로 가장 비용이 높게 나왔다.

4) 저장부문 투자

EPRI는 앞으로 저장장치에 주목하게 하는 것은 하나의 저장부문 투자가 다음과 같은 혜택과 수익성 여부에 달려 있다고 말한다.

① 발전업체와 전력소매업체들은 저장장치가 수익을 창출하는 데 이바지한다면 기꺼이 저장장치에 투자할 것이다.
② 풍력에너지가 계속 확대되고 있는데, 간헐적으로 에너지가 발생하는 특성상 풍력 시장 성장과 함께 저장장치 시장이 함께 커지고 있다.
③ 태양광과 같은 다른 재생에너지 발전 성장 또한 잠재적으로 저장장치의 효용을 높이는 역할을 한다.
④ 스마트미터와 전기자동차의 이용확대가 전력공급 및 수요 균형을 유지하기 위한 저장장치 활용을 촉진할 것이다.
⑤ EPRI는 이러한 기회들이 현재로서는 정량화하기 어렵다고 주장하며, 특히 각 가정의 지붕 위에서 발전하는 분산형 태양에너지시스템은 더욱 그렇다고 강조한다.

5) 초기 설치비용만이 투자가치가 있는지를 판가름하는 요소가 아니다

① 에너지전달시스템에서 전력사업자들은 시스템의 기대수명 기간에 설치비용과 운영비용을 나타내는 균등화 비용을 고려하게 된다.
② EPRI는 전력사업자들이 신재생에너지발전과 소유 전력망의 공급 및 수요를 관리하기 위한 균등화 비용을 검토하였는데, 연구결과 양수발전과 공기압축방식이 kWh당 20센트 이하로 비용이 가장 낮았다.

2.4 에너지 자동관리시스템으로서 EMS의 기능과 역할

태양광과 풍력 등 신·재생에너지 개발보다는 에너지절약 그 자체가 가장 큰 제5의 에너지원이라는 새로운 패러다임 변화에 따라, 현재 화석연료 100단위를 쓰면 3분의 1인 33단위만큼의 전기를 얻게 된다. 이에 따라 소비를 33단위만 줄여도 화석연료 100단위만큼을 적게 쓰고 온실가스 배출량도 그만큼 줄일 수 있다는 계산이 나온다.

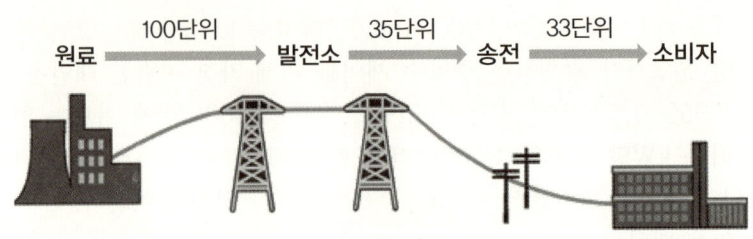

[그림 4.3] 각 단계별 에너지 소비량 추이

슈나이더일렉트릭은 능동적인 에너지관리를 통해 부문별로 최대 30%까지 절약할 수 있다고 지적했다. 빌딩 곳곳에 종일 켜져 있는 형광등과 냉난방 기구, 컴퓨터 등만 살펴도 가능하다. 그러나 전등불 하나 더 끄기, 점심시간에 컴퓨터 끄기와 같은 수동적인 관리로는 잠재적 절감량의 절반도 줄이지 못하지만, 전력자동화 관리시스템을 활용한다면 3분의 2가량 소비를 줄일 수 있다고 강조한다.

[표 4.1] 전 세계 전력사용량 및 잠재적 감축량 현황 (단위 : TWh)

구 분	2008년		잠재적 감축	
	사용량	비중	전력량	비중
산업·발전	4,521	27%	678	15%
데이터센터	1,368	8%	410	30%
빌딩	6,960	41%	1,392	20%
가정	3,680	24%	552	15%
전체	17,096	100%	3,033	18%

※ 잠재적 감축량은 총 사용량 중 절약 가능한 전력량, 슈나이더일렉트릭 자료

2.5 중국 칭하이-티베트 파워그리드 구축

중국 스테이트그리드(State Grid)는 칭하이-티베트 지역 전원배분 개선 및 최적화를 위해 파워그리드를 구축하고 있다. 이는 세계 최고의 전력전송 라인의 일관성 있는 전원 공급을 확실히 하고자 Nokia Siemens 네트워크의 광전송 플랫폼에 의해 선택되었으며, 이는 동 지역에서 가장 큰 구축 프로젝트로, 2012년 중순까지 운영될 예정이다.

| Section 03 |
EMS의 개발과제

KEMS 사업과 연계하여 KEMS의 주요 기능의 설계 내용과 과제별 중점 추진사항은 다음과 같다. 특히 전력거래소가 보유하고 있는 EMS 하드웨어 설계, 발전제어 및 계통해석 기능설계, 자동발전제어(AGC) 이론, 급전훈련시스템(DTS) 설계, 발전기 기동정지(UC) 및 급전원 조류계산(DPF) 이론, 전력 수요예측 및 상태추정 기술 등을 포함하고 있다.

3.1 제1과제

제1과제는 시스템 설계, 구축, 실증시험으로 주관기관은 전력거래소(KPX)이며, 상세 개발 내용은 다음과 같다.

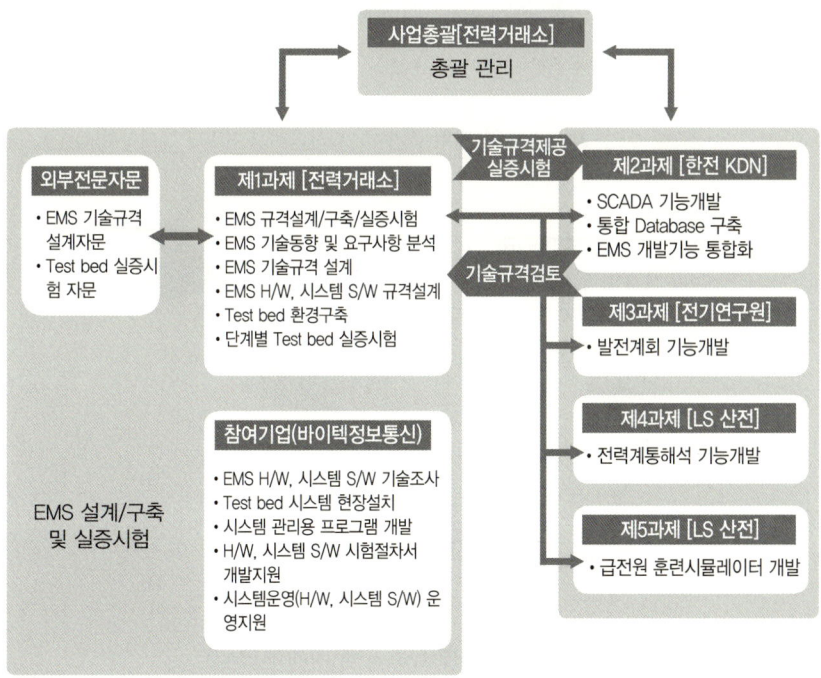

[그림 4.4] 제1과제의 계획 (출처 : 스마트그리드 사업단 홈페이지)

3.2 제2과제

제2과제는 통합 EMS 연계 SCADA 시스템 개발 및 DB 개발로 주관기관은 한전KDN이며, 상세 개발내용은 다음과 같다.

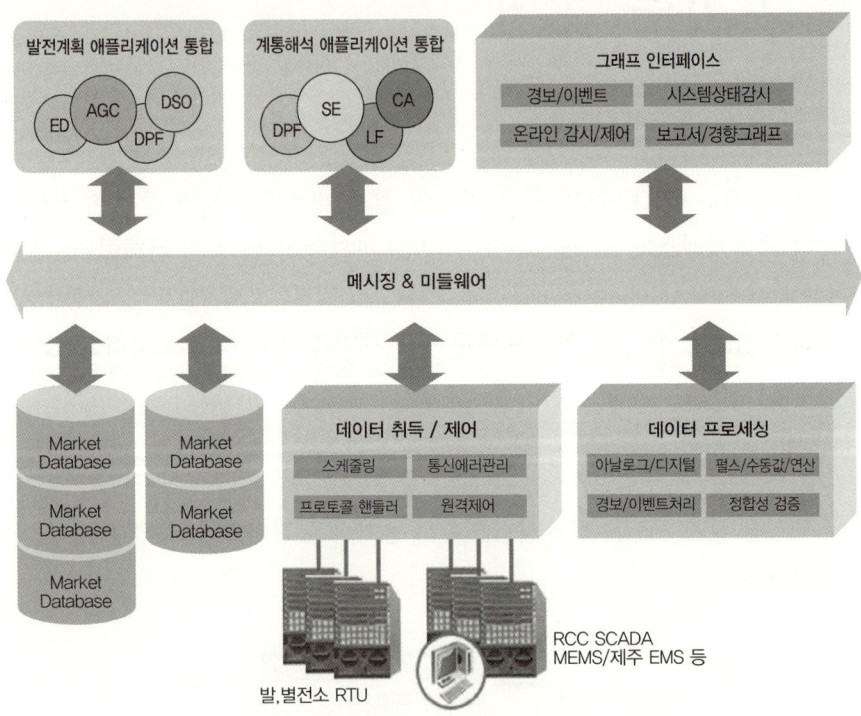

[그림 4.5] 제 2과제의 계획(출처 : 스마트그리드 사업단 홈페이지)

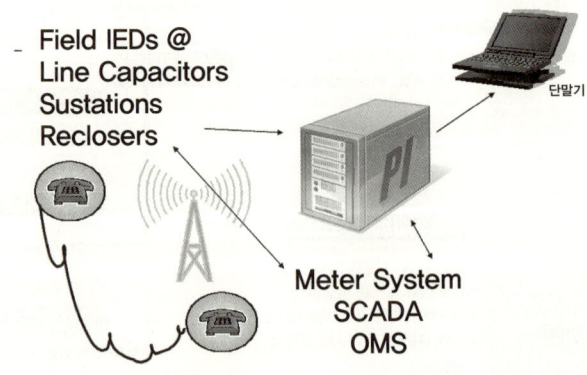

[그림 4.6] 천안 후비변전소 구축(차세대 EMS)

3.3 제3과제

제 3과제는 통합 EMS용 발전계획 응용프로그램 개발로 주관기관은 전기연구원이며, 상세 개발내용은 다음과 같다.

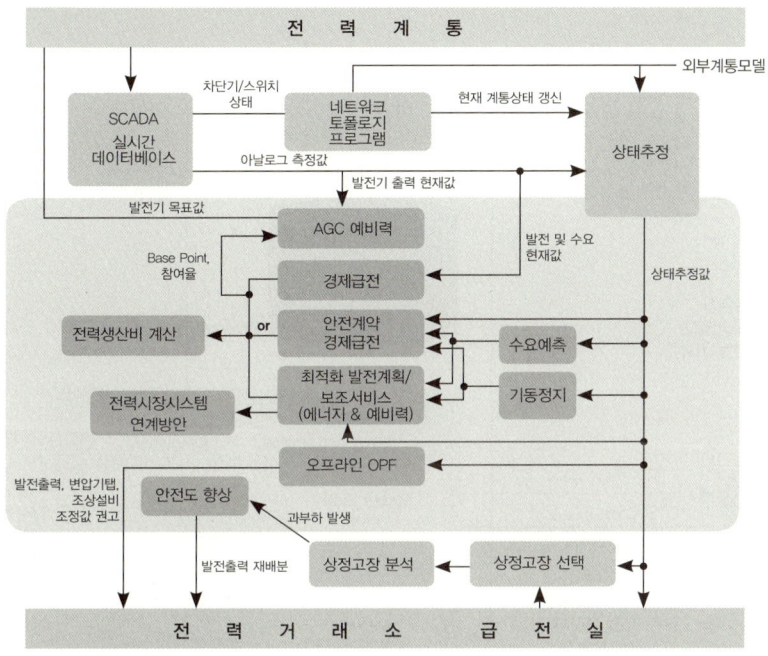

[그림 4.7] **제 3과제의 계획**(출처 : 스마트그리드 사업단 홈페이지)

3.4 제4과제

제 4과제는 통합 EMS용 전력계통 해석프로그램 개발로 주관기관은 LS산전이며, 상세 개발내용은 다음과 같다.

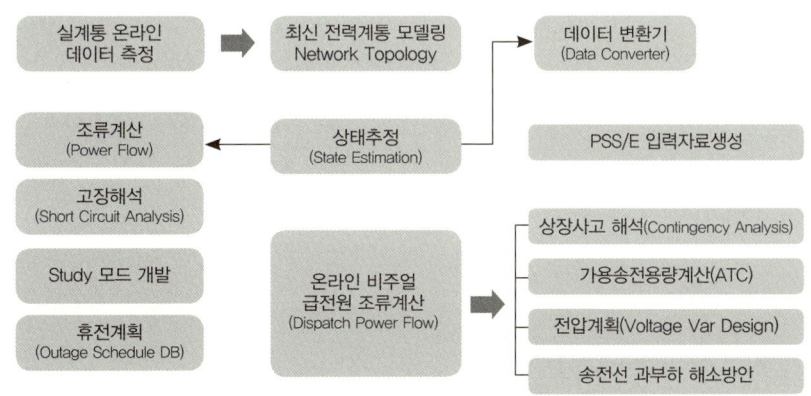

[그림 4.8] **제 4과제의 계획**(출처 : 스마트그리드 사업단 홈페이지)

3.5 제 5과제

제 5과제는 통합 EMS 급전운영자 훈련시뮬레이터 개발로 주관기관은 LS산전이며, 상세 개발내용은 다음과 같다.

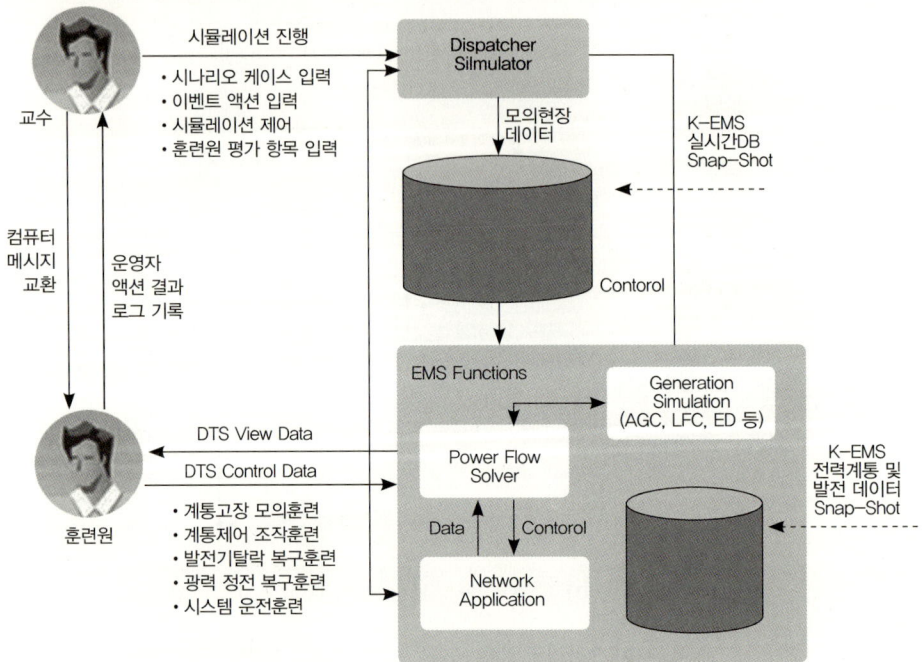

[그림 4.9] 제 5과제의 계획(출처 : 스마트그리드 사업단 홈페이지)

Section 04
지능형 송전망 감시·운영시스템

지능형 송전망의 연구과제로는 크게 송전설비 온라인 감시시스템, 전력계통 무효전력 관리시스템, 위성망을 이용한 위기관리 시스템, 3개 시스템으로 나눈다.

4.1 송전설비 온라인 감시시스템

1) 필요성 및 연구목표

북미전력신뢰도위원회(NERC)의 권고항목에는 '송전선로의 열용량 정격(과도상태 포함) 관련 강제기준 개발' 전력설비 및 송전선로에 대한 정상 및 과도상태의 열용량을 실시간으로 평가하는 기준 및 기술을 요구하고 있다. 이 기술에는 동적 송전 가능용량 평가 및 기술개발, 광역 감시제어설비(Wide Area Monitoring and Control System)로의 기술적 변천으로 전력공급의 신뢰도 유지 및 안전도 향상을 위한 핵심 기술개발이 포함된다. 또한, 자연환경 재해로부터 송전설비의 안전성을 확보하기 위한 송전설비에 대한 실시간 감시 등이 있다.

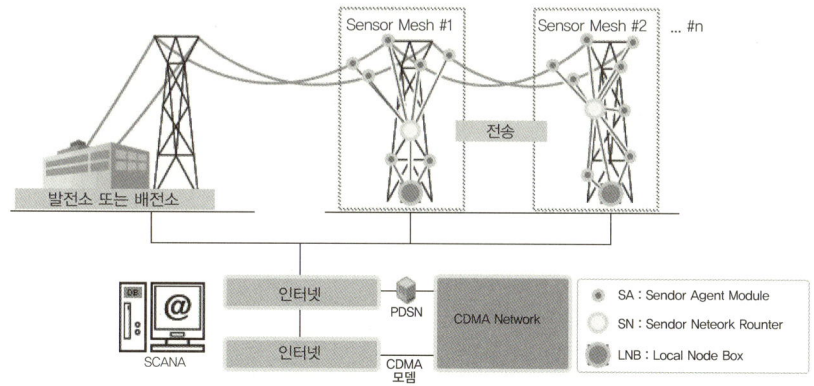

[그림 4.10] 송전설비 온라인 감시시스템 I(출처 : 스마트그리드 사업단 홈페이지)

연구 목표는 송전선로 실시간 정격 및 위험관리 시스템 개발과 가공송전선로 상시 감시용 센서 통합형 연계 모듈 개발 등이다.

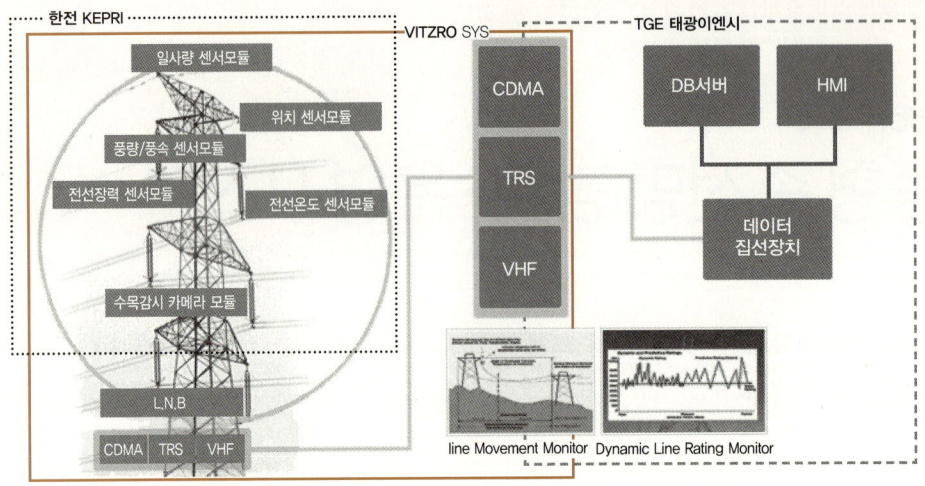

[그림 4.11] 송전설비 온라인 감시시스템 II (출처 : 스마트그리드 사업단 홈페이지)

2) 송전설비 온라인 감시시스템 연구개발 내용

중점 분야	기술 분야	세부 연구 내용
동적용량 (Dynamic Rating)기술	• DTCR 기술 • 가능 송전용량 평가 • 실선로 적용기술	• 열적 파라미터 분석 및 열회로 모델링 기술개발 • 동적인 열용량 평가 기술 및 S/W 개발 • 송전선로의 동적 열용량 평가 기준(안) 제시 • DR 적용선로별 전압안정도 및 전압강하 분석 • 송전선로별 동작 송전가능용량 운영(안) 제시
고신뢰성/ 고정밀급 첨단센서 개발	• 센서의 특성 및 메커니즘 분석 • 국산화 적용기술 • 데이터 취득 장치의 설계 및 네트워크화	• 고신뢰성 저풍속센서 국산화 적용기술 개발 • 비접촉식 전선온도 및 전류 측정센서 개발 • 3축 가속도센서에 의한 선로진동 및 이도측정 센서 개발 • 염분에 의한 오손도 측정센서 개발 • 센서 네트워크 개념설계 및 구축 • 센서의 성능 평가용 모의 성능시스템 구축
제반환경 위험관리 및 평가기술	• 각종 데이터(센서, 기상, 선로, 환경)의 분석 및 관계형 DB 모델링 • 전선거동분석(풍속) 및 절연이격거리(수목, DR) 분석기술 • 잔존수명 분석기술 • 영상처리 및 3D 가시화	• 국내외 송전설비별 사고/원인 조사 및 분석 • 송전설비별 전기/기계적 특성 파악 • 송전설비별 과부하/사고이력 DB구축 자연환경/ 부하특성별 거동분석 및 전선이도 산정 S/W개발 • 영상 및 열화상 전송기술 개발 • 3D 가시화(3D Visualization) 기술개발 • 위험기준 및 경보처리 설정 기준 정립
SCADA/ RTU 인터페이스 및 통신모듈 표준화	• 센서류 통신 프로토콜 및 전송규약 표준화 • 표준화된 통신모듈개발	• 각종 센서 취득 데이터 분석 및 필요기능 정의 • 센서류 통신용 필드버스 규격조사 및 비교분석 • 통신환경 설정 및 통신시험용 시뮬레이터 개발 및 시험 • 통신자료 집중장치 설계 및 구현 • SCADA/RTU 인터페이스, 통신모듈시험 및 보안

중점 분야	기술 분야	세부 연구 내용
시스템 실증시험	• 온라인 감시용 HMI 설계 및 시스템 개발	• 온라인 감지제어용 HMI 설계 • 온라인 감시시스템 개발

3) 송전설비 온라인 감시시스템 로드맵

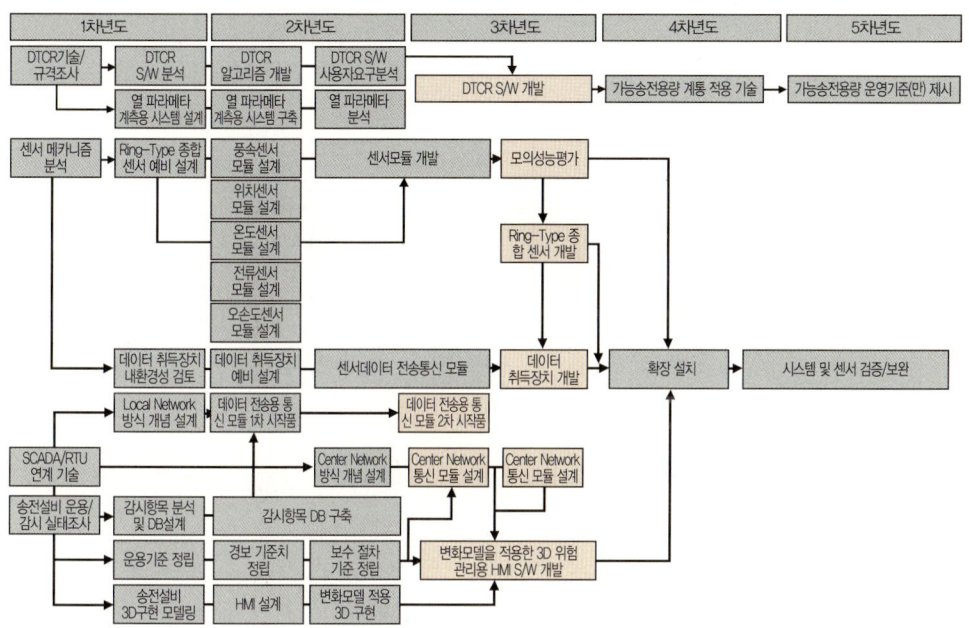

출처 : 스마트그리드 사업단 홈페이지

4.2 전력계통 무효전력 관리시스템

1) 필요성 및 연구목표

북상조류 제한에 따른 혼잡비용 증대, 전압불안정에 의한 대형 정전사고 발생 가능성 존재, 신규 무효전력 보상장치 설치장소 제한으로 최적의 무효전력 관리시스템을 요구하고 있다. 연구목표인 최적의 무효전력 관리시스템(순동 무효전력원, 변압기 탭, STATCOM의 협조 제어시스템)의 적용으로 지역 간 무효전력 불균형 해소, 송전손실 저감 및 북상조류 증대, 무효전력원의 협조제어로 정상 시 모선전압 품질을 개선한다. 또한, 적정 무효전력 예비력 확보로 사고 시 계통안정도 증대된다. 연구 목표는 전압/무효전력 제어 알고리즘 개발로 무효전력 관리시스템의 테스트베드를 구축하고, 무효전력 관리시스템의 시제품 제작 및 현장설치 등이다.

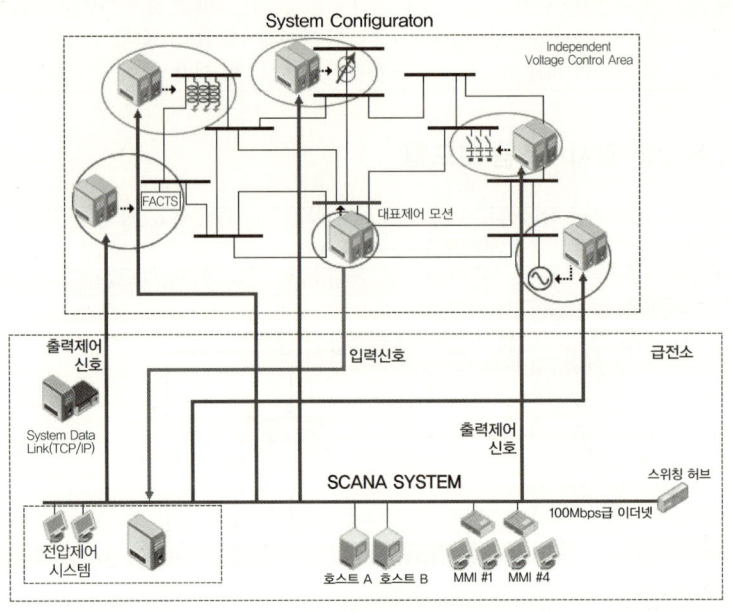

[그림 4.12] 무효전력 관리시스템 시제품 제작/현장설치(출처 : 스마트그리드 사업단 홈페이지)

2) 전력계통 무효전력 관리시스템 연구개발 내용

중점 분야	기술 분야	세부 연구 내용
무효전력 관리 및 제어기술	• 제어지역 무효전력 특성해석 • 제어지역 전압감시 기술 • 대표제어 모선전압 관리기준 선정	• 지역별 전압제어 최적 알고리즘 분석 • 적용제어지역 전압감시방안 검토 • 지역별 전압/무효전력 제어알고리즘 개발 • 무효전력 관리시스템 설계 및 제작
전압제어 전문가 시스템	• 지능형 시스템 설계 • 휴리스틱 탐색기법 개발 • 전문가시스템 지식베이스 및 추론엔진 구축	• 지능형 전압제어 시스템 알고리즘 분석 • 전문가시스템 최적 성능평가 지수 도출 • 휴리스틱 탐색기법 개발 • 전압/무효전력 제어알고리즘 컨트롤러 연계 및 성능검증 • 전문가시스템 추론 및 탐색엔진 구축 • 전압제어를 위한 하이브리드형 전문가시스템 개발
Test-Bed 구축	• RTDS 연계기술 • 동적 계통정보 Display 기술 • 무효전력원 협조제어프로그램 기술	• RTDS 연계방식 개발 • MMI 플랫폼 및 DB 구축 • 전압/무효전력 관리시스템 검증 테스트베드 설계 및 구현(MMI Client System) • 동적 계통정보 편집 및 디스플레이 시스템 구축 • 동적 사고경보(Dynamic Alarm Event) 서비스 프로세서 구축 • 테스트베드 시스템 통합 및 테스트 • 실계통 특성을 반영한 모의시스템과 전문가시스템 연계

중점 분야	기술 분야	세부 연구 내용
시스템 실증시험	• 성능검증용 시뮬레이터 개발	• 제어시스템 성능 검증용 시뮬레이터 개발 • 시뮬레이터를 이용한 온라인 제어 알고리즘검증 • 시뮬레이터 적용제어 알고리즘 효과분석 및 실증시험

3) 전력계통 무효전력 관리시스템 로드맵

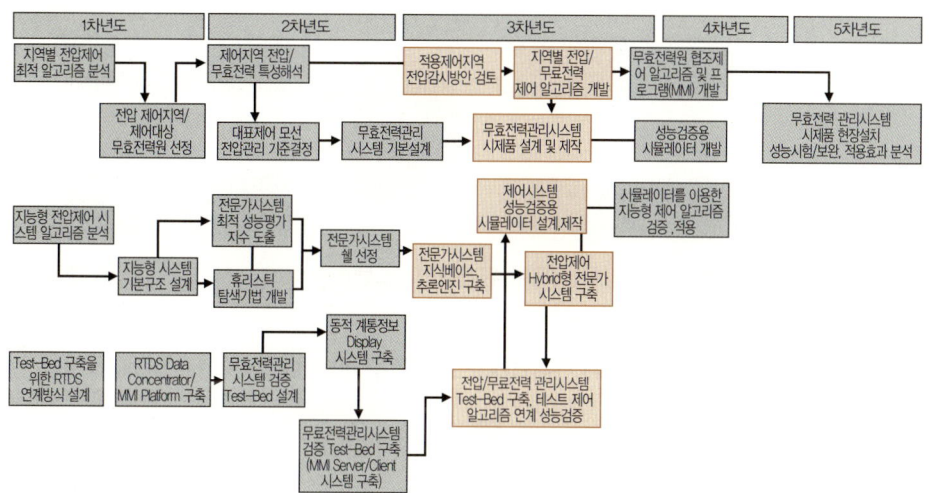

출처 : 스마트그리드 사업단 홈페이지

4.3 위성망을 이용한 위기관리시스템

1) 필요성 및 연구목표

위기관리시스템의 로컬(Local) 시스템은 GPS를 이용한 시각 동기화, 위성망을 이용한 온라인 데이터 전송, 사고 예지 및 경보 기능 수행, 계통사고에 대한 미가공 정보(Raw Data)를 저장한다. 호스트(Host) 시스템은 각 로컬(Local) 시스템의 데이터 수집/DB 구축, 실시간 안정도 계산을 통한 광역계통 안정도 감시, 인간공학적 화면설계와 최적의 시각적 화면 제공, 지역사고 및 광역 사고의 재생/분석을 담당한다.

연구 목표는 위기관리 검증방법론 테스트베드를 구현하고, 무궁화 3호 위성을 통하여 위성망 설계 및 보강, sPMU 위성망 연계시험, 위성통신 단말을 구축한다. 또한, 호스트 시스템 구현, sPMU 설계 및 구현, 최적설치위치 선정, sPMU 기능시험 및 보완을 주로 한다.

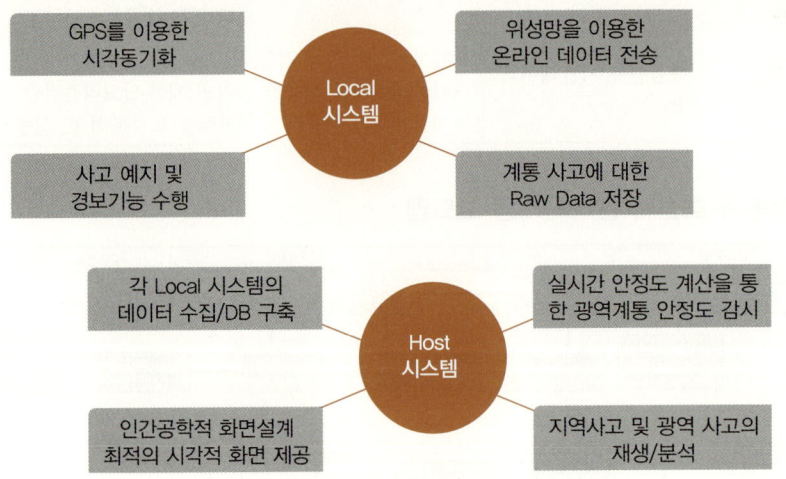

[그림 4.13] 위성망을 이용한 위기관리시스템 I(출처 : 스마트그리드 사업단 홈페이지)

2) 위성망을 이용한 위기관리시스템 연구개발 내용

중점 분야	기술 분야	세부 연구 내용
전력계통 운영데이터 취득 장치 개발	• 데이터 취득 장치 개발 • 설치 운영기술	• 중요거점 계통상황 조사 • sPMU 설계 및 개발 • 전력용 위성망 설계 • 인터페이스 설계
통신망 설계 및 구축	• 전력용 보안기술 • 위성통신망 구축	• 위성통신망 구축 • 위기관리서버 개발 • 위성통신 모뎀 제작 및 설치 • 최적 통신방식 도출
위험 관리시스템 개발	• PSS/E 시뮬레이션을 통한 계통 안정도 평가 • 다양한 분석결과 화면을 통한 최적 시각화 기술	• 데이터 취득 장치 개발 • 실시간 안정도 계산 • 광역계통 안정성 감시 및 해석 • 권역별 대응시나리오 개발 • 통합관리서버 개발 • 위기관리시스템 개발
시스템 실증시험	• 검증모델 작성 • 시스템 검증용 시뮬레이터 개발	• 시스템 검증용 시뮬레이터 개발 • 최적 시나리오 도출 • 최적 운영모드 작성 • 고장모델 작성 및 파급효과 계산 • 실증시험 및 안정성 시험 • 시스템 안정화

출처 : 스마트그리드 사업단 홈페이지

3) 위성망을 이용한 위기관리시스템 로드맵

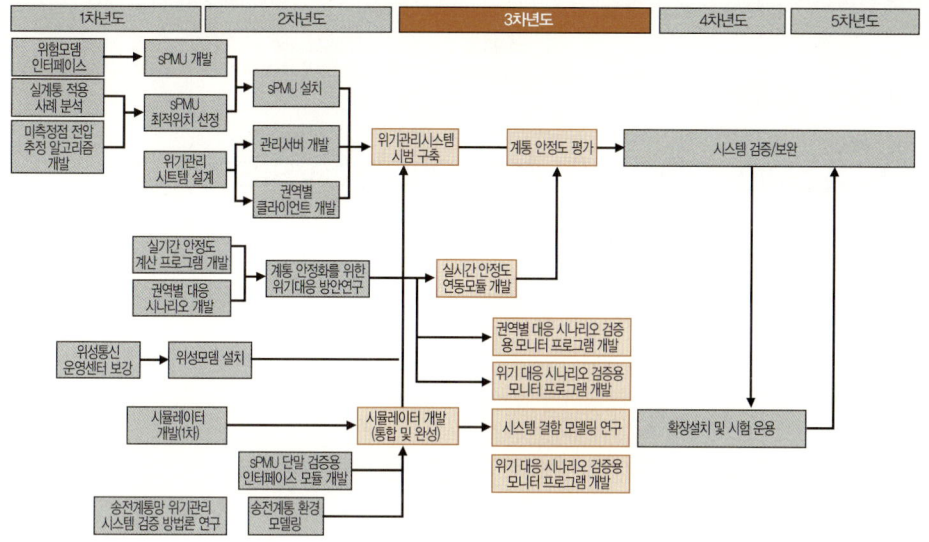

출처 : 스마트그리드 사업단 홈페이지

| Section 05 |
SAS(Substation Automation System)

5.1 SAS의 개요

SAS는 변전소 자동화 시스템으로 다음과 같이 구성된다.

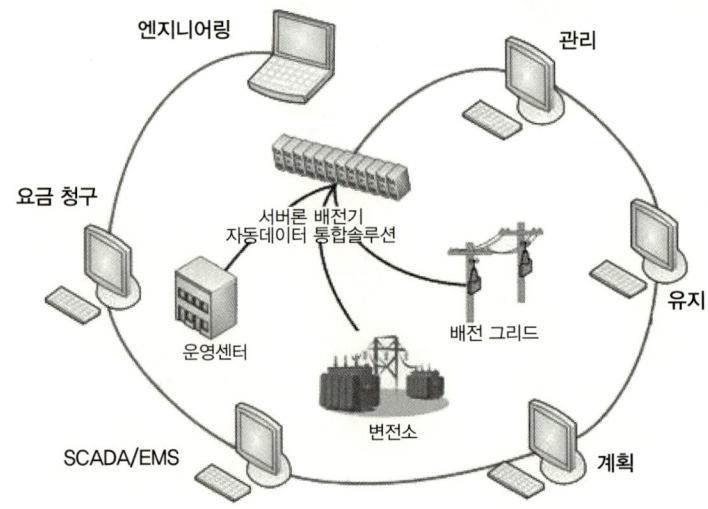

[그림 4.14] SAS Configuration(출처 : Serveron 홈페이지)

한전KDN은 2008년도에 국산화에 성공한 IEC 61850 기반의 '차세대 디지털 변전소용 게이트웨이'를 현장에 적용해 운영 상태를 점검 및 보완해 국내 최초로 상용화 개발을 2009년 6월에 완료하였다. 개발된 상용 게이트웨이는 차세대 디지털변전소 내부에 설치돼 서로 다른 프로토콜을 사용하는 원격지 상위 제어센터의 SCADA 시스템과 변전소 내부의 IEC 61850 호환 IED들 간 계측·감시·제어 정보를 전달하는 정보 중계자로서의 핵심 역할을 수행하게 된다. 또한 시스템 신뢰성, 사용자 편의의 환경설정, 통신모듈 및 로그 분석 모듈 등에 있어 기존 게이트웨이의 성능을 획기적으로 향상시켜, 운영자가 시스템 동작상황을 보다 편리하게 파악할 수 있도록 인터페이스 화면을 대폭 개선했다.

5.2 원격단말장치(RTU)

1) IEC 61850 SAS(Substation Automation System)

IEC 61850 SAS는 날로 광역화·복잡화되는 전력계통에 대하여 원격운용의 고도화·용이화를 추구하고자 변전소 내 전력설비들이 '지능화(Intelligent) 처리'가 가능하도록 각종의 첨단화 자동화된 기술을 적용하여 전력설비의 감시, 제어, 계측, 인터록 및 보호계전 기능 등을 처리하는 기술 또는 시스템이다. 즉, 최근의 스마트그리드 및 디지털 기술에 의한 전력설비의 보호, 제어, 운용되는 기술 또는 시스템이라 할 수 있다.

2) 원격단말장치(RTU)

SAS 원격단말장치는 변전소 자동화시스템(Substation Automation) 플랫폼, 주 처리장치(Main Processor), DNP I/O 모듈, Super IED(Intelligent Electronic Device), 변전소 관리프로그램(Substation Data Manager) 등으로 구성된다.

Super IED는 독자적인 RTU로서의 역할 외에 PLC(Programmable Logic Controller), 변전소 내 LAN 모드, IED 게이트웨이, 베이레벨제어기(Bay Level Controller), 일반목적 미터, 전력품질모니터 및 고장기록계 등 다양한 기능을 가지고 있다. 변전소 관리프로그램은 뛰어난 보안성을 가지고 변전소와 같은 열악한 산업현장 조건에 적합하도록 제작(Substation Hardened; CE Mark)되어야 하며, 현장 IED 장치들로부터 미터 측정·상태·경보·고장기록 등을 수집하는 게이트웨이로서의 역할을 한다.

3) 다기능 원격소장치(MRTU)

다기능 원격소장치는 원격에 설치된 현장계기 및 센서로부터 데이터를 수집하여 유선전용선망이나 무선통신망을 이용하여 중앙감시실에 설치된 감시제어용 컴퓨터에 전송하는 온라인 감시제어 장치이다. MRTU는 주로 한전 변전소에 적용되며, 설치용도 및 여건에 따라 다양한 통신매체를 복수지원(DNP3.0과 RS-485 등)이 가능하도록 개발되어, 다목적으로 활용할 수 있는 고기능 원격소장치이다.

4) 소형 원격소장치(SRTU)

소형 원격소장치는 원격에 설치된 현장계기 및 센서로부터 데이터를 수집하여 유선전용선망이나 무선 통신망을 이용하여 중앙감시실에 설치된 감시제어용 컴퓨터에 전송하는 온라인 감시제어 장치이다. 주로 한전 수도권 부하차단용으로 적용되며, 통신프로토콜은 DNP 3.0만 가능하다. SRTU는 소량 감시/제어/계측 기능을 필요로 하는 장소에 적합한 시스템이다.

5) SAS의 초고압변압기 감시시스템

이 시스템은 변압기의 지속감시, 운전 상태에 대한 정확한 보고, 최적운전 및 수명관리, 조기감지 및 초기 고장감지, 단전, 정전 및 동시 고장방지, 변압기 수명 및 사용기간 인지, 변압기 수명 연장, 수명기간 비용절감 등의 기능을 수행한다.

5.3 왜 IEC 61850이 중요한가?

1) IEC 61850 전망

IEC 61850은 스마트그리드 변전자동화는 물론 기존 변전소의 표준화도 가능하고, 데이터의 의미, 예상되는 서비스, 제어·SCADA·보호 장비·변환기(Transducers) 등 운전절차와 프로토콜(Ethernet, TCP/IP) 표준화를 구성한다. 이 이외에도 XML, UML(Unified Modeling Language)을 사용하여 공용 변전소 구성언어(SCL)를 표준화, 스스로 기술하는 기기의 표준화를 포함한다.

2) 기존 변전소와 IEC 61850 SAS와의 차이점

기존변전소는 전력계통의 기능 중에 각 기기, 적용성 및 제작업체들의 번호부여와 법적자산도(Legacy Data Mapping)를 수동으로 작성하는 반면, IEC 61850 SAS는 전력계통 상황정보(Power System Context)를 사용하여 그림과 같이 자동으로 구분되고 그려진다. IEC 61850-7-3, 7-4절에는 기기 대상모델(Device Object Models)이, IEC 61850-7-2절에는 추론서비스모델(Abstract Service Model)이 추론되고 지정된다. 또한 IEC 61850-8-1절에는 기존 프로토콜인 Ethernet 혹은 TCP/IP 등에 관계없이 구체적으로 다른 프로토콜/시스템이 그려진다. 공용정보모델(CIM)은 IEC 61850 SAS를 통하여 전력계통과 호환을 이룬다.

3) IEC 61850의 중요성

전력계통모델인 IEC 61970/68 CIM(Common Information Model)과 장비모델인 IEC 61850 SAS 가 상호 연관하여 측정제어센터에서 가장 기본적이고 호환적으로 적용되는 운전자로서 역할을 하기 때문에 이 표준이 중요하다.

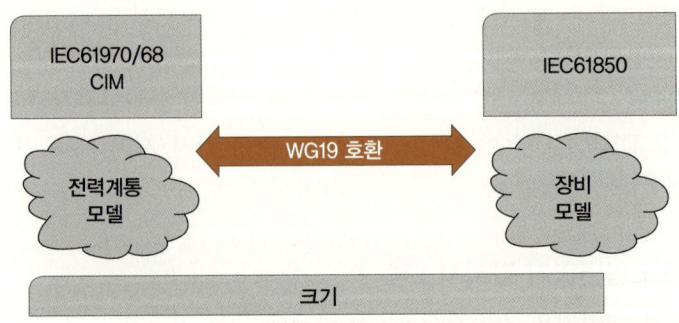

[그림 4.15] SAS의 초고압변압기, 보호계전기 및 게이트웨이

Section 06
SCADA, DAS 및 PQMS

6.1 SCADA(Supervisory Control and Data Acquisition System)의 연계 필요성

배전자동화시스템에서 배전계통을 효율적으로 운영하기 위해서는 배전선로의 전원 측 주변압기 정보와 인출정보가 필수적이다. SCADA 시스템은 송·변전측에서 변전소 설비들을 원격에서 감시·제어하는 시스템으로서 변전소 내의 주변압기 정보와 인출정보 등을 관리하고 있으며, 배전선로를 감시·제어하는 배전자동화 시스템과는 별도로 운전되어 두 시스템 간의 정보공유는 이루어지지 않고 있다. 따라서 두 시스템 간의 정보를 공유하기 위해서는 연계시스템 구축이 필수적이다.

두 시스템 간의 정보공유가 이루어지면 배전자동화시스템의 배전선로 상시 개방점 최적화 기능을 이용하여 주변압기 및 배전선로 부하의 균등배분을 통한 배전계통 운영의 최적화를 이룰 수 있으며, 고장 자동처리(Self Healing) 기능을 이용하여 변전소 주변압기 또는 배전선로 고장에 대한 자동 고장복구를 구현할 수 있어 계통의 신뢰도 및 고장복구 능력을 향상시킬 수가 있다. SCADA 시스템과 연계하여 읽어오는 변전소 운전정보와 정보제공 주기는 크게 3종으로 분류된다.

첫째, 모든 대상 기기의 상태정보를 일괄해서 보내주는 상태 중복(Status Dump)
둘째, 기기의 운전상태가 바뀌는 즉시 해당 정보만을 보내주는 사고(Event)
셋째, 전압 및 전류 등의 아날로그(Analog) 계측 값으로 구분된다.

6.2 SCADA-DAS의 연계방식

1) DAS-송전망감시중앙시스템(PIS) 연계방식

이 방식은 SCADA 정보를 필요로 하는 시스템에 정보를 제공하기 위해 중앙본부의 PIS에서 정보를 제공하며, TCP/IP 프로토콜을 이용해 유연성과 데이터 취득 등 가공이 쉬운 장점이 있으나, SCADA 시스템의 RTU에서 제공하는 데이터가 배전자동화시스템에 필요한 모든 정보를 갖고 있지 않으며, 전송데이터 또한 패킷 방식의 신호체계로 시간지연 발생에 따른 데이터 지연 등으로 SCADA-DAS 연계방식으로 적합하지 않아 확대 운용되지 않았다.

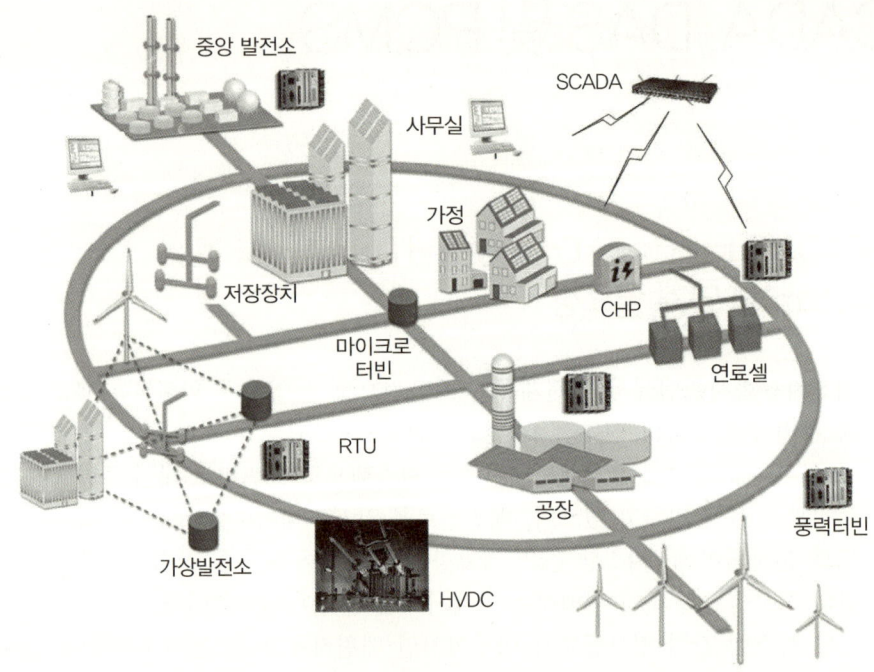

[그림 4.16] SCADA-DAS 연계 구성도(출처 : 그린에너지 전략 로드맵(에기평))

2) 웹(Web) 연계 및 DAS-RTU 직접 연계방식

DAS-PIS 연계방식의 실시간 SCADA 운영정보와 배전자동화시스템에서 요구하는 정보를 제공하지 못하여 다른 연계방식이 추진되었다. 2005년 8월 한전에서는 송배전 정보교류 협의회를 구성해 송·배전시스템 간 정보연계방안 결정 및 기타 정보공유가 필요한 사항을 결정하였으며, SCADA-DAS 연계를 위한 웹 연계방식과 DAS-RTU 직접 연계방식 시범사업을 결정하였다.

시범사업에서는 남서울전력관리처 변전소 RTU와 강남지점 DAS 서버를 직접 연결하는 직접 연계방식과 서울전력관리처 급전소 웹 서버와 중부지점 DAS 서버를 연결하는 웹 연계방식의 2가지 방법을 추진하였다. 웹 연계방식은 변전소 운전정보를 웹을 통해 전송하기 위한 데이터 변환으로 인해 정보전달의 신속성이 떨어지고 현장 작업체계가 복잡하였다. 또한, 배전자동화시스템에서 한정된 정보제공과 배전선로 재폐로 계전기인 43RC 제어운전이 불가능해지는 결점이 도출되었다. DAS-RTU 직접 연계방식은 웹 연계방식보다 투자비가 1.2배 많이 소요되나, 고장발생 시 신속한 고장정보 취득과 실시간으로 다양한 변전소 운전정보를 습득할 수 있고, 43RC 재폐로 계전기를 직접 제어할 수 있는 장점이 있다.

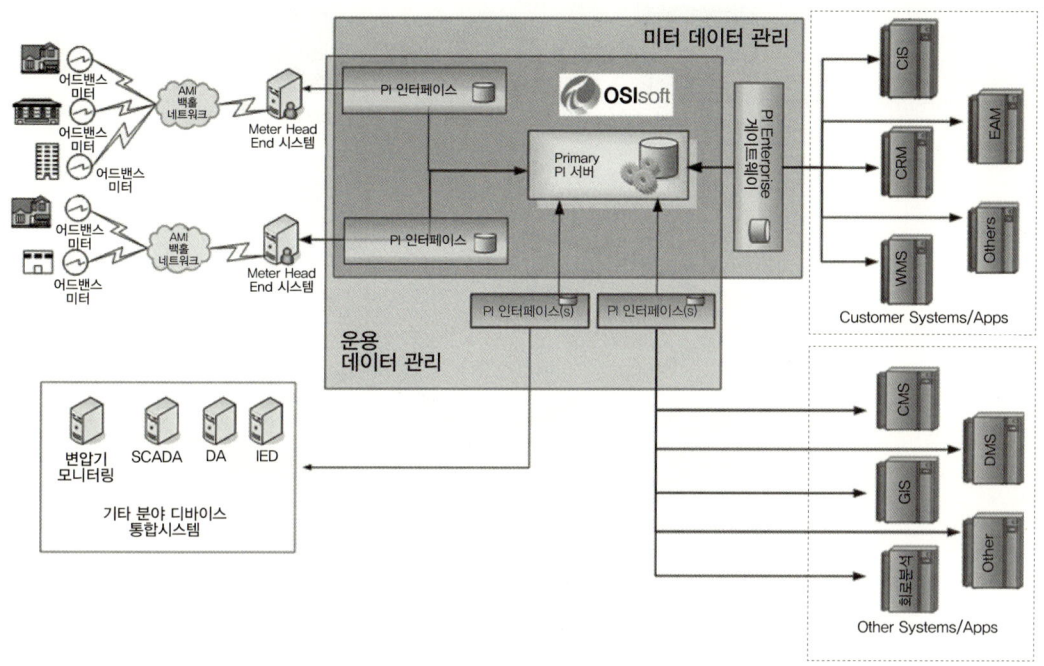

[그림 4.17] SCADA와 ODM(Operational Data Manager)과의 연계

6.3 배전자동화시스템(DAS)의 개요

배전자동화시스템은 '배전지능화시스템'이라고 하며, 변전소에서 수용가에 이르는 배전계통과 분산전원 등에 설치되는 전력설비에 대한 원격 감시제어는 물론 해당 설비에 각종 센서를 부착하여 배전설비의 열화상태 등을 진단하며, 분산전원과의 통합연계 운전이 가능하도록 설계된 지능화된 배전계통 통합 운영시스템을 말한다.

한국에서 1999년부터 본격적으로 도입된 배전자동화시스템은 자동화 개폐기의 원격제어·감시와 전압, 전류 등의 선로 운전자료의 실시간 모니터링이 가능하고, 고장이 나면 정전구간을 확인하고 조치함으로써 정전구간 및 시간을 획기적으로 단축하여 사고파급 방지와 설비이용 효율성 및 전력공급 신뢰도를 향상시켜 왔다. 그리고 2007년부터 구축하고 있는 41개 배전센터는 기존 배전사령실과 배전운영실의 자동화 개폐기 제어 등 운전권한을 흡수하여 배전계통 운영의 안정성과 효율성을 크게 개선해 나가고 있다.

미래의 배전계통망은 단순히 전력의 분배에서 벗어나 태양광/태양열발전, 풍력발전, 수소연료전지발전 등 친환경 에너지원이 융합되고 이를 스마트그리드화한 새로운 패러다임의 전력망이 구성될 전망이다.

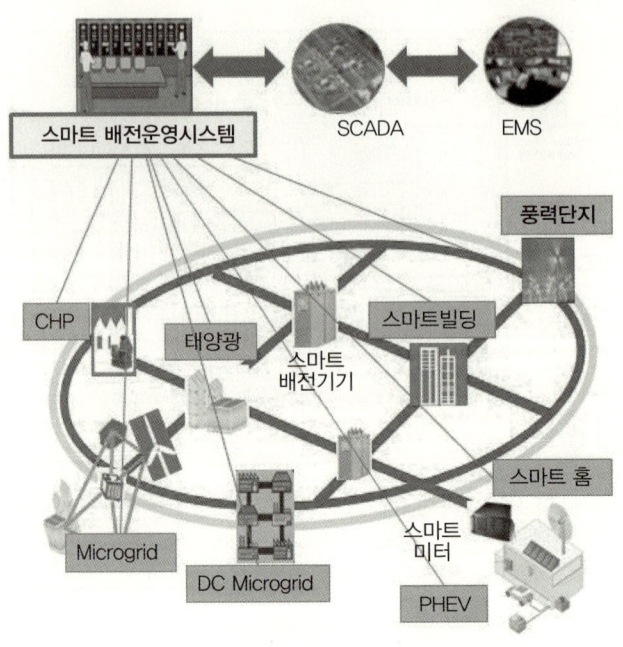

[그림 4.18] 배전자동화시스템 구성도(출처 : 그린에너지 전략 로드맵(에기평))

6.4 한전 종합 배전자동화시스템의 추진 현황

순수 국내기술로 개발되어 190개 사업소에서 운영되고 있는 한전 종합배전자동화시스템(이하 '스마트배전시스템')의 구성, 응용프로그램 및 추진사항은 다음과 같다.

1) 스마트배전시스템 개요

센서 내장 전력기기를 활용해 실시간으로 배전계통을 해석하고 고장이 날 징후를 미리 파악해 사전 보수하는 새로운 기술이며, 온라인으로 모든 시스템 감시제어, 부하제어, 정보통신, 환경 등이 융합되는 기술을 이용해 고부가가치 서비스를 제공하는 신개념 배전시스템이다.

2) 하드웨어 구성

서버장치는 두 대의 서버가 주·예비로 구성되어 어느 한 쪽의 장치에 이상이 발생했을 시에는 집단화(Clustering) 기능을 이용하여 절체가 가능하며, 키락(Key Lock, 불법복제방지설비)을 사용하여 데이터베이스 등의 보안이 가능하다. 이중화용 저장장치는 디스크어레이(Disk Array)장비로 Raid5를 구성하여 시스템 가용성을 높였고, 저장용량 증설에 유연하게 대응할 수 있도록 하였다. 배전센터에는 관할 사업소의 전체 배전계통

운영상황을 모니터링 할 수 있는 DLP(Digital Light Processing) 뷰어(Viewer)와 배전공사 관리시스템의 데이터베이스와 공사현황을 관리하는 관리 서버가 설치되어 있다.

3) 소프트웨어 구상

배전자동화시스템의 운영 프로그램은 크게 기본과 응용 프로그램으로 구분되는데 기본 프로그램은 데이터베이스, 통신, 감시 및 제어와 관련된 프로그램을 의미하며, 응용 프로그램은 고장발생시 최적의 복구방안과 보호 장치 간 최상의 파라메타 설정치를 제공한다. 또한, 과부하발생시 해소방안을 제시하는 등 운영자에게 배전선로 운영에 관련된 최적의 솔루션을 제공하는 프로그램이다.

① 기본 프로그램
- **서버 프로그램** : 서버장치에 설치되는 MidHelper 프로그램은 미들웨어를 가동시키고 실시간 데이터베이스를 생성하며, 물리적(Physical) 데이터베이스에서 데이터 로딩하는 과정을 자동으로 생성시켜 준다.
- **FEP 프로그램** : FEP 장치는 미들웨어를 경유하는 수신되는 주장치 명령을 현장의 FRTU로 송신하고 반대로 FRTU에서 수신되는 정보를 미들웨어로 보내주는 역할을 담당한다.
- **감시·제어 프로그램** : 배전자동화시스템 운용을 위한 주 소프트웨어로서 계통데이터 파일을 로드하여 배전계통을 한눈에 보여주어 배전선로를 감시하고 대상 개폐기의 상태계측과 제어를 수행한다. 사고(Event) 발생 시 알람과 함께 사고지역을 표시하며 동시에 운영자의 제어 수행결과를 데이터베이스에 기록한다.

② 응용 프로그램
- **상시 개방점 최적화 프로그램의 개요** : 이 프로그램은 배전선로에 설치된 상시 개방점 개폐기를 최적의 위치로 이동시켜 배전선로 간 부하를 균등하게 운영하여 선로의 여유용량을 확보하고, 특고압 배전선로의 손실을 최소화하기 위하여 개발된 기능으로 현재 북서울 변전소에서 시범운영 중이다.
- **상시 개방점 최적화 프로그램의 기능** : 배전선로 손실 최소화와 부하균등화 기능을 수행한다.
- **상시 개방점 최적운영 기대효과** : 배전선로 상시 개방점 개폐기 최적화 운전을 통한 선로손실 감소로 연간 약 189억 원의 비용절감이 추정된다. 또한 배전선로 부하 균등화를 통한 여유용량 확보로 타선로 고장발생 등 비상시 부하절체 능력을 확보할 수 있으며, 대규모 신규수용 신청 시 선로신설 없이 전력공급이 가능하여 회선인출 비용을 절감할 수 있다. 선로손실 비용절감액은 다음과 같다.

> * 손실감소 비용
> = 총발전량×특고압선로 손실비율×판매단가×손실절감 비율
> = 433,604GWh×0.56%×77.85원/kWh×10%
> = 약 189억 원/년(2009년 12월 한전자료 기준)

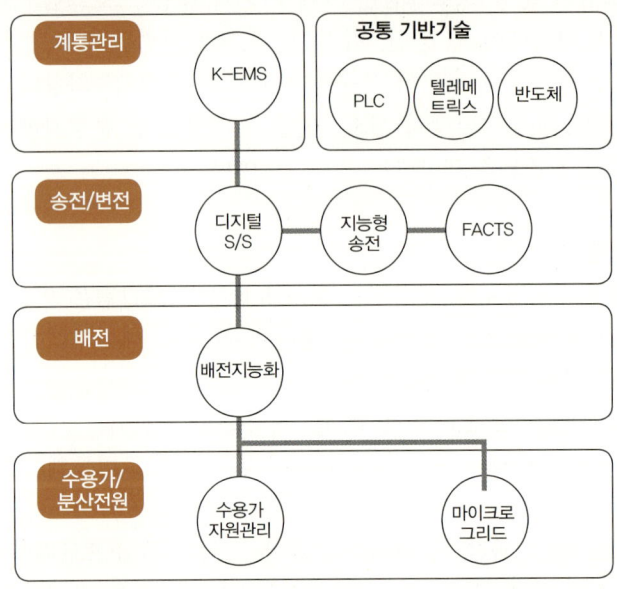

[그림 4.19] K-EMS의 최적운영 개념도(출처 : 그린에너지 전략 로드맵(에기평))

③ 보호협조 프로그램

일단 배전계통이 구성되면 사용자는 도구상자의 고장계산 및 전압강하 아이콘을 이용하여 고장전류 계산 및 전압강하를 계산할 수 있다. 고장전류를 계산하면 3상 단락전류, 2상 단락전류, 1상 단락전류를 계산하고, 이중 최대 및 최소 고장전류를 별도로 표시하여 준다. 이 기능을 통하여 사용자는 현재 계통의 고장전류 및 전압강하를 파악하여 보호협조 검토에서 이를 고려할 수 있다.

변전소 OCR/OCGR 보호계전기와 선로 리클로저(Recloser)와의 협조 여부를 판정할 수 있으며, 각각의 보호기기의 동작점을 확인할 수 있다. 이밖에 고객 측 보호계전기, 퓨즈 등의 보호협조 검토도 지원한다.

④ 배전선로 고장처리 프로그램

고장정보를 분석하여 고장구간, 정전부하량, 연계선로의 상태를 고려한 최상의 건전구간 복구방안 후보를 탐색한 후 평가절차를 거쳐 최적의 고장복구를 운영자에게 제공하는 프로그램으로, 조작절차서 작성 후 원격으로 일괄 조작기능과 변전소 Bank 고장 또는 2회선 이상 동시 고장에 대한 고장처리 기능과 고장이력관리, 보고서 작성 기능도 제공한다. 또한 SCADA 연계를 완료하고 배전자동화시스템에서 CB제어를 수

행할 수 있는 경우 시스템에 의한 고장복구를 자동 처리할 수 있다.

⑤ 데이터오류검출 프로그램
자료구축 또는 변경 시에 발생할 수 있는 선로 내 내부 루프, 연계선로 간 루프, 구간 고립, ID중복 등 오류를 자동으로 검출하고 최근의 개폐기 조작내역을 운용자에게 제공함으로써 오류수정에 도움을 준다.

⑥ 회선별 단선도 자동생성 프로그램
배전선로 운영에 필요한 회선별 단선도를 지리정보를 기반으로 자동 생성 및 운전정보와 설비의 위치를 제공하는 프로그램으로 고압 경과도와 회선별 단선도 간에 상호 전환이 쉽도록 구성한다.

4) 배전센터 광역화 및 IT화

한전의 배전센터 광역화와 IT화 사업은 전국을 41개 권역으로 그룹화하여 2~10개 사업소를 하나의 배전센터로 통합하고, 배전자동화시스템에 첨단 IT 기술을 적용하여 배전계통운영 시스템을 구축하는 사업이다. 그동안 수작업에 의한 배전종합상황판을 IT 기술이 적용된 상황판으로 배전센터에 도입되었다. 이를 통해 배전센터에서는 관할지점의 배전선로 고압회로도 등 계통현황을 원하는 형태로 표현하여 볼 수 있고, 계통 데이터를 효율적으로 관리하여 데이터 상이로 인한 선로사고 위험요소를 제거하였다.

5) 배전설비 RCM(Reliability Centered Maintenance) 시스템 개발

신뢰성 기반으로 유지보수(RCM)기술은 확률론적인 방법으로 배전설비를 유지·보수 하는 방법이며, 전국에 산재된 배전설비의 신뢰도 및 건전성 상태를 평가하는 배전설비 RCM 기술은 과학적이고 체계적인 평가방법으로 효율적인 예방보전 업무 추진을 목표로 하고 있다. 설비별 최적 교체주기 분석, 신뢰도 평가, 제조사 평가, 경제성 분석기능을 통합하고 운영환경에 적합하도록 하는 기술이다.

6.5 종합 배전자동화시스템의 국내개발 현황

배전자동화는 배전선로의 운전상태 감시와 배전설비의 제어를 컴퓨터와 통신망을 이용해 원격으로 운전하고 운전정보를 수집, 배전계통을 효율적으로 운영 관리할 수 있는 시스템이다. 또한 이전까지 대부분 외부에 설치돼 있어 다양한 자연현상에 의한 선로고장이 자주 발생하고 현장출동에 장시간이 소요돼 정전 등 시민 불편사항을 한 번에 해결하는 최첨단 시스템이다.

[표 4.2] 스마트파워그리드의 핵심기술

핵심 기술	기존 기술현황	스마트그리드
S/A, Smart DAS	선진국 대비 75%	• Advanced Automation, Facility Smart • Closed Loop 배전소 • 자기치유(Self-Healing)
WAMAC	선진국 대비 25%	• 실시간 Sytem Condition Assessment • Protection & Control Technologies
고속/양방향 통신	선진국 대비 50%	• IP에 기반을 둔 종합솔루션

1) 한국 배전자동화 시장

배전자동화, 변압기 감시 및 직접 부하제어 등 한전과 관련된 다양한 사업에 참여한 세니온사는 FRTU 및 최대수요전력제어장치 등의 개발과 함께 지속적으로 현장 적용을 진행해 왔으며, 여기에 CDMA(Code Division Multiple Access), TRS(Trunked Radio System), 무선 LAN과 같은 통신기술의 흡수와 적용을 통해 기기 개발 기술과 무선통신 기술이 결합된 전자동화 전력계통(Total Electric Power Automation System) 공급자로 성장하고 있다.

특히 한국은 배전자동화시스템 기술이 세계에서 인정을 받으며 앞으로 수출전망은 밝은 편이며, 세계 배전자동화시스템 개발 회사들과도 어깨를 나란히 할 수 있는 기술력을 가지고 있는 것으로 파악되고 있다. 한국은 배전자동화시스템이 구축되면서 시민이 경험하는 연간 호당정전시간(고객 당 1년에 몇 분 정전되는가?)은 16분으로 대폭 떨어졌으며, 이는 세계에서 일본(16분) 다음으로 연간 호당정전시간 최소화 국가로 인정받고 있다.

6.6 전력품질 모니터링 시스템(PQMS)의 개요

전통적으로 전력품질의 평가는 호당 정전시간, 호당 정전건수 등 공급신뢰도 지수로 이루어져 왔으나, 스마트그리드 하의 최근 정보, 통신장비와 함께 순간 전압변동, 고조파 등의 순시외란에 민감한 첨단설비들이 증가함에 따라 이들 순시외란 요소들에 대한 적절한 모니터링 및 정량적 평가가 중요해지고 있다.

따라서 전력계통에서의 운영 및 적용에 적합한 전력품질 모니터링과 고조파, 순간 전압변동 등의 합리적인 평가와 관리, 그리고 저감기법 등을 개발하여 최고 품질의 전력을 공급하기 위한 신개념 전력품질 모니터링 시스템(PQMS : Power Quality Monitoring System)이 도입되고 있다. 이 시스템은 또한 순간정전 등 전력품질에 관한 사항들을 실시간으로 분석하여, 풍력발전·태양광발전단지 등 신·재생에너지에 연계된 전력계통이 안정적으로 운영할 수 있게 해준다.

6.7 전력품질 측정·해석·보상 프로그램

다양한 전력품질 저해 현상에 대한 이해를 바탕으로 산업 환경에서의 전력품질을 측정하고, 해석하는 프로그램은 여러 가지가 있다. 이 중에 PSCAD/EMTDC 프로그램은 전력시스템 전자기 과도현상 해석 등 전력품질 현상을 해석하고 대책을 마련하는 제반과정에 탁월한 성능을 발휘한다.

이에 기반을 둔 실제적인 전력품질 해석을 위한 전문지식 습득 및 체계적인 원천 기술력을 확보하고, 전력품질에 관련한 제반 사항에 대한 모의 케이스를 구성하며, 문제점을 분석하는 데는 별도 교육이 필요하다. 전력변환기 구성 및 제어, APF, DVR, UPQC 등 전력품질 보상장치의 개요 및 적용에서 전력시장의 제도 및 규칙 등과 결부하여 이해할 필요성이 있으며, 추후 정책입안, 시장설계 등을 위한 전문가 양성이 시급하다.

전력품질장치의 하드웨어는 전력품질 모니터(PQ Monitor), 보고서작성기(Customizable Reporting Component) 등이 있다.

1) 전력품질모니터의 요건

최소한 Cycle당 128 샘플링주파수 이상이어야 하며, 맹점이 없는 모든 전압과 전류신호의 동시 기록이 가능해야 한다. 과도(Transient) 및 일시적 전압강하/상승(Sag/Swell)의 감지가 가능하고, EN 50160에 기반을 둔 고조파 및 플리커 등의 데이터 추출이 되어야 한다.

통신 프로토콜의 범용적인 선택사양과 지능인식 기반에 근거한 적합한 정보만을 캡쳐하여 화면에 보여주어야 한다.

2) 운용프로그램의 요건

어떤 지역의 실시간 전력품질모니터로서 서비스할 수 있어야 하고, 분산된 고객과 서버의 구성이 확장성 있게 설계되고 지원되어야 한다. 맹점 없이 모든 전력품질 모니터에 동시 접속(Access)이 가능하고, 실시간 데이터, 이력적인 트렌드곡선, 파형분석, CBEMA/ITIC 및 SEMI F47 곡선 액세스가 쉬워야 한다. 또한 이메일과 SMS 메시지 전송을 통한 실시간 경보, 사용자 간의 개입 없이 전력품질모니터로부터 로그의 자동 업로딩(Uploading) 및 ODBC 적응 데이터베이스 등을 지원해야 한다.

6.8 전력품질모니터의 전력품질문제 해소

전력품질모니터의 적용으로 전력품질 문제는 상당히 완화할 수 있다. 또한, 전력품질 문제의 해소는 다음과 같은 항목손실을 경감시켜 줄 것이다.

① **제품폐기** : 제조공정 및 제품품질이 전력의 신뢰성과 품질에 전적으로 의존하는 산업체 설비에서 이 비용은 엄청나다.
② **고객 불만** : 정량화하기는 어렵지만 이러한 요소는 고객을 놓침으로써 재정적으로 손실을 낳게 되고 그리고 무엇보다 기업의 이미지에 나쁜 영향을 줄 것이다.
③ **생산손실** : 생산은 멈출지라도 간접적인 비용은 계속적으로 발생하므로 결과적으로 기업재정의 손실을 초래하게 된다.
④ **고객안전** : 철강공장이나 화학공장 생산과정에서 크레인 작업과 같은 특정제조공정에서 전력외란은 안전에 심각한 위험으로 작용할 수 있다.
⑤ **계약위반** : 정전으로 인해 피해손실이 자칫 소송으로 이어질 경우 특정 마감기한을 맞출 수 없게 된다.

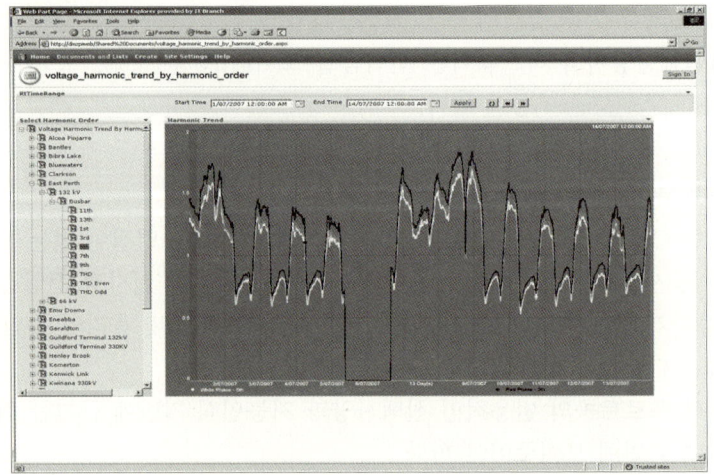

[그림 4.20] 전력품질모니터의 고조파곡선

Section 07
스마트파워그리드 연계 신송·배전기술

7.1 전압 무효전력제어

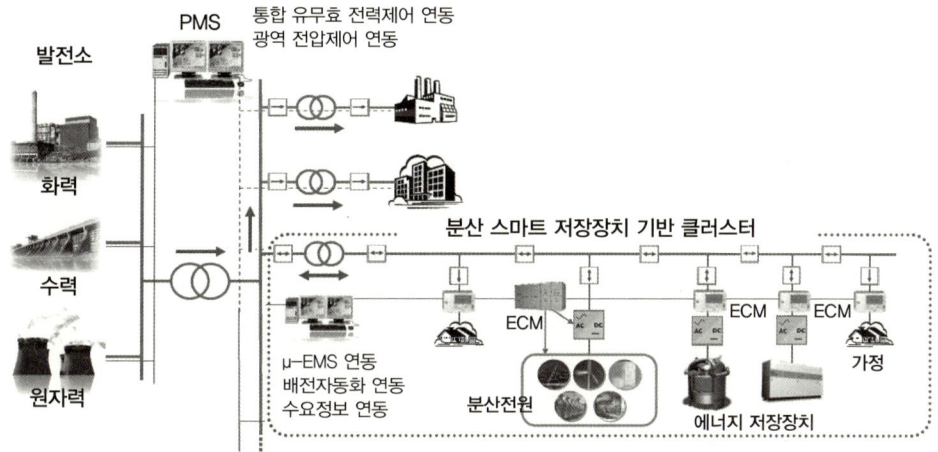

[그림 4.21] 발전소와 통합 유무효 전력제어 (출처 : 그린에너지 전략 로드맵(에기평))

7.2 FACTS(유연송전)전력계통 운영기술

FACTS(Flexible AC Transmission System)는 전력소자 스위칭기술 및 전압원 인버터 기술과 같은 대용량 전력전자기술을 이용하여 전력계통을 보다 신속, 연속적, 정밀하게 제어하기 위한 기술로, 1990년 중반부터 실용화되기 시작하였다. FACTS 기술을 이용한 주요설비로는 STATCOM, SVC, TCSC, SSSC, UPFC, BTB-STATCOM 등이 있으며, 주요 적용 효과로는 전압제어, 무효전력보상, 전력조류제어, 계통안정화 제어, 전력품질 향상, 전압안정도 향상 효과 등이 있다.

1) STATCOM(Static Synchronous Compensator)

유연송전시스템 기기 중 병렬접속방식이며, 전압보상 기능을 가진다. 전기의 송·배전시 손실되는 전압을 보충하고 전력운송의 안정성을 높이는 설비로, 특히 풍력이나 태양광 등 신재생에너지 발전 시 기상상황에 따라 발전량이 급변하더라도 출력전압을 일정하게 유지하여 안정적으로 전력을 공급할 수 있게 해주는 장치이다.

2) **SVC**(Static Var Compensator)
유연송전시스템 기기 중 병렬접속방식이며, 전압보상 기능을 가진다.

3) **TCSC**(Thyristor Controlled Series Capacitor)
유연송전시스템 기기 중 직렬접속방식이며, 조류제어 기능을 가진다.

4) **SSSC**(Static Synchronous Series Compensator)
유연송전시스템 기기 중 직렬접속방식이며, 조류제어 기능을 가진다.

5) **UPFC**(Unified Power Flow Controller)
유연송전시스템 기기 중 직·병렬접속방식이며, 전압보상 및 조류제어 기능을 가진다.

6) **BTB STATCOM 등**
2대의 VSC가 DC 공통으로 BTB(Back-to-Back)하며, 각 STATCOM이 다른 계통에 독립적인 제어를 한다. BTB(Back-to-Back)를 통해 선로 간 유효전력을 교류한다. 중장기 연구계획으로서 수도권 1000MVA급 BTB STATCOM 시스템 운용 및 제작기술 국산화를 계획하고 있다.

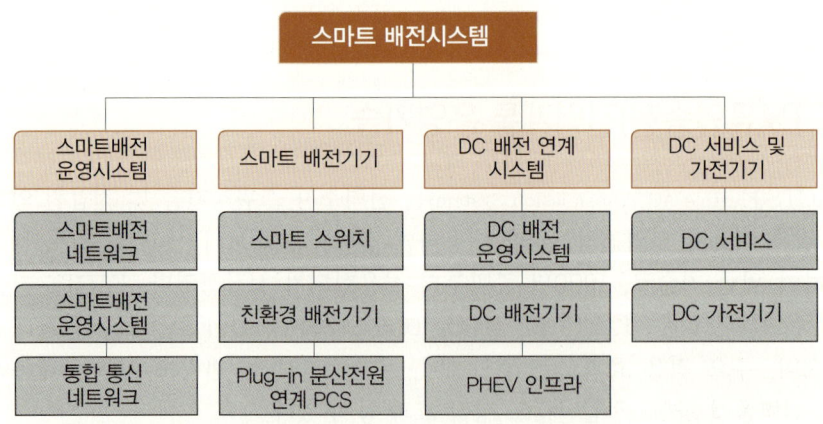

[그림 4.22] 스마트그리드 배전시스템의 종류(출처 : 그린에너지 전략 로드맵(에기평))

7.3 직류송전(HVDC) 운영기술

HVDC 기술은 고전압의 교류전력을 직류로 변환하여 송전하는 기술로써 국가 간 전력연계, 대용량 풍력연계, 대규모 전력계통 분리 및 양방향 전력망을 최적 운영하는데 적용할 수 있으며, 최근 다양한 신·재생에너지원의 전력계통 연계를 안정적으로 수행하는 데 있어 매우 중요한 기술이다.

7.4 에너지저장장치(SMES)

대규모 에너지저장장치로는 초전도방식, 대용량 고전압 배터리, 축전지(Capacitor), 열에너지저장방식(TES), 양수발전소 저장방식, 플라이휠 방식, 수소 이용 에너지저장기술 등 다양하다.

전자부품연구원은 10대 유망기술로 스마트그리드, LED/OLED 조명, 고효율·고속충전 에너지저장기술 등을 선정·발표하고, 스마트그리드는 지능화된 전력공급 외에도 통신, 가전, 건설, 자동차, 에너지 등 산업전반과 연계되어 새로운 국가적 성장산업 견인이 가능한 분야라고 전망했다.

정부는 오는 2020년까지 2차 전지 세계시장의 절반을 차지하기 위해 중대형 전지에 5조 원의 연구개발 자금과 10조 원의 시설자금 등 총 15조 원을 투자한다. 소형전

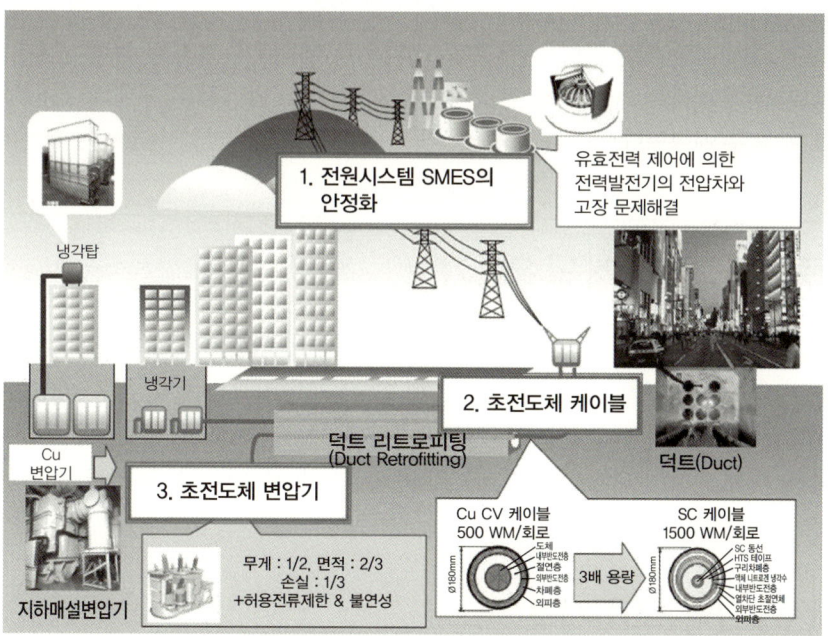

[그림 4.23] 대규모 전력 저장장치인 SMES(출처 : 그린에너지 전략 로드맵(에기평))

지는 시장에 맡기고 중대형 전지제조와 소재산업 지원에 역량을 집중하기 위해 중대형 전지 경쟁력 강화, 2차 전지 핵심 소재산업 육성, 선순환적 산업생태계 구축, 범국가적 2차 전지 산업 통합 로드맵 추진 등 4대 정책과제도 제시했다.

호남석유화학은 업계 최초로 대용량 에너지저장 신사업에 진출하기 위해 미국 ZBB 에너지사와 '화학흐름전지(CFB)' 공동 연구개발을 추진하고 있다. 미국 ZBB 에너지사와의 협력을 통해 상용화 수준의 500kWh급 '3세대 아연-브롬 화학흐름전지(V3. Zn-Br CFB)'를 개발하는 것이 목표이다. CFB는 리튬이온전지에 비해 안전성과 가격 경쟁력 면에서 대용량으로 개발하기에 더욱 적합한 방식으로 알려져 있다.

7.5 초전도 전력기기 개발

초전도체의 영저항 특성을 응용하여 전력수송 능력을 극대화한 초전도 케이블은 기존 지중케이블에 비하여 3~5배의 전력송전이 가능하여, 포화상태에 이른 현재 대용량 송전계통의 운영 유연성을 높일 수 있다. 또한, 초전도/상전도 상변화 특성을 계통 고장전류 제어기술에 적용한 초전도 한류기는 전력계통 운용에서 보호시스템 설계 및 운용기술을 첨단화하고, 정전파급 등을 최소화하여 전력안정도 및 신뢰도 향상에도 크게 이바지할 수 있다.

고온 초전도 케이블은 동급 일반 전력선에 비해 크기가 작으면서도 5~10배의 송전 효과가 있으며, 동 케이블을 사용하면 낮은 전압으로 큰 전력을 사용할 수 있어 스마트그리드에 있어 필수적인 요소기술이라고 밝혔다.

한편 LS전선과 한국전력은 지경부 '스마트그리드분야 초전도 전력기기 및 적용 기술 개발' 국책과제를 2011년 하반기에 시작하여 2016년까지 차세대 초전도 송전망 개발을 완료할 예정이다.

7.6 전력변환장치 설계 및 응용기술

전력 IT 응용을 위한 전력변환장치 중 가장 기본적이면서 실용적인 단상 인버터와 3상 인버터 시스템을 대상으로 한 설계 및 응용방법, 시스템의 Simulation에 의한 검증방법, IGBT 인버터 실습 장치와 디지털제어보드(DSP) 실습을 통한 특성평가방법 등을 습득하게 하여 단기간에 설계능력과 적용능력 배양을 할 수 있다.

7.7 고전압 전력 IGBT 개발

인버터 구동용 전력 IGBT 소자의 설계 및 공정 기술 확보, 전력 IGBT 소자의 신뢰

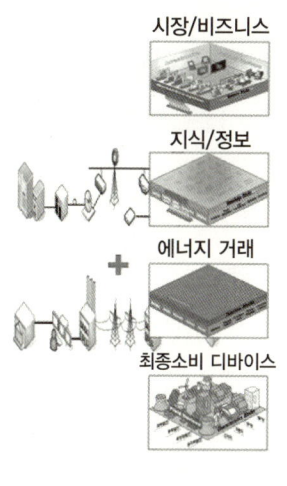

[그림 4.24] 스마트그리드의 핵심전략기술(출처 : 그린에너지 전략 로드맵(에기평))

성 평가 기준 수립 및 타당성 검증과 Wide Band Gap 화합물 반도체를 이용한 차세대 전력 반도체 기술을 개발하는 것을 목표로 연구 중이며, 2단계로 나누어 600V/100A, 1,200V/50A 전력용 IGBT 기술개발 상세내용은 다음과 같다.

1) 1단계 : 600V/100A, 1,200V/50A 전력 IGBT 기술개발(2005.12~2008.11)

　① 600V/100A, 1,200V/50A급 IGBT 항복전압 및 트렌치(Trench) 셀 설계 기술 확보
　② 고속(High Speed), 고속절체(Fast Switching) 기술 연구
　③ SOA(Safe Operating Area) 강화 연구
　④ 고전압 IGBT 소자의 단위 및 일괄 공정 설계 연구, 시제품 제작
　⑤ NPT IGBT, 현장정지(Field Stop) IGBT를 위한 박형 웨이퍼기술(Thin Wafer Technology) 개발
　⑥ 모터드라이브(Motor Drive) IC 및 산업용 인버터 응용을 위한 소자 특성 평가 기술
　⑦ 1700V 이상 초고압 IGBT 기반 기술 연구
　⑧ 화합물 전력반도체 소자 기술 개발 : 고전압 탄화규소(SiC) 다이오드 및 트랜지스터 소자 기술 개발(600/1,200V급), 고전압 질화갈륨(GaN) 스위칭 소자 기술 개발(600V급)

2) 2단계 : NPT/Field Stop 구조의 600V/100A, 1,200V/100A, 1,700V/50A 전력 IGBT 기술 및 소자 개발(2008.12~2010.11)

　① 80㎛ 이내의 초박형 웨이퍼기술(Ultra Wafer Technology) 개발
　② NPT/Field Stop 및 트렌치 공정(Trench Process) 기술 확보
　③ 단위 및 일괄 공정 설계 연구, 시제품 제작, 특성 평가 기술 연구

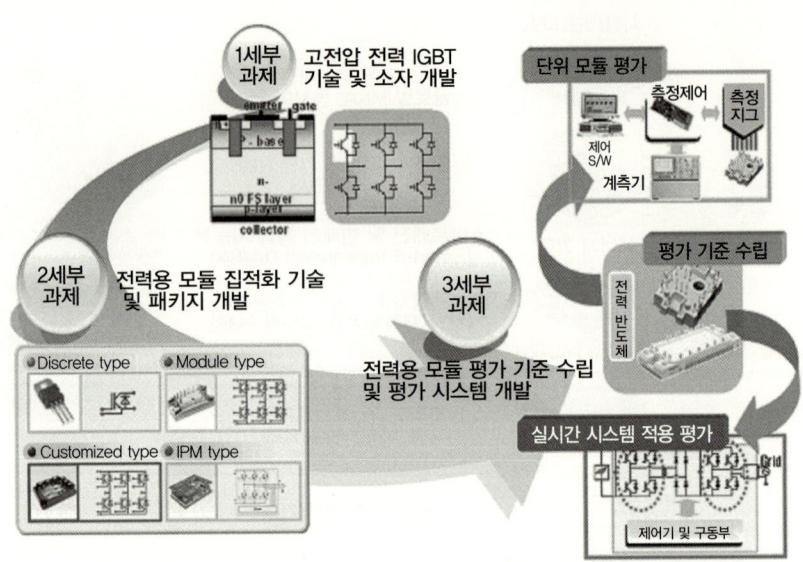

[그림 4.25] 고전압 전력 IGBT 기술개발 흐름도

[표 4.3] 600V/100A, 1,200V/50A 전력 IGBT 기술개발 로드맵

	1Q/1	2Q/1	3Q/1	4Q/1	1Q/2	2Q/2	3Q/2	4Q/2
페어차일드	1200V/50A 칩제작 600V/100A 칩제작 및 평가	모듈 평가 및 최적화 모듈 조립 및 결과 피드백	최종 칩설계 설계 및 고정 최적화 1700V IGBT 설계	1200V/100A 칩 제작 600V/100A 칩 제작 단위공정평가	1200V/100A 칩 평가 600V/200A 칩 평가 1700V IGBT 시제품 제작	600V/200A 공정 최적화 평가	600V/200A 신뢰성 및 평가 칩제작	평가
서울대	자료 및 동향분석 소자구조 설계	MSCAP 평가 Pre depo anne	소자공정 최적화 게이트산화막 최적	SiC SBD MOSFET 제작 및 평가	소자구조설계 MOS CAP 평가	Edge term 설계	소자공정 최적화	SiC SBD 및 모듈 제작
기전연	600V/2A 다이오우드 특성분석	600V/1A HEMT 스위치 특성분석	1kV급 소자 설계	1kV급 다이오우드 레이아웃	1kV/2A 다이오우드 제작	컨버터 설계		
극동대	자료 및 동향 분석	600V 열해석 2.5kV 소자제안	1200V 열해석 2.5kV 소자 및 공정설계	2.5kV IGBT 최적 설계	600V/1200V 열해석 최적화	1700V 열해석 3.3kV 소자제안	3.3kV 소자 및 공정설계	3.3kV IGBT 최적설계
년차별 성과계획	• 1200V/100A, 600/200A 칩 제작 • 1700V/급 IGBT Proto type 제작 • 600V/1200A IGBT 열해석 및 2.5kV IGBT 설계(극동대) • 1kV급 GaN 다이오우드 제작(기전연)				• 1200V/100A, 600V/200A IGBT 칩 상용화 • 1700V/급 IGBT 시제품 확보 • 1700V IGBT 열해석 및 3.3kV IGBT 설계(극동대) • 1200V Sic SBD + Si IGBT 모듈제작(서울대) • GaN 컨버터 제작(기전연)			

④ 1,700V급 IGBT 소자 개발 및 상용화
⑤ IGBT 소자의 열해석 및 2.5kV이상 IGBT의 설계기술 확보
⑥ 화합물 전력반도체 소자 기술 개발 : 고전압 탄화규소(SiC) 다이오드 및 공정기술 확보(1,200V급), 고전압 질화갈륨(GaN) 스위칭 소자 기술 개발(1,200V급)

7.8 전기철도 급전시스템의 보호 및 자동감시제어기술

급전시스템 해석 및 상정사고를 전용 툴(Tool)을 이용하여 모의해 봄으로써 철도급전시스템에 대한 전반적 이해를 도모하기 위한 전기철도 급전시스템 해석기술, 디지털 기술을 기반으로 한 직류전기철도 보호협조기술, 전철/전력/신호/통신 분야의 IT 융·복합기술에 대한 기술 소개 및 적용을 위한 전기철도 IT 기술, 통신을 기반으로 하는 신호시스템 기술, 스마트그리드 환경에 적응하기 위한 전기철도 계통해석 및 철도배전 그리드 운영/제어기술과 전기철도 설비의 자동감시 진단기술 및 평가기술을 통해 철도 IT 융·복합기술을 이해하고, 스마트그리드와 안정적인 연계를 하고자 한다.

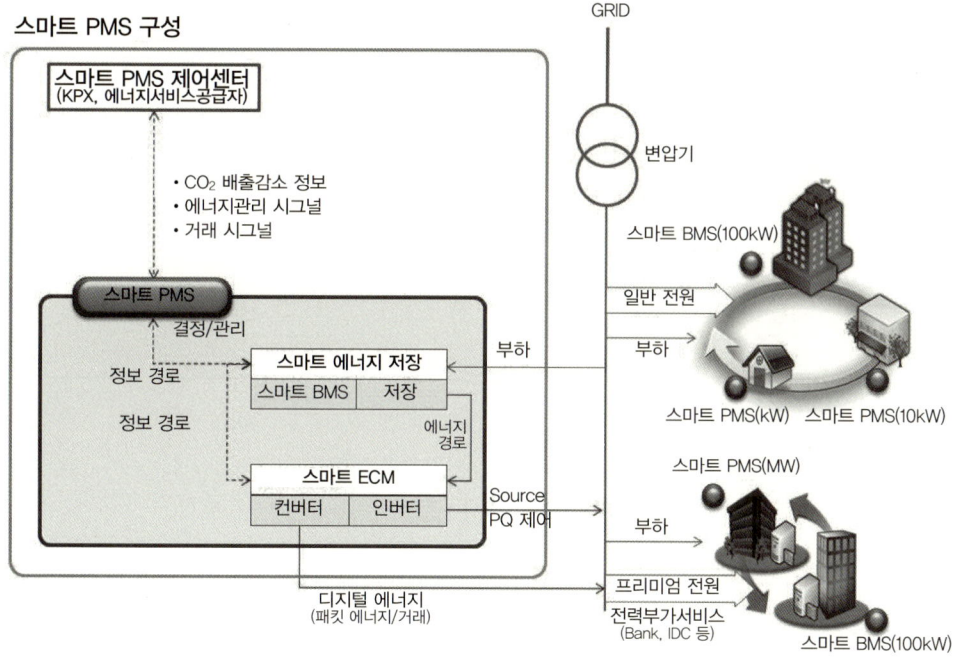

[그림 4.26] 스마트그리드 PMS Configuration(출처 : 그린에너지 전략 로드맵(에기평))

Chapter 05

「소비자가 주인인 스마트그리드」

Section 01 　스마트플레이스의 개요
Section 02 　AMI의 국내·외 기술개발 동향
Section 03 　AMI의 국내·외 시장 동향
Section 04 　스마트 세대분전반
Section 05 　스마트 소비자(Smart Consumer) 분야
Section 06 　스마트그리드와 전력품질

| Section 01 |
스마트플레이스의 개요

1.1 미래 전력기술의 특징

우리는 몇십 년 후에 스마트그리드로 인한 인터넷과 동일한 변화 양상을 보게 될 것이다. 인터넷이 우리가 정보에 대해 생각하고, 사용하고, 관리하는 방법을 근본적으로 바꾼 것처럼 스마트그리드는 우리가 에너지에 대해 생각하고, 사용하고, 관리하는 방법을 근본적으로 바꿀 것이다. 스마트그리드는 IT기술을 활용해 센서와 계량기, 디지털 제어, 디지털 분석기구 등을 사용하여 똑똑한 전력망을 만드는 것이다.

스마트그리드는 발전소와 가정과 기업 사이에서 전력의 양방향 흐름을 자동화하고, 송배전과정을 조절하는 것이다. 전력회사는 송전망 성능을 최적화해 정전을 예방하고, 정전이 생기면 신속하게 복구한다. 소비자는 최저 요금 시간대의 전력을 활용하는 자동시스템으로 요금을 절약하고, 전력회사는 피크 전력소비를 평탄하게 만들어서 발전효율을 개선한다. 궁극적으로 스마트그리드는 자동차 오일을 전기로 대체시키고, 전기발전에 사용되는 석탄을 풍력과 태양광으로 대체시킬 것이다.

[표 5.1] 스마트플레이스의 핵심기술

핵심 기술	기존 기술현황	스마트그리드
AMI	140,000개 산업용 고객(영업량의 70%)	• 측정데이터관리(Metering Data Management) • 소비상담시스템(Consumption Consulting System)
수요반응(DR)	연간 L/F 75~76% 피크 감소치 5,900MW	• DR 자원관리 • 스마트 제품 • 전력수요 창출

1) 수요반응(Demand Respond) 역할 증대

주요 기술 및 실제 운영사례, 가격안(Pricing Schemes), 현재까지의 주요 성과 및 문제점, 성공적인 수요반응을 위해 반드시 해결해야 할 기술적/제도적 이슈는 무엇이며, 문제점 및 이슈 해결을 위한 대안을 찾아, 앞으로 수요반응 사업 및 기술동향, 국내 DR Potential 분석을 한다. 가격에 의존하는 전력수요로 수요반응의 역할은 증대할 것으로 예상된다.

2) AMI 구축

AMI 실제 구축사례 및 주요 기술 분석, 현재까지의 주요 성과 및 문제점과 성공적인 AMI 구축을 위해 반드시 해결해야 할 기술적/제도적 이슈를 찾아 향후 AMI사업 및 기술동향과 국내 AMI사업성 분석 및 수출가능성 검토, 수출사업화 전략을 세운다.

3) 네트워크 통신과 표준화

주요 기술 분석 및 구축 동향, 현재까지의 주요 성과 및 문제점과 성공적인 네트워크 통신 구축 및 운영을 위해 반드시 해결해야 할 기술적/제도적 이슈를 찾아 향후 네트워크 통신 기술 동향을 파악한다.

4) 차별화된 전력품질과 실시간 가격변동제

소비자의 요구변화로 기존의 단일 전력품질에서 차별화된 품질의 전력공급을 요구한다. 또한, 전력시장 도입 및 수요자 참여확대로 수요-공급의 상호작용(양방향)에 의한 실시간 가격변동제가 시행된다.

5) 사이버 보안

사이버 보안 주요 이슈 및 파급효과 분석, 장단기 예상문제점과 해결방안을 찾아 사이버 보안이 스마트플레이스 비즈 모델에 미치는 영향과 사이버 보안과 네트워크 통신과의 관계, 표준과 사이버 보안과의 관계 등을 정립한다.

6) 주요 표준 및 상호운영성, 애플리케이션

스마트플레이스 분야의 표준/상호운영성 관련 주요 핵심 이슈, 예상 문제점 및 해결방안을 찾아 플레이스 분야의 우선 실행 순위를 조정하고, 기술표준원은 전력량계 기술기준을 상향 조정하여 국제기준(IEC)에 부합하도록 개정하였다. 특히 기계적 구조와 진동, 충격성능, 전자기 적합성, 내한성 등 국제수준에 미달하는 일부기준을 상향조정 하였으며, 제품개발시간 단축을 위해 전력량계 형식 승인 시험기간을 4개월에서 2개월로 줄이고 형식승인 변경규정도 완화했다.

7) 비즈니스 모델

스마트플레이스에서의 비즈니스 모델 가능성/유형과 플레이스 분야에서의 새로운 소비자 가치 전망/유형/분석을 하여, 스마트플레이스 비즈니스 모델의 성공조건과 비즈니스 모델이 성공을 위해 필요한 전제조건 및 우선순위를 파악한다.

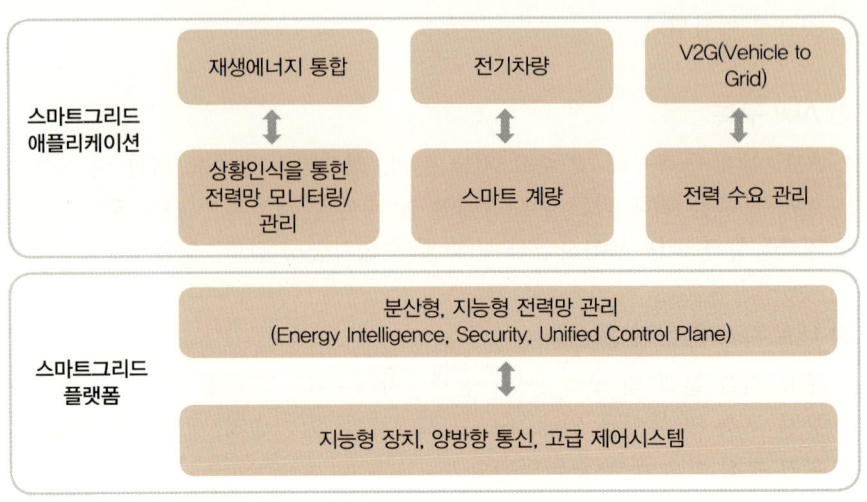

[그림 5.1] 스마트그리드의 플랫폼과 애플리케이션

1.2 스마트플레이스의 발전

스마트그리드는 [그림 5.1]과 같이 지능형 장치, 양방향 통신, 고급 제어시스템을 갖추어 분산형, 지능형 전력망 관리 플랫폼을 갖추고 있다. 이 플랫폼 위에서 신·재생에너지 통합, 전기자동차 충전방식 지능화, 스마트미터, 전력망 모니터링, 수요반응과 같은 애플리케이션을 가동할 수 있다.

① **지능형장치** : 현재의 상태를 모니터링하기 위한 전자센서와 AMI 장치를 갖추고 있고, 기기 자체의 기본적 의사 결정을 위한 디지털 지능장치를 갖추고 있다. 이러한 요소들은 실시간 상황인지, 전력의 정확한 양과 품질의 측정, 계량 등의 기능을 수행한다.
② **양방향 통신** : 인터넷, 전력선 통신, 이동통신, 인공위성 통신방식 등 다양한 방식이 존재하는데, 이러한 통신망을 통해 서로 간 정보를 교환할 수 있게 한다.
③ **고급 제어시스템** : 방대한 데이터를 정밀하고 신속하게 처리하거나 시스템 최적화에 활용한다. 또한 자기복구(Self Healing) 기능을 가능하게 하여 전력시설의 고장이나 장애의 피해가 확산되기 전에 사전 대응할 수 있게 한다.

스마트그리드의 상기 개념 아래 스마트플레이스는 핵심제품인 AMI, 에너지효율화시스템 등과 함께, 다음과 같은 분야로 점점 확산되고 발전을 하게 될 것이다.

1) 스마트 그린홈(Smart Green Home)
저탄소 녹색 에너지원과 AMI를 적용하여 에너지 사용효율을 극대화하며, 편리하고 쾌적한 주거환경을 제공하는 친환경 주택이다. ZigBee 등 전력선 통신라인으로 표준화가 가능하고, 주요 기능으로는 통합검침(100호), 방범·화재·에너지 센서, 에너지기기관리(PCM), PLC/IP-USN 게이트웨이, 고속/저속 변환기(IPG) 등이 있다.

2) 스마트 그린빌딩(Smart Green Building)

저탄소 녹색에너지원과 에너지 효율화 시스템 적용을 통하여 에너지 사용효율을 극대화하여 온실가스 배출을 최소화하고, 친환경기기의 적용을 통해 환경오염을 최소화하는 그린빌딩이다. 그린빌딩의 에너지관리서비스는 건물별 총부하량, 기기별 부하량(조명, 냉난방기기, 가로등 등)을 DB화하여 통합 관리하며, 에너지 환경정보(조도, 온도, 습도, CO_2 등)를 이용하여 에너지 기기를 제어한다. 건물 냉난방, 조명 등 에너지 사용설비에 대한 정보수집 및 분석을 통하여 건물에너지의 정보를 제공하며, 에너지기기 제어 및 지능형 최대부하 관리로 에너지절감 서비스, 방범/방재 정보경보, PLC/WiFi 등 부가서비스를 제공한다.

에너지기기 제어 서비스는 에너지기기 ON/OFF 직접제어기능, 계절별, 일별 등 스케줄에 의한 제어기능, 센서 임계치 정보에 의한 에너지 센서정보에 기반을 둔 지능형 제어기능, 피크제어인 최대부하 제어기능 등을 포함한다.

3) 스마트 그린팩토리(Smart Green Factory)

온실가스 배출 최소화, 자원 및 에너지 낭비 최소화, 환경오염 최소화를 목표로 저탄소 녹색에너지원, AMI, 친환경기기 및 에너지 효율화 시스템을 적용한 그린공장이다. 그린공장의 에너지통합관제 서비스는 통합관제 환경 구축을 통해 타 시스템과의 정보 연계 및 다양한 정보전달 환경(관제모니터, Web/SMS 서비스 등 에너지 소비정보 제공)을 구축하고, 에너지 센서정보 수집시스템과 연계하여 최적의 부하제어 정보를 제공한다.

[그림 5.2] 독일 보봉마을(친환경마을)

4) 스마트 그린스쿨(Smart Green School)

친환경 건축자재를 적용하여 친환경적인 교육의 장을 제공하고, 신·재생에너지원, 빗물저류 이용시설, 에너지효율화시스템 적용을 통해 에너지 효율을 극대화한 학교이다. 그린공장의 에너지 통합관제 서비스와 유사하게 구성한다.

| Section 02 |

AMI의 국내 · 외 기술개발 동향

2.1 AMI와 스마트그리드

1) AMI 정의 및 참조모델

AMI는 최종 소비자와 전력회사 사이의 전력서비스 정보화 인프라이며, 전 세계적인 이산화탄소 절감 및 국가의 그린에너지 보급정책의 지원 인프라이다. 즉 AMI는 스마트그리드 구현에 필수적인 핵심 인프라 시스템이며, 공급자-수요자 상호 인식기반 수요반응(DR) 실현을 위한 핵심 수단으로서 미래 지능형 전력망 운용을 위해 요구되는 최우선 정보화 시스템이다.

2) AMI 기술개발의 중요성

스마트그리드 구현을 위한 핵심 필수 기술이며, 전 실시간 전력가격 정책 추진과 정부 주도의 기술/설비 개발을 동시에 만족한다. 또한, 미래 전력시장 혁신을 위한 기술적 플랫폼 인프라를 먼저 확보하는 기술로서, 국가 그린에너지 보급정책을 지원하기 위한 솔루션을 공급하고, 국제 전력시장 참여 기회를 제공할 수 있는 실용기술이기 때문에 기술개발의 중요성은 더욱 크다.

3) AMI의 요구사항

① 완전 전자식 전력량계 기술사용과 양방향 통신, 4채널 계량, 일일 데이터 관리
② 구간별 데이터는 주거용 1시간, 상업 및 산업용은 15분 간격으로 송수신
③ 가격기반 요금제 지원과 고객 에너지사용 데이터의 접근 가능
④ 정보 시스템의 기존 시스템과의 통합, 홈네트워크(HAN, Home Area Network) 지원
⑤ 전력량계내장 원격 차단/투입 기능과 부하제어 기술과의 연계
⑥ PCT(Programmable Communicating Thermostat) 또는 기타 부하관리장치
⑦ 다양한 요금제(CPP, TOU, RTP 등) 지원
⑧ 시스템운영 효율을 강화시키고, 서비스의 신뢰도 향상을 위한 애플리케이션과 연계
⑨ 부하제어를 위한 통신기술과의 연계 능력, 경제적인 AMI

4) AMI 기술 분석

① **단상, 3상 측정** : 각상 전압/ 전류, 불평형, 유효/무효/피상 전력, 역률, 주파수, 전력량(Total, Import, Export, Net) 수요, Sag/Swell, 모니터링, 과도 감지(Transient Detection)

② **데이터 및 파형기록** : 측정 매개변수에 대한 최대/최소기록, 이벤트기록, 파형기록 등의 수요(Demand), Sag/ Swell, 모니터링, 과도 감지(Transient Detection)

③ **통신포트** : RS-232/485, RS-485, Ethernet, Infrared Optical, LonWorks, PROFIBUS Built-in Modems

④ **프로토콜** : ION2.0, Modbus, RTU/TCP, DNP3.0, ASCII, LonWorks, Profibus-DP, GPS, TCP/IP Telnet, EtherGate, ModemGate

⑤ **입출력장치** : 4~18개의 A/I, 4~30개의 A/O, 4~38개의 D/I, 2~30개의 D/O, 전력품질분석(Power Quality Analysis : Sag/Swell, Transient Harmonics 등) 및 제어(Controls)

⑥ **높은 정밀도** : ±0.25%~±0.1% Reading

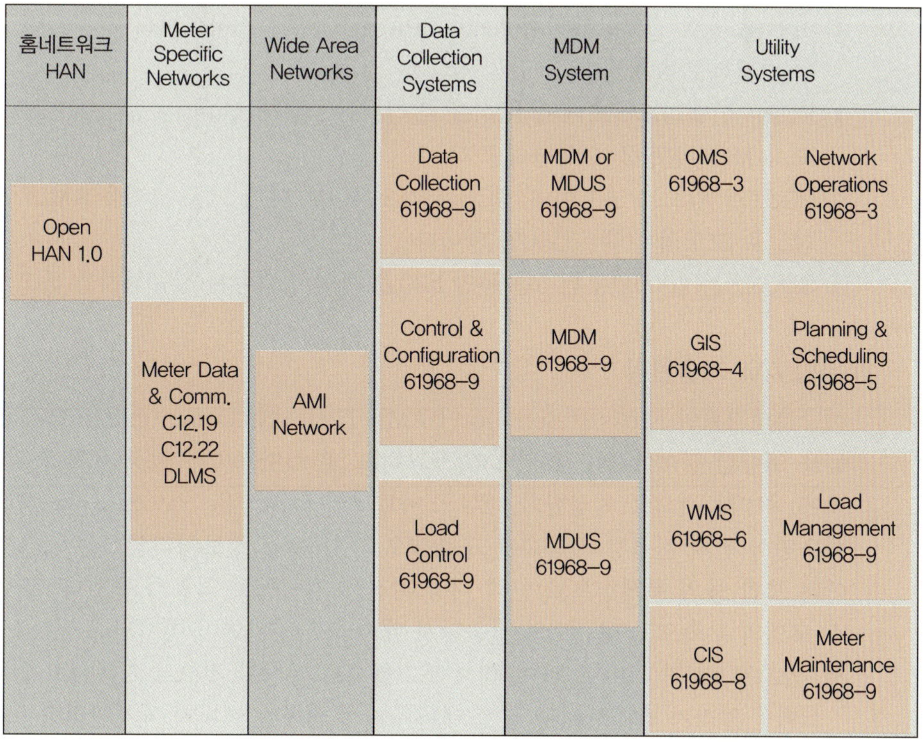

홈네트워크 HAN	Meter Specific Networks	Wide Area Networks	Data Collection Systems	MDM System	Utility Systems	
Open HAN 1.0	Meter Data & Comm. C12.19 C12.22 DLMS	AMI Network	Data Collection 61968-9	MDM or MDUS 61968-9	OMS 61968-3	Network Operations 61968-3
			Control & Configuration 61968-9	MDM 61968-9	GIS 61968-4	Planning & Scheduling 61968-5
			Load Control 61968-9	MDUS 61968-9	WMS 61968-6	Load Management 61968-9
					CIS 61968-8	Meter Maintenance 61968-9

[그림 5.3] AMI-표준화(SEC)

2.2 AMI 국내·외 기술개발 현황

1) 한전, 스마트그리드용 IT융합기술 상용화

2009년 12월 한전은 고속 전력선 통신(PLC)과 Binary CDMA 무선기술을 융합한 원격검침 통신기술을 세계 처음으로 상용화했다. Binary CDMA무선기술은 CDMA와 TDMA의 장점을 융합해 전자부품연구원에서 근거리 통신용으로 개발한 국산기술로, 기존의 해외 무선 경쟁기술과 비교 시 전송속도가 약 20배 빠르며, 통달거리도 2~5배 정도 우수하다.

성공한 융합기술은 많은 데이터도 고속으로 전달할 수 있으며, 데이터 전송거리가 확장됨에 따라 통신 연결 장치의 수량을 줄일 수 있어 경제성을 향상 시킨다. 동 융합기술은 지능형 원격검침(AMI), 가전기기 제어용(HAN) 등 미래 스마트그리드 환경에서 다양한 데이터 처리에 유용하다.

2) 미국 AMI 기술현황 및 전망

① 미연방 정부 신뢰도위원회(FERC) EPAct 2005 : 스마트미터링 시스템 구축 권고 및 법제화를 요청했다.
② EPRI-인텔리그리드에서 AMI를 킬러 애플리케이션(Killer Application)으로 채택하고, AMI 컨설팅을 수행한다.
③ PG&E는 앞으로 5년 이내, SCE는 앞으로 4년 이내 모든 고객을 AMI로 수용한다. 참고로 SCE의 고객은 530만 명이다.
④ SDG&E는 2009년부터 5년 동안 530만 개의 전력량계 신규설치를 하고 있다.

3) 유럽 AMI 기술현황

시장분석기관인 Frost & Sullivan이 AMI, IT시스템, Communication Technology 등을 포함한 분석에서 2015년 스마트그리드 및 스마트미터 시장 규모가 약 110억 달러에 육박할 것으로 예상한다. EU 스마트그리드 시장은 스마트그리드 진보를 이룩해오면서 전체 전력망 자동화를 구축해오고 있으나, 정보처리상호운용 가능성 및 데이터 보안 등의 문제점으로 인해 시장 확산에 걸림돌로 작용하고 있다. 또한, 비즈니스 모델의 부족으로 대규모의 실증단지 배치와 투자지연이 야기되고 있다고 발표하면서, 앞으로 EU가 스마트그리드의 선도그룹으로 부상할 것으로 지목하고 있다.

스페인 말라가 스마트시티 건설 계획에는 분권화된 에너지 체제관리를 구축하고 생산자, 규제당국 및 소비자간 정보교류를 확대하여 에너지 효율화를 달성키 위해 스마트 에너지관리(Smart Energy Management)시스템을 도입하기로 했다. 또한, 에너지 소비 및 탄소배출량 계측장치 보급과 교육 프로그램을 통해 계몽된 소비자층 육성(Smart and Informed Customers)을 확대하고, 시범단지 내 소비자들의 행동패턴 변화 등을 연구하여 정책적인 인센티브 및 관련기술 개발에 적용할 예정이다.

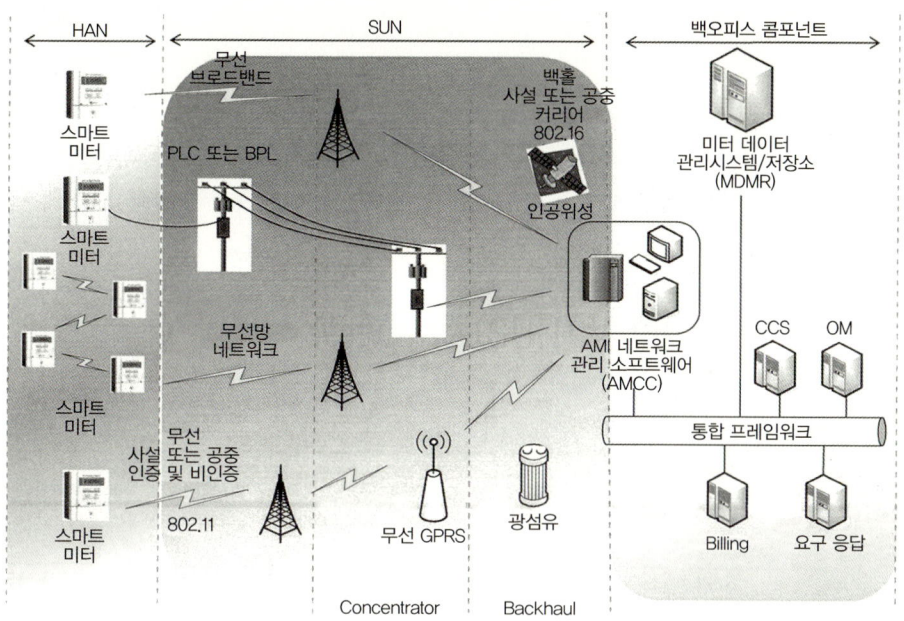

[그림 5.4] SUN(Smart Energy Utility Network) 시스템 통신구성도

2.3 AMI 국내 연구개발 추진 예

한전 전력연구원에서 총괄하여 수행하는 'AMI 시스템개발' 연구과제 중 제 1세부과제는 스마트미터 및 소비자 수요반응(Home DR)기기 개발(책임자 : LS산전)이며, 제2세부과제는 전력정보처리시스템(MDMS) 및 지능형 전력서비스네트워크(SUN) 개발(책임자 : 한전 전력연구원)이다.

1) 연구목표 및 시스템 구성도

① 1차년도의 목표 : AMI 구현 모델 설계, 데이터 수집 장치 개발, 미터 데이터관리 통신 인프라 설계, 네트워크 운영센터 구축, 스마트미터 설계, IHD 장치설계, 홈 네트워크 설계 등

② 2차년도의 목표 : 스마트미터 개발, IHD 개발, 에너지 정보포털 시스템 개발, 수용가 부가 서비스 개발, 수요관리 시뮬레이션 환경 구축, 테스트베드 구축 및 시험 등

이로써 실시간 정보교환이 가능한 양방향 AMI 시스템을 개발하여, 궁극적으로 스마트그리드 구현 및 실증을 위한 수용가 인프라를 구축하는 것이다.

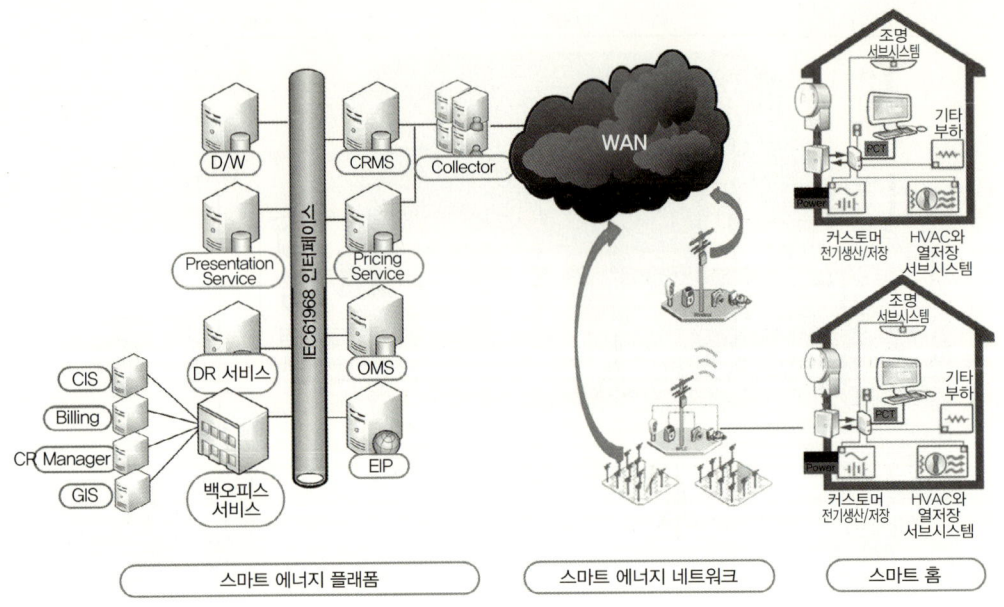

[그림 5.5] AMI 시스템 구성도

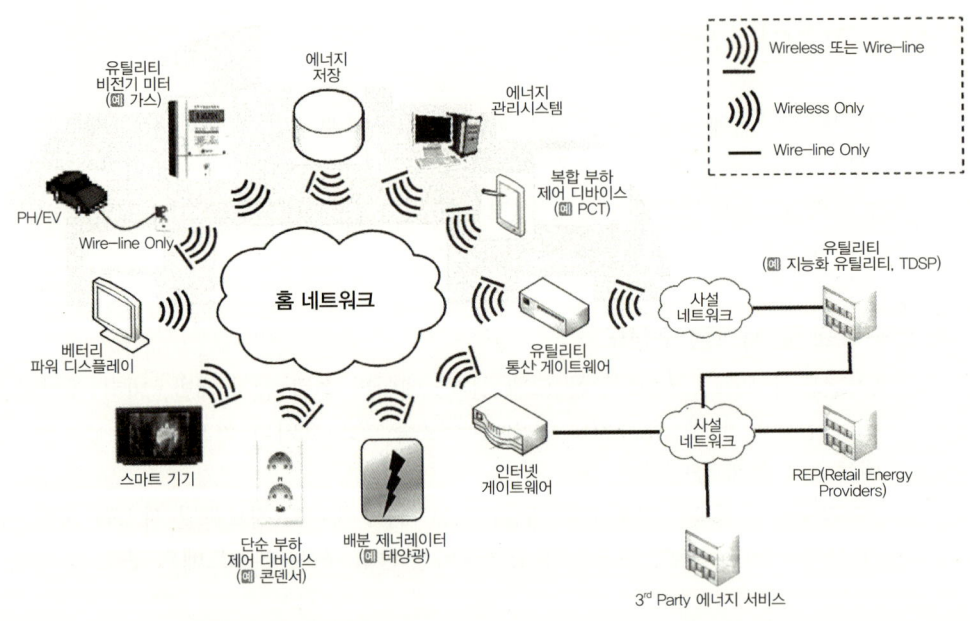

[그림 5.6] HAN(Home Area Network) 시스템통신 구성도

2) AMI 연구주요내용 및 기관별 역할

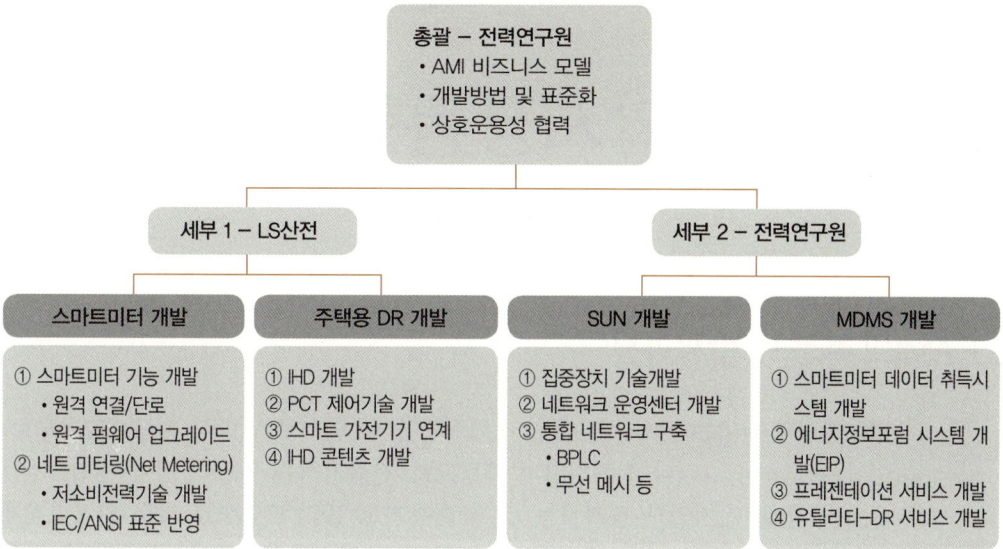

3) 추진전략

① 원천기술 개발보다는 최신기술 및 개방형 표준을 적용한 실용화 위주로 개발한다.
② 과제 착수 시에 비즈니스 모델 설정 및 R&D 자원의 선택과 집중으로 과제 수행한다.
③ EPRI, AMI/HAN Users Group 등 AMI 신기술 반영을 위하여 해외 유수 연구기관과 협력한다.
④ 스마트미터, MDMS 관련 프로세스 등 선행 연구과제 및 표준화 결과를 이용한 개발 기능을 최적화한다.
⑤ 미국 EPRI IntelliGrid Architecture, CIM 등 기존과제 결과를 최대한 활용한다.

4) 기술표준화 및 상호운용성

① 개방형 표준 : IEC TC57, ANSI C12 등 프로토콜, 시험방법, 대상모델(Object Models) 등이 모두 개방형이다.
② 구성(Architecture), 개발자툴, 표준화 실행(Standards Implementations)과 시험이행(Test Implementations), 지침서(Guidelines) 등의 참조설계와 실행이 중요하다.
③ 개발시스템 인증, EPRI의 AMI/HAN Working 그룹 참여와 해외 AMI 및 스마트그리드 워크숍 발표 등 국제표준화 활동에 참여하고 있다.

Section 03
AMI의 국내·외 시장동향

3.1 AMI의 종류 및 발전과정

기존의 전력량계(MMR)는 소비자들의 전력량만을 월 단위로 단방향 계량하였으므로 기능은 단순하였다. 그러나 전력시장의 개방으로 전력거래를 위한 양방향 개념, 기간별로 데이터 전송, 전기절도 감지기능, 고장 회복기능 등의 도입으로 자동 원격검침계량기(AMR)가 개발되었다. 이후 전력 IT, 수요반응(DR) 및 전기가격 현실화 기능을 도입함으로써 보다 개선된 지능형 전력량계(AMI)가 개발되었고, 현재의 스마트그리드 환경에서는 Solid-state 플랫폼 환경에 적합하고, 전력품질 및 기후변화에 대비한 이산화탄소 감축량 측정기능도 포함한 스마트미터가 개발되고 있다.

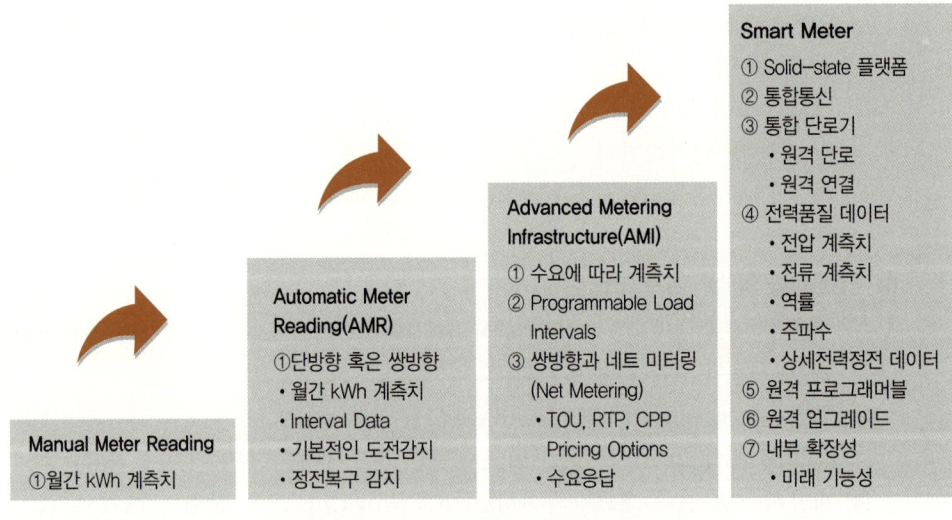

[그림 5.7] 핵심제품인 AMI의 발전과정

3.2 AMI 추진동향 및 국내·외 시장

북미는 2006년 이후 전력량계는 AMI 시장으로 이동 중이다. 2010년 AMI시장에서 북미는 1조3천억 원, 유럽도 1조5천억 원 규모로 성장하였다. 정부는 2010년 초 스마트그리드 로드맵에서 단독주택 등 가정용 1,800만 호를 대상으로 2020년까지 1조 4,740억 원을 투자해 스마트미터를 포함한 지능형 검침인프라인 AMI 시스템을 구축한다는 계획을 발표한 바 있다.

[표 5.2] 국내·외 AMI 시장 규모 전망

(단위 : 원)

구 분		이전 시장규모 (2005)	현재 시장규모 (2010)	향후 시장규모 (2020)
북미시장	스마트미터	5,600억	1조3,000억	2조3,000억
	네트워크, 소프트웨어	116억	2,167억	3,865억
유럽시장	스마트미터	1조5,000억	1조5,000억	2조7,000억
	네트워크, 소프트웨어	310억	2,500억	4,460억
국내시장 (가정용)	스마트미터	-	7,400억	-
	네트워크, 소프트웨어	-	1,234억	-

*출처 : 한전 전력연구원 녹색성장연구소 세미나 자료(2009.8)

KEPCO는 2020년까지 총 1조1,367억 원을 투자하여 1,900만 호에 달하는 전국의 고객을 대상으로 스마트미터 보급을 완료할 계획이다. 스마트미터 설치 후에는 합리적인 에너지 소비로 인한 원가절감과 관련 인력비용 절감 등으로 인해 연간 수천억 원의 사회적 편익이 발생할 전망이다.

1) 한전, 호주 1,000억 원 규모 스마트그리드 시범사업 입찰참여

시범사업 수주 시 스마트그리드 구축설계 때부터 참여하게 되며 송전, 변전, 배전, EV, 전력저장장치, 스마트미터 등 9개 분야에 국내 스마트그리드 기술과 제품이 진출할 수 있는 계기가 마련된다.

2) 한전KDN

한전KDN은 2010년 9월 12일 인도 중앙정부가 주관하고 25개 주가 발주하는 12조 원 규모의 '인도 전력현대화사업' 경쟁 입찰에서 포스코ICT와 컨소시엄을 이뤄 남부 케랄라주의 사업을 수주했다. 한전KDN은 사업계약자로서 스마트그리드 운용에 필요한 소프트웨어 분야를 맡고 포스코ICT는 서버 등 하드웨어를 담당하게 된다. 인구 12억 명의 거대 시장 인도에 한국전력 기술이 진입하기는 처음이다.

3) 유럽의 스마트미터링 현황 1

제3차 에너지시장법에 힘입은 규정추진에 따라 대부분의 EU 회원국은 스마트미터 설치를 위한 법적 기반을 마련할 예정이며, 일부 회원국들은 법률적 요구사항이 없는데도, 단지 경제적인 이유로 양방향 통신기능을 갖춘 스마트미터를 설치하고 있다. 미디어사인 Smart Regions는 'European Smart Metering Landscape Report'를 발간, EU 모든 회원국과 노르웨이를 아래 5개 그룹으로 분류하고 있다.

① **적극 추진그룹(Dynamic Movers)** : 스마트미터링의 전격 출시를 위한 명확한 길을 제시하고 있는 국가로, 의무적용이 이미 결정되거나 주요시범 프로젝트가 실시되고 있어 곧 적용방침이 정해질 예정인 국가 – 덴마크, 핀란드, 프랑스, 아일랜드, 이탈리아, 몰타, 네덜란드, 노르웨이, 스페인, 스웨덴, 영국

② **시장 주도그룹(Market Drivers)** : 법적 요구조건을 갖추지 않은 상태임에도 내부적 시너지나 고객요구에 의해 일부 배전시스템업체(DSO)나 법적 책임이 있는 미터링 회사들이 설치하고 있는 국가 – 에스토니아, 독일, 체코, 슬로베니아, 루마니아

③ **불명확 그룹(Ambiguous Movers)** : 법 및 규정기반을 어느 정도 마련한 상태이고, 이해당사자들이 큰 관심을 갖고 있지만 법적 기준이 명확하지 않아 일부 DSO만이 스마트미터 설치를 결정한 국가 – 오스트리아, 벨기에, 포르투갈

④ **소극적 그룹(Waveres)** : 스마트미터링에 어느 정도 관심을 보이고 있으나 관련 계획이 시작단계이거나 스마트미터링 실행을 위한 규정추진이 아직 이뤄지지 않은 상태의 국가 – 불가리아, 키프로스, 그리스, 헝가리, 폴란드

⑤ **도입지연그룹(Leggards)** : 스마트미터링이 관심의 대상이 되지 못하고 있는 경우, 하지만 Directive 2009/72/EC의 국내법 전환이 진행되고 있어 탄력을 받을 가능성이 있는 국가 – 라트비아, 리투아니아, 룩셈부르크, 슬로바키아

4) 유럽의 스마트미터링 현황 2

① **프랑스** : 신환경법(Loi Grenelle 1) 제정을 통해 2015년까지 전 가정의 구식 전기·가스계량기를 스마트미터로 전면 교체할 계획이다. 이 프로젝트는 2012년부터 2016년까지 총 4조 유로(약 6,000조 원)의 예산을 투입, 프랑스 전역에 3,500만대의 스마트미터를 보급하는 것을 목표로 하고 있다.

② **스웨덴** : 1차 석유파동(1973~1974년) 이후 석유고갈과 석유 의존도 문제의 심각성을 깨닫고 바이오연료를 비롯한 대체에너지 개발에 주력하기 시작했다. 또한, 재생에너지 활용촉진과 탄소배출량 저감과 관련해 다양한 시책을 마련하고 있으며, 스마트그리드 역시 같은 관점에서 정책을 수립하고 있다. 특히 스웨덴에서 스마트그리드는 전기자동차 보급 활성화를 위한 수단으로도 인식되고 있다. 스마트미터 설치를 통해 획득한 정보를 제3자가 활용하지 못하게 규정하고 측정 간격을 1시간으로 적용하는 등 보안 부문에도 노력을 기울이고 있다.

③ **헝가리** : 헝가리 에너지청은 전국적인 스마트미터링 도입을 위한 공공입찰 프로젝

트를 공개할 예정이다. EU 규정에 따라 헝가리는 2020년까지 전체 가구의 최소 20% 이상이 스마트미터기를 사용하는 수준이 돼야 하며, 2011년부터 각 전력회사는 서비스 포트폴리오에 스마트미터링을 포함해야 한다. 이번 프로젝트는 전력망의 IT 인프라화, 통신 네트워크의 최첨단화, 전산화된 고객 및 에너지 사용데이터를 위한 운영체제 도입 등 에너지 공급체계 전반에 걸친 방대한 작업이 될 전망이다.

5) 누리텔레콤, 스마트미터 시장 본격 진출

누리텔레콤은 지능형전력망의 AMI 통합 플랫폼 소프트웨어를 출시했다.

① AMI 통합 플랫폼 소프트웨어는 전기, 수도, 가스 등 사용되는 에너지를 통합 관리하고, 에너지사업자뿐 아니라 소비자 관점에서 에너지 사용량의 수집과 사용현황을 분석하여 제공한다.
② 소비자들에게 분석된 에너지 사용현황에 따라 에너지 절약방법을 제시하고, 소비된 에너지를 탄소배출량으로 환산해 보여줌으로써 경제적인 효과를 표시하도록 설계된다.
③ 특히 신재생에너지 장치나 에너지 소비 장치 등과 쉽게 연동할 수 있는 표준화된 인터페이스로 개발되어 앞으로 효율적인 에너지 사용을 위하여 필요한 수요반응(DR)과 부하제어(Load Control) 기능도 제공한다.

2011년 6월에는 이동통신망을 이용한 원격검침 시스템 데이터 전송기술인 '패킷 데이터 전송방식과 서킷 데이터 전송방식의 이중화된 원격검침 시스템 및 방법'이 미국특허를 받았다. 이 기술은 이동통신망의 트래픽(네트워크를 통해 전송하는 데이터양)을 최소화하는 푸시(Push) 방식의 패킷과 서버의 풀(Pull) 방식을 이용한 서킷의 이중화 데이터 전송방식으로 원격검침 서버로 전송하는 방식이다. 또한 이 기술은 2000년부터 추진한 계약전력 100kW 이상 전기 고압수용가를 대상으로 공장, 건물 등 전국 15만 호에 적용한 바 있으며, 스웨덴, 스페인, 이탈리아, 남아공 등 13개국 52만호에 전기, 수도, 가스원격 검침시스템을 수출하고 있다. 또한 이집트, 태국, 파라과이, 필리핀 등 해외 준거사이트도 다수 확보하고 있다.

6) 미국 Brattle Group, 스마트미터 순수이익 연구결과 발표

미국 Brattle Group은 스마트미터의 순수이익은 100만 고객이 있는 유틸리티에 앞으로 20년간 9,600만 달러에서 2억8,700만 달러에 달할 것이라는 연구결과를 발표했다.

7) EMeter, 한국·대만 스마트그리드 프로젝트 아시아 진출 기대

스마트그리드 소프트웨어 기업인 'EMeter'는 한국의 신규 AMI 프로젝트와 대만의 2단계 스마트미터 추진으로 중국 거대시장 및 아시아 전역에 진출하기 위한 마케팅에 주목하고 있으며, 스마트미터 2,200만대를 도입하는 KEPCO와 협력하는 삼성과의 파트너십을 발표했다. 우리나라는 2030년까지 100% 스마트미터 도입을 목표로 216억 달러를 투자할 계획이다.

① AMI 프로젝트에 대해 KEPCO는 첫 번째 목표로 실시간 요금, 소비자 참여 및 수요 반응에 중점을 두고 있으며, 또한 KEPCO는 신재생에너지, 특히 PV에 중점을 두고 있다.
② 현지 파트너인 삼성, 단일 규제기관 및 유틸리티인 KEPCO와 기술혁신에 투자하겠다는 EMeter는 한국 시장을 이상적으로 보고 있다.
③ 2011년 5월 EMeter는 대만에서 AMI 파일럿 1단계로 308개 미터에 소프트웨어를 통합하는 것을 완료하여 PLC, ZigBee, WiFi를 포함한 각기 다른 통신 프로토콜을 테스트하고, 소비자의 전력사용량을 보여주는 웹사이트의 중국어 인터페이스를 준비 중이다.
④ EMeter는 홍콩에서도 활발한 사업을 펼치고 있으며, 필리핀에서 파트너를 찾았고 인도에서 근무하는 기술직원을 두고 있다.
⑤ 파이크리서치는 2015년까지 아태지역 기업들에게 에너지 서비스를 제공하는 시장이 작년보다 421% 증가한 185억 달러에 이를 것이며, 이 중 중국의 시장이 92%를 차지하는 세계에서 가장 큰 스마트그리드 시장이 될 것으로 예상한다. 또한 중국은 2011년 현재 5,280만대에서 2020년까지 3억5,000만대에 이르는 스마트미터가 설치될 것이다.

3.3 다중칩과 Pre-Standard SOC

현재 스마트미터와 스마트가전을 만들기 위한 모든 요소를 다 갖춘 SOC(System on a Chip) 또는 집적회로가 장착된 미터는 아직 없는 실정이다. 스마트미터용 SOC는 본래 각각의 칩이 필요한 스마트미터의 가장 중요한 3가지 기능을 하나의 칩에 결합하는 것이며, 그 기능은 전력사용량을 측정하고 kW, kWh로 표현하는 것으로 대부분 ZigBee 기반인 HAN이 인홈디스플레이와 기기에 연결되고, WAN은 미터가 유틸리티에 연결된다.

1) SOC의 장점
한 개의 회로-SOC로 통합시키면 비용이 감소된다.

2) SOC가 아직 미실현된 이유
모든 기능을 한 개 회로에 넣는 표준이 진전되지 않았고, 회로가 저비용이며, 220V

혹은 240V에 연결되면 안 되는 매우 정밀한 회로이기 때문에 독립적인 회로로 분리해야 할 필요성이 있다.

3) SOC의 향후 전망

스마트미터 제조사들이 SOC를 원하고 있으며, 일부 표준화가 아직 완료되지는 않았으나, ZigBee의 경우 원격으로 SOC 펌웨어 업데이트를 하면 앞으로 변경이 가능해 SOC가 불가능하지는 않다.

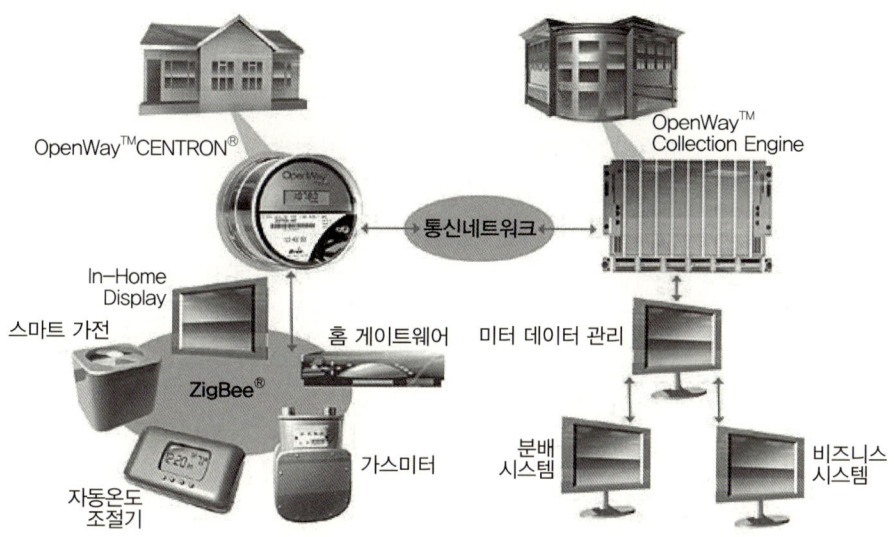

[그림 5.8] 스마트미터 및 네트워크의 구성

Section 04
스마트 세대분전반

4.1 스마트 세대분전반 개요

전력 공급자와 소비자간 양방향 데이터 교류를 가능케 해 에너지효율을 극대화할 수 있는 스마트그리드와 연계하여 가정에 전력사용량과 요금정보를 보여주고 전력사용을 자동으로 최적화해주는 스마트 세대분전반을 설치하면 시스템이 알아서 세탁기, 식기건조기 등 가전제품을 전기요금이 싼 심야에 자동 운전토록 할 수 있다. 기존의 주택분전반이 단순히 과전류, 누전차단 등 일부 기능만을 갖추고 있는 것에 비해, 스마트 세대분전반은 전류, 전압, 전력, 역률 등의 전기정보를 포함하여 사용전력량을 계측하여 금액으로 환산, 표시함으로써 사용자 스스로가 전기에너지 낭비를 줄일 수 있다.

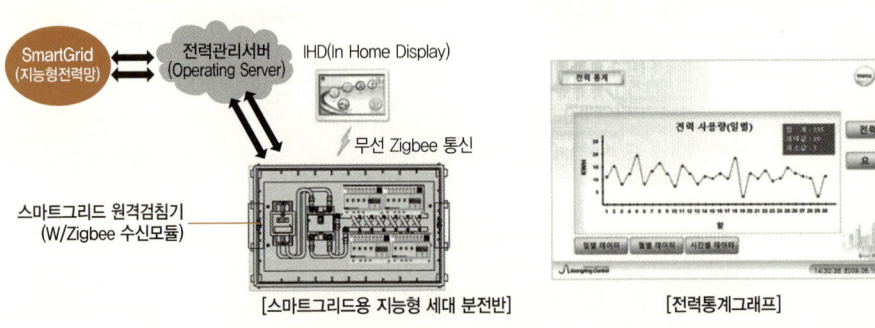

[그림 5.9] AMI-SEC

4.2 스마트 세대분전반의 특징

스마트 세대분전반의 특징은 홈 세대기와 연동하여 네트워킹(Networking) 기능, 회로별 네트워크 스위치와 개별 통신기능, 외출 시 간편한 일괄소등 기능, 모든 전열에 대한 대기전력 차단 기능, 전열에 대한 스케줄 제어 기능, 전자식 보호 계전 기능으로 순시 보호 기능, 회로별 전력사용량 집계하여 일별, 월별, 연간 데이터 저장 및 표시기능으로 요금을 절감한다.

1) 스마트 세대분전반 기능

① 주파수변동에 따라 가전기기를 차단, 전력수요가 적은 시간대에는 자동으로 전력을 저장
② 피크시간대에 전기료 절감 위한 수요관리
③ 스마트그리드 원격검침기를 통해서 양방향 정보통신 시스템
④ 분산형 에너지 관리 시스템, 분산전원 설비, 전기에너지 저장설비, 감시 모니터링/진단 설비, 전력용 반도체 및 친환경 전력설비
⑤ 자체 소비전력 최소화
⑥ 회로별 사용전력량 표시로 냉장고 등에 사용되는 전력량 확인 및 에너지 절감
⑦ 전체 사용전력량을 시간대별, 날짜별, 회로별 분석 기능 및 스케줄 제어와 패턴 제어가 가능하다.
⑧ 홈 세대기(Wall-Pad)와 연동, 각종 기능 구현(RS-485 통신)
⑨ 각 전등, 전열 개별회로 단위의 제어 및 통신기능으로 전등 일괄소등, 대기전력 차단기(Wall-Pad와 시나리오 구성제어 기능)
⑩ 대기전력 차단의 스케줄 제어기능

2) 대기전력 차단

홈세대기 상에서 일간, 주간 스케줄 입력이 가능하므로 시간대별 전열, 대기전력 차단 및 투입 기능을 통한 에너지를 절감한다. 자녀방 컴퓨터 대기전력 차단에는 학교 등/하교(AM 6:00~PM 2:00), 자녀의 컴퓨터 사용 시간 외의 전열제어로, 대기전력 차단이 가능한 취침 & 심야시간(PM 10:00~AM 6:00), 방학, 여행 등 자녀의 스케줄에 따라 시간대별, 일별, 주간별로 스케줄 입력이 가능하다. 또한, 거실, 각방 TV 대기전력 차단에는 취침시간대(PM 12:00~AM 6:00)에 TV 전열 차단으로 대기전력을 차단한다.

3) 스마트 세대분전반 제품 특성

① **편리성** : 실시간으로 전력사용량을 스마트미터 차단기 혹은 Wall-Pad로 확인, Wall-Pad 연동으로 감시, 제어, 분석이 가능하다.
② **효율성** : 스마트미터 차단기 사용으로 전력 안정화 최첨단 전력반도체를 이용하여 제품의 효율 극대화 소비전력의 절감, 전력품질 향상으로 신뢰도가 높고 경제적이다.
③ **실용성** : 일괄소등, 대기전력 차단, 대기전력 스케줄 제어 월별, 일별 전력 사용량 확인 및 금액 환산, 누진 경고로 에너지를 절감한다.
④ **안전성** : 전자식 보호 계전기능(OCR, OCGR)으로 순시 보호기능을 갖추어 과전류, 누전에 대한 회로 보호, 감전 및 위험으로부터 안전하게 보호한다.

4) 스마트분전반의 구성

모듈(Module) 단위 4회로로 전등과 전열회로를 구성한다. 분기회로의 전력사용량 실시간 전송 및 표시 창에 표시기능을 내장하며, 에어컨 통신 연동 제어로 전용 모듈을 설치한다. 네트워크스위치와 통신, 연동 기능, 일괄소등 및 전열회로 통신 연동 제어, 대기전력 스케줄 제어, 월별 전력 사용량 누적 데이터를 전송할 수 있게 구성한다.

5) 스마트분전반의 기대효과

① 시간대별 차등 요금제를 적용하여 전력수요를 분산하여 발전설비 이용효율을 높일 수 있다. 최대 원전 10기에 해당하는 발전설비 수요도 줄어들게 되어 국가에너지 소비의 약 3%, 연간 100억 달러를 절감할 수 있으며, 또한 이산화탄소 7% 절감이 기대된다.
② 전력공급이 불규칙한 약점을 가지고 있는 신·재생에너지의 확산을 조장할 수 있다.
③ 심야 전력의 활용도를 높여 전기자동차의 보급을 촉진할 수 있다.
④ 아울러 지능화된 전력망을 통해 불량 및 고장요인을 사전에 제어할 수 있어 전력품질을 획기적으로 향상시킨다.

4.3 스마트 세대분전반의 부하예정표와 구성화면

스마트 세대분전반 부하예정표(Load Schedule)은 Module #1 & #2 및 Module #3로 구분하여 작동한다.

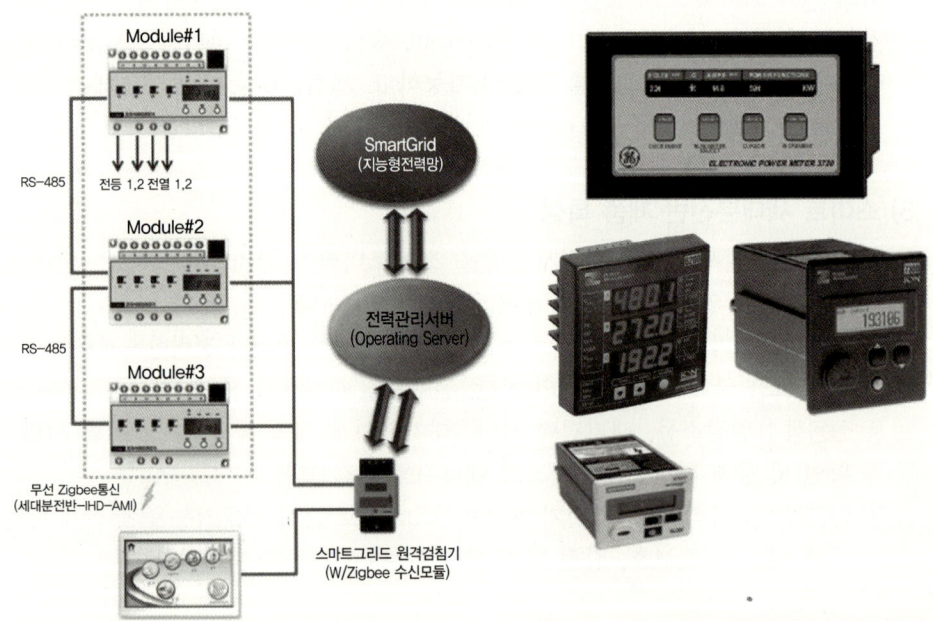

[그림 5.10] 스마트세대분전반의 부하예정표

1) Module 작동

Module #1	Module #2	Module #3
① 전등 1 : 홈네트워크 스위치 전용 회로 ② 전등 2 : 홈네트워크 스위치를 제외한 일반 전등(화장실, 창고 등)에서 전등 1,2는 홈네트워크 일괄소등스위치와 연동한다. ③ 전열 1 : 주방 일반전열 ④ 전열 2 : 세탁기/식기 건조기	① 전열 3 : 거실 일반 전열 ② 전열 4 : 안방 및 각 방 전열 ③ 전열 5 : 화장실 전용 전열 (감도전류 15mA)에서 전열 1,2,3,4,5는 심야시간 스케줄 기능으로 회로별 대기전원 자동 차단 및 자동 복귀 기능을 가진다. ④ 전열 6 : 냉장고 전용	① 에어컨 전용 ② 3상용 및 단상에서 에어컨(실내, 실외기) 전원 자동 차단 및 에어컨 제어 모듈 기능을 내장한다.

2) 월 패드(Wall-Pad) 연동 감시/제어 구성화면

월 패드(Wall-Pad)를 통해 각종 전력사용량, 전력차단기, 상태감시, 전력통계, 사용량 등 편리하게 관리하며, 모든 전열에 대해 사용자가 편리하게 스케줄 설정이 가능하다. 초기화면, 차단기 스케줄 설정, 전력 사용량, 전력사용량 관리(수요전력), 전력통계 그래프 등을 나타내는 감시/제어 구성화면으로 되어 있다.

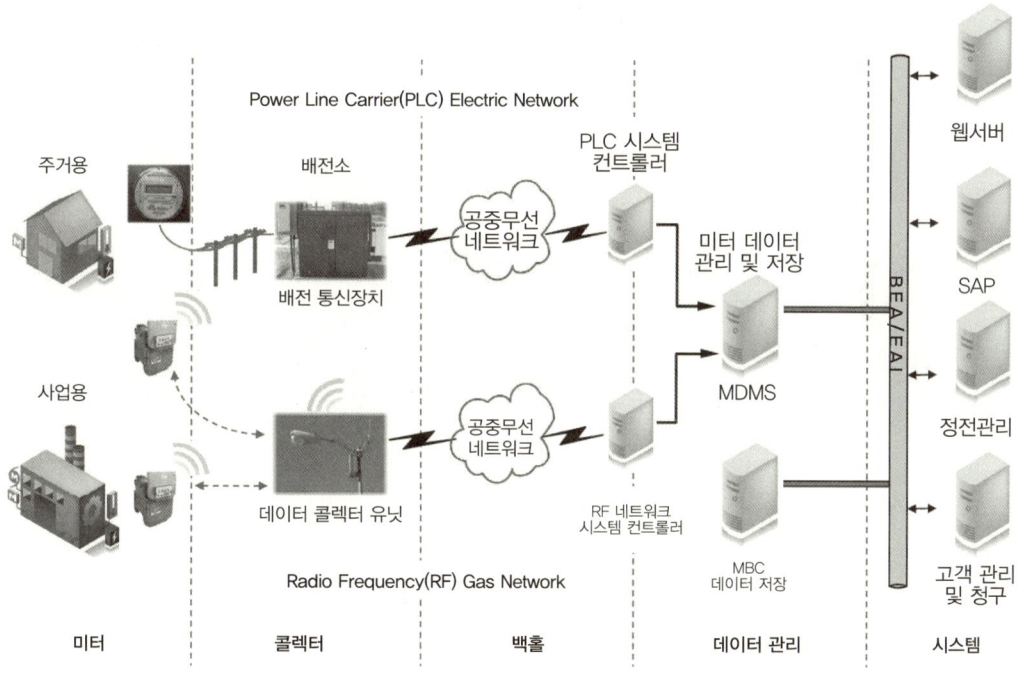

[그림 5.11] 스마트 네트워크의 개념도(출처 : 그린에너지 전략 로드맵(에기평))

Section 05
스마트 소비자(Smart Consumer) 분야

5.1 DR자원 및 수용가 서비스

전력 IT기술을 활용한 수요관리 분야의 급격한 환경변화와 수요반응(Demand Response) 자원 및 수용가 서비스를 위한 핵심기술인 수요관리 기술은 다음과 같다. 전력수요예측, 실시간요금과 전력수요관리, 전력 IT 기반의 수요관리 서비스, 기후변화와 연계된 수요관리, 그리고 수요관리를 이용한 전력시장 및 전력계통 운영방안 등이 전력IT 10 과제 연계과정을 통해 상세히 검토되어야 하고, 이를 통하여 수요관리 기술진보(수요반응 DR, 수용가 포털 등) 이해, 수용가 포털 연계사업화를 위한 비즈니스 모델(PQ, CO_2 등) 추진전략 등을 수립한다.

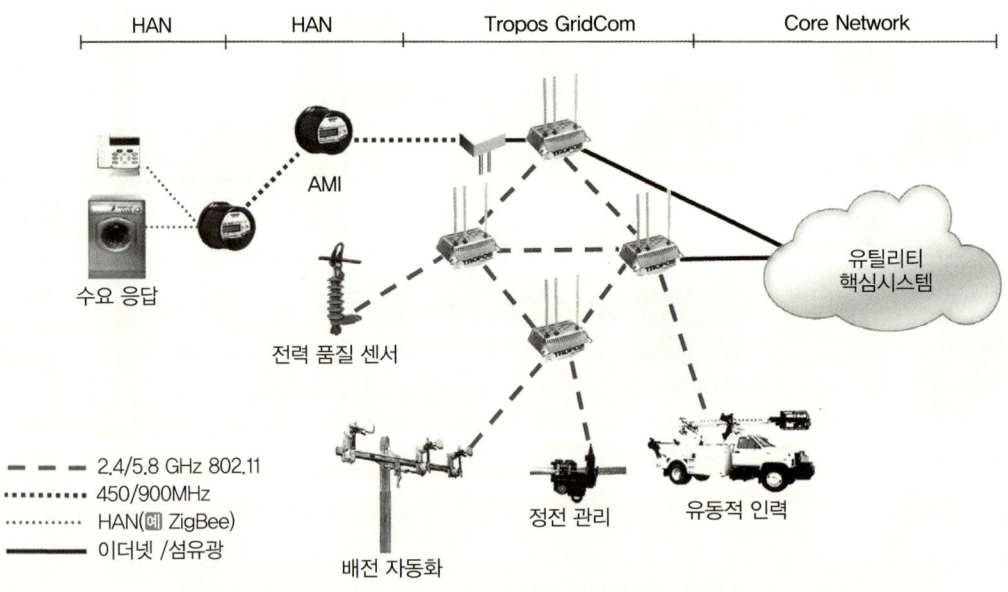

[그림 5.12] DR, AMI 등과 광대역 무선네트워크

미국 FERC와 DOE는 2009년 국가 DR의 가능성과 3가지 DR 목표를 달성하는 방법에 관한 2010 National Action Plan을 의회에 제시하였다. 이에 DRCC는 공공-민간 간 협력방향 제시가 적다며 실망을 표명하였고, 국가 DR계획 추진에 DOE의 다양한 역할을 제안하고 있다.

> **미국 FERC와 DOE의 3가지 DR목표**
> ① 주에 기술지원
> ② 국가 DR교육과 지원 네트워크 만들기.
> ③ 유틸리티·소비자·정책입안자 및 주를 위한 모델 DR계약·규제지침서·분석툴 개발

① DOE는 정책입안자 교육, 주(State) 기술지원과 정보공유 및 주와 다른 조직간 소통촉진을 위한 웹사이트 개발이 주요 역할
② FERC는 국가 DR 포럼을 구성하기 위해 DOE 및 다른 민간단체와 협력할 수 있고 또 해야 한다.
③ 데이터베이스는 파일럿, 시행된 DR 프로그램, 시장에 관한 정보를 포함한 웹기반 정보센터 수립을 권고한다.
④ 전기요금과 CO_2 배출량과 관련하여 비용 효과적 측면과 DR 프로젝트의 효과를 포함하는 여러 측면을 평가할 수 있는 툴을 개발하여 DR을 널리 확산시킬 수 있다.
⑤ 정책입안자, 소비자 및 기업들이 이용할 수 있는 정보를 만드는 것이 DR의 장점을 강화시키는 것이며, 150GW 에너지절감을 돕고 미국전역에 DR 프로그램의 확산을 촉진할 것이다.

그러나 목표달성을 위한 더 정확한 방법은 답이 나오지 않은 상태라 FERC측은 재정적 지원이 없고, FERC와 협력하겠다는 확실한 의지가 부족하다.

5.2 스마트그리드 비용

스마트그리드는 전 산업을 아우르는 거대한 인프라 사업이다. 따라서 본격적인 시장형성에 앞서 정부의 재정투자가 일정 기간 지속될 수밖에 없다. 이러한 재원은 소비자의 세금으로 충당될 것이므로 스마트그리드에 대한 투자는 최소한 1차적 목표인 에너지사용비용절감을 충분히 실현하면서, 2차적으로는 세금 납부자인 소비자들에게 새로운 서비스를 제공하는 동시에 부가적인 효용을 창출해낼 수 있어야 한다. 그러므로 이러한 비용절감 효과와 효용 증가를 대략적으로나마 전망해보는 과정이 꼭 필요하다.

그렇다면 투자의 합리적 근거가 되는 스마트그리드 비용, 편익분석을 위해 무엇을 고려해야 하는가? 스마트그리드 서비스 구현을 위한 인프라 및 기기비용과 함께 에너지관리 효율 향상으로 인한 전력공급 비용 감소 효과가 동시에 고려되어야 한다. 즉, 스마트그리드 체제에서 개별 가구에 도입되는 스마트미터(AMI), 저장장치, 통신 인프라 구축, 통신비용 등과 같은 비용성분을 신규 비용요소로 볼 것이 아니라, 이미 존재하고 있는 거시적 시스템 차원의 대규모 설비 투자비용이 소비자단(Consumer End)의 개별 가구단위로 전이되어 다른 형태로 투자되는 것이고, 그 과정에서 비용의 감소 및

편익의 증가 효과를 누릴 수 있다고 보아야 한다.

　산정방법론이나 샘플, 적용 시나리오에 따라 정량적인 수치는 달라질 수 있겠지만, 스마트그리드 도입 시 앞으로 20년간 약 37조 원의 비용절감 효과가 기대된다. 이는 스마트그리드 국가 로드맵에 따라 앞으로 투자될 정부 재원 5,000억 원, 민간부문 투자 20조 원을 훨씬 웃도는 수치다. 이와 함께 스마트그리드 도입으로 기대되는 CO_2 감축 효과를 고려할 때 경제적 효과는 더욱 커질 것으로 전망된다. 이러한 1차적 비용절감 효과 외에도 신규산업 창출과 그로 인한 고용효과, 국가 이미지 제고 등을 통한 간접적인 경제효과, 2030년까지 형성될 것으로 전망되는 3조 달러 규모의 관련 시장을 고려할 경우 잠재적인 편익효과도 증대할 것이다.

5.3 스마트 소비자, 실행이 중요

스마트그리드의 이용에 소비자의 참여를 유인할 수 있는 지원책을 마련하는 것은 물론, 개인정보보호와 보안 체계 구축에 신경을 써야 할 것이다. 사업자들은 적극적인 투자와 창의적인 사업모델 개발을 통해 스마트그리드 산업이 뿌리내릴 수 있도록 노력을 기울여야 한다. 지능형전력망(스마트그리드)을 통해 저탄소 녹색에너지 소비환경을 만들어 나가는 것이 21세기 글로벌 녹색경쟁에서 앞서 나가는 첫걸음이 될 것으로 확신한다.

[그림 5.13] 소비자의 역할 및 기능(출처 : 그린에너지 전략 로드맵(에기평))

스마트그리드사업 활성화를 위해서는 사업자와 소비자의 비용분담을 효과적으로 끌어낼 수 있는 사업모델의 구축도 동시에 필요하다고 할 수 있다. 아울러 소비자 스스로 '해결책의 일부'가 되는데 자부심을 갖도록 유도하고, 부담은 공정하게 나눠도록 제도화해야 한다.

5.4 AMI 비즈니스 모델

AMI의 비즈니스 모델은 표준화, 성능, 가격 등에 따라 분야별로 국내외 동향파악이 필요하다. 전력 IT의 결과물을 활용하는 한국형 모델과 SCE 모델을 참조하여 해외진출을 목적으로 하는 수출형 모델이 있다.

1) 한국형 모델

한국형 모델에는 MDMS에 의한 서비스모델에 따라 실증대상 지역의 수용가를 조사 및 반영하고, 수도, 가스검침 등 주거형태별 HAN 적용을 검토한다. 이 모델 이외에도 PLC 기반+표준화 모델, 계량기 기능 및 칩(SOC) 모델, 보안(Security) 모델 등이 있다.

2) 수출형 모델

수출형 모델에는 Itron, Retex 등 MDMS에 의한 서비스모델과 Aclara, Elster, Itron, Sensus 등 계량기 모델 및 EPRI 등 인증모델이 있다. 이 모델 이외에도 또한 SCE+표준화 모델, 보안(Security) 모델 등이 있다.

3) 컨슈머 포털(Consumer Portal-전력수용가 포털)

주요 내용은 전력서비스에 수요측 참여를 위한 IT 인프라 구축 및 부가서비스를 연구하는 것으로 공급자와 소비자장치들 사이에 양방향 통신을 가능케 하는 하드웨어와 소프트웨어 장치를 만드는 것이다. 상세사항 및 컨슈머 포털을 구현함으로써 얻을 수 있는 혜택은 제2장과 [표 2.5]를 참조한다.

Section 06
스마트그리드와 전력품질

6.1 전기에도 품질이 있다?

나쁜 전력품질로 인해 초래되는 상업용 및 산업용 수용가의 생산성 손실을 막는 것만으로도 경제적으로 수천만 달러의 이용 손실을 예방할 수 있다. 은행, 데이터센터 그리고 고객지원센터와 같은 상업용 시설에서 전력품질 이벤트와 관련된 비용은 건당 수천에서 수백만 달러에 이르기까지 그 피해비용은 엄청나다. 제조용 설비의 경우 이보다 더 심각하다. 100ms 미만으로 지속되는 전압강하(Voltage Dip)는 산업용 설비 입장에서 본다면 수분 이상으로 지속되는 정전과 동일한 영향을 준다(2002년 Primen 보고서 참조).

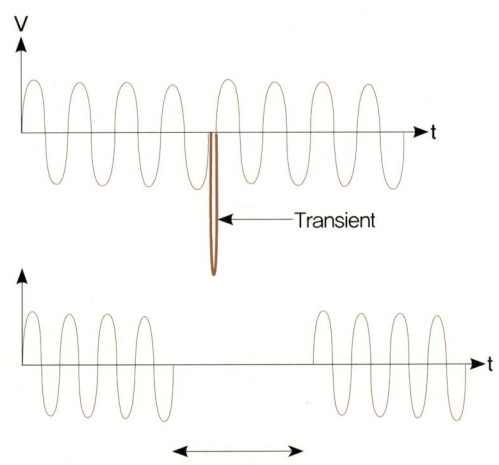

[그림 5.14] 과도(Transients)와 정전(Outages)

스마트그리드의 전력품질에는 일시적 조건인 충격전압/과도특성(Transients, 〈1cycle), 순간 전압강하/전압상승(Voltage Sags/Swells, 〈1~30cycle), 장주기(〉1분), 플리커(Flicker) 등이 있으며, 정상상태 조건에서는 고조파(Harmonics), 전압불평형(Voltage Imbalance), 부하간섭(Load Interactions), 접지장애(Grounding Errors), 전압 및 주파수 안정도(Stability) 등을 포함한다.

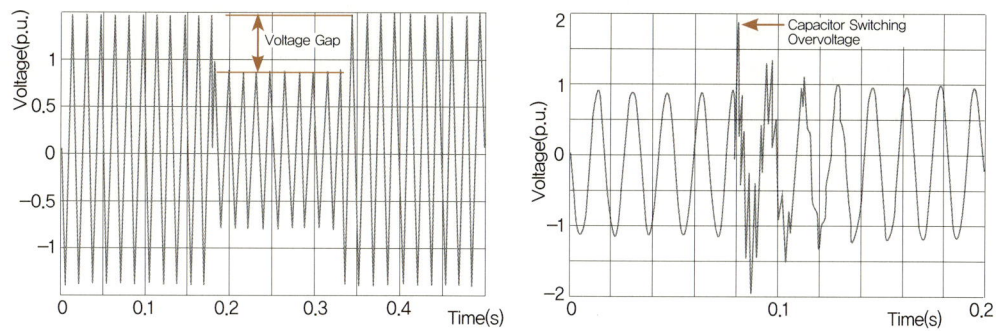

[그림 5.15] 순간 전압강하(Voltage Sag)와 커패시터 스위칭과 전압

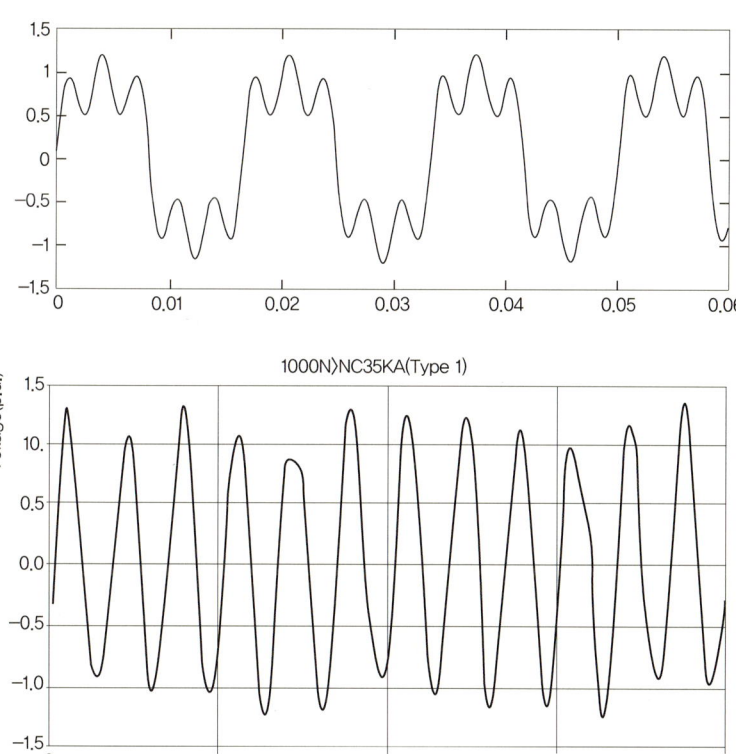

[그림 5.16] 고조파(Harmonics)와 플리커(Flicker)

6.2 전력품질별 특기사항

스마트그리드 실시 하의 전력품질 개념은 다양한 디지털환경이 전압강하, 고조파, 과도서지, 전압불평형, 플리커 등의 전력 순시외란에 민감하게 반응하는 것으로 평가되고 있어 이에 대한 대비책이 필요한 실정이다.

1) 충격전압/과도(Transients)

전압범위 100% Vrms 이상이며, 지속기간은 < 1cycle이다. 발생원인은 유도성 부하의 개폐 시, 낙뢰 시(Lightning), 고장제거 시(Fault Clearing), 커패시터 운전 시(Capacitor Operation) 등이다.

2) 순간 전압상승(Voltage Swell)

전압범위 105% Vrms 초과이며, 지속기간은 < 1~30 cycles이다. 발생원인은 고장 발생 시, 긴급부하 감축 시, 중성점 연결개방 등이다.

3) 순간 전압강하(Voltage Sag, Dips)

전압범위 85% Vrms 미만이며, 지속기간은 < 1~30 cycles이다. 발생원인은 대용량 부하 기동 시, 접지고장 시, 차단기 혹은 리클로져(Recloser) 작동 시 등이다.

4) 정전(Outages)

전압범위 85% Vrms 미만이며, 지속기간은 > 30 cycles이다. 발생원인은 고장 시, 사고 시 등이다.

5) 고조파왜형(Harmonics)

전압범위는 전압 THD 1.5~5.0% 이며, 지속기간은 > 연속(Continuous) 이하이다. 발생원인은 충전기, 정지형 전력변환기, 변압기, 형광램프 등에서 발생한다. 다음은 고조파 규정에 관련된 국제표준 및 코드이다.

① **IEEE 519** : 계통전압에 따라 다르나, 왜형율은 1.0~3.0%, 종합 왜형율은 1.5~5.0%로 규제
② **IEEE 1159** : 과도특성, 단주기/장주기 변동, 정전, 전압 불평형, 파형왜곡, 주파수 변동, 플리커 등을 규정한다.
③ **IEEE 1366(2001)** : Guide for Electric Power Distribution Reliability Indices
④ **ANSI/IEEE C57.110** : K-상수, Harmonics Loss Factor 등을 규정한다.
⑤ **IEEE 1100** : 전자장비의 첨두인자(Crest Factor), 플리커 등을 규정한다.

6) 불평형(Imbalances)

불평형 현상은 정상상태에서의 문제로 변압기결함이나 상간 부하불평형에 의해 발생된다. 파형을 통해 뚜렷하게 나타나는 다른 전력품질문제들과는 달리 식별이 용이하지 않으며, 방치할 경우 설비, 특히 전기구동모터에 손상을 준다.

7) 플리커(Flickers)의 평가방식 예

IEC 61000-4-15의 플리커 계측기-기능설명 및 설계사양서에 따르면 10분 고정간격으로 1주일간 관측한다. Pst(10분 간격으로 측정된 단주기 플리커)는 V가 Vn ± 15% 내에 있고, Vn 15% Pst는 유효하다. 한편, Pst의 12번 실행 값을 근거로 한 장주기 플리커인 Plt는 N1/N이 5% 이면 적용된다(N : Plt 값을 평가한 횟수, N1 : 1 이상인 Plt 값의 횟수).

8) 유럽표준 EN 50160과 UNIPEDE 기구

유럽 표준인 EN 50160은 공공 배전계통에 의해 공급되는 전기의 전압특성을 규정한 것으로, 1994년 CENELEC에 의해 승인된 표준이다. UNIPEDE는 전기 공급 산업을 대표하는 국제적인 전문가 기구로서, 유럽 및 타 대륙의 50개 이상의 나라가 회원사로 가입되어 있다.

6.3 국내 전력품질 현황

한국의 전통적인 전력품질의 평가도 전기품질 관련법규 및 관리기준에 따라, 호당 정전시간, 호당 정전건수 등 공급신뢰도 지수로 이루어져 왔다. 그동안의 전력품질관리 실적도 [표 5.5]에서와 같이 세계 1, 2위로 기록될 만큼 우수한 것으로 평가되고 있다. 하지만 스마트그리드 실시 하의 전력품질 개념은 다양한 디지털환경이 전압강하, 고조파, 과도서지, 전압불평형, 플리커 등의 전력 순시외란에 민감하게 반응하는 것으로 평가되고 있어 이에 대한 대비책이 필요한 실정이다.

1) 전기품질 관련법규 및 관리기준

기존의 전기품질 관련법규 및 관리기준은 다음 표와 같다.

[표 5.3] 전기품질 유지 근거

관련 규정	내 용
전기사업법 18조	전기사업자의 전기품질 유지 임무 명시
전기사업법 시행규칙 18조(별표 3)	전기품질(전압, 주파수) 유지 목표 제시 - 전압 : 220±13[V], 주파수 : 60±0.2[Hz]
고시 제2009-280호 (전력 계통 신뢰도 및 전기품질 유지기준)	전력계통의 전기품질 목표값 제시(전압, 주파수) - 고조파(Harmonics), 플리커 합리적 관리 명시 - 전압불평형률 : 3% 이내
공급약관, 송배전용 전기설비 이용규정	고조파, 플리커의 제한치 명시 - 고조파 왜형률 : 3% 이내(154kV 이상, 1.5%) - 플리커 : 0.45%V(실측 시, ΔV10로 표시)

[표 5.4] 전기품질 유지 기준

구 분	저 압	특고압(23kV)	초고압(154kV)
전압	110±6V 220±13V 380±38V	경부하시 : 22.0kV 중부하시 : 22.9kV	경부하시 : 156±4kV 중부하시 : 160±4kV
주파수	60±0.2[Hz]		
고조파	3.0% 이내	3.0% 이내(66kV 이하)	1.5% 이내
플리커	예측 시 : 2.5% 이하(최대 전압변동률) 실측 시 : 0.45%V(ΔV10, 1시간 평균)		
전압불평형	30% 이내(부하불평형)		3% 이내

2) 한국의 전력인프라의 현황(2009년 12월 기준)

- 송배전손실율 : 4.01%(세계 1위)
- 정전시간 : 15.59분/호(세계 2위)
- 부하율 : 76.6%(세계 1위)
- 발전설비 : 72,491MW(세계 12위)
- 송전설비 : 29,929 c-km(세계 10위권)

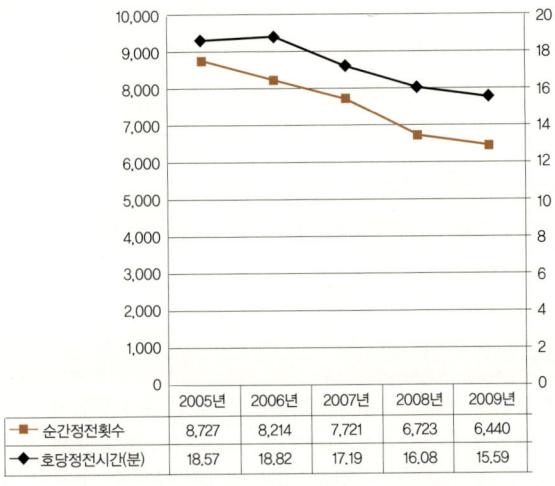

[그림 5.17] 연도별 호당정전시간과 순간정전횟수

3) 신개념 전력품질 개요

유틸리티사에서 공급하는 전기는 정현파 형태로 발전기에서 만들어지는 파형이다. 그러나 전기가 발전기에서 송전선과 배전선을 통해 수용가로 흘러들어 감에 따라 여러 종류의 외란에 의해 영향을 받아 초기의 정현파 형태는 왜곡될 수 있다. 기존 전력품질은 전압, 주파수, 정전시간 등의 완전정전을 초래하는 요인에만 관리를 집중하였으나, 신개념 전력품질에는 순시전압강하/상승(Sag/Swell), 고조파, 전압서지(Spikes), 불평형(Imbalances) 등의 부분정전을 일으키는 외란에 대해서도 관리되고, 개선되어야 한다.

[표 5.5] 한국의 전력인프라의 현황

구 분	송배전손실율	정전 시간	부하율
미 국	6.8%	138분	59.3%
일 본	5.0%	11분	62.9%
한 국	4.0%	16분	76.6%
순 위(한국기준)	세계 1위	세계 2위	세계 1위

6.4 미래 신개념 전력품질의 현황과 전망

1) 신개념 전력품질 현황

순시전압강하는 전력품질문제의 최대 이슈이다. 전압강하현상이 주로 예측 및 통제를 할 수 없는 사고에 의해 발생하므로 전력계통에서의 전압강하 발생횟수는 매년 다르게 나타난다.

지난 10년간 수행된 몇몇 산업체 조사는 연간 발생할 수 있는 순시전압강하 현상을 크기와 지속시간의 관점에서 되돌아 볼 수 있는 안목을 제공하고 있다. 전력회사가 공급하는 전력품질의 수준과 수용가가 요구하는 것과는 합리적인 수준에서 일치하고 있으나, 국제반도체설비와 재료규격인 SEMI F47 곡선과는 일치하지 않음을 알 수 있다. 눈여겨볼 점은 정상전압의 30%에서 60% 크기의 전압강하현상이 2~20주기 동안 지속된다는 점이며, 이들 순시전압강하 사고들은 정보기술 산업체 표준곡선(ITIC)을 준수하지 못한다는 것이다.

디지털정소산업에 있어 전력품질은 대단히 중요한 고려사항이며, 마이크로소프트나 야후의 서버단지의 최적위치로 워싱턴주의 그랜드 카운티 교외로 선정된 것도 깨끗하고 신뢰성이 보장되는 전력공급이 필수적이라는 것이 단적인 예이다.

2001년 Primen 조사는 전력품질외란 하나만으로도 미국경제는 연간 1억5천만~2억4천만 달러의 비용손실을 가져올 수 있다고 결론을 내고 있다.

2) 스마트그리드를 적용한 전력품질 전망

스마트그리드에 적용된 고도화된 기술들은 전력공급시스템에서의 전력품질문제를 경감시키고 말단 수용가의 민감한 부하설비를 보호해 줄 수 있을 것이다. 21세기 디지털경제사회에서는 전체 부하 가운데 전력품질에 민감한 전자설비 부하의 증가로 인해

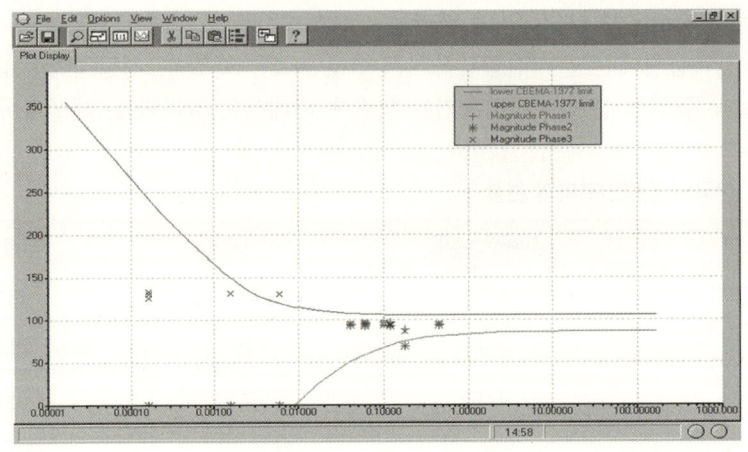

[그림 5.18] 정보기술 산업체 표준곡선(ITIC)-기존 CBEMA Curve

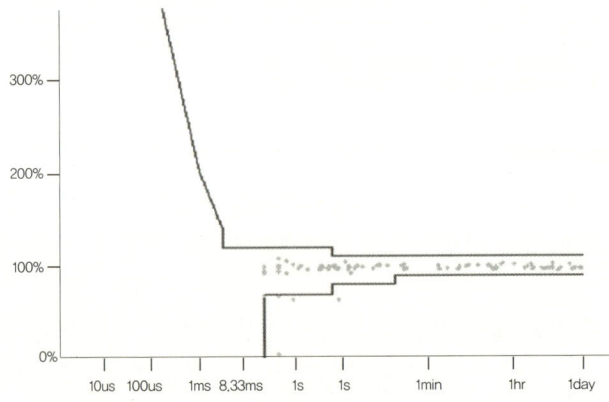

[그림 5.19] 정보기술 산업체 표준곡선(ITIC)-New CBEMA Curve

전력품질의 중요성은 점점 부각되고 있다.

1990년대만 해도 컴퓨터, 가전설비의 반도체칩과 관련된 전기설비와 자동화설비는 미미했으며, 전력계통은 당시의 부하특성에 잘 맞게끔 설계되었다. 그러나 2000년대부터 칩을 사용하는 부하설비와 자동화설비가 10% 증가하였고, 앞으로는 전체부하설비 가운데 50% 이상 증가할 것으로 예상된다. 이에 따라 전력망은 점차 변화하는 부하특성을 수용할 수 있도록 변화해 나갈 것이다. 스마트그리드는 발전과 송전의 모든 레벨에서 적용할 수 있는 다양한 장치와 기술이 존재할 것이다.

6.5 미래 신개념 전력품질의 요구사항

스마트그리드는 발전→송전→배전→최종 수용가에 이르기까지 요구되는 전력품질의 수준을 유지하기 위한 솔루션을 제공해야 한다. 따라서 전력품질 솔루션은 스마트그리드처럼 자율적으로 동작하며 분산되어 있어야 한다. 전력품질 사고를 완화하는 장치들은 최신전력망의 송전 및 배전설비에 걸쳐 분산 배치되어야 하지만, 민감한 부하의 경우 바로 앞단에 설치되어야 한다. IEEE PCIC2002에 의하면 일반적으로 전력품질문제의 40%가 전력회사로부터 공급되는 전기와 관련되어 있고, 60% 정도가 산업체 내의 전기소비와 연관되어 있다고 했다.

전력망 전반에 걸쳐 고도화된 전력전자 제어설비를 배치하는 것이 많은 전력품질문제를 개선하는 핵심이다. 배전시스템에도 실제 적용되고 있는 무정전 전력공급장치(UPS)를 포함한 유연송전시스템(FACTS) 및 관련기술 들은 제어보상설비의 고속 동작을 위해 전력용 반도체 스위칭 소자를 해당 설비에 적용한 것들이다. 정지형 무효전력 보상기와 동적전압보상기, 그리고 싸이리스터제어 직렬보상기가 여기에 속한다. 이러한 FACTS 기기들은 직렬로 혹은 병렬로 연결되어 운전될 수 있다. STATCOM은 부하 말단에 병렬로 연결되지만, 순시전압강하 및 상승을 제어하는 DVR이나 선로임피던스를 조정하는 TCSC의 경우에는 선로에 직렬로 연결된다.

① **송전망 레벨** : 전압강하를 보상하기 위해 SVC(Static Var Compensator)가 적용되나, 이들 설비는 적용규모가 작고, 전력전자소자의 고가로 인해 설치비용이 매우 비싸다. 앞으로 전력전자소자의 가격이 떨어지게 되면, 송전망 소유자들은 이러한 제어설비 설치 가능성이 점점 커지며, 이런 고속전류제한장치는 궁극적으로 무손실 송전선로의 등장으로 전압강하문제를 획기적으로 줄여줄 것이다.

② **배전망 레벨** : 말단 수용가에 공급되는 전력품질을 개선하기 위한 다양한 기술들이 있다. 낙뢰가 전력품질문제의 주요 원인이므로 지중설비의 확대채용으로 이러한 영향을 경감시킬 수 있다. 다양한 전력전자제어설비들을 배전망에 적용하거나, 프리미엄 전력품질 비즈니스 단지를 구성하는 것 또한 생각해 볼 수 있다.

　이들은 고속 전원공급절체 스위치를 통해 다중의 배전선로를 통해 무정전 전원을 공급받을 수 있으며, 마이크로그리드와 녹색전력장치들을 포함한 분산전원과 에너지저장장치 들은 부하인근에 위치하여 전력망의 외란으로부터 수용가를 격리하여 보호할 수 있다.

③ **수용가 레벨** : 전력품질문제가 모든 수용가 고객들에게 동일한 정도의 파급효과를 미치는 것은 아니다. 상업용 및 산업용 수용가들은 그들이 요구하는 전력품질의 등급을 선택하고 그에 맞게 그들의 시스템을 설계할 수 있도록 해야 한다. 주거용 수용가들은 사용하는 가전설비의 특성에 맞는 다양한 전력품질을 요구할 것이다.

　주거용 수용가의 전력품질문제는 상업용과 같이 경제적인 부담보다는 생활에 불편함이 더 크게 작용한다. 하지만, 홈기반의 소규모기업(SOHO)들이 점차 늘어나고 있어 경제에 미치는 영향도 고려하지 않을 수 없다. 수용가 고객들은 자신들의 설비를 보호하기 위해 다양한 방법으로 과도기적으로 발생하는 전력품질문제들을 제한할 수 있다. 최선의 방법은 과도기적으로 발생하는 전력품질외란을 견딜 수 있는 장치를 설치하고 필요한 곳에 접지를 적절하게 해주는 것이다. 과도서지로부터 수용가 설비를 보호할 수 있는 장치들은 많이 있다.

1) 맞춤형 전력품질 향상대책

① **순시전압강하(Voltage Sag)** : 전류제한장치와 FACTS는 전력계통에서 발생하는 사고와 관련한 순시전압강하를 보상할 수 있으며, 대부분 부하 앞단에서 직접적인 전압보상을 수행한다.

② **고조파(Harmonics)** : 최신 고조파필터는 고조파 왜곡을 제거하는데 매우 효과적이다. 수용가와 유틸리티사 모두에게 나쁜 영향을 주는 고조파는 수용가에게 고조파 전류를 제한할 책임이 있으며, 유틸리티사의 경우는 깨끗한 전압파형을 유지할 책임이 있다.

③ **과도서지(Transients-Spikes)** : 서비스 공급자는 과도서지를 최소화하기 위해 피뢰기와 접지, 최신 스위칭 제어설비 도입 및 스마트그리드의 고도화된 유지보수기술 설계전략을 채택하는 것이다.

④ **전압불평형(Voltage Imbalance)** : 스마트그리드에서는 통신용 측정계기가 서비스 제공자들에게 정보를 제공하므로 전압불평형 문제는 신속히 식별될 수 있다.

2) 전력품질 솔루션 핵심기술

아래와 같이 감지 및 측정기술(Sensing and Measurement), 고도화된 요소설비(Advanced Components) 들을 적절하게 선택하여 적용한다면 시스템 전체에 걸쳐 전력품질외란을 예방하는 솔루션을 제공할 것이다.

① **감지 및 측정기술** : 스마트미터기들을 폭넓게 채용한다면 전력망 전체에 걸친 전력품질에 관한 광범위한 정보를 제공할 것이다. 새로운 감지기술은 설비의 건전성을 감시하고 전력품질문제를 야기할 수 있는 잠재적인 사고를 예측할 것이다.

② **고도화된 요소설비** : 스마트그리드의 고도화된 요소설비들 초전도체, 내결함성, 에너지저장 그리고 전력전자와 관련된 최신기술을 채용할 것이다. 이들 요소설비들은 전력품질을 개선하기 위한 장치를 지원하는 것들로 FACTS 및 이와 관련된 장치, 초전도 전류제한장치, 동기조상기와 SMES와 같은 초전도 장치들, 지능형 스위칭 장치 등이 있다.

6.6 전력품질문제의 해결사안(Barriers)

반드시 해결해야 할 3가지 주요 사안들은 최신 전력품질 향상장치의 고비용 구조 해소, 전력품질과 연동하는 요금체계 제공 및 전력품질 프로그램 투자 촉진정책 구현, 규격과 표준의 갱신 등을 들 수 있다.

1) 고가의 전력품질 개선장치

현재 고가인 전력품질개선장치가 폭넓게 적용되기 위해서는 비용구조가 낮아질 필요가 있다. 특히 전력전자반도체소자는 전력품질에 핵심적인 역할을 한다. 이러한 소자는 기타 주요한 스마트그리드 특성에도 주요한 기여를 하고 있다는 점에서 앞으로 잠재적인 시장성은 엄청나다고 할 수 있다.

2) 정부정책과 규제

전력품질에 대한 수용가의 다양한 요구를 반영한 차별화된 정책의 부재 또한 커다란 장애요인으로 작용한다. 규제기관만이 투자자들의 투자비용을 환원시켜 주면서 사회 전체적으로 비용을 최소화할 수 있는 전력품질솔루션을 장려할 위치에 있다. 정부규제를 받는 유틸리티사에 의한 전력품질개선 투자는 전력품질을 개선하려는 동기부여가 되지 않으며, 이는 또 다른 장애요인으로 남아 있다.

3) 규격과 표준

IEEE이나 기타 표준화 기구들은 고객제품, 전기설비, 유틸리티와 전력, 그리고 통신 시스템의 설계에 아주 큰 영향을 둔다. 표준화 기구들은 고객들이 그들의 필요에 따라 선택할 전력품질항목에 대한 표준을 만들지 않는다. 다양한 등급의 전력품질에 대한 표준은 차별화된 전력품질요금체계를 위한 기초자료로 활용될 수 있다. 이는 전력품질이슈 자체가 이해하기 쉽지 않은 항목이기도 하지만, 이러한 표준들은 전력품질 이해당사자들에게 많은 도움을 줄 수 있기 때문이다.

국내·외 스마트미터의 표준화 진행사항은 다음과 같다.

① 국내 전력량계는 KS C 1214 및 IEC 62052, 62053 규격을 만족하며, 해외(북미형)의 경우 ANSI C12 규격을 만족해야 한다.
② ANSI C12.19 표준은 스마트미터를 비롯한 종단설비(End Device)에 데이터 종류를 정의한 표준이다.
③ 현재 NIST에서 기존의 전력량계를 업그레이드하는 표준화를 우선 표준화 대상에 포함하여 PAP00(Meter Upgradability Standard)를 진행 중이며, ANSI C12.19 표준이 유틸리티 회사에서 사용하기에 복잡하여 PAP05(Standard Meter Data Profiles)에서 이를 단순화시키는 작업을 진행하고 있다.
④ 국내에서는 전력사용 비율에 따라 발생하는 펄스를 측정하여 유효·무효·역률·피크치 등을 시간대별(실시간) 측정하며, 부하기록 및 원격검침이 가능한 스마트미터를 개발할 예정이다.
⑤ 양방향 통신, 요금제(TOU와 CPP, RTP 등), Tamper Detection, 원격 Firmware 업그레이드 등이 한전표준 저압 전력량계 규격에 반영될 예정이며, 규격을 만족하는 스마트미터는 2020년까지 총 1조4,740억 원을 투입하여 저압수용가 1,800만 호

에 전량 보급할 예정이다.

Chapter 06

「스마트그리드로 신재생 꽃피운다」

Section 01 스마트 신재생(Smart Renewable)
Section 02 스마트 신재생 국내·외 기술개발
Section 03 스마트 신재생 국내·외 시장동향
Section 04 비즈니스모델 및 풍력발전 예측프로그램
Section 05 세계적인 대전력 계통연계의 예
Section 06 스마트그리드하의 계통연계 규정

Section 01
스마트 신재생 (Smart Renewable)

1.1 스마트 신재생 기술개발

풍력, 태양광 등의 신·재생에너지를 이용한 분산발전 기술의 보급과 함께 각 지역 및 가정마다 발전시스템을 구입하여 전력을 생산할 수 있는 시대가 다가오고 있다. 기존 전력회사들은 반가워하지 않겠지만 이들 청정에너지 시스템기술의 개발과 함께 분산발전 시설들을 전력망과 연계한다면 전체 화석에너지 사용을 줄이며 대규모 정전사태를 피할 수 있다. 그리고 근거리 송전이 가능하게 되어 전력선에 의한 손실을 줄일 수 있다.

한번 흐른 물은 다시 돌아오지 않기 때문에 물을 저장하기 위해 댐이 설치된다. 강수량이 일정하지 않은 우리나라에서는 많은 댐에 물이 저장되어 있어 일 년 내 부족함 없이 물을 쓸 수 있다. 이처럼 흐르면 되돌아오지 않는 전기(야간시간대의 잉여전력)를 고용량 배터리, 플라이휠, 하이브리드 카, 양수발전, 연료전지 등과 같은 소규모 전기 저장장치에 저장한다면 전기에너지 사용률을 획기적으로 높일 수 있으며, 저장이 힘들다는 전기에너지에 대한 편견을 깨자는 것이 스마트그리드이다.

1) 스마트 신재생 시스템의 개요

스마트 신재생 시스템은 신·재생에너지 발전원과 이를 통합 관리할 수 있는 운영시스템(EMS), 전기품질 보상을 위한 에너지 저장장치, 전력변환장치, 전력품질 보상장치, 양방향 통신네트워크, 보안시스템 등으로 구성되며 EMS는 스마트 전력서비스(Smart Electric Service)의 통합운영센터(TOC, Total Operation Center)와 발전전력 거래정보를 연계하여 최적 운전전략을 제공한다.

스마트 신재생 시스템은 전력계통과 연계 운전되며 계통운영 및 보호협조에 필요한 정보의 공유를 통해 작업자의 안전 확보와 전력설비의 보호를 위해 금지된 단독운전 방지기능을 넘어 의도적인 단독운전(Intentional Islanding) 기술을 구현할 수 있는 지능형 전력시스템으로 개발하고, 초고속 광네트워크를 기반으로 다양한 발전원 및 스마트 기기들과의 상호운용성 확보가 가능하도록 구성되어야 한다.

[표 6.1] 스마트 신재생의 핵심기술

핵심 기술	기존 기술현황	스마트그리드
계통연계(태양광, 풍력발전 등)	선진국 대비 50%	• 그리드와 마이크로그리드에 안정적인 연계 • 보호&제어, 출력예측
에너지저장장치	선진국 대비 25%	• 대규모 배터리설비, BMS
전력품질제어	선진국 대비 50%	• STATCOM, PCS(Power Condition System)

2) 스마트 신재생 시스템의 필요성

세계적으로 풍력, 태양광 발전 등의 신·재생에너지 확대보급에 대한 투자가 집중되고 있으나, 경제성 확보가 우수한 풍력은 지역 및 기후 특성에 따른 출력예측이 어렵고 심한 출력변동 특성으로 연계계통의 안정적 운영에 큰 영향을 미치고 있다. 따라서 간헐적인 발전특성을 갖는 풍력 및 태양광과 같은 신·재생에너지원의 획기적인 보급 확대를 위해서는 출력변동이 심한 발전출력의 전력품질 개선이 절실히 요구되고 있다.

스마트 신재생 시스템은 다양한 부하와 발전원의 혼재, 부가서비스의 제공, 양방향 전력조류, 전력품질 문제, 에너지 저장장치의 적용 등으로 차별적인 시스템 구성과 기존 전력계통과의 조화로운 운용기술 개발이 필요하고 특히, 기존 전력계통의 안정적인 운용을 위한 연계기술의 확립, 전력거래, 최적운영을 통한 전력비용의 최소화 등의 기술개발이 필수적이다.

1.2 스마트 신재생 시스템의 요소기기

1) 신·재생에너지 발전원

신재생에너지 발전원으로는 집광형 태양광, 소규모 풍력, 소규모 해양, 소수력 등이 있다. 제주 실증단지에서는 행원풍력발전단지를 주 발전원으로 활용하고 있다. 1998년 상업운전을 시작한 본 풍력발전단지를 실증시험의 주 발전원으로 활용할 예정으로 평균풍속은 1~2월에 약 7m/s, 5~8월에 약 4m/s로서 겨울철 북서풍의 영향으로 북서쪽의 바람이 전체의 약 24%를 차지하고 있다.

2) 스마트 신재생 운영시스템(EMS)

운영시스템은 신재생에너지원 및 전력기기를 통합 감시/제어, 자료취득(SCADA), 자동발전제어, 경제급전, 수요 및 신·재생에너지 출력예측, 최적 발전계획 등의 다양한 응용프로그램이 유기적으로 동작할 수 있는 안정적 운영 플랫폼 기술제공이 가능하도록 한다. 또한 실증단지 통합운영센터(TOC)와 연계운전, 실시간 및 가변형 요금제를 기반으로 하는 운전전략을 통해 신·재생에너지 발전원의 최적 경제발전을 구현하여 실증한다. 스마트 신재생 EMS는 스마트 신재생 시스템 내의 분산전원 및 부하를 최적으로 운용하기 위한 에너지운영시스템(EMS)의 역할을 담당한다.

기존 전력계통용 EMS와의 차이점은 분산전원들의 발전량 예측을 위한 발전예측기술, 전력품질의 보상을 위한 전력품질 보상기기의 운용, 부하관리 및 제어, 전력거래, 에너지 저장장치와의 협조운전, 실시간 AMI 연계기술, 수요관리기능, 상위 시스템과의 연계(배전자동화 및 스마트배전) 등의 기능들을 추가해야 한다.

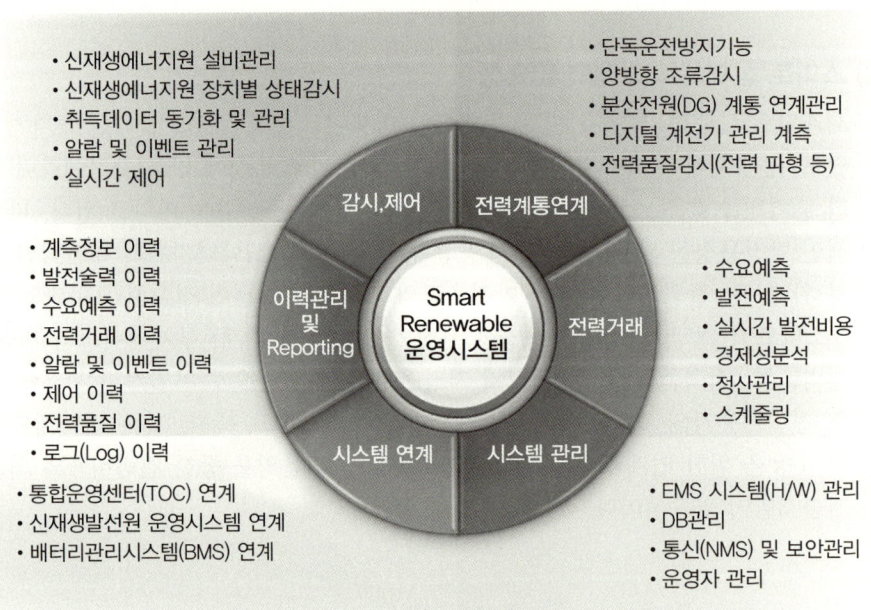

[그림 6.1] 스마트 신재생 운영시스템 기능 구조도

3) 배터리 에너지 저장장치(BESS, Battery Energy Storage System)

과도상태 전력품질 분야에서는 수 초~수 분간 전력품질을 유지할 수 있을 정도의 에너지 저장용량이면 충분하며, 속응시간이 짧을수록 유리하므로 전기이중층 커패시터(EDLC, Electric Double Layer Capacitor)가 적합하다. 수요관리나 예비력 확보분야에서는 15분~1시간 정도의 저장능력을 갖는 배터리가 적합하며 저장용량이 1MWh 이상을 계획한다면 현재 기술 수준에서는 에너지 저장밀도가 높은 NaS 배터리가 적합하다. 리튬계열 배터리는 1MWh 이상으로 대용량화하려면 더 많은 기술개발이 필요하므로 현재 기술 수준에서는 중대형 저장규모에서 단주기의 평활화(Smoothing) 기능과 장주기의 Power Shift 기능을 전략적으로 구현할 예정이다.

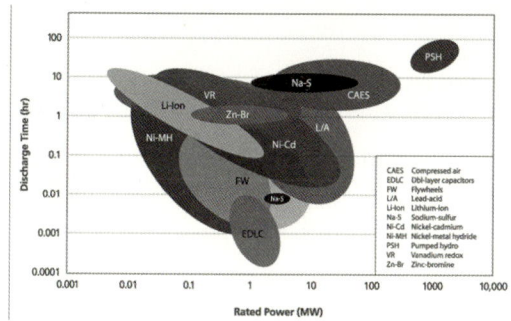

[그림 6.2] 에너지 저장장치의 충·방전 정격과 응용분야

[표 6.2] 중대형 이차전지 특성 비교

구분	납축전지	Ni-MH	NaS/ Redox Flow	리튬이온	리튬폴리머
작동 전압	1.9V	1.2V	2/1.4~1.6	3.6V	3.7V
에너지밀도	70Wh/L	90Wh/L	-	400Wh/L〈	360Wh/L
충전 특성	급속충전 취약	급속충전 가능	급속충전 취약	급속충전 가능	급속충전 가능
방전 특성	중전류 부하	대전류 부하	중전류 부하	중전류 부하	대전류 부하
장점	저가	저가	부하평준화용	고용량	고출력
단점	무거움, 환경오염	안전성	고온작동 300℃ 이상	안전성	안전성
가격	저가	저가	고가	고가	고가

4) 배터리 관리시스템(BMS, Battery Management System)

BMS는 전지의 보호 및 제어를 통해 전지의 안정적 사용을 가능하게 하며, BMS의 고장률을 최소화하기 위해 시스템의 신뢰성 확보가 중요하다. 기술적으로 어려운 점은 전지전압의 비선형성으로 인해 충전률(SOC, State of Charge) 예측이 어렵고 장기사용에 따른 열화 가능성이 높아 제어능력이 떨어지게 된다. 따라서 열화에 따른 배터리 상태진단이 핵심기술이다. 배터리 팩은 단전지의 직·병렬연결에 의해 구성되므로 팩의 부피를 소형화하면서도 진동, 충격 등의 환경으로부터 보호할 수 있도록 구조를 설계하는 기술이 핵심기술이다.

5) 초전도플라이휠 에너지 저장장치(SFSS, Superconducting Fly-wheel Energy Storage System)

플라이휠 에너지 저장장치의 장점은 유지보수가 쉽고 긴 수명을 갖고 있으며 화학물질을 사용하지 않는다는 점이다. 특히 응용분야에서는 속응성이 좋아 과도상태의 전

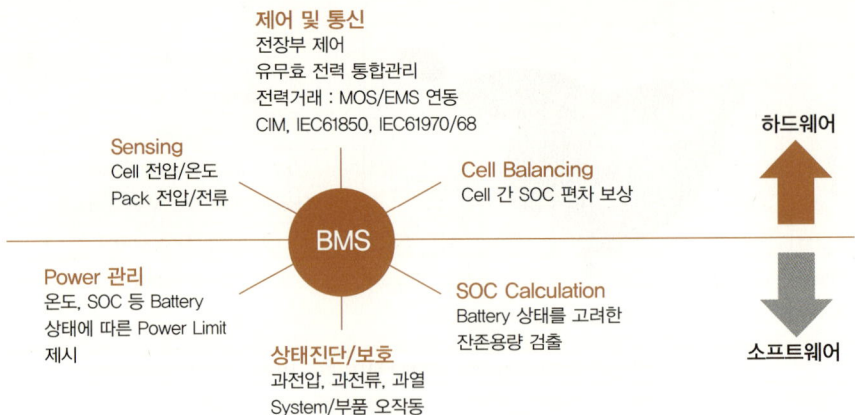

[그림 6.3] BMS(Battery Management System)의 주요 기능
(출처 : 그린에너지 전략 로드맵(에기평))

력품질을 담당할 수 있는 장점이 있다.

제주 행원풍력단지의 출력변동 특성은 순시적으로 약 300kW 내외의 변동폭을 가지고 있으므로 행원풍력단지의 순시 발전출력을 안정화하기 위해서는 순시 최대출력 300kW 이상, 저장용량 50kWh 이상의 초전도 플라이휠 저장능력이 요구된다. 개별

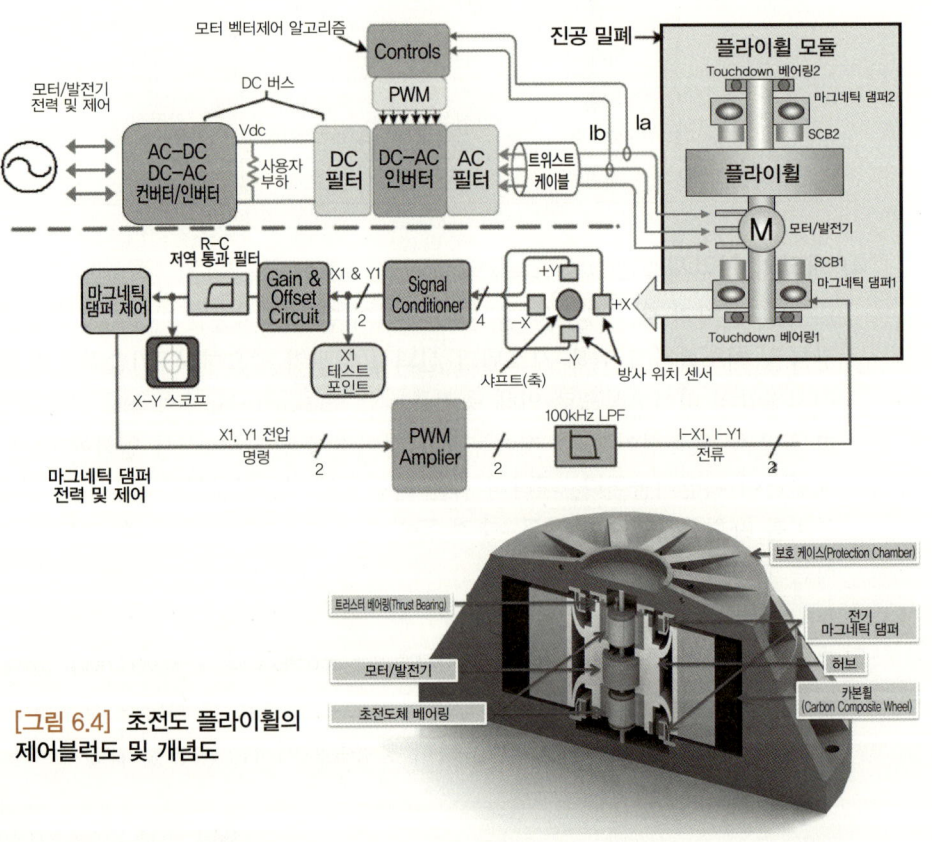

[그림 6.4] 초전도 플라이휠의 제어블럭도 및 개념도

풍력발전기를 대상으로 할 경우에는 더 작은 용량으로도 가능하다.

6) 전력변환장치(PCS, Power Conditioning System)

에너지 저장장치용 전력변환기는 계통과 병렬로 연결되어 에너지 저장장치를 충전하거나 방전하는 역할을 수행한다. 전력회사의 요구에 의해 유효전력 공급, 무효전력 공급 등이 가능해야 하며 유효/무효전력량 제어, 에너지 저장장치를 이용한 전력계통 신뢰도 향상, 전력수요 피크 시 저장에너지를 이용한 전력공급 등의 다양한 기능을 구현해야 한다.

7) 무효전력 보상장치

무효전력 보상장치는 전력계통에 유입되는 고조파를 무효전력 보상장치 측으로 흡수

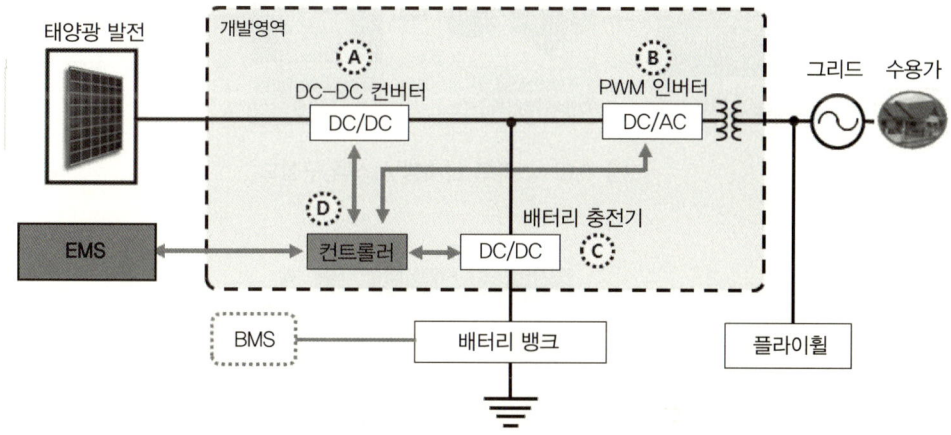

[그림 6.5] 다기능 전력변환장치(PCS) 구성도

시켜 계통의 전력품질을 향상시키고 계통에 진상 무효전력을 공급하여 역률을 개선함으로써 전압강하 감소 등 전력계통의 효율을 증대시킬 정도의 규모 이상이어야 한다.

8) 초고속 광 통신네트워크 및 지능형 통합 보안시스템 구축

신재생 발전원(풍력, 태양광) 및 관련 장비로부터 실증센터 간 저속에서 고속(수십 Kbps~수백Mbps)까지 유연한 서비스 제공이 가능한 양방향 초고속 광 통신 인프라를 구축한다. IEC 61850 등 표준 프로토콜을 적용하여 통합운영센터(TOC) 등 각 시스템 간 상호운용성을 높인다. 통신망 운용 시 DDos(서비스 거부 공격) 등의 외부 공격과 Sniffing(내부 네트워크 도용) 등의 내부 정보유출에 대한 취약성 분석 및 대책을 제시한다. TOC와 연계하여 Smart Renewable 시스템 보안정책의 일관성을 유지함으로써 앞으로 스마트그리드 확대 시 통합보안 정책이 적용될 수 있도록 한다.

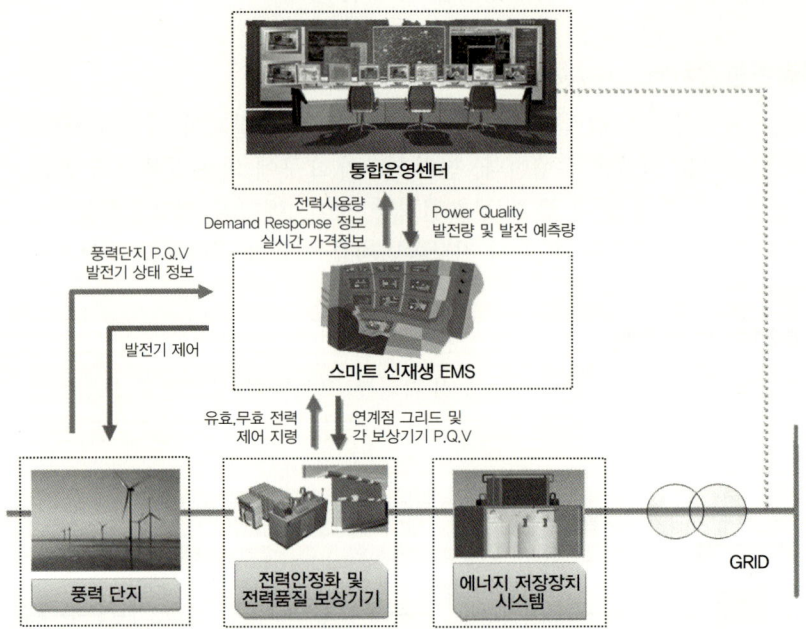

[그림 6.6] 스마트 신재생 시스템 구성도

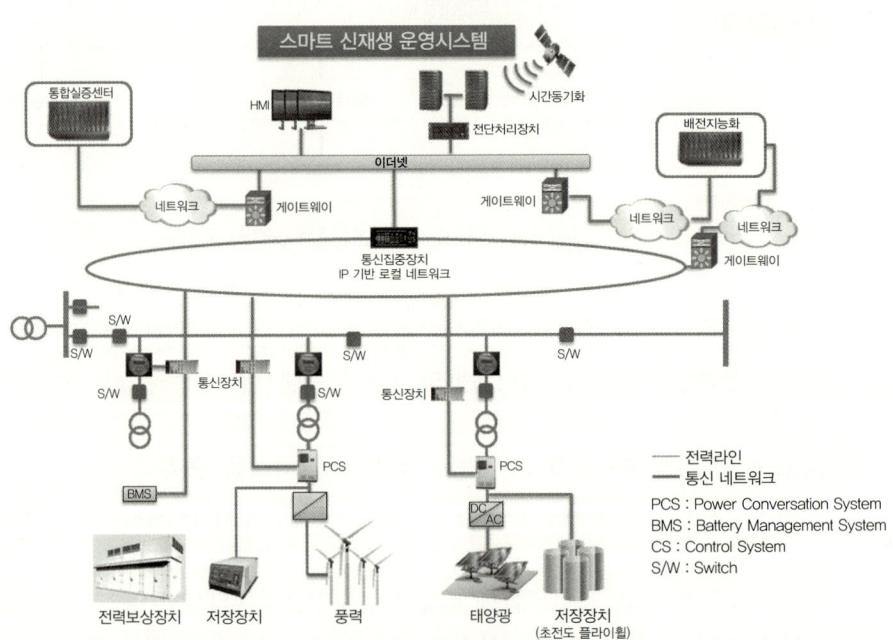

[그림 6.7] 스마트 신재생 통신 네트워크 구성도

1.3 마이크로그리드 연구 및 실증현황

유틸리티 전력망과 독립된 로컬 전력망의 분산발전 및 에너지저장을 컨트롤하기 위해 스마트그리드 기술을 사용하는 마이크로그리드는 유틸리티 전력망의 혜택을 받지 못한 지역에서는 필수적이며, 앞으로 마이크로그리드가 국가 전체 전력 포트폴리오에서 얼마나 큰 역할을 할지는 녹색에너지산업 전반을 위한 법률제정에 의해 크게 좌우될 것이다.

1) 마이크로그리드의 효용성

어떠한 형태의 에너지원도 연계할 수 있고, 새로운 전원의 추가로 인한 보호협조, 신뢰도, 전기품질 문제 등의 파급을 최소화한다. 또한, 사용자가 요구하는 다양한 서비스 지원이 가능하며, 신·재생에너지원의 효율적 이용 및 기존 전력시스템과의 안정적인 공존을 한다.

이미 전 세계 일부지역에서 운영되고 있는 파일럿 규모의 마이크로그리드는 이들 실험에서 얻어지는 데이터보다 큰 규모의 마이크로그리드를 전략적으로 도입하기 위한 민간 투자자들의 자금지원 결정에 많은 도움이 되고 있다.

2) 기존 신·재생에너지 보급사업과 마이크로그리드의 차별성

	기존 신·재생에너지 보급	마이크로그리드
설치방법	개별적 설치(종합적 계획 무)	계획적, 집단적 설치
적용기술	에너지원별 단위기술 위주	신·재생에너지 + IT + 운용기술
에너지 공급	전기에너지만 공급	전기·열 통합 공급 가능
효용성	전기요금 절감 : 잉여전력 역송	개인 : 에너지 비용 최적화 에너지사업자 : 잉여 전력거래
종합	신·재생에너지의 소극적 이용 기존기술, 보조적 전기 공급	신·재생에너지의 적극적 이용 미래기술, 부가서비스의 제공

출처 : 김홍근 박사의 '신·재생에너지원의 이용효율 향상을 위한 마이크로 그리드 구축'

3) 스마트그리드와 마이크로그리드

- 스마트그리드 : 집중식 전력(원자력 등) + 분산발전이 공조 ➡ 국가적인 전력인프라
- 마이크로그리드 : 분산전원 보급 확대 기본기술 ➡ 지역적 고효율 에너지공급시스템

4) 유럽의 마이크로그리드 연구사례

연구현황으로는 'Smart Power Network' 개념을 도입, 전력계통의 신뢰성 확보와 온실가스 감축을 위한 중앙 집중적 또는 분산적 발전과 이에 대한 통신 및 정책적인 연구가 있었고, 'European Research Project Cluster : Integration of RES+DG'컨

소시엄을 통해 분산전원의 도입 및 마이크로그리드에 대한 지속적인 연구수행이 진행 중이다. 유럽의 대표적인 실증사례는 다음과 같다.

- 스페인 LABEIN's Commercial Feeder
- 그리스 Kythnos Island Microgrid
- 포르투갈 EDP's Microgeneration Facility
- 네덜란드 Continuon's MV/LV Facility
- 독일 MVY Headquarter Building
- 덴마크 ELTRA's DNO 150kV Microgrid

5) 미국의 마이크로그리드 연구사례

캘리포니아의 유틸리티사 들은 정전을 방지, 성수기 전력 수요를 효율적으로 관리하며, 회복 및 자기치유가 가능한 인프라를 구축한다는 의미에서 마이크로그리드의 잠재력을 평가하고 있다. 미국의 대표적인 실증사업 사례는 다음과 같다.

① Microgrid Power Pavilion : 2006년 미시간주 디트로이트시에 연료전지, 태양광, 마이크로터빈(1,064kW 설비) 등을 설치하여 현장전력-열 생산, 폐열회수 및 냉/온수 시스템을 이용한 에너지효율을 향상

② Mad River 마이크로그리드 : 전력회사가 정부지원으로 수행한 프로젝트로 가스엔진, 풍력, 태양광(480kW) 등 2003년 8월에 운전 개시

③ 미국 국방부의 아프가니스탄 등 적용 : 보다 나은 전투용 전력생산 및 효율적 사용을 위해 아프가니스탄 등 현장에 마이크로그리드를 구축하여 2달 이상 가동되고 있고, 초기 관찰결과 연료사용이 16% 감축

6) 일본의 마이크로그리드 연구사례

연구현황으로는 NEDO를 중심으로 1990년대 초반부터 미전화지역에 대한 해외 신·재생에너지 지원 및 시스템 컨설팅을 목표로 다양한 해외 프로젝트가 진행되고 있으며, 전력회사보다는 중전기기회사, 건설회사, 통신회사와 같은 민간회사 주도로 서로 다른 목적의 마이크로그리드 개념을 실증하고 있으며, 해외사업 진출을 위해 적극적으로 연구를 진행 중이다.

일본의 대표적인 실증사례는 다음과 같다.

① 하치노헤 프로젝트(Hachinohe Project) : 바이오가스 엔진, 태양광, 풍력, 배터리 등 710kW 규모로 2005년 미쓰비시의 주도로 하치노헤시에 설치하였고, 매립지가스 발전, 태양광 및 풍력발전을 통한 눈 녹임 등이 특징이다.

② 시미즈 프로젝트(Shimizu Project) : 2006년 가스엔진, 태양광, 배터리 등을 이용하여 연구소 건물을 대상으로 부하추종 제어기술을 실증하였고, 이는 건설회사인 시미

즈가 자체예산으로 미래에너지 자립건물을 상업화하기 위해 실증하고 있다.
③ **센다이 프로젝트(Sendai Project)** : 가스엔진(700kW), 연료전지(250kW), 태양광(50kW) 등으로 전체 1MW 규모로 NEDO 지원으로 NTT-F라는 통신회사가 동북대학 구내에 구축하였다. 이는 전력관련 기업이 아닌 통신회사가 전기품질의 다양화를 목적으로 무정전 고품질의 전력공급을 위해 계통이상 시 분산전원과 DVR 같은 전기품질 보상장치를 이용해 무정전 독립운전을 목표로 마이크로그리드 관련 실증을 수행하고 있다.

| Section 02 |
스마트 신재생 국내 · 외 기술개발

2.1 국내·외 기술개발 개요

우리 정부는 2008년 8월 제1차 국가에너지 기본계획을 발표하며 그린에너지 산업을 녹색성장의 핵심동력으로 추진할 계획이라고 밝힌 바 있으며, 아울러 2030년까지 신·재생에너지 보급률 11%를 달성하기 위해 신·재생에너지 보급 의무화를 강화하는 동시에 새로운 신재생에너지 자원을 발굴하고 핵심 분야에 대한 연구개발을 지원하고 있다.

1) 개발방향

한전 컨소시엄에서는 4,000kVA급 DVR(Dynamic Voltage Restorer), SSFG(Sag, Swell and Flicker Generator), 22.9kV 배전급 전압에 스위칭할 수 있는 STS(Static Transfer Switch), 전력품질 보상장치인 10 MVA 정지형 동기조상기(STACOM, Static Synchronous Compensator) 등의 최고 기술력을 보유한 제작업체가 참여하고 있다. 배터리 기술이 발전함에 따라 급속충전을 위한 충전기의 기술개발 방향이 제시되고 있는 실정이고, 전기자동차용 Battery Charger의 수요가 예상되면서 약 50~100kW급의 제품들이 주요 목표로 개발방향이 추진되고 있다.

무효전력보상장치는 다양한 형태의 수동형/능동형 무효전력 보상장치가 개발되어 있으며 콘덴서 뱅크의 개발이 가속화 되고 있다. 무효전력 보상장치의 핵심 부품인 콘덴서 제조 기술, 고압/초고압 진상용 콘덴서와 고조파 필터 등의 특수용 콘덴서 기술 또한, 한전 컨소시엄 참여업체에서 확보하고 있다.

2) 마이크로그리드(전력망연계/독립운전) 기술

분산전원, 신·재생에너지 등을 포함하는 종합에너지 공급 모델로서의 마이크로그리드 기술은 현재 전력산업의 최대 관심사 중 하나인 분야로 전력시스템, 전력전자, 통신 및 제어기술 등의 기술이 융합되는 기술로서 이해가 필요한 부분이다.

마이크로그리드의 구성은 마이크로그리드 개념의 이해 및 마이크로소스(Micro Source) 및 마이크로그리드 모델링/해석 기법, 마이크로그리드 제어 및 운영 알고리즘,

마이크로그리드 에너지 최적화 및 IT에 기반을 둔 통합관리 기법 등이며, 전체적인 스마트그리드 기술 및 스마트 배전, 스마트 송전 등의 이론과 소프트웨어 실습 등의 실무적 능력도 겸비해야만 전반적인 마이크로그리드 기술을 이해했다고 볼 수 있다.

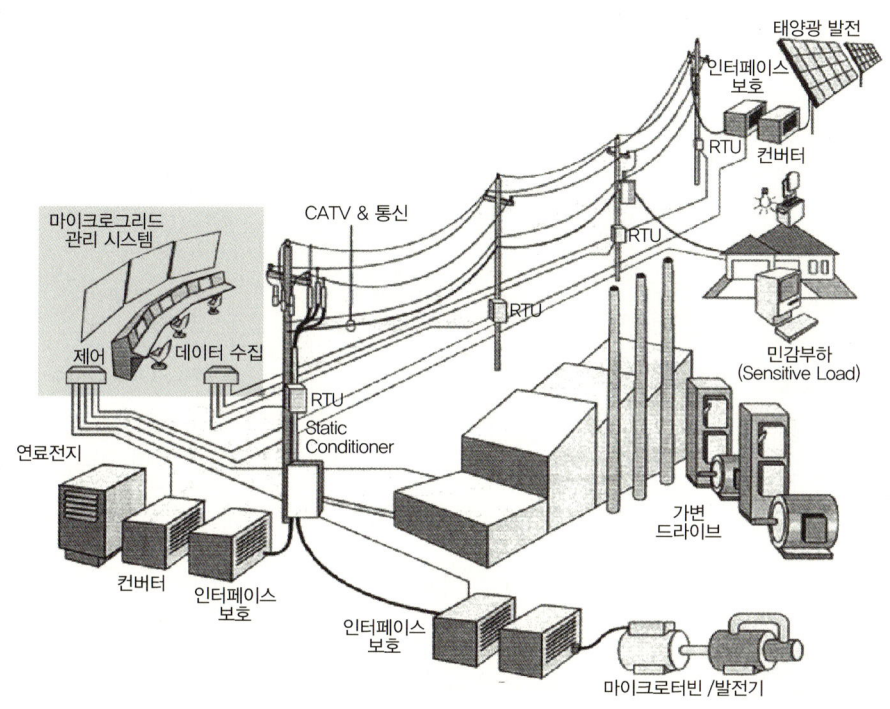

[그림 6.8] 마이크로그리드의 개념도

3) 신·재생에너지용 전기설비 해석 및 수배전반 운용기술

전용 CAD 툴에 의하여 2차원으로 전기설비 도면을 작성하고, 자동으로 전기적인 계산(전압강하, 단락용량 등)을 수행하는 전기설비해석 소프트웨어와 디지털식 보호기기와 양방향 보호배전반을 포함한 고/저압 수변전 시뮬레이터(하드웨어)를 활용한다. 전기설비 운용 시의 각종 사고나 제어 알고리즘 및 전기설비의 유지보수 기술도 이해해야 하고, 신재생에너지원의 연계에 따라 발생할 수 있는 기술적인 문제점을 평가할 수 있는 시험 장치를 이용하여 계통연계 시 발생할 수 있는 사고전류의 증가, 보호협조의 문제, 전압제어에 대한 문제, 고조파 발생 등의 문제점에 대한 해석 및 해결방안도 검토한다.

2.2 국내형 스마트 신재생 운영시스템

1) 국내형 스마트 신재생 운영시스템 추진체계

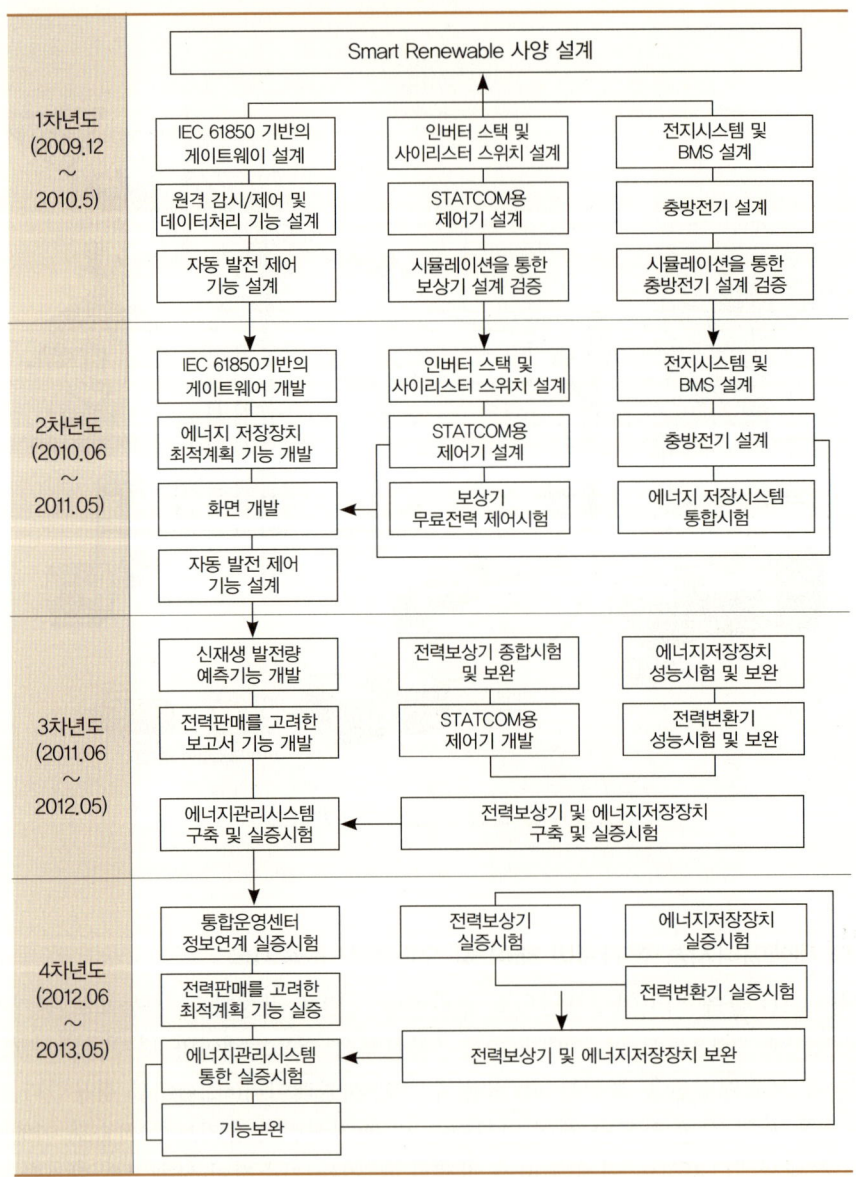

2) 최종목표

최종목표는 국내형 스마트 신재생 운영시스템 구축 및 실증으로 국내형 비즈니스 모델에 적합한 EMS 구축 및 실증과 풍력발전 출력안정화용 에너지 저장시스템 구축 및 실증을 한다는 것이다. 국내형 비즈니스 모델에 적합한 EMS 구축 및 실증의 세부사항은 한국전력공사 계통과 신재생전원 간 설비고장 시 조치방안 및 보호협조 체계 구축, 유효/무효전력 제어기능 및 풍력발전단지 출력량 예측기능 구현, 통합운영센터와 시장가격 등 정보교환을 통한 EMS 최적 운영전략 구현 및 운영전략에 의한 에너지저장시스템(BMS, PCS) 및 전력품질 보상장치 최적 제어 등이 있다.

2.3 해외진출형 스마트 신재생 운영시스템

1) 해외진출형 운영시스템의 운전전략 차별화

불규칙한 풍력발전 출력변동을 최소화하기 위한 다양한 제어방식을 조합하는 시스템으로 평활화(Smoothing) 제어, 정전력(Constant Power) 제어, 에너지이동(Energy Shifting) 제어 모드 선택이 가능하다. 또한 풍력발전 출력과 계통의 수요전력 예측을 통한 전력공급의 최적화 전략은 다음과 같다.

- 수요전력이 낮은 시간대 : 평활화(Smoothing) 제어
- 수요전력이 높은 시간대 : 정전력(Constant Power) 제어
- 피크부하 시간대 : 에너지이동(Energy Shifting) 제어

2) 해외진출형 운영시스템 추진체계

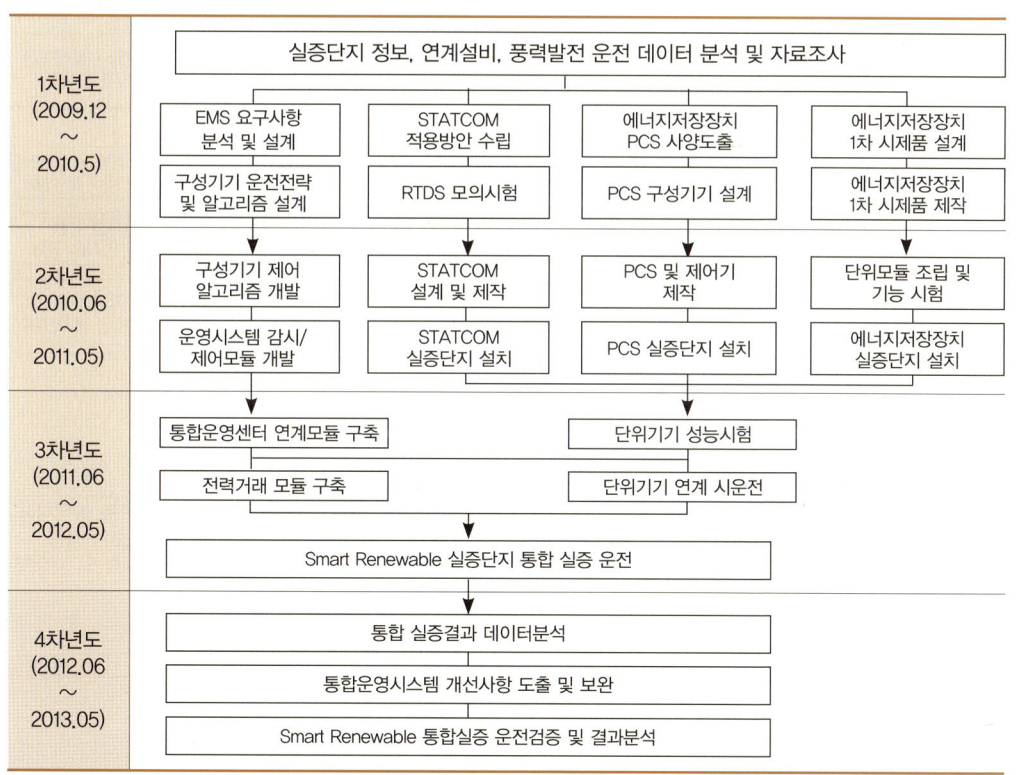

3) 최종목표

최종목표는 해외진출형 스마트 신재생 운영시스템 구축 및 실증으로 해외진출형 비즈니스 모델에 적합한 EMS 구축 및 실증, 풍력발전 출력 안정화용 및 출력 평준화용 에너지 저장시스템 구축 및 실증과 에너지저장장치, 전력품질 보상기를 적용한 신재생 발전원의 안정적 계통연계에 대한 표준안을 수립하는 것이다.

2.4 소규모 보급형 스마트 신재생 운영시스템

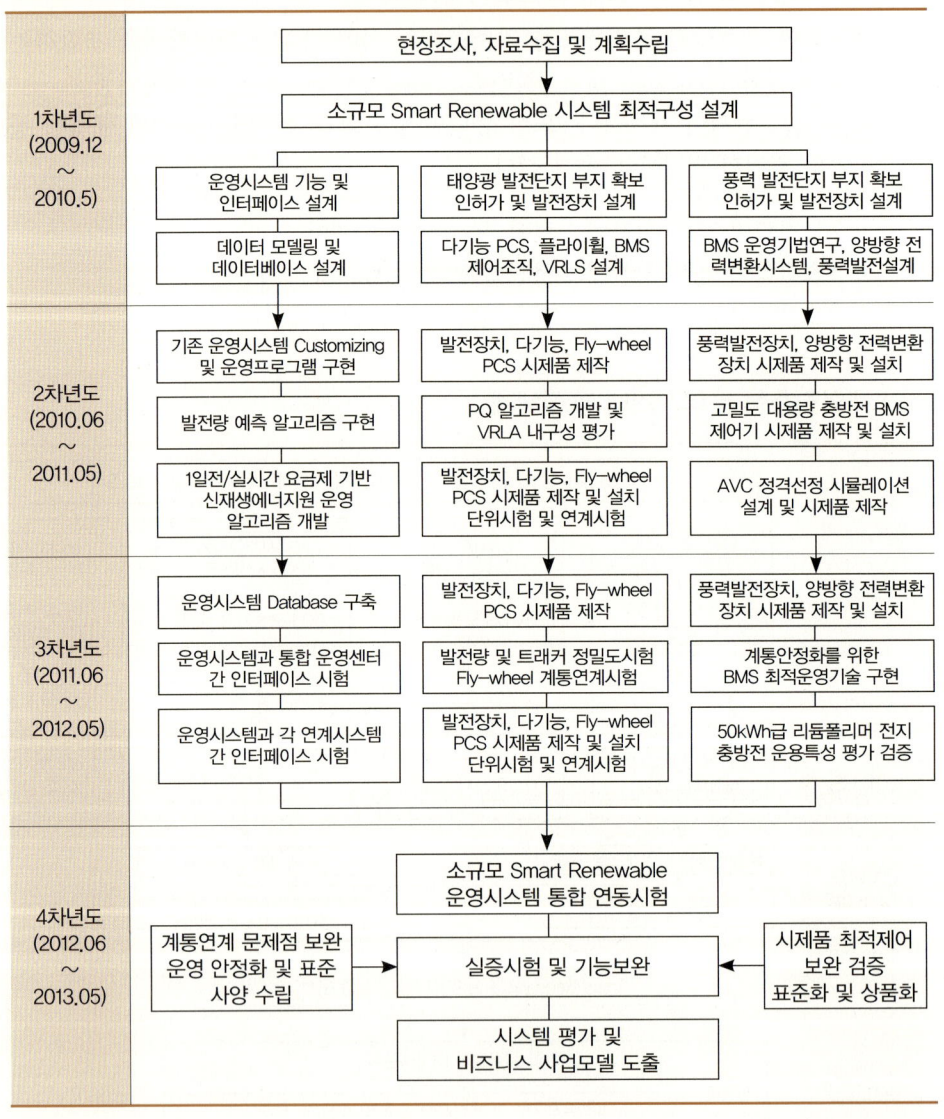

2) 최종목표

최종목표는 소규모 보급형 스마트 신재생 운영시스템 구축 및 실증으로 소규모 보급형 비즈니스 모델에 적합한 EMS와 풍력발전 출력 안정화용 에너지 저장시스템 구축 및 실증, 소규모 신재생에너지 발전원 구축 및 스마트 신재생 EMS와 연계운전 실증을 한다는 것이다. 소규모 보급형 비즈니스 모델에 적합한 EMS 구축 및 실증의 세부사항은 저압 배전계통과 연계 가능한 소규모 EMS 실증, 다양한 신재생 발전원과 전력기기와의 상호운용성을 지원하는 EMS 구축, 소규모 신재생에너지 보급 확대를 위한 경제성 있고 콤팩트한 시스템 개발 및 실증, 실시간/고정발전 요금제와 유연하게 적용할 수 있는 EMS 구축 등이 있다.

2.5 보안/통신 시스템

1) 보안체계 수립

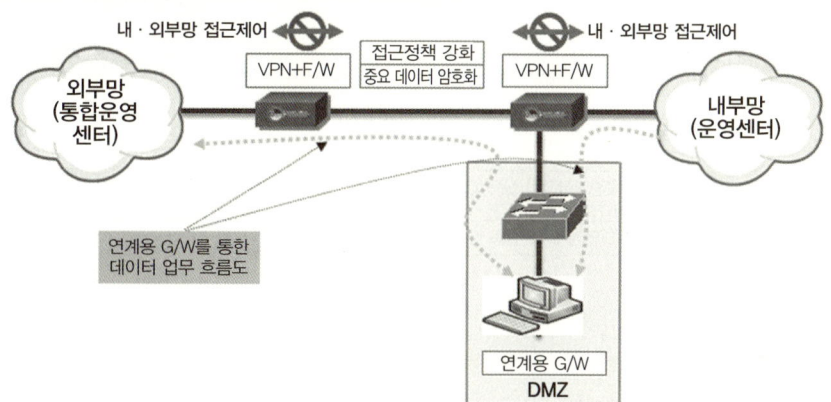

[그림 6.9] 외부망 연계구간 보안 체계 수립

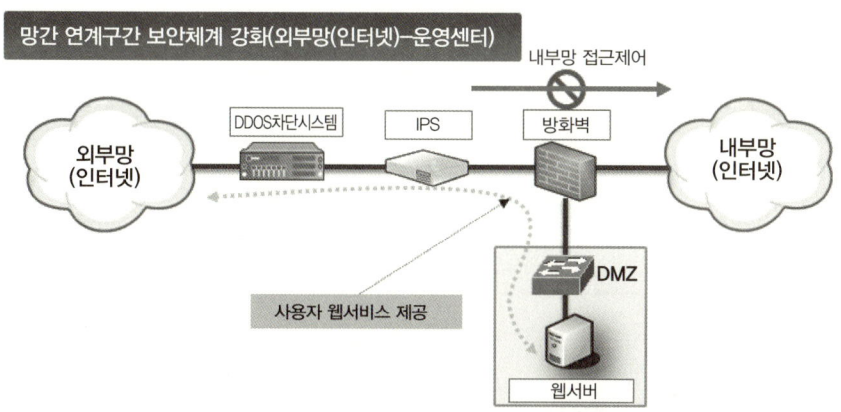

[그림 6.10] 인터넷 연계구간 보안 체계 수립

2) 보안/통신 시스템 추진체계

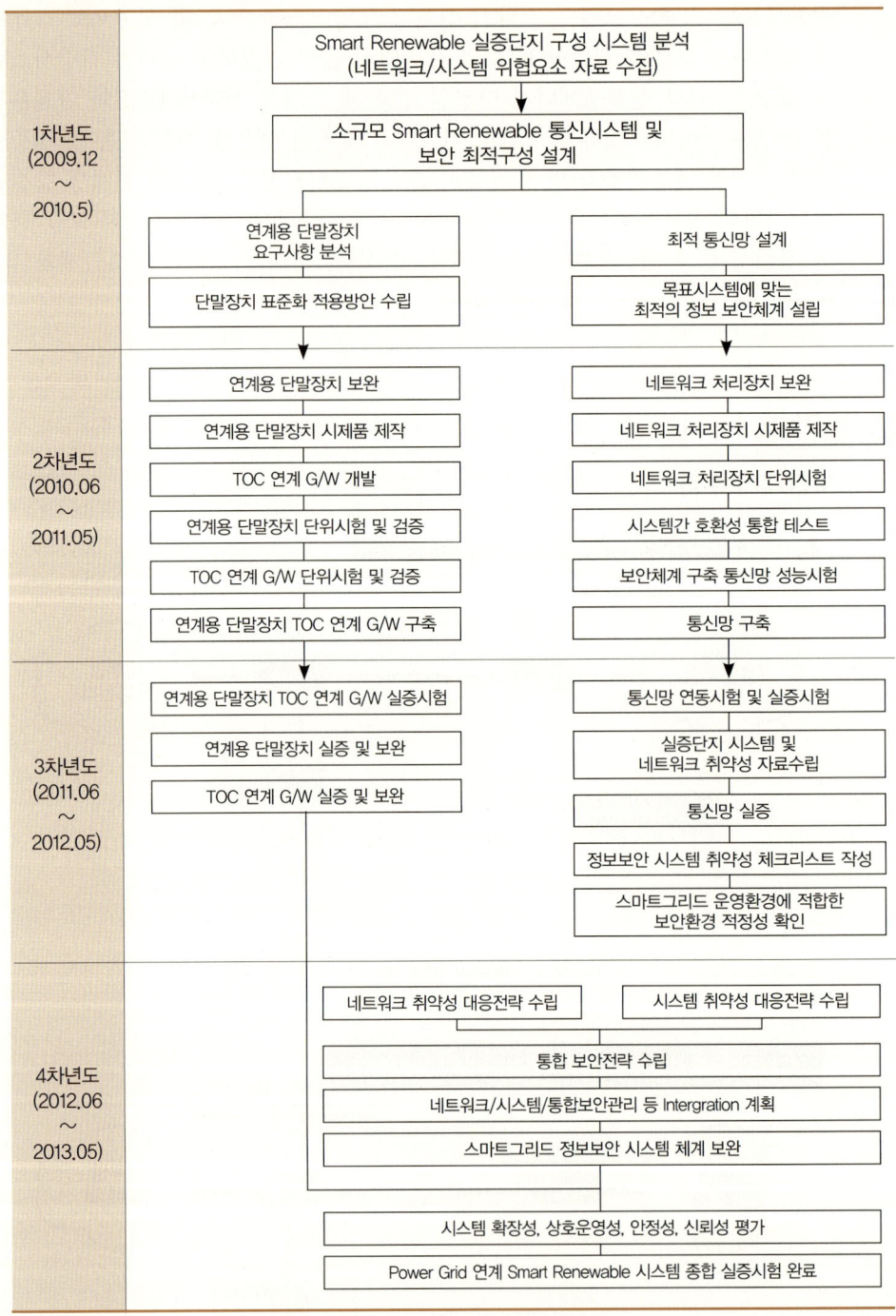

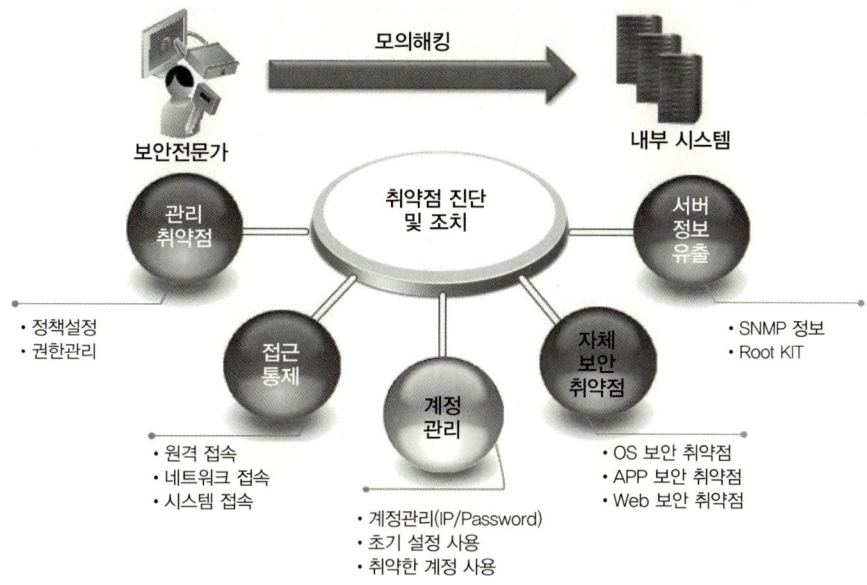

[그림 6.11] 취약점 진단 및 조치 구성

3) 최종목표

최종목표는 초고속 광통신 네트워크와 지능형 통합 보안시스템 구축 및 실증으로 지능형 초고속 광통신 네트워크 구축 및 실증과 스마트 신재생 시스템의 지능형 통합 보안시스템 체계 구축을 한다는 것이다. 지능형 초고속 광 통신 네트워크 구축 및 실증의 세부사항은 IEC 61850 기반의 통합운영센터와 EMS간 양방향 통신네트워크 구축 및 실증, 통신 속도, 상호운용성 등 시스템의 다양한 서비스가 가능토록 서비스품질(QOS, Quality of Service)를 보장, 스마트 신재생영역 내 통신망과 전력계통 제어망은 물리적으로 분리 운영 구축 등이 있다.

2.6 스마트 신재생 계통연계 기술

1) 국내형 스마트 신재생 운영시스템 추진체계

다음 페이지 참조

2) 최종목표

최종목표는 실증시험을 통한 스마트 신재생 계통연계 기술 개발 및 활용으로 비즈니스 모델 기반의 스마트 신재생 실증단지 및 실증센터 구축, 계통운영자와 신재생에너지 발전사업자 간 상호 정보공유를 통한 융합기술 개발 및 실증, 풍력단지 발전량 예측 알고리즘 개발 등이 있다. 비즈니스 모델 기반의 스마트 신재생 실증단지 및 실증센터 구

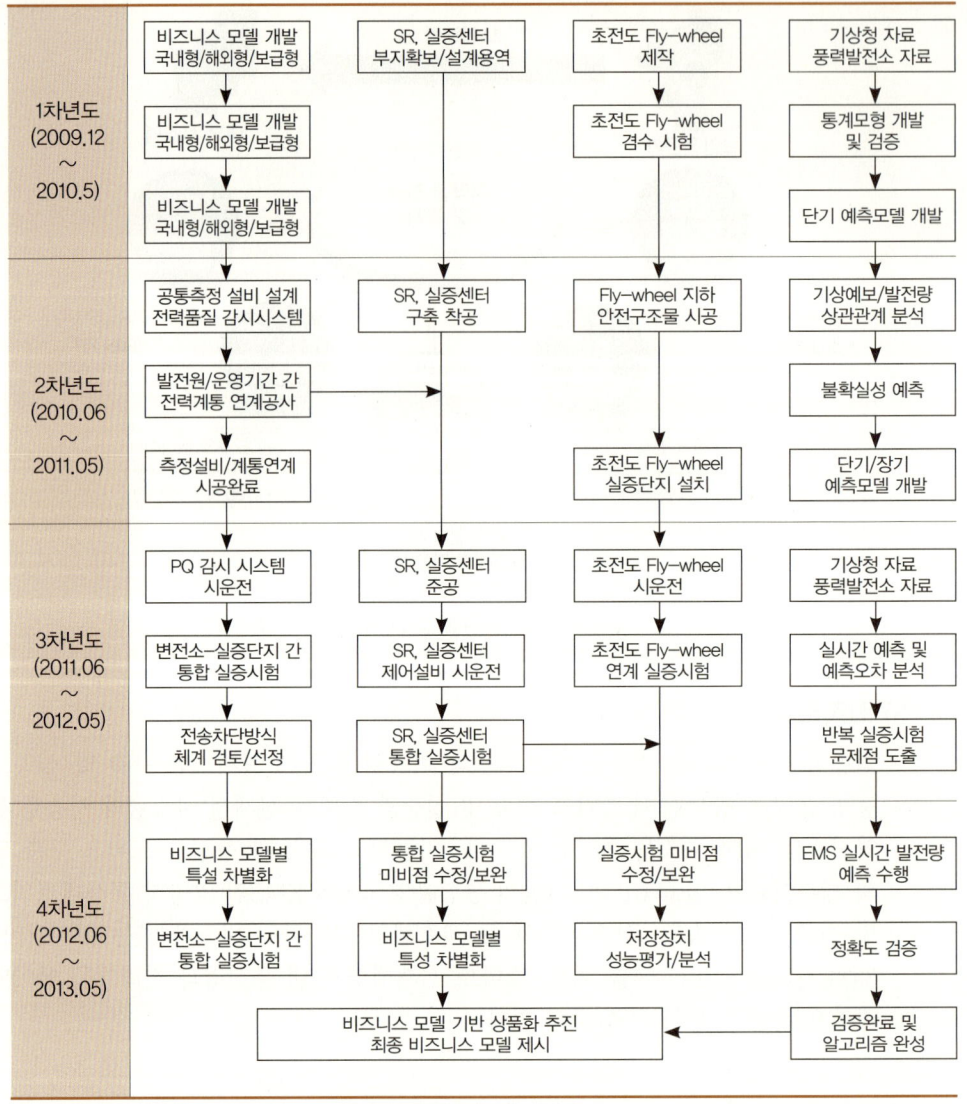

축의 세부사항은 실증시험 결과를 반영한 스마트 신재생 비즈니스 모델 제시와 비즈니스 모델별 운영시스템의 통합제어를 위해 실증센터 구축 및 운영 등이 필요하다.

계통운영자와 신재생에너지 발전사업자 간 상호 정보공유를 통한 융합기술 개발 및 실증의 세부사항은 현행 단독운전 방지기준을 기술적으로 극복할 수 있는 보호협조 방안(전송차단 방식에 의한 의도적 단독운전 허용방안 기술검토) 도출, 스마트 신재생 운영시스템의 의도적 단독운전과 계통 보호협조 체계 실증, 신재생에너지원 출력안정화 기술을 활용한 계통연계 한계용량 확대방안 수립, 변전소 실시간 부하정보를 활용한 스마트 신재생 EMS의 최적 운영전략 실증, 실증시험 결과를 토대로 스마트그리드 기반 분산형전원의 계통연계 기준 수립 등이 있다.

2.7 스마트 신재생 시스템 기술개발 전략

스마트 신재생의 발전원은 분산전원으로 구성되므로 분산전원의 안정적인 발전과 연계 배전계통의 안정화는 스마트그리드 기술적용에 필수불가결한 기술적 과제이다. 이러한 기술적 과제는 연계 배전계통을 운영하는 전력회사와 각종 스마트 관련기기를 개발하는 개발업체가 공동으로 해결해야 한다.

1) 스마트 신재생 운영시스템 개발전략

① 기본기능

스마트 신재생 운영시스템은 실시간/1일 전 요금제 기반에서 전력회사 컨소시엄에서 보유하고 있는 '분산전원용 스마트에너지 솔루션 개발' 등 국책과제에서 확보된 분산전원 운영 기술과 신재생에너지원 관리시스템(Management System) 기술을 적용하여 풍력의 출력안정화 및 계통의 전압 안정성을 높일 수 있는 운영시스템을 구축한다.

② 부가기능

부가적으로 풍력 발전량 예측과 실시간 발전가격 정보를 기반으로 전력저장장치의 운전모드(평활화 제어, 에너지이동 제어, 정전력 제어)를 결정하고, 각 운전모드에서의 경제성을 평가하여 실시간으로 변화하는 계통상황 및 부하수급, 전력가격에 따라 최적의 운전전략을 수립하여, 최종적으로 실증을 통하여 스마트 신재생 에너지관리시스템의 우수성을 검증하고자 한다. 또한, 분산전원(태양광, 풍력, 연료전지, 디젤 발전 등)과의 표준화된 통신, 분산전원에 대한 논리적인 모델 구축, 경제급전 및 자동발전제어를 이용한 주파수 제어 기능, CIM 기반 데이터모델링(Data Modeling) 및 애플리케이션 인터페이스

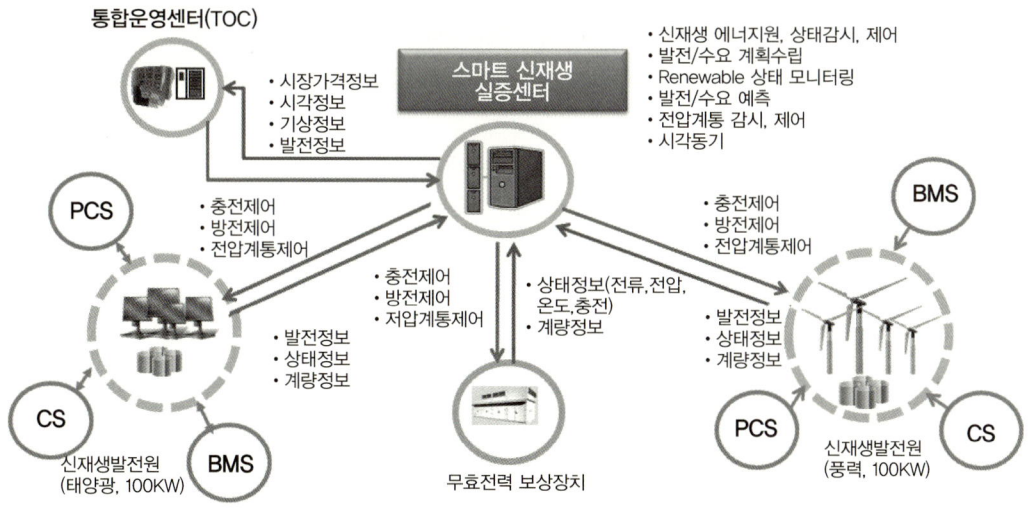

[그림 6.12] 스마트 신재생 운영시스템 개발 전략

(Application Interface), 확장, 개선된 SCADA, DB 기술 적용 및 EMS 개발을 통해 확보된 계통 해석 기술을 적용하여 한국형 에너지관리 시스템(K-EMS)과제를 통해 개발된 기술을 활용한다.

2) 에너지 저장시스템 개발전략

① 에너지 저장시스템 운용전략
- 단주기 운전시스템 : 풍력 및 태양광의 순시 출력 변동률 안정화, 일반선로에 연계될 수 있는 최대 분산전원 용량 상향조정 가능(선로이용률 증가)하고, 공용선로 건설대상 축소로 전력설비 구축비 절감과 변전소 인출회선 수 여유도가 증가한다.
- 단주기+장주기 혼합 운전시스템 : 단주기용 에너지 저장장치와 장주기용 에너지 저장장치 혼합 운전이며, 장주기용 에너지 저장장치는 피크요금 시간대에 저장 전력을 판매하고, 피크시간대 전력 차등요금제 적용을 가정한다(해외진출형 비즈니스 모델).

② 에너지 저장장치용 전력변환기 개발 전략
- 제어 알고리즘 도출 및 시뮬레이션 검증 : 에너지저장용 배터리 및 전력변환기의 정/동특성을 정확하게 모의할 수 있는 수치 해석적 모델을 개발하고, 최적 제어 알고리즘과 신재생전원의 출력 안정화에 적합한 제어기술을 개발한다. 또한 도출된 모델을 이용하여 예측 가능한 운전 시나리오를 통해 다양한 모의실험을 실시함으로써 설계된 전력변환장치의 타당성을 검증하기 위한 기본 해석을 시행한다.
- 대용량 전력저장용 전력변환장치 : 기존에 신·재생에너지원의 계통연계 제어기술 개발을 통해서 확보된 전력변환기의 설계 및 제작, 제어기술을 토대로 다양한 전력저장장치에 적용할 수 있는 전력변환기의 설계 및 제어기법을 개발한다. 또한 전력변환기를 구성하고 있는 개별 소자의 동작 특성을 분석하여 스위칭 시점이나 전류가 도통되는 구간에서 나타나게 되는 손실을 정량적으로 계산하여 전체 전력변환기의 효율 예측으로 효과적인 방열 구조 설계로 전력변환기의 컴팩트화를 추구한다.
- 소규모 보급형 전력변환장치 : 기존 개발제품인 PWM 컨버터(Converter), DC/DC 컨버터, 독립형 태양광 시스템을 토대로 스마트그리드기술을 접목하여 유·무효전력 제어가 가능한 제어기 개발, 다기능 전력변환기, 통합 제어기 개발, 배터리 저장·공급용 양방향 DC/DC 컨버터 및 초전도 플라이휠용 DC/AC 컨버터를 개발하여 실증단지에 구축한다. 2011년 9월부터 시작된 2단계 사업에서는 스마트 신재생 운영시스템과 연계 실증시험을 통해 비즈니스 모델에 적합한 제품을 개발하고 있다.

③ 에너지저장(Energy Storage) 개발 전략
- 리튬폴리머 전지 : 삼성SDI, 코캄(Kokam) 등이 상용화 개발하였다. 고출력 특성

발현 및 이에 따른 발열 문제를 최소화하기 위해 중소기업 코캄의 고유 제조방식인 Z-folding 적층 방식의 전지구조를 채용하고, 제품 제작 및 양산성 측면에서 경쟁력 높은 구조를 확보할 수 있는 용량을 갖는 단위 모듈을 개발하고 있다.
- 리튬이온전지 : 대표적인 계발사인 LG화학은 세계시장에 대한 경쟁력과 기술력을 이미 확보하고 있으며, 대용량 전력저장용 전지를 개발하여 본 사업 수행을 통해 실 전력계통 운전실적을 확보, 리튬이온 전지분야 시장을 선점할 계획이다.

3) 전력품질 보상장치 개발전략

① 스마트 신재생 시스템에 적합하도록 FACTS 제어기 개선전략

IT 기반의 대용량 전력수송 제어시스템 개발에서 확보된 기본 제어알고리즘을 토대로 세부 제어기를 설계하고, VME(Virtual Mode Extension)를 기반으로 하는 범용 디지털 제어기로 구현함으로써 Prototype 제어기를 제작한다. 전력계통시뮬레이터(RTDS)를 이용하여 FACTS 제어기 성능검증 시스템을 구현하고, 제작된 제어기의 성능검증을 통해 제어기 유지보수 및 성능 검증/개선에 대한 신뢰성을 확보한다는 것이다.

② FACTS용 변압기 제작

이미 확보된 국내기술로 FACTS용 변압기를 자체 설계 및 제작하여 FACTS 기기 국산화를 구현하였다.

4) 보안/통신 시스템 구축 전략

보안/통신 시스템 구축 전략에는 보안시스템 구축 전략과 통신망 구축 및 보안전략으로 나눈다.

① 보안시스템 구축 전략

사업수행 전 보안 취약점 진단을 통해 관련 법령 및 규정, 지침 등 국가기관의 정보보안 정책을 수용할 수 있는 보안 아키텍처를 구현하고 시스템 구축 후 자체 정보보호전문가를 활용하여 모의해킹, 보안취약점 진단을 시행하여 취약부분에 대한 보완을 통한 완벽한 보안체계를 수립한다.

② 통신망 구축 및 보안전략

스마트 신재생 통신망은 전력 IT 국가과제(배전지능화시스템 세부2과제)로 개발된 1G bps, 회복성 패킷링(RPR, Resilient Packet Ring) 기술이 탑재되고, QoS를 확보할 수 있는 초고속 대용량 네트워크 처리장치를 활용하여 서비스의 다양성과 신뢰성을 확보하고자 한다. 통합운영센터와 연계, 현장 제어기기 간의 신뢰성 있는 통신환경을 유지하기 위해 이중화된 네트워크 환경으로 구성하여 회선의 고장으로부터 유연성을 확보한 망 구축이 가능하다.

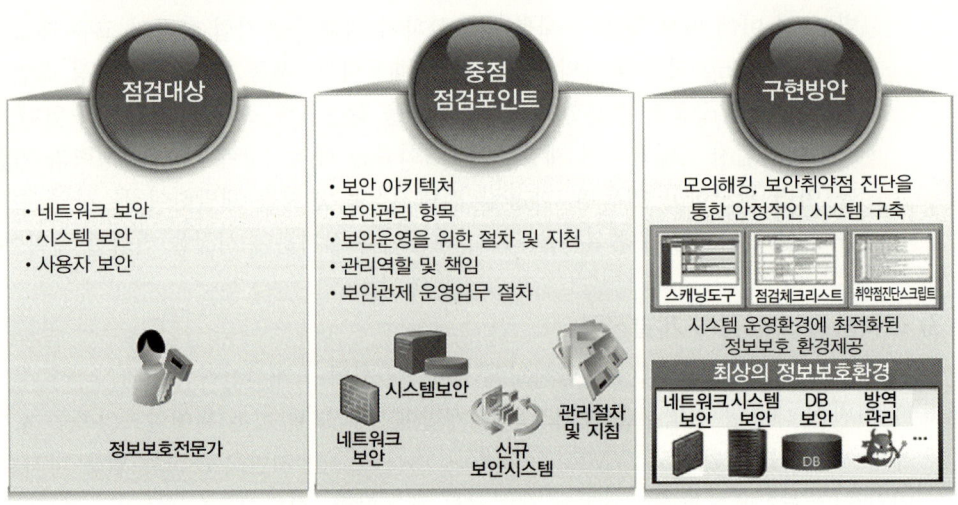

[그림 6.13] 보안시스템 구축 전략 구성도

5) 지경부, 신재생에너지 분야에 5년간 총40조 원 투자

2015년까지 세계 5대 신재생에너지 강국으로 도약하기 위해 5년간 총40조 원을 투자하여 ① 전략적 R&D 및 사업화, ② 산업화 촉진 시장창출, ③ 수출산업화 촉진, ④ 기업 성장기반 강화 등 4개 분야 11개 세부과제를 추진하기로 하였다.

2.8 국외 스마트 신재생 기술개발 현황

스마트 신재생 기술은 2000년 초반부터 유럽, 일본, 미국, 캐나다 등 선진국을 중심으로 신재생에너지를 보급 확대를 위한 기존 전력망의 안정적인 운용과 새로운 전력-열에너지 공급방식의 하나로 연구 및 실증단지 구축을 꾸준히 진행해 오고 있다.

태양광 발전 변환기는 SMA(독일), Xantrex(캐나다), FRONIUS(오스트리아), OMRON(일본) 기업의 제품들로 전력판매를 목적으로 하기 때문에 운전효율을 높이는 방향으로 기술개발이 진행되고 있고, 대용량제품에 대한 요구에 대응하기 위해 제품의 대용량화와 병렬운전 등이 기술개발의 방향으로 주목받고 있다. 무효전력보상장치 분야에서는 ABB, SIEMENS, AREVA가 저압에서 초고압까지 모든 종류의 콘덴서 뱅크를 제작하고 있으며, 특히 정지형 무효전력보상기(SVC, Static VAR Compensator), STATCOM 등의 능동형 무효전력 보상장치에 대한 기술력이 상당한 수준에 있다.

1) 마샴 프로젝트(Martham Project) 사례(영국)

EDF에너지는 ABB와 함께 풍력발전과 FACTS시스템(SVC Light) 및 에너지 저장장치

(리튬이온 이차전지) 연계를 위한 프로젝트를 진행 중이다.

2) 로카쇼무라-후타마타 풍력발전소(Rokkashomura-Futamata Wind Power Station) 사례(일본)

2008년 4월 완공하였으며, 설치비는 2억5천만 달러(약 3,750억)이었고, 전체 시스템 구성은 다음과 같다.

① 풍력발전기 : 1,500 kW 34대, 총 51MW (GE)
② NaS 배터리 : 2MW 17대, 총 34MW(NGK사)
③ 전력변환기 : 2MW 17대, 총 34MW, 상시 15기 병렬운전/일(TMEIC사)
④ 풍력발전소(Wind Power Station) Max. Output : 40MW, 평균풍속 6m/s, 약 34~35 MW 발전 가능
⑤ 주변압기 : 6.6kV(40MVA, NaS 측)
⑥ 22kV(60 MVA, 발전기 측)/154kV(60MVA, 계통 측)
⑦ 주파수 및 전압변동에 대한 해결책, 전력공급 및 수요변동에 신속하게 대응
⑧ 일본전력거래소(JEPX)에 전력을 직접 거래하기 위해 필요한 조건인 30분간 일정출력 기능 구현

3) 독일 브란덴부르그주(州)의 세계최대 태양광 발전소 준공

① 전체용량 : 총 166MW급
② 발전소 위치 : 독일 동부 브란덴부르그주의 센판덴베로그시
③ 준공식 : 2011년 9월 24일
④ EPC시공 : Saferay사와 GP JOULE사
⑤ 태양광전지 공급사 : 캐나디안솔라(148MW 공급 - 636,000개 모듈)
⑥ 설치효과 : 5만 가구에 그린에너지 공급가능

| Section 03 |

스마트 신재생 국내·외 시장동향

3.1 스마트그리드 연계 신·재생에너지 국외 시장동향

전 세계적으로 스마트그리드를 국가경제발전의 핵심 원동력으로 추진하고 있다. 미국은 앞으로 20년 동안 약 1,650억 달러라는 거대시장이 출현할 것으로 예상하고 있으며, 일본도 2020년까지 저탄소 녹색분야에서 신규 50조 엔의 시장창출과 140만 명의 고용창출을 목표로 하고 있다.

미국은 노후전력망 교체와 이와 관련한 양방향 통신 및 스마트미터기 보급사업 등도 동시 추진한다. 유럽은 신·재생에너지 활성화를 목표로 연계사업이 활발하게 진행 중이며, 일본은 개별 가정단위의 마이크로그리드가 중심으로 국가별로 처한 환경에 따라 스마트그리드가 다양하게 전개되고 있다.

분산형 전원의 계통연계에 따른 전력품질, 공급신뢰도 확보에 미치는 영향은 분산형 전원 측에서 대책을 세우는 것이 기본이나, 집중적으로 대량 도입이 되면 계통측 대책도 매우 중요하다. 이에 대한 대책으로 연계요건의 간소화, 프리액세스화를 실현하고 전력품질제어센터(Quality Control Center, QCC)를 배전용 변전소와 수용가 사이에 배치해 수용가 측에 설치하는 분산형 전원을 제어하고 보호할 수 있다.

1) 미국

미국 에너지부(DOE)는 2009년 10월, 경기부양예산에서 34억 달러를 100개의 스마트그리드 프로젝트에 지원한다고 발표하였다. 동 프로젝트로 인해 고용창출, 지역사회의 장기적 신·재생에너지 제공, 소비자 비용 감소가 기대되며, 청정에너지 인프라에 대한 투자가 촉진될 것으로 DOE는 전망했다.

스마트그리드는 자체의 고도화된 제어기술과 통신기술을 통해 신·재생에너지원과 에너지 저장장치와 같은 분산 에너지 자원과의 통합을 촉진한다. 현재 전력망 통합과 관련한 문제 중 몇 가지는 풍력과 태양광과 같은 중요한 재생에너지원을 통제하기 어렵다는 속성과 연관이 있어, 이 부분에 대한 해결책과 에너지절감 측면이 동시에 고려되고 있다.

미국 오하이오주 정부는 전력 확보의 일환으로 이리(Erie)호에 세계 최초의 담수·

풍력발전단지를 개발할 예정이다. 관련기업들은 2012년까지 20MW 규모의 전력을 5개의 풍력터빈을 통해 생산하며, 앞으로 2020년까지 전력생산 규모를 1,000MW 수준으로 확대시킬 계획이다. 캘리포니아의 뷰트 칼리지(Butte College)는 신재생에너지원을 통해 잉여전력을 생산하게 되는 미국의 첫 번째 대학으로 총 4.55MW DC 규모의 태양광프로젝트이다. 1,700만 달러 규모의 동 프로젝트는 연방정부의 CREB(Clean Renewable Energy Bonds)에서 투자할 뿐만 아니라, 망에서 전기를 구입하기 위해 배당된 대학의 연간예산에서 할당된다. 미쓰비시 전자에서 태양광모듈을 공급하고, Chico Electric(DPR Energy와 조인트 벤처)이 설치할 예정이다.

2) 영국

영국은 2020년까지 전력수요의 40%를 신·재생에너지원으로 충당할 계획이며, 2030년에서 2050년에는 2050년까지 이산화탄소 배출량을 80% 감축하기 위해 저탄소 전력시스템을 목표로 하고 있다. 영국정부는 2020년 말까지 모든 가정과 대부분 중소기업에 전기와 가스사용량을 정확하게 알 수 있는 스마트미터기를 도입하기로 협의한 바 있다.

영국 전력공급 주요회사들은 전력 네트워크 설비교체와 확충에 2020년까지 47억 파운드 규모의 투자를 하기로 계획했으며, 동시에 스마트그리드 발전을 가속화하기 위해 600만 파운드에 달하는 시험사업 지원금을 조성했다. 영국 에너지 규제기관인 OFGEM은 전력생산 기업들의 재생에너지 생산 및 온실가스 감축 노력을 평가해 친환경 전력생산이 인증된 전력업체에 녹색 에너지 라벨을 부착할 계획이며, 현재 영국 국민의 2%만 친환경 에너지를 구입하고 있지만, 신뢰감 있는 라벨이 도입되면 친환경 에너지 사용은 늘어날 것으로 기대하고 있다.

영국의 대표적인 스마트그리드 프로젝트는 리버풀에서 진행 중인 'Liverpool City Region Smart Grid Trial'과 주울 센터(Joule Centre)연구소가 2006년부터 획득한 에너지기술 분야의 39개 연구 프로젝트인 'Joule Centre 스마트그리드 프로젝트' 등이 있다.

3) 독일

독일 연방환경부는 독일이 2050년까지 100% 재생가능 전력시스템으로 전환하는 것이 가능하다는 내용의 보고서를 발표하였다. 보고서에는 2050년까지 온실가스 배출량을 80~90% 감축하기 위해서는 우선전력 공급 시스템을 전환해야 한다고 언급한다. 에너지는 독일에서 배출되는 온실가스의 80% 이상을 차지하는 부분으로 그 중에서도 전력공급은 에너지 관련 이산화탄소 배출량의 약 40%를 차지한다. 전력부문에서 온실가스 배출량 감축 잠재량은 매우 높고, 재생가능 에너지에 기반을 둔 에너지 공급시스템뿐만 아니라, 전력과 에너지 전환을 매우 효율적으로 이용한다면, 온실가스를 거의 0으로 줄이는 것도 가능하다.

2050년까지 100% 재생가능 에너지에 기반을 둔 전력 공급시스템으로 전환하는 것이 기술적으로 가능하며, 그렇게 함으로써 독일은 고도의 산업국가로서의 지위도 유지하고, 생활·소비·행동 양식도 유지할 수 있다.

에너지 공급시스템을 변경하기 위한 비용은 기후변화가 완화되지 않았을 때 적응하기 위한 비용보다 훨씬 저렴하다. 또한 재생가능 에너지에 기반을 둔 전력공급 시스템은 지금처럼 에너지에 대한 수요가 높을 때뿐만 아니라 연중 언제든지 에너지 공급 안보에 대한 문제도 해결해주며, 재생가능 전력의 부하 유동성 문제는 다양한 형태의 에너지전환기술, 에너지저장기술, 지능형 부하관리기술 등의 스마트그리드를 통해 충분히 해결할 수 있다. 100% 재생가능 전력시스템을 구축하기 위해서는 가정, 산업, 상업, 무역 등의 부문에서 기존 에너지절약 잠재량을 달성하는 것이 중요하다.

현재 독일은 1차 에너지 소비량의 70%를 석탄, 천연가스, 우라늄 수입에 의존하고 있는 상황으로 100% 재생가능 전력공급 시스템으로 전환하면 독일의 에너지수입 의존도를 급격히 줄이고, 유동적인 석유와 천연가스의 가격에 대한 취약성도 줄일 수 있다.

4) 인도

인도의 풍력발전산업 : 경제성장에 따라 수요대비 전기공급량이 부족해 새로운 전력공급방안으로 풍력이 약 25% 성장추세이고 독일, 스페인, 미국에 이은 세계 4위의 풍력에너지 생산국이다. 에너지자원 공급 안정화 및 지속적 경제성장을 위해 풍력에너지산업에 인센티브를 지원하고 있다.

5) 중국

2009년 중국의 태양광발전소 관련 수출액은 전체의 22.5%를 차지하였고, 태양전지 생산능력은 2008년에 2,000조를 기록했으며, 전 세계 생산국 중 1위, 전체 생산량의 36.7%를 차지, 주요 생산지역으로는 장쑤성, 허베이성, 선전, 쓰촨성 등이며, 태양광발전 관련 부품생산량의 98%가 유럽, 미국지역 수출에 의존하고 있다.

중국 국가에너지총국의 주도로 작성된 '신흥에너지 산업 발전계획'에 따르면 10년 동안 약 5조 위안(약 7,500억 달러)이 투입되어 신흥에너지 산업의 급성장과 함께 전통에너지 산업 업그레이드가 실현될 것으로 전망된다.

6) 그리스

그리스는 2020년까지 최종 에너지사용량 중 신·재생에너지 비율 18% 달성을 위해 육지풍력발전 비율이 가장 커질 것이며, 바이오매스는 주요 냉난방에너지 공급원이 될 것이라는 내용의 국가 행동계획을 EU에 제출했다.

7) UAE 아부다비 및 요르단 지역

아부다비와 그 주변지역에 전력을 공급하는 ADDC(Abu Dhabi Distribution Company)는

2010년 말까지 모든 빌딩에 디지털 계량기를 설치 완료하였으며, 급증하는 전력소비량을 줄이기 위해 관련 데이터와 방안이 집행위원회에 제안될 예정으로 아부다비가 태양광 분야를 선도하는 기술혁신과 지능형 전력망의 세계적인 개척자가 될 전망이다. 이 신규 계량기로 전력소비량을 계산할 뿐만 아니라, 소비자들이 태양광으로 생산한 전기를 전력망에 판매할 수도 있다. 한편, 요르단은 재생에너지 비중을 앞으로 5년 이내 전체 에너지사용량의 7%, 10년 이내에는 10%로 확대할 예정이다.

8) 프랑스

프랑스 정부는 4년간 13억5,000만 유로(17억3,000만 달러) 규모의 신재생에너지 투자패키지를 발표했다. '신재생에너지 및 녹색화학 시범사업으로 불리는 이 프로그램의 지원대상은 태양에너지, 해양에너지, 지열에너지, 탄소포집·저장(CCS), 고도의 바이오연료 프로젝트이다.

9) 덴마크

덴마크는 과거 20년간 지능형 전력망을 구축해 신·재생에너지의 비중을 2006년 26%까지 확대하고 있다. 덴마크는 주변국인 노르웨이, 스웨덴 등의 풍부한 수력자원을 배경으로 세계적인 풍력대국으로 앞서 가고 있으며, 이에 못지않게 송·변전계통 연계 및 전기자동차 등 스마트그리드 분야의 유럽 시범단지로서도 잘 알려졌다.

10) 태국

태국 방콕에서 북쪽으로 150km 떨어진 롭부리(Lopburi) 지역에 2억5,000만 달러의 태양광발전소 건설이 시작된다. 73MW 규모의 이 발전소는 54만 개의 박막전지가 약 2km²에 설치될 예정이며, 전력생산은 2011년 하반기부터 시작되어, 앞으로 25년 동안 가동예정으로 130만 톤의 CO_2를 감축할 것으로 기대된다. 한편, 태국정부는 천연가스에 대한 지나친 의존을 줄이고 온실가스를 감축하기 위해 15개년(2008~22) 국가 재생에너지 개발계획을 수립, 2022년까지 전체 에너지 소비의 20.3%를 재생에너지로 충당하는 목표를 가지고 있다.

11) 라틴아메리카

UN의 정보에 따르면 라틴아메리카는 2010년 전 세계에서 재생에너지 부문에 두 번째로 가장 많이 투자한 지역으로 투자금액이 131억 달러에 달해 전년 대비 39%가 증가했다.

- 특히 브라질, 멕시코, 칠레, 아르헨티나가 재생에너지 투자에 적극적이다.
- 페루정부는 2013년까지의 재생에너지 목표를 5%로 정한바, 페루의 2010년 투자금액은 4억8,000만 달러로 2009년의 2배 이상임을 볼 때 큰 성장 추세를 보이고 있

으며, 주로 소수력발전소 및 에탄올, 바이오매스 등이다.
- 브라질은 투자 부문에서 라틴아메리카의 선두국가로 작년 70억 달러의 투자를 했으나, 이는 2009년 투자보다 5% 감소한 수치이다.

12) 세계풍력에너지협회(GWEC, Global Wind Energy Council)의 보고서

GWEC와 그린피스가 진행한 합동연구에 따르면, 풍력에너지는 2020년까지 세계 총 전력수요의 최대 12%를 제공하고, 2030년까지는 최대 22%를 제공할 전망이다. 동 보고서는 2020년까지 약 1,000GW에 달하는 풍력발전시설이 설치될 것으로 예측하였으며, 이는 매년 최대 15억 톤의 이산화탄소 배출을 상쇄시키기에 충분한 양이다. 또한 동 보고서는 풍력분야가 260만 개 이상의 직·간접적 일자리 창출과 연관이 있으며, 이 수치는 2030년까지 300만 개 이상으로 급증할 것이라고 밝힌다. 그린피스 Sven Teske 수석에너지전문가는 풍력시장은 2030년까지 2010년보다 3배 성장하여, 2,020억 유로 규모의 투자를 이끌어 낼 수 있다고 전망한다.

3.2 스마트그리드 연계 신·재생에너지 국내 시장동향

한국은 세계적인 스마트그리드 선도 국가이지만, 분산자원의 특성을 고려한 EMS기술, 신·재생에너지 발전원의 발전예측 기술, 출력안정화 및 전력품질 유지기술 등이 선진국 대비 미흡한 상황이다. 소용량 전력저장 운용 및 중대용량 전력저장시스템 기술 역시 실증이 이루어지지 않아 선진국 대비 미흡하며, 분산전원의 안정화를 위한 통합운영기술은 시작단계에 있다. 다행히 정부 주도하에서 제주 스마트그리드 실증단지 사업은 순조롭게 진행되고 있으며, 168개 업체 이상의 참여기업들의 열기도 고조되고 있다. 비즈니스 차원에서 1단계(2010~2012년)에서는 독립발전사업을 위한 스마트 신재생 발전을 활성화하고, 2단계(2013~2020년)에는 구역전기사업용 마이크로그리드 기술을 상용화하며, 3단계(2021~2030년)로 신·재생에너지의 생산·판매 사업을 활성화할 계획으로 진행되고 있다.

1) 제주 실증단지 개발제품의 중요성과 파급효과

스마트 신재생 개발제품은 정책적 측면에서 스마트그리드 계통연계형 PCS의 신기능 (유·무효전력 제어, 계통의 전압상승 시 에너지 저장 후 발전, 계통 고장 시 단독운전 가능)을 실증시험을 통해 국제표준으로 추진하고 해외시장의 주도권을 확보할 수 있다. 그동안 태양광, 풍력과 같은 신·재생에너지 발전 사업이 활발한 것은 정부에서 마련한 발전차액 지원제도의 효과이기도 하다.

기술적 측면에서는 국내·외 신·재생에너지에 대한 투자 확대에 기술적 장벽인 신·재생에너지원의 출력안정화 문제를 해결함으로써 신·재생에너지의 확대보급을 촉진할 수 있으며 스마트그리드 기술관련 산업의 활성화가 기대된다. 또한, 대용량 이차 전지와 BMS 개발기술은 미래 첨단산업의 경쟁력을 좌우하는 핵심기술로서 기술이 보편화되기 전에 실증경험을 통해 기술의 완성도를 높여 관련분야를 주도할 수 있다. 따라서 본 실증사업에서 얻은 실제 전력계통 운전경험은 앞으로 이 분야가 기술적인 종속 없이 지속적인 발전을 거듭할 수 있는 기술적 토대를 제공할 것이며 EMS, PCS와 같은 관련기술과의 융합으로 시너지 효과가 극대화될 것으로 예상된다. 신·재생에너지원의 출력안정화 기술은 현재 운영되고 있는 배전계통에 더 많은 분산전원이 연계될 수 있는 기술적 해결방안을 제공한다.

2) 포스코그룹의 스마트 신재생사업

포스코는 2010년 11월에 국내 최초로 대용량 전력저장시스템(ESS) NaS(나트륨유황) 전지를 개발하는 데 성공했다. 포스코가 개발한 NaS 전지는 기존전지에 비해 에너지 밀도가 3배 이상 높고 수명이 15년 이상으로 대용량 전력저장용으로 적합하며, 현재 2차 전지로 사용되는 리튬이온 전지와 달리, 상대적으로 저렴한 나트륨과 황을 원료로 사용하기 때문에 가격경쟁력도 높다.

3) LS전선, 풍력발전 운영솔루션 개발

2009년 말 LS전선은 국내 최초로 풍력발전 운영솔루션을 개발하였다. 운영솔루션은 크게 풍력발전 모니터링시스템(CMS)과 전력품질 모니터링시스템(PQMS)으로 구성돼 있다. CMS는 온라인으로 풍력발전기의 가동 및 부품상태 등을 실시간으로 감시, 운영 유지 및 보수비용을 50% 이상 절감해주는 게 특징이다. PQMS는 순간정전 등 전력품질에 관한 사항들을 실시간으로 분석, 풍력단지에 연계된 전력계통이 안정적으로 운영될 수 있게 해준다.

4) 영남대, 한국 최초 '태양광모듈 국제인증시험소' 유치

영남대는 국내 최초, 전 세계 7번째로 'TüV Rheinland 태양광모듈 국제인증시험소'를 유치하고, 2011년 8월부터는 본격적으로 TüV 라인란드의 태양광모듈 인증평가시험을 대행할 준비를 하고 있다. 이를 위해 앞으로 2년간 국비 9억 원, 지방비 21억 원 등 총 35억 원이 장비 및 시스템 구축에 투자된다. TüV 라인란드는 독일에 본사를 둔 태양광모듈 국제인증평가기관으로, 전 세계 태양광 인증시장의 80% 이상을 점유하고 있으며, 국제전기기술위원회(IEC)와 지속적인 개발협력 및 지원을 하고 있다.

5) 대한통운, 한국 최대 옥상 태양광발전소 완공

대한통운은 경남 양산 복합물류터미널 내 물류센터 4개 동의 옥상에 태양광발전 시설을 설치, 운영에 들어간다. 동 시설은 국제규격 축구장 두 개 면적과 맞먹는 총면적 1만 5,000m² (약 4,500평) 규모로 건물 옥상을 활용한 태양광 발전시설로는 국내에서 가장 큰 규모이며, 발전능력은 1MW로 400가구가 동시에 소비하는 규모이다. 대한통운은 이어 경기도 군포 복합물류센터 옥상에도 태양광 발전시설을 설치할 계획이다.

6) 지경부, 2015년까지 세계 5대 신재생에너지 강국 목표

제9차 녹색성장위원회에서 '신재생에너지산업 발전전략'을 보고한 지경부는 2015년까지 세계 5대 신재생에너지 강국으로 도약하기 위해 민관 합동으로 앞으로 5년간 총 40조 원(정부 7조 원, 민간 33조 원)을 투자할 계획이다. 이는 신재생에너지 추진성과를 점검하고 해외시장 선점과 글로벌 경쟁력 확보를 위해 시급히 보완해야 할 과제를 도출하고 세부적인 추진계획을 제시하였으며, 2015년까지 태양광을 제2의 반도체산업으로, 풍력을 제2의 조선 산업으로 집중적으로 육성하고 중소·중견기업과 대기업의 동반성장을 적극적으로 지원할 계획이다. 주요 4개 분야 중 전략적 R&D 및 사업화 추진은 앞 절에서 기술하였다.

7) 신·재생에너지센터의 정책동향

에너지관리공단(이하 에관공) 신재생에너지센터는 신재생에너지 의무할당제(RPS)의 세부 운영방안을 담은 '공급인증서 발급 및 거래시장 운영에 관한 규칙'을 제정·공고했다. 운영규칙은 2012년부터 시행되는 RPS제도 운영을 위한 세부절차 및 방법, 공급인정서 발급 및 관리에 관한 사항, 공급인증서 거래시장 운영방안을 구체화한 것이다.

태양광과 같은 별도 의무공급량 이행을 위한 판매사업자 선정은 발전사가 공급인증기관(신·재생에너지센터)에 판매사업자 선정을 의뢰하고, 공급인증기관은 의뢰완료일부터 한 달 내에 상한가격, 선정용량 등을 포함한 입찰공고를 통해 이를 선정한다. 공급인증서 거래시장은 계약시장과 현물시장으로 구분되어 열리며, 계약시장은 연중 개설되고 판매자와 구매자 쌍방이 계약을 체결하는 방식으로 운영된다. 현물시장은 매월 하루(10:00~16:00, 시간외 16:30~17:00) 개설되며, 여기서는 REC를 거래할 수 있다.

또한 2011년 7월부터 총 지원예산 452억9,600만원으로 신·재생에너지 융자지원 사업 자금지원(에특, 기금) 사업도 진행하고 있다.

| Section 04 |

비즈니스 모델 및 풍력발전 예측프로그램

4.1 스마트 신재생 비즈니스 모델

스마트 신재생분야의 개발목표를 달성하기 위해 비즈니스 모델을 수립할 필요성이 있다. 현행 발전차액 지원제도 하에서는 출력안정화용 에너지 저장장치 수요가 없다. 발전전력 품질에 관계없이 총발전량에 동일 발전요금을 적용하며, 발전사업자가 에너지 저장장치 설치를 위한 투자로 얻을 수 있는 기대이익이 없는 실정이다. 따라서 에너지 저장장치 설치를 유도할 수 있는 제도적 뒷받침이 필요하다. 이로써 국내 에너지 저장장치 시장창출을 위한 새로운 비즈니스 모델을 제안한다.

1) 발전전력 품질에 따른 차등 발전요금제도 도입

현행 신·재생에너지원 발전차액 지원제도와 유사한 인센티브 제도를 도입하여 품질 고급화에 따른 인센티브 지급으로 에너지 저장장치 설치비를 보상한다. 국내 에너지 저장장치 신규 시장 형성 및 정부 신·재생에너지 보급목표를 조기 달성한다.

2) 분산전원 계통연계 기준 개선을 통한 에너지 저장장치 시장 창출

신·재생에너지원의 발전전력 품질과 관련된 분산전원 배전계통 연계기준을 개선한다. 대표적인 기준은 다음과 같다.

① 연계점의 전압변동률 제한 : 특고압 2%, 저압 3% 이내
② 발전용량이 3,000kW 미만이고 전압변동률이 제한치 이내인 경우 : 공용선로에 연계
③ 발전용량이 3,000kW 미만이고 전압변동률이 제한치를 넘는 경우 : 전용선로에 연계
④ 발전용량이 3,000kW 이상이고 전압변동률이 제한치를 넘는 경우 : 배전계통 연계불가
⑤ 배전계통 연계비용 : 공용선로 연계가 가장 저렴하며, 전용선로 연계 시 비용증가, 약 10km 전용선로 개략공사비는 지중 70억 원, 가공선로 30억 원으로 추정되며,

공용선로 연계 시 평균 약 10억 원 정도로 추정된다(연계거리에 따라 차이가 남).

3) 출력안정화용 에너지 저장장치 활용방안

발전용량이 3,000kW 미만이고 전압변동률이 제한치를 넘는 경우는 전용선로에 연계가 원칙이지만 출력안정화용 에너지 저장장치를 활용하여 전압변동률 제한치 기준을 만족할 경우 공용선로에 연계도 허용하고 있다. 그러므로 앞으로 연구 과제를 통해 제한용량을 상향 조정하는 것도 검토하여, 에너지 저장장치 활용도를 높인다.

출력안정화용 에너지 저장장치 시설로 전압변동률이 제한치를 넘지 않아 전용선로에 연계될 분산전원이 공용선로에 계통연계가 가능할 경우 기관별 기대효과는 다음과 같다.

① 발전사업자 : 배전계통 연계비용 절감
② 전력회사 : 선로이용률 증가, 변전소 공급여유도 증가(최대 인출선로 수 공간적 제한)
③ 국가적으로 전력설비 구축비용 절감
④ 에너지 저장장치 제조업체 : 국내에 새로운 에너지 저장장치 시장 창출
⑤ 정부 : 신·재생에너지 보급목표 조기 달성

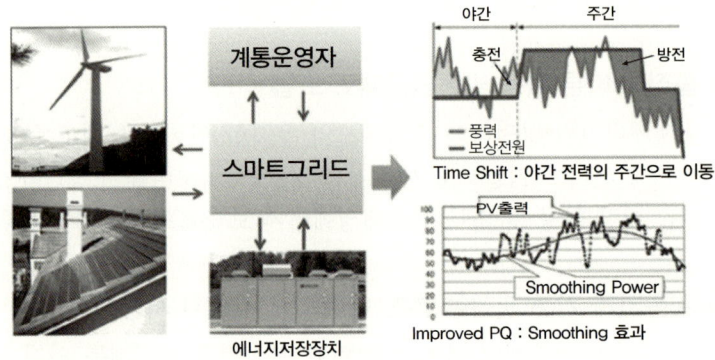

[그림 6.14] 스마트그리드와 신재생원과의 계통연계

4.2 풍력 및 태양력발전 예측 프로그램

1) 예측 프로그램의 개요

풍력 발전량 예측과 실시간 발전가격 정보를 기반으로 전력저장장치의 운전모드(평활화 제어, 에너지이동 제어, 정전력 제어)를 결정하고, 각 운전모드에서의 경제성을 평가하여 실시간으로 변화하는 계통상황 및 부하수급, 전력가격에 따라 최적의 운전 전략을 수립하여, 최종적으로 실증을 통하여 스마트 신재생 에너지관리시스템의 우수성을 검증한다.

2) 새로운 예측기법으로 범용사용 실현가능성이 높아진 풍력

풍력은 최근 화력발전소와 같은 경쟁력을 최고로 갖춘 신·재생에너지 자원으로, 유럽연합은 2020년까지 전력량의 20%를 신재생에너지, 특히 풍력발전으로 충당하기로 협의했으며 미국은 2030년까지 미국 전력량의 20%를 풍력발전으로 충당할 수 있을 것으로 예상했고, 중국은 최근 2020년까지 100GW로 풍력목표량을 세배로 했다. 그러나 풍력발전량이 전력량과 동일하지 않으며, 터빈이 작동하려면 바람이 특정주기 동안 특정한 세기로 특정한 곳에 불어야 한다. 이러한 것을 가능하게 하기 위해 풍력발전량의 예측이 필요하며, 이런 풍력예측은 새로운 풍력단지의 개발자들이 어디에 단지를 구축할지 결정하는 데 참고할 수도 있고, 현재 풍력단지의 운영자들이 더 정확하게 그 결과를 예측할 수 있도록 해준다.

3) MCP 분석의 특성

풍속계가 가진 기술적 문제는 바람패턴 분석의 신뢰도를 떨어뜨릴 수 있다. 바람은 지형에 따라 다르다는 점을 감안할 때 구축할 장소와 대조구간의 상관관계가 거의 없을 수도 있으며, 모든 측면에서 불확실성이 있다. 또한 풍력발전용 터빈의 높이가 '윈드 시어(Wind Shear : 고도에 따라 바람 세기가 변화한다는 것)'를 설명해야 할 관측타워보다 더 높은 경우가 많다. 특히 숲이나 복잡지형 부근에서는 더 어려움이 있다.

미국의 국립신재생에너지연구소의 2009년 조사결과 50m 고도 차이에 따라 4kph (2.5mph) 이상 평균풍속에 변화가 나타나며, 전력생산량이 풍속의 세제곱에 비례하기 때문에, 작은 변화라도 풍력단지 발전량의 15%를 변경시킬 수 있다. 즉, 해당 지역의 성공가능성을 높이려면 오류가 적은 MCP를 만드는 것이 대단히 중요하며, 그 지역이 충분한 풍력자원이 있다는 것에 확신을 가질 수 있도록 해야 한다.

4) NWP(Numerical Weather Prediction) 모델

지속성 예보(Persistence Forecasting)를 발전시키기 위해 기업들은 수치예보(NWP)에 기대하고 있으며, NWP는 3차원 망으로써 대기의 모델링을 포함하고, 특정지역에서 예측된 풍속은 특정 터빈을 기준으로 한 전력곡선을 이용하여 전력생산량으로 변환 예측할 수 있다.

Section 05
세계적인 대전력 계통연계의 예

5.1 데저텍(Desertec) 프로젝트

데저텍 프로젝트는 북아프리카와 중동의 사막에서 태양광·태양열·풍력발전 에너지를 통해 전력을 생산하여 유럽연합에 전력을 공급하는 것으로 유럽기업들 및 데저텍 재단으로 구성된 데저텍산업 이니셔티브(DII : Desertec Industrial Initiative) 컨소시엄을 통해 시행될 예정이다.

  DII는 시범 프로젝트를 개발하고 녹색에너지 수입을 허가하는 신재생에너지법이 많은 국가에서의 시행되도록 하는 것을 목표로 하고 있으며, 일련의 사업으로 모로코 정부와의 회담을 통해 시범프로젝트를 모로코에서 시행하고 있다. 총 30여 개의 발전소가 모로코의 해안지대로부터 아라비아반도에 이르는 북아프리카와 중동지역을 중심으로 한 사막지대는 물론 스페인, 시실리, 그리스로 분포되어 건설될 것이다. 동 계획에 따르면, 사하라 사막의 1만7,000km^{2}에 걸쳐 집광형 태양열발전(CSP) 시스템, 태양광(PV)발전시스템, 풍력발전소가 들어서게 된다. 생산된 전기는 고전압 직류송전망(HVDC) 슈퍼그리드를 통해 유럽과 아프리카 각국으로 송전되며, 유럽 전체전력의 15%를 공급할 것으로 예상된다.

[그림 6.15] 스페인 Power Tower형과 미국 Dish형 태양열발전

데저텍 프로젝트를 지지하는 사람들은 '이번 프로젝트를 통해 유럽이 기후변화 문제에서 국제사회 대응 노력을 계속적으로 주도하고, 북아프리카와 유럽 국가는 온실가스배출저감 목표를 달성함과 동시에 경제성장도 도모할 수 있다.'라고 주장하고 있다.

반대로 한 곳에 집중된 태양열발전소와 송전망은 테러의 표적이 될 수 있으며, 일부의 전문가들은 유럽에서 사용될 엄청난 양의 전력을 아프리카에서 생산한다면, 유럽이 주변국과의 협력이 원활치 못하고 부정부패 문제가 있는 북아프리카 국가들에 정치적으로 의존하게 될 수 있다고 우려하고 있다. 태양열발전에서는 패널의 먼지를 제거하거나 터빈 냉각을 위해 대량의 물이 필요한데, 이는 발전소 건립지역의 물 수요를 증가시켜 지역주민의 물 공급에 지장을 줄 수 있다는 문제가 발생할 수도 있다. 또한, 장거리 전력송전 시, 생산량 대비 송전비용이 높고 전력손실이 크다는 비판도 있으며, 유럽 내 슈퍼그리드에 대한 투자도 필요하다. 이 때문에 멀리 떨어진 사막에서 전력을 끌어오기보다, 인접국가에서 발전된 전기를 직렬로 끌어다 쓰자는 제안이 설득력을 얻고 있다.

5.2 미국 북서부 스마트그리드 실증 프로젝트

실증 프로젝트 기간은 5년으로, 아이다호(Idaho), 몬태나(Montana), 오리건(Oregon), 워싱턴(Washington), 와이오밍(Wyoming) 등 5개 주에 걸쳐 대규모 실증단지로 구축할 예정이다. 실증에 약 1억7,800만 달러의 비용이 소요되며, 미국회복 및 재투자법(ARRA, American Recovery and Reinvestment Act)을 통한 자금지원과 프로젝트 파트너들의 공동부담을 통해 비용을 조달하고 있다. 파급효과는 6만 개 미터 보급, 일자리 창출 및 각종 스마트그리드 관련기술을 테스트하고 있다.

1) 실증 프로젝트 목적

실증 프로젝트 성과가 용이하고 유연하게 채택되고 널리 보급됨으로써 실증사업이 국가 전력망 구축에 밑바탕이 될 예정이며, 비용 최적화, 탄소배출량 감소, 신·재생에너지 확대, 전력망 신뢰도 증대 등을 위한 효과적인 전력기반을 구축하기 위함이다.

이외에도 새로운 스마트그리드 기술과 비즈니스 모델 실증, 배전된 전력, 저장, 존재하는 전력망 기반 간 양방향 통신 제공, 스마트그리드 비용 및 이익 정량화, 정보처리 상호운영의 가능성과 사이버 보안 접근에 대한 표준화 등에도 목적이 있다.

미국 DOE는 이번 실증을 통해 스마트그리드 기술이 안전하게 높은 신뢰성을 가지고 에너지전달 효율을 증대시켜 주기를 기대하고 있다.

2) 기대효과

스마트그리드 시행 시 비용 면에서 이익 도출과 제조, 설비, 작동, 통신, 제어, 소프트웨어 등의 분야에서 약 1,500여 개의 일자리를 창출한다. 또한, 새로운 비즈니스 모델 개발, 비용 효율화, 신뢰성 높은 전력공급을 추진하며, 미국의 경제성장, 국제적인 경쟁력을 확보할 수 있다.

5.3 유럽 및 일본의 신·재생에너지 프로젝트

1) 독일 '프라이부르크 친환경마을 보봉마을(Vauban)'

독일 프라이부르크시 남부에 위치한 도시 속의 생태마을, 태양에너지 도시로서 차 없는 생활을 지향하고 있다. 1997년 설립된 포럼 보봉(Vaubon Forum)이 중심이 되어 조성된 생태마을로, 태양광 및 바이오매스를 주 에너지원으로 선택한 친환경 마을이다.

프라이부르크시 태양광발전 활용은 1975년 원자력발전소 건설에 반대하는 시위를 벌여 독일 환경운동의 탯줄 구실을 하고 있으며, 원자력발전소 건설 대신 태양에너지를 이용한 도시발전을 선택했다. 독일에서도 햇빛이 많이 드는 지역에 해당하는 프라이부르크는 도시 내 태양광발전소가 60여 곳, 태양에너지를 이용하는 장비를 설치한 건물이 1,000여 개에 달하며, 최고출력 340kW, 가동률은 10% 정도이다. 태양광발전 시설을 설치하는 기업이나 가정에 대해 보조금이나 저리융자를 제공하고, 생산된 태양에너지 가운데 자체수요를 충당하고 남는 에너지는 전력회사 등에서 시장가격보다 높은 가격에 사들여 비축해 두도록 지원하는 체계적인 제도도 갖추고 있다.

2) 스웨덴 '릴그룬드 해상풍력 단지'

2008년 6월에 공식 오픈한 릴그룬드 해상풍력 단지는 말뫼시 해안으로부터 6km 떨어진 곳에 있으며, 변전소도 해상에 있다. 48기의 풍력터빈으로 각 기당 2.3MW, 연간 330 GWh 전력을 생산해 6만 가구에 공급, 생산량의 94%를 소비하고 있다.

3) 일본 후쿠오카 마에바루시

세계 최대 가정용 연료전지 시범마을로 가정마다 수소에너지를 전기로 변환하는 두 개의 기계장치 보유하여 24시간 전기를 생산하고, 잉여전력은 판매한다. 1kW급 수소연료전지 시스템 개발 및 공급업체는 신일본석유이며, 주관기관은 후쿠오카 에너지 전략회의(총 522개 기업 및 기관, 일본 최대의 산·학·연 조직)이다.

[그림 6.16] 스웨덴 릴그룬드 해상 풍력발전단지(송배전반)

5.4 중국의 청정에너지에 대한 적극성

중국은 현재 청정에너지 기술개발 및 생산능력 확보에 박차를 가하며, 그린프로젝트 지원을 위해 정부의 경기부양금 및 민간자본 투자가 매우 활발하다. 신·재생에너지에 대한 민간자본 투자금은 지난해까지 미국과 비슷한 규모를 보였으나, 앞으로 5년 동안 지원될 정책 및 투자액은 중국이 더 적극적인 계획을 가지고 있다. 특히, 국부펀드인 CIC(China Investment Co.)사의 투자방향이 최근 에너지 분야로 확대되는 등 중국은 자본력을 바탕으로 신·재생에너지 분야에 대한 공격적 투자를 진행하고 있다.

Section 06
스마트그리드하의 계통연계 규정

6.1 풍력발전 계통연계의 특성 및 필요조건

1) 풍력발전 계통연계의 특성

풍력발전은 풍력의 크기에 따라 병렬 및 분리가 반복되어 어느 분산형 전원보다 계통연계 시 선로에 미치는 영향이 크며, 계통연계 지점이 배전선로의 말단인 경우가 많아 일반 배전선로에 연계 시 전압관리 및 전력품질의 관리 등 계통운영상의 여러 가지 문제점을 일으킨다. 풍력발전 설치자 측에서는 설비비용의 절감을 이유로 일반 배전선로에 직접연계를 요구하고 있고 한전 측에는 계통운용의 어려움으로 인하여 변전소 모선에 연결하기를 원하고 있어 이해가 상충되는 부분이 있으므로 연계와 관련된 분명한 기술지침의 제정이 시급하다.

계통연계 시 현상으로는 타워그림자현상(Tower Shadow Effect), 자기여자(Self-excitation)현상, 역률저하, 돌입전류 등이 나타나고 있다.

2) 풍력발전소 계통연계의 기술적 요건과 과제

연계용량 및 전기방식의 구분, 안전성 측면에서의 요구사항(사고 시의 기본분리방안), 시스템 신뢰도 측면, 전력계통과의 연계운전 특성 및 제어감시계량 측면에서의 요구사항, 연락체계 측면과 데이터 측면에서의 요구사항, 인증 및 시험결과의 요구사항(IEEE 1547의 Test 사양서를 만족) 등이 있다.

안전성 측면에서의 요구사항(사고 시의 기본분리방안)은 분산전원의 사고 및 이상 시에는 분산전원을 해당 계통과 즉시 분리해야 한다. 연계된 전력계통의 사고 시, 분산전원을 신속/확실히 계통에서 분리시켜 일반수용가를 포함한 어떠한 부분계통에서도 단독운전상태가 되지 않도록 해야 하며, 연계계통의 전원이 상실된 경우에도 분산전원이 즉시 분리되도록 해야 한다. 사고 시 계통차단기의 자동재폐로 시에 분산전원이 확실히 전력계통으로부터 분리되어 있어야 한다.

시스템신뢰도 측면에서의 요구사항에는 상시 전압변동(기존의 한전 전압관리지침상의 30분 평균기준) 제어, 순시 전압변동의 제어(IEEE Std.1159-1995 및 EN50160), 플리커(Flicker), 타워그림자현상(Tower Shadow Effect), 고조파, 불평형, 역률저하, 계통주파수, 직류전류

계통유입한계, 위상각차 등의 전력품질 측면에서의 요구사항(측정 및 평가방법 IEC 61400-21)과 보호협조 측면에서의 요구사항이 있다. 보호협조 측면에서의 요구사항은 과도상태, 사고 시, 비접지로 지락전류가 적어 영상전압을 검출할 필요성이 있다. 이는 풍력발전 전원 측, 과전류, 지락전류를 검출해 분산형 전원을 계통에서 차단하고, 제어장치 이상 시 전압이상을 검출해 계통에서 차단하여, 내부사고의 전력계통에 대한 파급방지를 하기 위함이다. 또한, 계통 측 사고시의 계통단락사고로 생기는 과전류나 전압감소를 검출해 분산형 전원을 차단하고, 고압배전계통은 비접지로 지락전류가 적어 영상전압을 검출할 필요성이 있다.

제어·감시 측면에서의 요구사항은 전기판매사업자와 협조제어(자동 및 수동 또는 지역 및 원격제어) 될 수 있어야 하며 협조사항으로는 운전역률 또는 무효전력보상 협조제어, 사고 시 고장구간 분리 후, 건전구간의 부하에 대한 전력의 융통협조제어, 계통작업 시 연계개폐기의 개폐협조제어 등 제어 측면과 신뢰도 및 협조 요구사항이 제대로 이행되었는가를 확인 및 증명하기 위해서 전력품질 및 보호설비의 동작상태(전압 및 전류) 측정설비 등이 고려되는 감시측면이 있다. 연락체계 측면에서의 요구사항은 전기판매사업자와 154kV 및 22.9kV에 연계되는 발전설비 사이에는 24시간 연락 가능한 전력보안통신용 직통전화를 설치하는 것으로 한다.

6.2 풍력발전 계통연계 시 주의점

풍력발전 계통연계 시 주의점은 여러 가지가 있으나, 한전 전력계통에 가장 많은 영향을 주는 대표적인 것은 다음과 같다.

1) 단독운전 방지(안전 확보)

단독운전이란 연계전력 계통사고 시 차단된 분산형 전원만으로 발전을 지속해 다른 수용가에 전력을 공급하는 상태이다. 단독운전이 지속되면 배전용 변전소 내 차단기를 재폐로(자기여자에 의한 과전압 발생)할 때 전원계통과 해당계통의 비동기 투입될 가능성이 있으며, 이 경우 접속기기에 손상을 미치기 쉽다. 또한 충전된 계통에 의해 감전사고의 우려가 있다. 이를 방지하기 위해 현행지침은 단독운전을 금지한다.

2) 계통연계 시뮬레이션 및 분석(Soft Cut-in법)

계통연계 시뮬레이션 및 분석에는 자동부하 제한과 풍력발전시스템의 연계
자동부하 제한은 계통과의 분리 시 연계 배전선로로 흐르는 전류가 급격히 증가하여 변전소의 과전류계전기(OCR)이 동작할 우려가 있는 경우 수용가부하를 자동으로 제한하기 위한 자동부하 차단장치를 설치하여야 한다. 또한 계통측의 순시정전 시 모든 부하가 발전기 부하로 되어 발전기는 과부하상태가 되므로 부하를 제어하기 위한 UVR,

UFR를 AND 결합하여 한시(약 1초) 출력으로 사용하며 설정치는 부하량에 따라 전압강하 특성과 주파수저하특성이 다름으로 이를 고려하여 UVR은 정격전압의 70%, UFR는 1Hz로 정정한다.

3) 계통연계 상용운전 인허가 및 절차 관련제도의 분석

계통연계 규정제도화 방안에는 전기사업법상의 개정 및 추가 요구사항(제31조 3항의 수정사항, 제31조의 추가사항)이 있으며, 정관상 회원의 범위, 발전기 병렬운전 및 공급방안업무절차서는 2만kW 이상의 발전설비에 대한 적용규정으로 전력거래소 운영규칙의 개정 요구사항이 있다. 계통연계에 따른 연계보호설비, 제어설비, 계량설비 등의 부가설비 경비부담문제는 기본적으로는 설치자가 전적으로 부담하되, 저압연계(100kW 이하) 및 고압연계(100kW 초과) 등으로 구분하여 해당 전기사업자, 배전사업자 및 설치자 간에 일부 면제 등의 적정한 협의가 이루어지도록 추가규정을 수립한다. 저압에 연계되는 발전설비설치자의 전기요금의 산정에 기존 적산전력량계를 그대로 사용하는 네트-미터링(Net-metering)제의 적용을 추천한다.

4) 풍력발전 분산형 전원 대량 연계 시 기술과제

분산형 전원 대량 연계 시의 기술적 과제로는 전압변동 발생과 단락용량이 증대하고, 단독운전 검출이 곤란하다는 점이다.

분산형 전원이 대량 도입되면 역조류가 발생하여 수전단 전압이 상승한다. 그러나 배전계통의 전압관리는 변전소에서 수용가의 한 방향조류만 고려해 설계, 운용되는 실정으로 현행 제어에서는 다음과 같은 문제점이 발생한다.

① 주상변압기의 탭을 이용해 저압배전선의 전압을 관리하나 역조류에 의한 전압상승으로 적정전압 관리가 곤란하다.
② 변전소의 송출전압은 뱅크단위로 제어되므로 배전선 단위로 부하특성이 현저히 다른 경우는 적절한 전압제어가 불가능하다.
③ 분산형 전원 측에서는 특히 태양광발전에서 전압상승을 억제하므로 전력컨디셔너(Power Conditioner)기능에 의해 발전이 억제되는 경우가 많아 직접 발전하려고 해도 전압문제로 이용률 감소가 일어날 가능성이 큰 것으로 예상된다.

6.3 분산형 전원 계통연계 특성

최근 전 세계적으로 녹색 신성장동력의 활성화 정책으로 신·재생에너지 발전원의 투입이 그 어느 때보다 적극적으로 이루어질 전망이며 더불어 국내외적으로 급부상하고 있는 스마트그리드, 마이크로그리드와 같은 곧 다가올 미래형 전력계통망에 대비하고, 나아가 CO_2 감축의무와 맞물려 있는 분산형 신·재생에너지 발전원의 계통병입이 전력에너지의 적정공급신뢰도에 미치는 영향을 정량적으로 분석할 수 있으며, 계통이 자동으로 적응(Adaptive)하는 미래 지향형의 계통망의 운용시스템 구축에 기반이 되는 웹기반 온라인 실시간 신뢰도정보 종합서비스망의 구축에 관한 이론 및 개념도를 파악해야 한다.

1) 앞으로 대응책과 새로운 전력유통 시스템 검토

분산형 전원의 계통연계에 따른 전력품질, 공급신뢰도 확보에 미치는 영향은 분산형 전원 측에서 대책을 세우는 것이 기본이나, 집중적으로 대량 도입이 되면 계통 측 대책도 중요하다.

2) 전력저장장치 등 기타 계통연계 특성

분산형 전원 이외에도 전력저장장치와 전력품질을 개선하기 위한 전력전자기기(UPS, 능동필터, DVR), 배전계통의 네트워크 구성을 유연하게 변경하기 위한 계통 전환스위치, 배전선과 함께 설치되는 광파이버 등 통신선을 이용해 다음과 같은 기능을 실현할 수 있다.

① **다품질 전력공급** : 고조파와 전압변동의 비율, 순시정전 유무, 공급신뢰도 등 전력품질 수준에 격차를 두는 공급방식
② **무정전 전력공급(UPS)** : 계통 내의 사고로 QCC가 수전 불가능 상태인 경우 계통 절환으로 UPS를 실현할 수 있으며, 사고구간 고속 차단도 실현
③ **배전 손실 최소화** : 계통 절환스위치로 정지형 개폐기 적용을 예상하고 있으며 이로써 절환시간 고속화, 스위치 장수명화에 따른 절환 빈도 향상이 기대되고, 전력수요 변화에 대응해 손실이 최소가 되도록 계통구성을 절환
④ **부하평준화, 에너지 절약효과** : 배전 손실 최소화, 분산형 전원과 전력저장장치의 협조운용, 다음 항에서 설명하는 고도의 DSM으로 실현
⑤ **고도 DSM과 부가적 정보서비스** : 직접부하관리(DLC), 온라인 요금정보와 정전정보의 제공, 자동검침 실현, CATV와 홈 자동화(HA) 등 다목적 정보의 제공, 관리거점으로 QCC가 기능할 것이다.

3) 계통연계의 결론

산업분야의 새로운 패러다임 출현으로 발전분야에서는 원자력발전 증가와 신·재생에너지 증가를 들 수 있다. 풍력·태양광 등 기술이 발달하면 어느 곳에서나 전기사용량에 맞도록 전원이 설치·운영돼 스마트그리드 기술과 함께 에너지 이용을 합리화할 수 있게 된다. 소비자 측면에서도 에너지를 지능적으로 사용하는 가전제품 출시, 전기자동차, 에너지저장 솔루션 및 지능화된 건물 등 혁신적인 시장이 형성될 것으로 예상하고 있다. 전력·IT 융합 거대 혁신시장이 형성되며 새로운 기업경영환경의 메가트

렌드를 창조했기 때문에 미래의 시장 환경이 어떻게 변화될지 예측하는 것 역시 필요하다.

6.4 스마트 신재생 표준화그룹

1) 스마트 신재생 표준화 추진전략

우리나라는 제주 실증단지를 중심으로 국제표준화에 대응하고 있다. 표준화는 사업초기부터 계획을 수립하여 비즈니스 모델별 실증시험과 함께 테스트를 수행한다. 표준화 추진분야는 계통연계 기술 분야, 국내형 시스템, 해외진출형 시스템, 소규모 보급형 시스템, 통신/보안 분야로 구분하여 추진한다. 2012년(3차년도)에는 통합실증시험과 개별실증시험을 병행하여 표준화 규격의 완성도를 높이고, 2013년(4차년도)에는 표준화 규격을 수정/보완하여 최종적으로 표준화 규격을 제안한다는 계획이다.

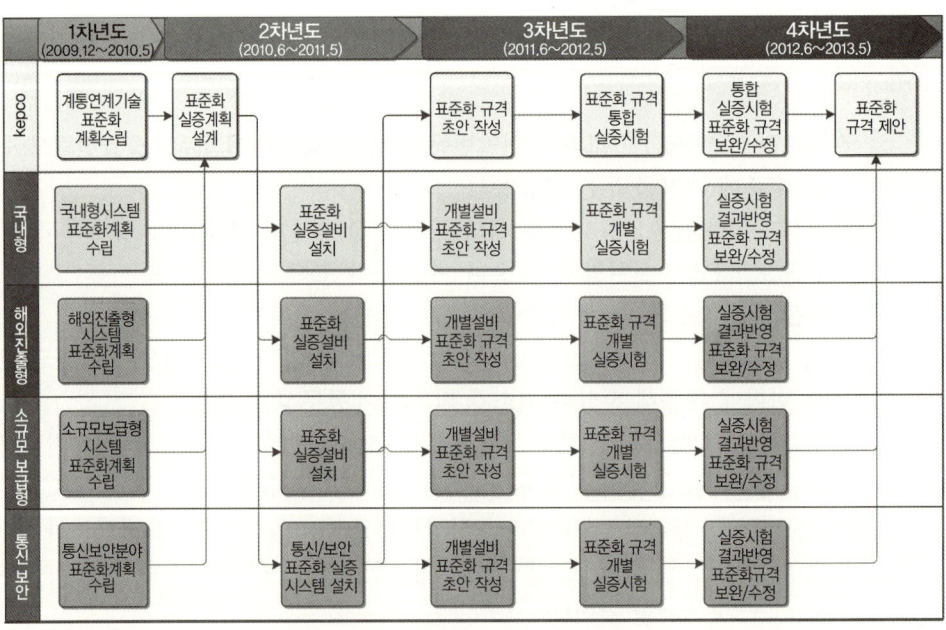

[그림 6.17] 신재생 표준화그룹의 추진전략

2) 신·재생에너지 TC(Technical Committee)

① **IEC/TC82** : 태양에너지를 전기에너지로 광전변화시스템 및 전반적인 시스템의 모든 요소에 대한 규격을 개발

② **IEC/TC88** : 풍력에 대한 설계, 품질보증 및 인증을 위한 절차 등을 개발하는 풍력발전

③ IEC/TC105 : 발전용, 수송용, 휴대용 및 마이크로 연료전지 등의 기술표준화그룹
④ ISO/TC197 : 수소생산, 저장, 운영, 품질 및 안전 등에 관한 표준화를 진행하는 수소에너지그룹
⑤ RSO/TC28 & TC238 : 액체 바이오연료를 중심으로 표준화를 진행하는 바이오연료그룹
⑥ IEC/TC4 : 소수력그룹
⑦ 풍력발전 인증시스템(IEC WT : IEC Wind Turbine)도 구축 중이며 지난 2001년 TC88에서 IEC WT01(풍력발전시스템의 시험 및 인증절차에 대한 규정)을 제정해 안전성 평가기준인 IEC 61400-2등 9종을 제정했으며 소음측정기준 등 5종 및 부품인증 규격이 진행 중이다.

Chapter 07

컨버전스 IT가 미래 비즈니스를 지배한다

Section 01 컨버전스(Convergence) IT
Section 02 네트워크와 전력선 통신(PLC)
Section 03 전력선 통신(PLC)사업의 국·내외 시장동향
Section 04 전력선 통신 응용분야
Section 05 전력선 통신 주요 기술
Section 06 전력IT의 국제표준화

Section 01
컨버전스(Convergence) IT

1.1 컨버전스 IT

컨버전스는 2가지 이상의 기술과 시스템을 활용하여 목적하는 바를 달성하기 위하여 개선 개량하는 행위, 그리고 신기술이나 신제품을 생성하기 위한 기존 기술이나 시스템의 연계(Interface), 결합(Combination), 통합(Integration), 결합, 융합(Convergence), 통섭(統攝 Consilience), 하이브리드(Hybrid), 퓨전(Fusion), 교차(Cross-over) 등을 의미하는데, 언급된 다양한 용어에 대한 표준화나 공식화는 아직 이루어지지 않았다.

시스템 컨버전스인 스마트그리드는 기존 시스템을 복합물 형태로 결합 내지는 통합하여, 복합 시스템으로 만들거나, 기존의 2개 시스템을 조합하여 하나의 목표를 해결하는 단일 시스템화 하는 것이다. 비즈니스적인 컨버전스는 기술이나 시스템 간의 단순한 연계나 통합보다는 화학적 반응을 거쳐 혁신적인 신기술/신제품/신시장 창출이 가능한 신기술이나 혁신기술을 도출해내는 방향으로 추진되는 것이 바람직하다.

통신-정보-엔터테인먼트가 IP 기반의 홈네트워크로 묶어지는 디지털 홈 환경에서 외부 네트워크와 다양한 '연결된(Connected) 가전' 상호 간을 연결 및 통제하는 홈게이트웨이의 선점을 놓고 통신사업자, 방송사업자, 가전업체, 전력회사 간에 치열한 경쟁이 전개되고 있다. 유무선 통합(FMC)으로 시작된 컨버전스가 개인·가정 시장에서는 디지털홈으로, 기업 시장에서는 UC로 향하고 있다.

1.2 이종 산업간 컨버전스

앞으로 모든 사물이 방송통신망, 인터넷 등 네트워크에 연결되어 사람과 사물이 서로 통신하는 시대가 올 것이다. 사물통신은 사람 대 사물, 사물 대 사물 간 지능통신 서비스를 언제 어디서나 안전하고 편리하게 실시간으로 이용할 수 있는 미래 방송통신 융합 ICT(Information Communication Technology) 인프라를 가리키는데, 협의 개념으로는 기계 간의 통신 및 사람이 동작하는 디바이스와 기계 간의 통신을 의미하고, 광의 개념으로는 통신과 ICT 기술을 결합하여 원격지의 사물정보를 확인할 수 있는 제반 솔루션을 의미한다.

1) USN(Ubiquitous Sensor Network)용 통신방식

차세대 무선 네트워크 기술로 구현할 무선 근거리 개인통신망(WPAN, Wireless Personal Area Network)을 흔히 '꿈의 네트워크'라고 부른다. PC, 휴대폰, PDA 등 가전 및 단말기를 수십 미터 범위 안에서 무선으로 직접 연결하는 WPAN 시장의 파급효과가 그만큼 엄청나다는 의미이다. WPAN을 대표하는 3총사가 바로 블루투스와 지그비, 초광대역(UWB)이며, 여기에 국내 독자 기술로 개발한 Binary CDMA가 새롭게 도전장을 냈다.

2) M2M(Machine to Machine)과 통신모듈산업

이종 산업간 컨버전스 분야의 확장과 이동통신 부품화 대상 확대로 M2M이 활성화되고 있다. 이동통신 기능이 부품화 되는 사업을 M2M이라고 할 수 있다. 이동통신 보급률이 90%를 넘어 포화상태에 빠지는 등 국내 통신시장의 정체가 우려되는 가운데 새로운 성장 동력으로 기업시장을 대상으로 통신 솔루션을 통해 다양한 IT장비를 제어하는 이른바 M2M 기술이 주목받고 있다.

휴대폰뿐만 아니라 넷북, MP3 플레이어, 전자책(e-Book) 등에도 이동통신 기능이 탑재되고 있다. 심지어 자동차, 계량기, 가로등에도 이동통신 기능이 내장되고 있다. 세상에 있는 모든 사물에 '이동통신 인사이드'가 현실화되고 있다.

3) 똑똑한 전력공급망, 스마트그리드

스마트그리드는 IT 기술을 활용해 똑똑한 전력공급망을 만들어 에너지의 비효율적인 문제를 해결하고 있다. 센서와 계량기, 디지털 제어, 디지털 분석기구 등을 사용하여 발전소와 가정과 기업 사이에서 전력의 양방향 흐름을 자동화하고 송배전과정을 조절하는 것이다. 전력회사는 송전망 성능을 최적화해 정전을 예방하고, 정전이 생기면 신속하게 복구한다. 소비자는 최저 요금 시간대의 전력을 활용하는 자동시스템으로 요금을 절약하고, 전력회사는 피크 전력소비를 평탄하게 만들어서 발전효율을 개선한다.

스마트그리드는 협의적으로는 전력인프라의 활용 효율화에 초점을 맞추고 있지만, 광의적으로 보면 전력인프라를 통하여 이종 산업간 융합을 가능케 하는 플랫폼으로서의 역할도 기대를 모으고 있다.

Section 02
네트워크와 전력선 통신(PLC)

2.1 스마트그리드 네트워크

1) OSI 계층모델 및 프로토콜

1980년도 중반부터 개발되어 온 OSI(Open Standards Interconnection) 표준은 1990년 중반까지만 해도 각 나라가 이른바 GOSIP(Government OSI Procurement)이라는 실행 표준에 의해 정부 데이터망을 OSI로 구축하려는 움직임까지 보일 정도로 정착하는 듯하였다.

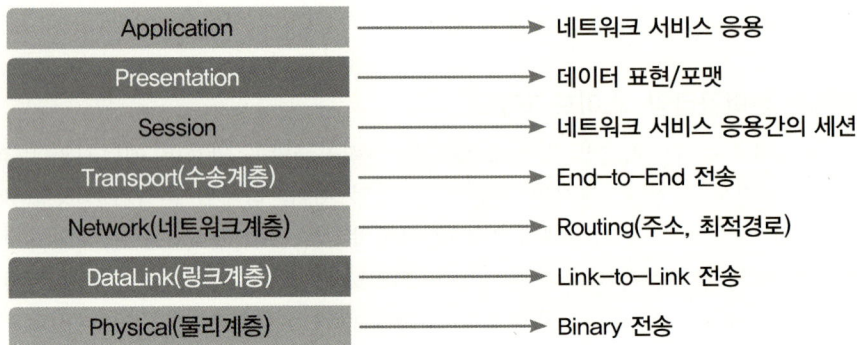

[그림 7.1] ISO의 OSI 7 계층의 기능

그러나 1990년대 중반에 출현한 www와 브라우저 등 웹이라는 강력한 응용을 무기로 한 인터넷이 폭발적으로 확산됨과 더불어 OSI는 세상을 잡지 못하고 뒷 그늘 속으로 사라졌고 세션, Presentation, Application 등 상위 3계층의 표준 개발을 담당하던 SC 21이 문을 닫고 SC 6로 합쳐졌다. 현재 SC 6은 본래의 하위 4계층(물리계층, 링크계층, 네트워크계층, 수송계층)과 함께 OSI 7개 전체 층에 대한 표준 개발을 담당하고 있다. 이제 인터넷을 부정하고 새로운 네트워크 기술을 찾아가는 상황에서 이와 같이 컴퓨터 통신표준 개발의 선두자적 역할을 하였던 JTC1으로서는 당연히 '미래 인터넷'이라는 용어보다는 '미래 네트워크'라는 용어를 사용하지 않을 수 없을 것이다.

2) IPv 6 패킷 및 터널링

인터넷의 응용 확대와 관련 기술들의 발전, 그리고 궁극적으로 모든 통신과 방송미디어가 인터넷 기술(IP)로 컨버전스되는 추세에 따라, 인터넷의 태생적 한계가 더욱 증폭됨으로써, 새로운 네트워크 기술에 대한 필요성이 강조되고 있다.

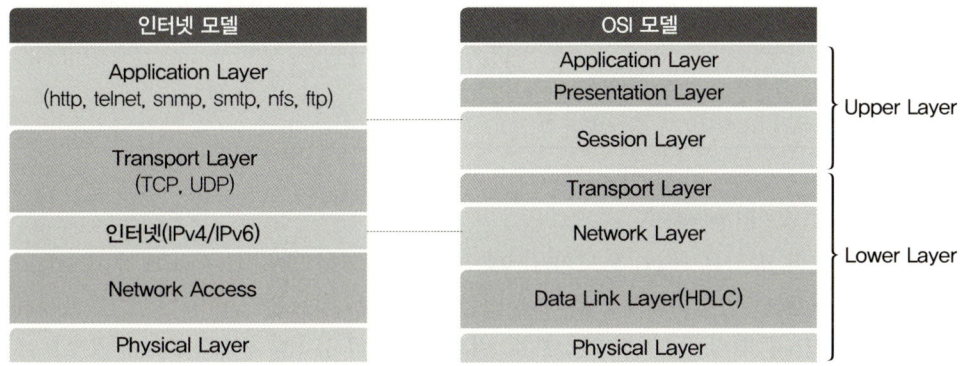

[그림 7.2] OSI 7구조와 인터넷 프로토콜의 비교

IPv6의 도입은 인터넷 사용증가에 따른 IPv4의 IP 주소의 고갈문제, 취약한 보안기능 및 미흡한 서비스 품질기능, 미흡한 이동성 지원기능 등의 IPv4의 한계로 인해 비롯되었다. 그러나 IPv6로의 전환이 느리므로 통신사업자 들은 IPv6 주소를 동시에 사용하는 듀얼스텍, IPv6 주소와 IPv4 주소를 1:1로 변환해주는 주소변환기, 그리고 IPv6 패킷을 IPv4 주소로 감싸서 IPv4 네트워크를 건너 IPv6 네트워크로 전해질 수 있도록 하는, 혹은 반대의 작업을 수행하는 터널방식이 주요 IPv6 전환기술이다.

3) 터널링(Tunneling)과 라우팅(Routing)

IPv4 패킷을 IPv6 네트워크를 통해 전송하는 터널(4over6)은 앞으로 IPv4보다 많을 경우에 사용될 방식으로 현재 DSTM(Dual Stack Transition Mechanism)에서만 사용된다. 따라서 DSTM을 제외한 본문의 터널 설명은 6over4 방식으로 한정한다. DSTM은 서버와 TEP 라우터, 그리고 클라이언트 단말기로 구성되어 클라이언트가 평소에는 IPv6 통신을 하다가 IPv4 통신이 필요한 경우 서버로부터 임시 IPv4 주소를 할당받아 IPv4 패킷을 형성하고 이 패킷을 IPv4 over IPv6 터널방식으로 TEP까지 전달한다.

[표 7.1] IPv4 대 IPv6

구 분	IPv 4	IPv 6
주소체계	32비트	128비트
최대연결 가능호스트	40억 개	3.4E38승 개
주소할당 체계	A, B, C 클래스와 D 클래스	Unicast, Anvcast, Multi-cast

구 분	IPv 4	IPv 6
헤드 필드 수	10개(복잡)	6개(단순)
Fragmentation 정보	데이터 그램마다 있음	전송기술 신뢰도 향상으로 옵션 처리됨
Plug &Play 기능	없음	Auto-configuration 기능으로 지원
QoS 지원	헤더의 TOS 필드 외에 별도의 기능이 없음	헤더에서 Traffic Class와 Flow Label 필드가 지원
보안기능	별도의 IPSec 프로토콜 요구	자체 내장
Mobile IP 수용	상당히 곤란	가능

4) 주소변환기(Translator)

주소변환 방식은 IPv6 노드가 IPv4 노드와 통신하거나 IPv4 노드가 IPv6 노드와 통신하기 위한 방법이다. 경로 상에 변환기가 있어 네트워크 단의 주소를 교체하는 방법으로 IPv6 패킷을 IPv4 패킷으로 변환시키거나 IPv4 패킷을 IPv6 패킷으로 변환시킨다. 주소변환기에는 TRT(Transport Relay Translation)형, 프록시형, NAT-PT형 등이 있으나 NAT-PT가 가장 많이 사용된다. 주소변환방식은 네트워크 계층(계층 3) 상의 주소까지만 처리할 수 있어 애플리케이션 내에 IP 주소가 있는 경우 ALG(Application Level Gateway)를 사용해야 한다. 특히 ALG는 모든 애플리케이션에 공동으로 사용될 수 없고 모든 애플리케이션마다 다른 ALG가 존재해야 하므로 주소변환기는 범용적인 활용보다 인터넷전화, DNS, FTP 등 특정 애플리케이션에 제한적으로 사용된다.

2.2 기존 인터넷의 한계

1) 프로토콜의 단순성

인터넷 성공의 가장 큰 장점이라고 생각되었던 핵심 프로토콜의 단순성이 이제는 끝도 없이 펼쳐지는 정보사회의 요구를 충분하게 들어주는 망으로 성장하지 못하게 발목을 잡는 한계로 인식되고 있다.

2) 보안(Security) 대책 미비

DDos 공격원리는 송신자 측에서 정보를 받는 수신자 측이 처리를 할 수 없을 정도로 과다한 정보를 전달하면, 정보전달이 원활하게 이루어 질 수없으며, 이러한 상황을 악의적인 목적으로 발생시키는 공격인데, 이전에는 DDos 공격 타켓이 게임 아이템 거래 사이트나 P2P사이트 등이였으나, 요즘은 증권회사 홈페이지나 포털 등으로 일반화되고 있으므로 국가차원에서 대책을 마련할 정도로 커다란 사회적, 국가적인 문제로 대두되고 있다.

3) 신뢰도(Reliability) 및 가용도(Availability) 한계

통신업자들은 전통적 전화망 가용도 수준은 99.999%(Five Nine)라고 자랑스럽게 표현하는데 현재 인터넷 시스템은 그 이상의 높은 가용성을 요구받고 있다. 인터넷망의 신뢰도와 가용도를 전화망 수준으로 올리기 위해서는 구성요소 장비들에 대한 이중화(Redundancy) 등이 적용되어야 하므로, 구축비용의 상승은 불가피할 것이다.

4) 서비스 품질(QoS) 보장 기능 미흡

기존에 개발된 IP 서비스품질(QoS)기술은 패킷을 서비스 및 응용별로 분류하여 우선순위를 적용하여 라우터에서 차별적으로 처리하는 원리를 적용하는 것으로, 전체 트래픽 관점에서 보면, 제로섬(Zero Sum)이라고 할 수 있으므로 궁극적인 방식이라고 할 수 없다.

5) 이동성(Mobility) 미흡

IP 프로토콜은 개발될 초기부터 이동성을 고려하지 않았다. 그러므로 IP 주소는 '식별'과 '위치' 기능을 동시에 갖고 있다. 그러므로 '식별'기능을 갖는 IP 주소와 '위치'식별기능을 갖는 IP 주소가 분리되어야 하므로, 2개의 IP 주소를 사용하게 되고, 이 2개의 IP 주소를 결합시켜서 IP 이동성을 지원하는 모바일(Mobile) IP가 개발되었다.

6) AS(Autonomous System) 간 라우팅 테이블 혼잡

인터넷에서 AS는 하나 국가 또는 독립적인 ISP들이 운영하는 인터넷망을 의미한다. AS가 너무 크면 라우팅이 복잡해지고, 장애 시 파급효과가 크므로 KT처럼 큰 인터넷망을 운영하는 경우에는, 같은 회사의 네트워크이라도 여러 개의 AS로 분할하여 구성할 수 있다.

이러한 기존 인터넷 라우팅의 문제를 해결하기 위해 인터넷의 주요 속성이라고 할 수 있는 분산제어(Distributed Control) 라우팅을 포기하고, 중앙제어 라우팅으로 근본 구조를 바꿔야 한다는 주장이 제기되고 있다. 또한 제어(Control)와 송출(Transport)의 분리, 곧 루팅과 포워딩(Forwarding)의 분리가 주장되고 이미 시도되고 있다.

7) 혼잡제어(Congestion Control), 에러 제어(Error Control) 개선 필요

혼잡제어를 네트워크 층이 하지 않고 종단 프로토콜인 TCP가 간접적으로 맡게 하는 것도 OSI에서는 이해할 수 없는 이상한 설계구조이다. 인터넷에서 혼잡제어를 계층 4의 TCP가 맡게 된 것은 개발 당시 전송특성이 안정적이질 못한데 원인이 있을 것이다. 또한 TCP는 오히려 어느 정도의 패킷 에러가 있어야만 정상적으로 동작할 수 있게 되어 있는 것도 그 유효성을 다시 짚어봐야 할 사안이다.

8) 멀티캐스팅(Multi-casting) 기능

사실상 인터넷도 1:1의 통신을 고려한 '유니캐스트' 위주로 발전되어 왔기 때문에 1:n의 멀티캐스팅 기능은 이후에 추가되었다. 원래 멀티캐스팅 기술은 화상회의 등의 용도로 개발되었으나 오히려 최근에는 IPTV 등 방송용으로 사용하려고 하고 있다.

9) 상황인식(Context-aware) 네트워킹 필요성

인터넷의 많은 응용은 더 이상 호스트 중심이 아니라 콘텐츠 중심이다. 앞으로 제공될 모바일 서비스는 음성, 텍스트, 멀티미디어 서비스의 고도화에 이어 일상생활에 편재된 센서로부터 수집된 각종 정보를 상호 공유하여 사용자 및 주변 환경의 상황정보에 근거하여 자발적으로 가장 적합한 서비스를 제공하는 상황인식의 특징을 가지게 될 것이다. 상황인식 기술이 증강현실(Augmented Reality)과 결합하면, 게임 등 엔터테인먼트, 마케팅 등의 분야에서 강력한 힘을 발휘할 수 있다.

10) End-to-End 투명성(Transparency)의 필요성

인터넷 응용의 확대에 따라, 모든 응용에 대하여 End-to-End 투명성이 더 이상 유효하지 않게 돌아가고 있다. 이로 인하여 현재의 인터넷에서 제공하지 못하는 서비스를 추가 제공하기 위해 각종 불투명한 중간박스(Middle Box), 즉 'Active X' 등과 같은 다양한 플랫폼들이 운용되고 있다.

11) 통신사업자의 '비즈니스 모델' 미비

현재 인터넷 사업에서 돈을 버는 업체는 인터넷망을 주도적으로 구축한 통신사업자가 아니고, 그것을 이용하는 인터넷 포털 등 인터넷 관련 사업자들이다. 미래 인터넷망도 인터넷 포털 등이 '네트워크 중립성(Network Neutrality)' 이슈와 '동등접근권(Equal Access)'을 내세우면서 반대하는 상황을 보면, 통신사업자가 기존 인터넷 사업환경에서 수익모델을 만들기는 어려울 것이다.

2.3 전력선 통신(PLC) 기술의 정의

전력선의 전기파형에 통신신호(30kHz~30MHz)를 중첩하여 데이터를 전송하는 통신기술이며, 전기 콘센트, 즉 전력선만으로 초고속 인터넷과 전화 접속이 가능, 음성·문자데이터·영상 등을 전송할 수 있는 기술을 말하며, PLC라고도 한다.

전력선 통신 기술은 초고속 인터넷 통신, 인터넷 전화, 홈네트워킹, 홈뱅킹 등 다양한 분야에까지 활용할 수 있는 기술로, 기존 광통신케이블을 이용할 수 있어 설치비용이 저렴할 뿐 아니라, 가입자 간 통신요금이 거의 들지 않는다는 장점을 가지고 있다. 또 이 기술이 상용화되면, 전력 IT 관리, 무인원격검침 시스템, 홈네트워크 등이 가능, 더욱이 비용부담이 큰 근거리통신망(LAN)을 따로 설치할 필요가 없고, 저개발국, 농어촌 도서벽지의 정보격차 해소에도 많은 도움이 될 수 있는 등 기술 이용 범위가 넓어서 세계적으로 개발 경쟁이 치열하다.

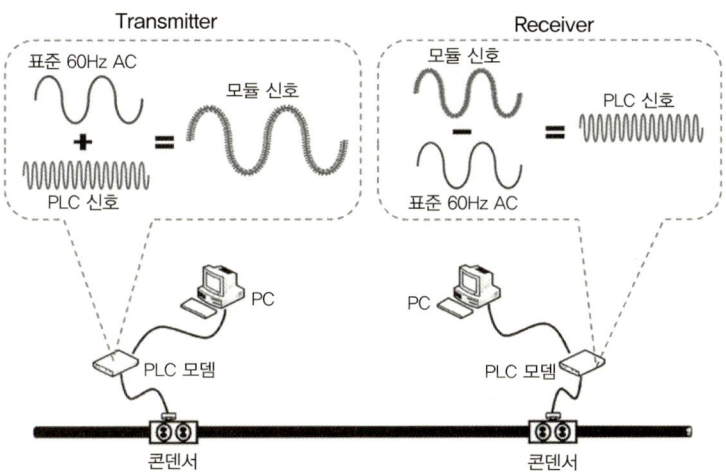

[그림 7.3] 전력선 통신의 원리

PLC로 할 수 있는 사업에는 전력 IT, 인터넷 망 사업, 정보가전, CCTV, IMT-2000, 사이버(Cyber) 아파트, 원격검침, 공장 자동화, 구내망, 전력선 전화, 무선솔루션 브리지기능, 사내·외 광고판, Kiosk용 통신, 식당, 카페, 학교 내 등 내부 통신망, PC방, IPTV용 등으로 다양하다.

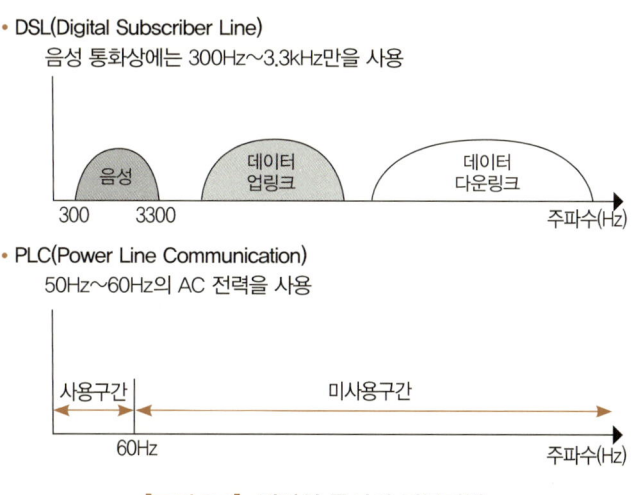

[그림 7.4] 전력선 통신의 기본개념

1) 1950~70년대 : 아날로그 통신방식

아날로그 통신과 리플 제어(Ripple Control) 방식이며, 수십 bps급의 단방향 통신으로 전력회사의 배전설비 감시, 제어용에 주로 사용되고 있으며, 송전선로 이용한 아날로그 음성통신이다.

2) 1980~90년대 : 디지털 통신방식/저속 PLC

디지털 통신방식이며, 9.6kbps 급의 양방향 통신으로 홈 오토메이션, 가전기기 제어, 검침분야 등에 주로 사용된다.

3) 2000년대 : 고속 PLC

광대역 전력선 통신이 등장되어 국내에는 24Mbps이고, 해외에는 DS2, 인텔론, 파나소닉사의 200Mbps급 고속 PLC 통신이다. 인터넷, IPTV, 멀티미디어 등 고속데이터 서비스에 주로 사용된다.

[표 7.2] 전력선 통신 분류

■ 전송속도

사용주파수	협 대 역		광 대 역
	10~450kHz		1.7~30MHz
전송속도	저속 PLC	중속 PLC	고속 PLC
	60bps~1kbs	1kbps~1Mbps	1Mbps 이상

■ 사용전압

구 분	저 압	고 압	초 고 압
전 압	1kV 미만	1~100kV	100kV 초과

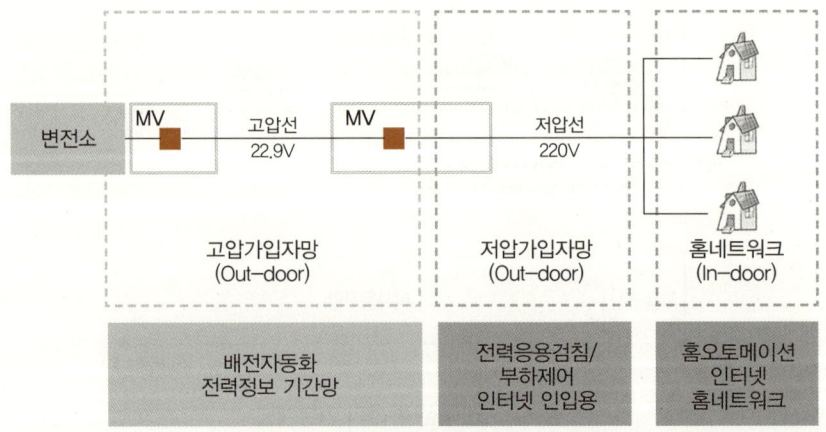

[그림 7.5] 전력선 통신의 구분(사용영역)

2.4 전력선 통신(PLC) 기술 특성

1) 전력선 통신 전송거리

전송속도가 빠를수록 전송거리는 짧아지는 특성이 있다. 짧은 사유는 전력선 임피던스에 의한 신호감쇄, 분기에 의한 임피던스 변화로 반사파가 발생, 노이즈에 의한 통신용량 감소, 출력 10W 이하의 저주파 대역과 전계강도 500μV/3m 이하의 고주파 대역에 의한 출력제한 등이 있다. 장거리 전송할 경우 일정 거리 마다(고속은 500~700m, 저속은 4~5km) 리피터(신호증폭) 설치가 필요하다. 저압은 분기회로가 많아 신호감쇄로 전송거리가 짧다. PLC는 장거리 통신보다는 주로 말단통신(Last Mile)에 적용된다.

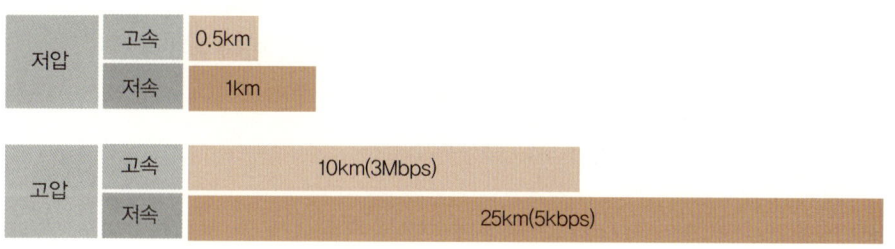

[그림 7.6] 고 · 저압 PLC 전송거리

2) 전력선 통신의 장점

① 전용선 통신방식에 비해 약 20% 이상 경제적이며 효율적인 방식이고 또한 친환경적이다.
② 유비쿼터스(Ubiquitous) : 가장 광범위한 네트워크 인프라로 기존 전력선을 통신선로로 사용하며, 댁내 다수의 전기콘센트를 통신포트로 사용할 수 있다.
③ Easy Installation(설치가 용이) : 댁내 콘센트에 Plug-and-Play가 설치 가능하고, 시공기간이 짧다.
④ Cost Effective(비용적 절감) : 저렴한 가격으로 관련 설비의 구축이 가능하고, 전력회사가 자체 통신인프라를 구축한다.
⑤ 신비즈니스 모델(New Business Model) : 홈 네트워크 서비스(IPTV/VoD /Data), 다양한 부가서비스 제공이 가능하고, 네트워크기기/가전기기에 용이하게 내장할 수 있다.

3) 전력선 통신의 장 · 단점

① 제한된 전송출력 : 출력, 주파수 제한으로 전송거리, 속도 제약이 따른다.
② 높은 잡음과 부하 간섭 : 높은 백색 및 컬러잡음, 임펄스성 잡음(스위칭, 스파크 등), 기기들의 부하특성으로 임피던스 변화가 크고 잡음레벨이 높다.
③ 가변범위가 큰 감쇄특성 : 분기가 많아 신호감쇄가 심하며, 분기로 인한 주파수 선택적 페이딩 현상이 심하다. 반사(Reflection)에 의해 주파수 별로 신호감쇄가 다르며,

정형화된 채널특성은 없다.
④ **표준화 미흡** : 전력선 통신에 대한 국제표준 미 제정, 동일 장소에서 다른 기종 사용 시 상호 간섭으로 통신 불량이 된다.

3) 전력선 통신 사용주파수 대역

전력선 통신 사용주파수 대역에는 30~300kbps 협대역인 LF PLC, 300k~2Mbps의 MF PLC, 2~30Mbps 광대역인 HF PLC, 30~300Mbps의 VHF PLC로 구분되며, 각 PLC의 용도는 다음과 같다.

① **LF PLC** : 저속 PLC, 선박통신, 항공기 비콘
② **MF PLC** : 선박통신, 항공기 비콘, AM Radio, 아마추어 무선
③ **HF PLC** : 고속 PLC, 선박, 항공기 통신, 단파방송, 아마추어 무선
④ **VHF PLC** : FM, TV방송, 소방·경찰무선, 아마추어 무선

4) 전력선 통신 핵심기술

① **채널 코딩화(Channel Coding)** : 전력선에 올려질 신호를 코드화(Encode) 혹은 부호화(Decode)하는 기술이며, 노이즈나 감쇄특성 등의 영향을 덜 받도록 하는 기술이다.
② **선단기술(Front End Skill)** : 전력선에 신호를 실어주거나 신호를 분리해 내는 기술이다.
③ **MAC(Media Access Control)** : 신호 패킷의 충돌로 인해 낭비되는 시간과 대역폭을 줄여 신호를 안정적이며 빠르게 보내기 위한 기술이다.
④ **모뎀(Modem)** : 신호 변복조 기술로 열악한 전력선 채널특성을 극복하고 전송속도의 향상을 도모하는 장치이다.

5) 스마트그리드망의 광케이블

전력망의 현대화는 에너지 공급자들이 주도적으로 전력사용을 모니터링하고 관리할 수 있도록 프로세스를 자동화시킬 수 있는 첨단통신 네트워크를 수반한다. 스마트그리드의 첨단통신 네트워크에 대해 공공 유틸리티들은 전력선(Powerlines), 무선(Wireless or Cellular), 구리선, 광케이블 등 많은 옵션을 가지고 있다. 이 중 광케이블이 1순위 후보로 부각되고 있으며, 대규모 전력회사들은 네트워크 컨트롤 설비와 망을 연결하기 위해 광통신선을 수년간 사용해 오고 있다. 광케이블이 스마트그리드 망에 채택되어야 하는 이유는 다음과 같다.

① **정보 전송속도** : 광케이블은 전력분배자가 전력수요를 실시간으로 효율적으로 관리하고 모니터링 할 수 있게 해준다.
② **더 즉각적으로 반응할수록, 보다 비용 효율적** : 전력사용이 더 쉽게 효율적으로 모니터링되고 관리되는 것은 비용을 줄이는 것이다.

③ **신뢰도 및 성능** : 광케이블은 신뢰성을 향상시키고 하나의 케이블 스트랜드로 방대한 정보를 전송한다.
④ **자기치유(Self-Healing)** : 광케이블 기반시스템은 1차 경로가 중단되는 경우, 정보의 계속적 흐름을 위해 우회경로를 고려하여 설계한다.
⑤ **Feeding Grid** : 태양광과 같은 신·재생에너지로 가정에서 전기를 생산하는 'Green' 거주자의 개발(Residential Development)에 미국 전체가 관심이 있으며, 광케이블기반의 스마트그리드는 이러한 마이크로 생산자들이 전력망에 공급하는 전력을 더욱 효율적으로 관리할 수 있게 한다.
⑥ **미래담보전략** : 광케이블관은 보다 향상된 서비스 제공을 위해 규모를 확장하고 무한대의 대역을 다룰 수 있고, 또한 대역 증폭을 위해 업그레이드나 교체가 필요 없다.
⑦ **사업확대** : 대규모 광케이블관은 공공유틸리티들이 초고속 인터넷, HD 및 IPTV, 전화기의 트리플 플레이와 같은 새로운 수익창출의 기회를 주는 신규 브로드밴드 서비스사업에 진출하게 해준다.
⑧ **서비스 불충분 및 요금 과중 부과** : 비싼 요금에 비해 질이 떨어지는 서비스를 제공해 온 기존 통신업체들은 과거의 구리선 네트워크를 제거할 것이며, 공공유틸리티의 광케이블 기반 트리플플레이 서비스로의 확장은 향상된 고객서비스와 요금에서 혁신을 가져오는 진정한 시장 경쟁력을 보여줄 것이다.

[표 7.3] 국내 PLC 실용화 수준

구 분	사업 실적	결 과	비 고
원격검침	56,500호 이상	상용화	통합검침 적용가능
배전자동화	150대 이상	5kbps	통신망 취약지역 적용가능
변압기 감시	183대 이상	상용화	모든 전력설비 감시
인터넷	135호 이상	3Mbps	저가, 저속시장 적용가능
방범방재	16호 이상	상용화	화재, 가스, 침입자 감시 등

| Section 03 |
전력선 통신(PLC)사업의 국내·외 시장동향

3.1 전력선 통신사업의 국외시장 동향

PLC는 기술적인 측면에서 제한된 전송력, 높은 부하간섭, 가변감쇠 들을 가지고 있어 무선, ADSL 등 경쟁기술의 발전 및 안정화에 따른 시장 진입의 불확실성이 존재하는 것이 사실이다. 그러나 유럽, 미국 등에서 주파수 대역 규제완화가 가시화되면서 PLC는 차별화된 전송기술로써 부각되고 있으며, 홈네트워크 시장이나 초고속 가입자망 시장에서 충분한 기회를 가지고 있다.

1) 미국

미국에서는 옥외 인터넷 접속보다는 옥외 복수 PC 간 홈네트워크에 더 관심이 많으며 지난 2000년 4월 홈플러그(HomePlug)라는 표준화 단체를 구성했다. 홈플러그는 11개 주도회사를 포함, 90여 개의 회원사를 확보하고 있으며 이른바 '홈 LAN'에 주력하면서 이 규격을 세계적으로 확산시켜 가고 있다. 이전까지 고속 PLC는 옥내에만 허가되어 있었으나 2004년 10월 미연방 통신위원회(FCC)가 옥외 PLC의 법규제를 개정할 것을 발표한 후 옥외 PLC도 활발하게 실증실험이 전개되고 있다.

미국은 국토가 넓고 시골지역이 많아 정보격차(Digital Divide)가 크기 때문에 이 지역에 브로드밴드를 얼마나 보급하는가 하는 것이 미국의 통신정책에서 큰 과제가 되고 있으며 유럽과 마찬가지로 광선로의 보급률이 낮고, ADSL이 저속이며 가격이 비교적 높기 때문에 PLC 산업이 급속히 발전할 것으로 전망된다.

2) 유럽

유럽에서는 홈네트워크보다 인터넷 접속을 위한 옥외 PLC가 매우 적극적이며, 유럽 각국은 지역별 전력 공급업체를 중심으로 PLC를 활용한 높은 사업 성장성을 예상, 사업에 나서고 있다. 도시지역 전력회사들은 고객 및 전력선을 확보하고 있어 통신회사와 경쟁할 수 있을 것이란 평가를 받고 있다. 또한 브로드밴드의 보급률이 한국과 일본에 비해 낮으며 비교적 변압설비의 하부에 접속된 호수가 많아 저비용으로 PLC 설비를 부설할 수 있어 PLC 사업이 발전할 것으로 전망된다.

3) 일본

일본에서는 원래 에너지절약을 통한 환경보호차원에서 시작한 PLC 기술을 활용, 다양한 홈 네트워크 관련 구축사업을 진행하고 있다. 홈 네트워크 사업은 일본에서도 IT 이후의 가장 강력하고도 새로운 산업 부문으로 인식되고 있다. 일본 내 100여 개 업체가 참여한 ECHONET 컨소시엄은 6개 회원사를 갖는 그룹 A와 76개 회원사를 갖는 그룹 B로 나누어 전력선을 이용한 Home Networking 구축에 힘을 쏟고 있다. 2000년에 마쓰시타의 저속 PLC를 표준으로 제정하였으며, 2002년 Spec 3.0에서 블루투스(Bluetooth)를 포함하면서 무선기술로 관심이 이동되는 경향이 있다.

4) 중국

중국은 SGTC(State Grid Telecomm. Center)에서 PLC 사업을 추진하고 있다. SGTC는 중국의 80%에 해당하는 지역의 PLC 망을 지원하는 중국 국가 전력회사의 통신담당 계열사로서 지난 2000년부터 자국 내 통신 인프라 보완을 위해 전화, 인터넷 등의 PLC 기반 통신사업을 추진하고 있다. 현재 중국은 전화가 공급되지 못한 지역이 전체의 15%이며, 전기가 공급되지 못한 지역은 3% 수준으로 PLC 기술이 강력한 통신수단이 될 것이라는 평가를 하고 있다.

3.2 전력선 통신 국내시장 동향

PLC는 지금까지 각종 부하에 따른 열악한 통신 채널 특성으로 인해, 저속통신에 기반을 둔 음성전송이나 원격제어, 검침 등의 단순한 응용분야에 주로 활용됐다. 그러나 최근 부하로 인한 잡음을 제거하고, 임피던스 매칭, 전송속도 및 전송거리 증대 등 기술적인 문제가 해결되면서 새로운 가능성을 보여주고 있다. 그리하여, 최근에는 가정에서 초고속 인터넷 접속의 유망한 수단으로 관심을 끌고 있다.

1) 저속 PLC 동향

저속 PLC 제품들은 가정 내 전등, 가스밸브, 난방기기, 정보가전 등을 제어하기 위한 홈오토메이션 및 기기 간 단순한 통신서비스 등을 제공할 수 있는 용도로 개발되어, 표준화가 이뤄지기 전에 상용화가 이뤄졌다. 이 결과 서로 다른 모뎀 기술 기반의 저속 PLC 제품 간 상호호환성 문제가 대두되어 저속 PLC를 통한 홈네트워크 시장확대에 걸림돌이 되어왔다.

이미 서로 다른 기술로 상용화된 이종의 저속 PLC 모뎀들을 국가표준으로 상호호환성을 보장하는 모뎀으로 단일화하기에는 현실적으로 불가능하여 상호운용성을 보장하는 방향으로 표준화를 추진하였다. KS X 4500-1은 한 가정 내에서 서로 다른 저속 PLC 제품들이 PLC 홈서버를 중심으로 상호운용될 수 있도록 인터페이스와 프로토콜인 API(Application Programing Interface)를 정의한 표준이다. 즉, KS X 4500-1을 만족하는 PLC 홈 서버가 설치된 가정 내에서는 이종의 서로 다른 저속 PLC 제품군들을 함께 사용할 수 있어 기본적인 상호운용성을 확보할 수 있다.

2) 고속 PLC 동향

고속 PLC 상용화에 가장 큰 걸림돌이었던 전파법이 2004년 12월 국회에서 개정되어 사용주파수 대역 확장 및 운용금지대역(9kHz 이상)이 신설되었다. 이에 대한 시행령과 시행규칙의 개정이 2005년 6월, 7월 및 9월에 개정되어 고속 PLC 분야의 상용화 및 시장 활성화의 청사진이 가시화되고 있다. 2005년 12월에는 AM방송, 아마추어, 조난·긴급·안전·호출용 주파수 등은 운용금지로 기존설비를 보호하는 전력선 통신 설비가 운용할 수 없는 주파수대역을 제정·고시했다. 현재 국내전파법을 적용하지 않은 고속 전력선 모뎀칩 개발은 한국의 젤라인, 미국의 Intellon, 스페인의 DS2 등이 출시하고 있으며, 200MHz급을 개발하고 있다.

이에 고속 PLC 표준화에는 수요자 요구의 만족을 통한 현실적인 시장확대를 이끌 수 있으며, 저속 PLC와 같은 상호호환성 문제점이 발생하는 것을 막기 위해서 표준화가 상용화에 뒤지지 않도록 기술표준원을 중심으로 추진해나가고 있다. '고속 PLC 표준기술연구회'에서 고속 PLC 표준안 마련을 준비하였으며, 2005년 12월에 KS가 제정되었다. 이어 ISO 또는 IEC를 통해 국제표준화도 계속 추진 중이다. 이를 기반으로 고압 전력선 통신 실증시험을 제주도 월평동에서 실시하고 있다.

3) 국내 상용화 현황

국내의 PLC 기술 수준은 일찍부터 정부, 연구기관, 학계, 산업계에서 관심을 가지고 노력하여 선행국가에 비해 뒤지지 않는 편이다. 한국전력은 2004년부터 저압수용가 3,000가구를 대상으로 PLC 시범사업을 시작하여 원격검침, 직접부하 제어, 배전자동화, 변압기 감시 등 전력 IT 분야를 중심으로 통합검침, 가전기기 제어, 인터넷 등 다양한 응용분야에 적용함으로써 PLC 상용화 기술을 조기에 확보할 방침이다.

홈네트워크 산업을 10대 신성장 동력산업의 하나로 선정하고 조기사업화에 주력하고 있으며 PLC가 가장 저렴한 비용으로 홈네트워크를 구성할 수 있는 잠재력이 있어 상용화에 규제를 완화하기로 하였고, 기술개발 및 표준화 등을 지원하고 있다.

한전은 그동안의 축적된 연구개발 성과물을 현장에 적용하고 PLC 기술의 활용기반을 마련하기 위해 2004년 10월부터 저압수용가 3,000가구를 대상으로 PLC 시범사업을 시작하였다.

3.3 기타 무선 네트워크 사업의 시장 동향

1) 미국의 White Space 무선네트워크

White Space는 TV 방송이 아날로그에서 디지털로 바뀌면서 사용되지 않는 채널로, 무선데이터 네트워크에 적합하여 비용 효과적인 광대역 연결에 사용할 수 있다. 캘리포니아의 플러머스-시에라 자치주(Plumas-Sierra County)에서 White Space 스펙트럼을 활용한 미국의 첫 번째 스마트그리드 무선 네트워크 테스트를 시작하였으며, 이는 TV White Spaces를 이용하여 전기의 수요와 공급을 더 효과적으로 관리, 시스템 컨트롤을 향상시키고, 서비스가 불충분한 지역에 광대역 인터넷을 제공하는 스마트그리드 기술을 연구할 수 있을 것이다.

2) 영국의 British Telecom, 장거리무선통신에 주력

British Telecom은 2020년까지 영국 내 가정 및 소기업 대다수에 스마트미터를 설치한다는 영국정부의 계획이 완료될 수 있도록 장거리 무선통신 솔루션을 제공하기 위해 Arqiva, Detica사와 협력하기로 했다. 모바일폰과 달리 장거리무선통신은 국가 전역에 안정적인 수신율을 제공할 수 있으며, 장거리 무선통신은 허가된 스펙트럼에서만 사용할 수 있기 때문에, 에너지업계의 니즈를 만족시키는 동시에 공급의 안정성과 소비자데이터 보호를 확실히 해야 한다.

3) Pike Research의 전망

Pike Research는 스마트그리드 통신노드가 2009년 1,500만 개에서 2016년에 5,500만 개로 매년 상당히 증가해 2010년에서 2016년 사이에 전 세계적으로 2억 7,600만 개가 될 것으로 추정했다. 아울러 산업수익이 2009년 18억 달러에서 2016년 31억 달러로 매년 증가해, 앞으로 7년 동안 산업계 투자가 203억 달러에 이른다는 것을 보여준다고 설명했다. Pike Research는 유무선/공공·민간/표준/특허 기술을 포함한 스마트그리드 망이 다양해질 것으로 전망하며, 서로 다른 기술들이 각각의 비용과 성능에 기반해 다양한 애플리케이션 분야를 선도하게 되리라 예측했다.

4) ZigBee, IPSO와 ZigBee 스마트에너지 2.0개발 협력

ZigBee는 ZigBee IP 사양과 ZigBee 스마트에너지 버전 2.0 표준으로 표시되는 IP 기술을 활용한 무선 HAN 확장을 위해 IPSO(IP for Smart Objects)와 동맹을 맺는 계획을 발표했다. ZigBee 스마트 에너지는 세계의 선도적인 무선통신 표준으로, 유틸리티, 공급자, 보통 디바이스를 스마트그리드로 연결하는 기술회사에 의해 개발되었고, 2009년 미국 에너지부와 NIST는 ZigBee 스마트에너지를 HAN 디바이스를 위한 초기 상호운용 표준으로 선정한 바 있었다. ZigBee는 IP 기술을 이용함으로써 ZigBee 스마트에너지는 앞으로 스마트그리드 추진에서 유틸리티에 더 많은 유연성을 제공할 것이다.

Section 04
전력선 통신 응용분야

4.1 전력선 통신 응용분야 개요

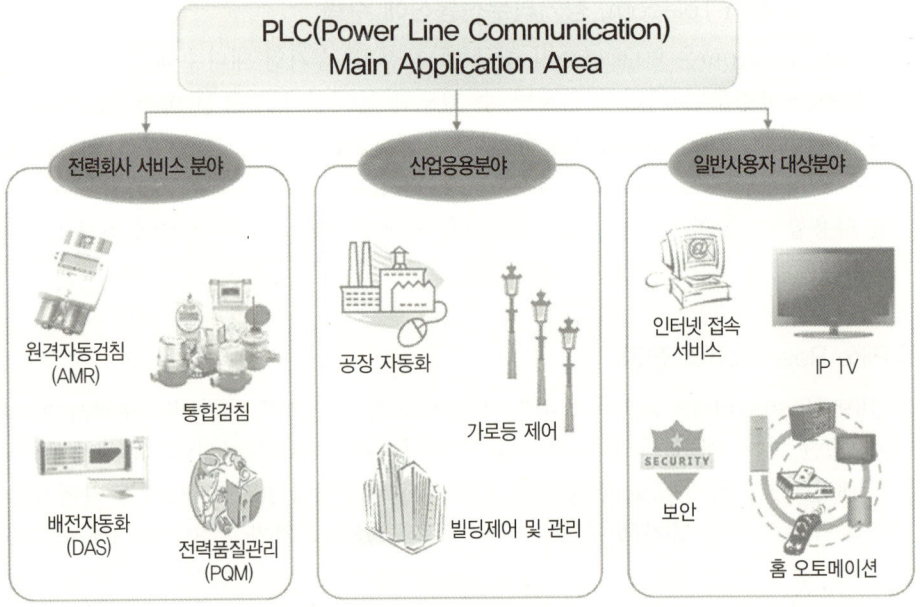

[그림 7.7] 전력선 통신 기술을 활용한 주요 응용분야

4.2 전력선 통신 미래 응용분야

1) 인터넷망 구축

PLC 선박 네트워크는 구형선박에서 LAN 구축이 매우 어려우므로, 선박 구조상 무선 시스템 도입이 불가능하다. 상기 2가지의 어려움을 해결하고, PLC(CU, Master, 공유)로 손쉽게 고속의 네트워크 구축이 가능하다. 기존의 전기선을 이용하여 인터넷망을 구축하므로 시설 투자비가 절대적으로 절감된다.

2) 홈 네트워킹

IPTV Distribution over PLC-IPTV 시청을 위해 가정에 들어와 있는 인터넷회선(PC)과 각방의 TV 간 네트워크를 구축한다. Home Entertainment Network에 PLC가 필요한 이유는 PLC를 사용하면 별도 통신선 설치가 불필요하고, 외부선 노출이 전혀 없다. 기존 인터넷 회선 연장 및 공유가 가능하여 집안에 초고속 LAN 네트워크를 구축할 수 있다.

모든 전기콘센트에서 통신할 수 있으므로 설치가 간편하고, 접속이 쉽다. 무선대비 넓은 커버리지를 제공하며, QoS 지원으로 Triple-Play Service가 가능하다.

3) Cyber 아파트

편리하고 저렴한 전력선 통신 기술을 이용하여 홈 네트워크 사용이 가능하다. High-end Entertainment Network over PLC로 IPTV, VoD, HDTV, Digital Audio, Game, Network Camera 등 모든 고화질, 고음질 콘텐츠를 공유한다. 초고속 QoS 보장되는 통신 인프라 구축이 필수로 PLC가 최적의 솔루션을 제공한다. PLC 칩이 멀티미디어 기기에 내장되어 Plug & Play로 하나의 Network를 구축한다. 이 이외에도 ISP, Backbone Network(Internet), Access Network(UTP, VDSL, Cable, FTTH), Home Server, PLC Modem 등이 구축된다.

4) Home Security(감시 및 경보)

PLC 기반의 인터폰 출입통제 시스템으로 기존 인터폰라인 이용으로 별도의 통신선 포설없이 화상 및 음성데이터 전송이 가능하다.

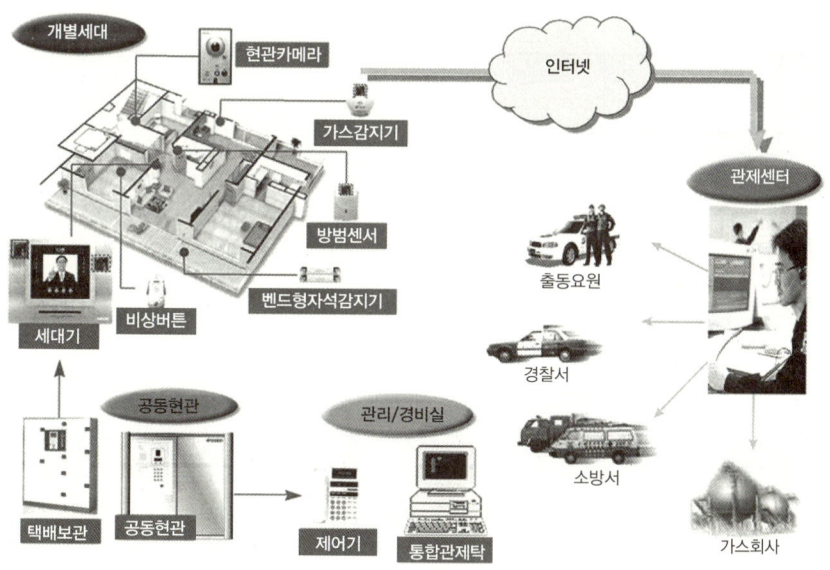

[그림 7.8] PLC를 이용한 홈 시큐리티 사업

출입구 화상인터폰과 댁간 또는 외곽카메라와 댁간 1대 1 음성 및 화상 전송이 가능하다. CCTV 공사 중 망설치비가 차지하는 비용이 대단히 높다. 적정한 폭과 거리를 보장하는 전력선 통신을 이용 시 망 설치비가 절대적으로 절감된다.

장비당 약 2~4Mbps 성능이 보장되며, DC(24V) Line에 화상/음성 데이터 및 Ethernet 기반 데이터 전송이 가능하다. 또한, PLC 디지털 외곽경비 시스템 구축을 위한 각종 센서(진동, 각도, 속도, 변위, 자기, 압전, 지진파)와 기존/신규 IPTV 등과의 영상 연동시스템(중앙통제실, 통합관제서버, 감지센서부, 진동소자 등) 구축도 가능하다.

5) 공장 자동화

PLC 기반의 인터폰 출입통제 시스템으로 기존 인터폰라인 이용으로 별도의 통신선 포설없이 화상 및 음성데이터 전송이 가능하다. 공장 기기들은 모두 전원 공급을 필요로 하는 만큼, 전력공급과 동시에 이루어지는 자동화를 전력선 통신으로 쉽게 구성한다.

6) 설비관리 및 감시

PLC 영상감시 시스템-IP 카메라 네트워크를 구축하여, 원격지에서 영상정보 확인, 휴대전화로 상태 확인 및 경보를 하여 편의점, 매장 등 감시가 필요한 모든 분야 설비관리 및 감시를 한다. Backbone(XDSL, RF, Cellular), PLC-NVR, PLC Network Camera 등으로 구성된다.

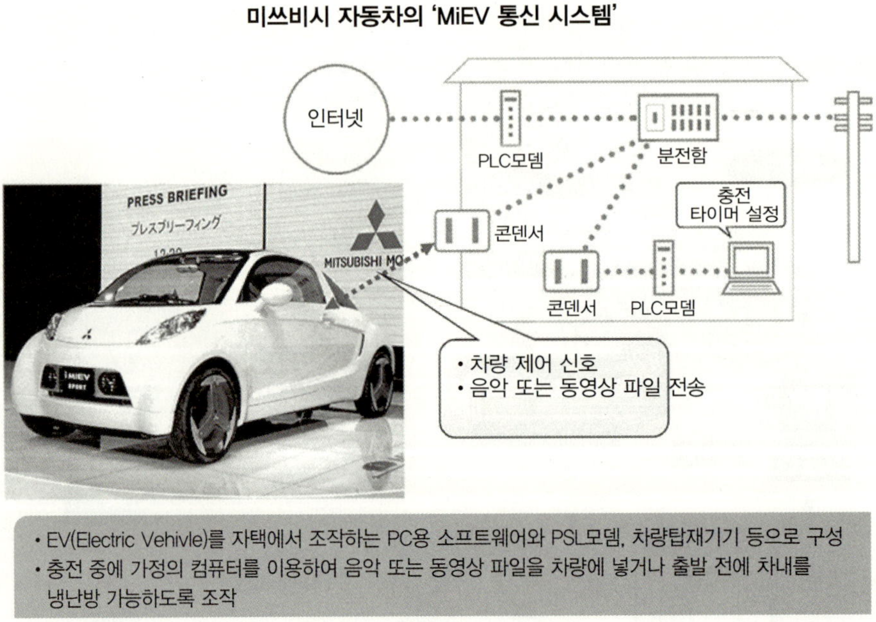
미쓰비시 자동차의 'MiEV 통신 시스템'
인터넷
PLC모뎀
분전함
충전
타이머 설정
콘센서
콘센서
PLC모뎀
PRESS BRIEFING
MITSUBISHI MO
• 차량 제어 신호
• 음악 또는 동영상 파일 전송
• EV(Electric Vehivle)를 자택에서 조작하는 PC용 소프트웨어와 PSL모뎀, 차량탑재기기 등으로 구성
• 충전 중에 가정의 컴퓨터를 이용하여 음악 또는 동영상 파일을 차량에 넣거나 출발 전에 차내를 냉난방 가능하도록 조작

[그림 7.9] 자동차에서 PLC 활용

7) PLC 자동차 네트워크 구축

자동차 내의 DC Power Line을 사용하여 모든 통신 네트워크를 구축한다. 다양한 자동차 내의 지능형 기능(Intelligent Function)을 구현하여, 설치 후에도 추가 기능을 네트워크에 쉽게 부여할 수 있다. 주요 응용분야로는 전후방 감시 카메라, 카오디오 컨트롤, 자동차 감시, 자동차 센서네트워크, 핸드폰 연동 인터페이스 등을 구축한다.

8) 빌딩제어/자동화(Balanced Office Building)

공공건물 에너지통합관리, 가로등 제어·감시 시스템, 에어컨 순환제어 시스템 등이 적용된다. PLC MDU Solution(호텔, 병원, 학교 등)은 PLC 인터넷 가입자망+전력선전화(VoPL)+홈네트워킹 서비스를 제공하며, PLC Master, PLC Slave, 인터넷을 거쳐 ISP(Internet Service Provider)를 마련해 준다.

PLC Office/School 네트워크는 인터넷+전력선 전화(VoIP)로 구성되어 별도 랜선공사/전화선 공사가 불필요하고, 사무실 내 모든 콘센트에서 통신이 가능하다. PLC 빌딩 내 센서 및 제어 네트워크는 빌딩 내 에너지, 조명, 공조, 방범, 방재, 환경 네트워크 및 서비스를 제공하며, 지능형 통신 및 네트워크, 에너지 및 환경관리, 지능형 조명/온도, 습도 등을 관리한다. 센서 등 냉수온도계량도 가능하다.

9) 전력회사(전력IT 분야)

주로 원격검침(AMI) 시범사업으로 한전의 BPL 시범서비스 사례(24Mbps BPL AMR모듈)가 있으며, 고속 PLC 모듈이 탑재된 디지털 전력량계를 사용한 원격검침 및 다양한 초고속데이터 서비스 또한, 실현하고 있다. 가스요금, 전기요금, 수도요금 등 지금까지 사람이 검침하던 성가신 일들을 전력선 통신이 자동으로 원격검침이 가능하다. 전력 IT 분야에는 원격검침 이외에도 송배전자동화, 가로등제어, 변전소무인감시, 지하 공동구 감시, SCADA, 페이지폰, DLC 등이 있다.

10) 여러 가지 부가서비스

기타 응용분야에는 교통신호제어, 도로감시, 비상전화, 산불감시, 엘리베이터 제어 등이 있다. 또한 PLC를 활용한 '효심이 119 서비스'는 화재, 가스 누출탐지, 헬스 케어(Health Care) 서비스, 긴급호출 서비스, 독거노인의 고독한 죽음예방 등 사회공헌에도 이바지할 것으로 기대되며, 카드 VAN, 방범보안 등 회선임대 서비스도 제공한다.

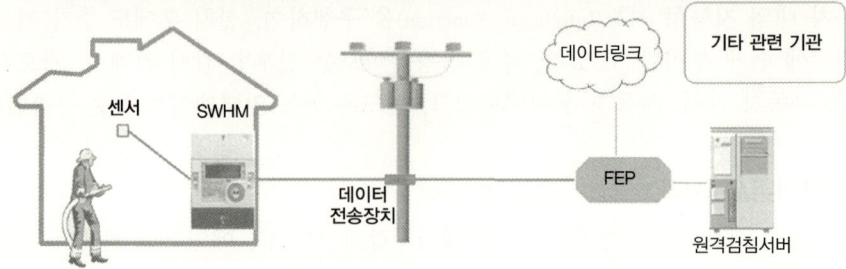

[그림 7.10] PLC를 이용한 사회공헌, 회선임대 등

엘리베이터와 같은 통신선로 구축이 매우 어려운 곳이나 무선통신 음영지역 및 장애요소로 인해 통신이 어려운 곳은 BPL Streaming Service(Projector, E/V LCD)를 PLC를 이용하여 설치할 수 있다. 이는 메인 서버(Main Server)와 BPL Modem으로 구성된다.

| Section 05 |

전력선 통신 주요 기술

5.1 전력선 통신 채널

전력선에 의한 신호전송은 무선환경의 채널과 같이 송수신단 사이의 LOS(Line of Site)가 존재하지 않기 때문에 에코가 발생하게 된다. 또한, 전력선 네트워크상의 부정합(Miss-matching)으로 인한 신호의 반사가 수시로 발생하기 때문에 무선환경에서의 다중 경로 현상을 가지게 된다.

1) 전력선 채널 특성

전력선 채널 특성에는 노이즈(Noise)와 고주파에서의 전송특성이 있다. 노이즈가 PLC에서 큰 문제점이 되는 이유는 수신단에서의 노이즈가 WGN(White Gaussian Noise)의 특성을 거의 가지고 있지 않기 때문이다. 고주파에서의 전송특성은 접속영역에서의 채널특성과 옥내 채널특성으로 나눈다. 일반적으로 광범위하게 측정한 데이터베이스는 접속 네트워크 영역과 변전소와 옥내의 연결사이의 분할 그리드 등에서 유용하다.

2) PLC 채널 모델링

감쇠는 가장 긴 거리의 전력선 링크에서 주파수와 더불어 증가한다. 저주파 통과특성은 옥내링크에서 덜 중요한 형태에서 또한 나타난다. 게다가 주기적인 변동은 곳곳에서 나타나며, 뒤따르는 반사-기초 전송함수 모델 접근이 제안될 수 있다. 그 모델은 산업으로 진출해왔고 전력선 채널 모델을 위한 다가오는 표준의 한 부분이 될 것이다.

3) 고주파 간섭

신호왜곡과 더불어 부가적인 잡음은 데이터 전송에 영향을 끼치는 것으로 간주된다. 다른 많은 통신 연결과는 달리, 전력선 채널은 AWGN 환경을 나타내지 않는다.

4) 접속 임피던스

일반적으로 전통적인 시스템에서 전송자의 출력과 수신자의 입력 임피던스는 매개물의 특성 임피던스와 같다. 이것은 안테나 또는 동축케이블에서 실현 가능한데, 이러한 장치들은 시불변적이고 주파수에 독립적인 특성 임피던스를 가지고 있기 때문이다. 그러나 전송선로에서는 이와는 상반된 조건이 나타난다.

5) 전력선 채널용량 측정

자료를 전송하는 능력은 전력선 채널에 대한 Shannon's 이론이 적용되며, 이를 기반으로 전력선 접속-채널용량을 측정 분석한다. 지금까지 특별히 30MHz보다 큰 주파수에 관해서는 옥내 전력선 채널을 위한 측정 자료들이 매우 적었다. 그럼에도 전력선 채널용량측정은 정확하다. 이를 바탕으로 옥내 채널용량을 추정할 수 있다.

5.2 고속 PLC의 변조방식

변조방식은 신호가 통신채널에서 전송이 용이하도록 신호를 변형하는 것을 의미한다. PLC의 고속화에 따라 광대역의 Multi-carrier 변조방식이 사용되며, 그중에서도 특히 현재 ADSL, WiBro, HSDPA 등에 사용되는 변조방식인 OFDM(Orthogonal Frequency Division Modulation)이 주로 사용된다.

1) OFDM의 원리

OFDM 방식은 여러 개의 반송파를 사용하는 다중반송파 전송의 일종으로 반송파의 수만큼 각 채널에서의 전송주기가 증가하게 된다. 이 경우 광대역 전송시에 나타나는 주파수 선택적 채널이 심볼 간 간섭(ISI : Inter Symbol Interference)이 없는 주파수 비선택적 채널로 근사화되기 때문에 간단한 단일 탭 등화기로 보상이 가능하다.

2) OFDM 방식의 통신시스템

통신시스템으로는 무선 LAN(IEEE 802.11a), BWA(IEEE 802.16ab), DAB(Eureka -147), DVB-T, ADSL, VDSL, ACIS, W-OFDM 등이 있다.

3) 최신 OFDM 기술동향

① **송신 다이버시티** : 무선 인터넷 등에서 요구되는 높은 Link Budget를 해결하기 위하여 송신단에 다중안테나를 사용하는 송신 다이버시티 기법으로 귀환 데이터의 유·무에 따라 개루프 송신 다이버시티와 폐루프 송신 다이버시티 기법으로 각각 분류된다.

② **다중 액세스(Multiple Access)** : 방송용이 아닌 셀룰러 이동통신, 무선 ATM, 무선 LAN 등에 OFDM 전송방식을 사용하는 경우에는 단일 반송파 전송방식과 마찬가지로 다수의 사용자를 위한 다중 액세스 방식이 필요하다.

③ **링크 적용(Link Adaptation)** : 이 기법은 변하는 시간환경에 따라 적응적으로 변조와

부호화율을 변화하여 전송율과 주파수 효율을 증가시킬 수 있는 방법이다.
④ **고속환경에서의 채널 추정기법** : 실외 셀룰러 환경은 최대 RMS 지연확산이 $10 \mu s$에 달하므로 OFDM 심볼 간 간섭을 피하기 위해서는 이보다 긴 길이의 보호구간이 필요하다. 그러나 보호구간이 길어지면 전력효율이 그만큼 감소하기 때문에 전력손실을 최소화할 수 있도록 보호구간에 비례하여 OFDM 심볼의 길이도 길어져야 한다.
⑤ **PAR 감소기법** : OFDM 신호의 시간영역신호는 PAR(Peak-to-Average Ratio)가 단일 반송파 방식보다 크게 나타나는 단점이 있다. PAR가 크면 ADC와 DAC의 복잡도가 증가하고 RF 전력증폭기의 효율이 감소되게 된다. 감소기법에도 신호왜곡기법, 부호화 기법 및 시컨스를 선택하는 3가지 방식으로 나눈다.
⑥ **동기화 기법** : OFDM 방식은 단일 반송파에 비하여 반송파 주파수 옵셋, 심볼 타이밍 옵셋, 샘플링 타이밍 옵셋, 위상잡음에 영향을 많이 받는다. 이중 심볼 동기는 수신단에서 FFT의 시작 위치를 찾아 일치시키는 것을 의미한다.
⑦ **OFDM 시스템을 위한 FFT 설계** : OFDM은 유럽, 일본 및 호주의 디지털 TV 표준으로 채택될 것으로 기대되는 4세대(4G) 변조기술이다. OFDM의 대역확산기술은 정확한 주파수에서 일정 간격 떨어져 있는 많은 수의 반송파에 데이터를 분산시킨다. OFDM은 다중경로 및 이동수신 환경에서 우수한 성능을 발휘하기 때문에 지상파 디지털 TV 및 디지털 음성방송에 적합한 변조방식으로 주목받고 있다.

4) OFDM 변복조방식의 원리

변조(Modulation)와 부호화(Channel Coding)는 디지털 통신시스템의 기본적인 구성요소이다. 변조는 디지털 정보를 아날로그 형태로 대응시켜 채널에서 전송될 수 있도록 변환하는 과정이다. 따라서 모든 디지털 통신시스템은 이 과정을 수행하기 위한 변조기(Modulation)를 갖고 있다.

복조(Demodulation)는 변조의 반대과정으로써 수신기에서 전송된 디지털 정보를 복구하는 과정을 수행한다. 변조에는 동기변조, 진폭 천이변조, 위상 천이변조 및 직교 진폭변조로 나눈다. 동기 변조의 검출에는 경판정 검출과 연판정 검출로 분류한다. 비동기 변조에는 차등 위상 천이변조, 차등진폭 위상변조 및 차등변조의 검출로 분류한다. 그 이외에 성형과 비선형 변조가 있다.

5) 인터리빙(Interleaving)

인터리빙은 전송되는 비트를 시간이나 주파수 영역에서 분산시키거나 복조 이후에 비트 오류를 분산시키기 위해서 사용한다. 어느 정보까지 비트 오류를 분산시킬 것인가는 사용되는 FEC 부호에 따라 결정된다. 또한 어떤 종류의 인터리빙 패턴이 필요한가는 사용되는 채널의 특성에 따라 변한다. 만일 시스템이 순수한 AWGN 환경에서 동작한다면 오류의 분산이 비트를 재배치함에 따라 변하지 않기 때문에 어떠한 인터리빙 과정도 필요하지 않게 된다.

5.3 전력선 통신을 위한 채널부호화

PLC의 채널은 정규적이지 않으며, 극심한 잡음을 갖는다. 이에 따라 에러성능이 열화되며, 이를 보완하기 위해 채널부호화가 필수적이다. 채널부호화(Channel Code)는 현대의 디지털 통신시스템에서 매우 중요한 요소 중 하나이며, 채널 부호를 통해 효과적이고 신뢰성 있는 무선통신이 가능해진다.

1) 콘벌루션 부호
콘벌루션 부호(Convolution Code)는 요즈음의 통신시스템의 채널 부호화에 가장 널리 사용되는 부호 중 하나이며, 성능을 효과적으로 개선하고, 여러 부호율에 적용될 수 있는 유연성을 갖고 있기 때문에 널리 사용되고 있다.

2) 트렐리스 부호화 변조
트렐리스 부호화변조(Trellis Coded Modulation 이하 TCM)의 핵심개념은 채널 부호화와 변조를 하나의 복합된 요소로 합치는 것이며, 이 방식을 사용할 경우 부호설계가 사용되는 성상도에 최적화된다. TCM의 가장 큰 장점은 AWGN 채널에서 높은 스펙트럼 효율 즉 큰 성상도를 가질 수 있다는 것이다.

3) 블록 부호
Hamming에 의해 제안된 첫 번째 오차 정정부호는 블록부호(Block Code)이다. 블록부호는 콘벌루션 부호화와 같이 코드 워드 길이가 변수가 아니고 고정된 코드 워드 길이 n을 갖는다는 점이 다르다.

4) Reed-Solomon 부호
산발(Random) 오류정정을 위한 가장 중요한 블록부호의 대부분은 BCH 부호의 시퀀스에 속하는 것으로 이 명칭은 그 부호의 발견자들인 Bose, Chaudhuri, Hocquenghem의 이름을 딴 것이다.

5.4 전력선 통신 MAC 프로토콜

MAC 프로토콜은 전송채널에서 데이터 전송을 관리한다. 이것은 PLC 사용자와 다른 서비스 사이에 채널할당과 재할당을 의미한다. 이런 할당을 위해서 다양한 FDMA(Frequency Division Multiple Access), TDMA(Time Division Multiple Access), CDMA(Code Division Multiple Access)와 같은 다중 접속방식이 있다.

MAC 프로토콜의 다중접속방식은 접속할 수 있는 영역으로 전송자원을 분배하는 방법을 정의한다. PLC 시스템의 채널에서 정의되는 전송채널은 MAC 프로토콜에 접속할 수 있는 영역을 표현한다. OFDM 시스템에서 전송채널은 FDMA의 한 종류로 연관되는 주파수 스펙트럼으로 할당된다. OFDM의 구조와 전송채널의 각각의 부전송자(Subcarrier) 때문에, 이 다중접속 방법을 OFDMA(OFDM Access)라고 불린다. MAC 프로토콜은 또한 전송시스템에 적용되는 이중모드의 특성을 포함해야 한다. 각 다중접속 방법은 이중화 방법과 결합된다. 통신 시스템에서 두 종류의 이중화 방법이 있다.

- FDD : Frequency Division Duplex
- TDD : Time Division Duplex

1) 동적 접속방식

일반적으로 동적 접근방식 및 프로토콜은 두 그룹으로 나눈다. 충돌을 갖는 경합 프로토콜과 충돌 없는 조정 프로토콜이 있다. 경합 접근 프로토콜은 다른 네트워크 사용시 전송 사이에 충돌을 피해야 한다. 즉 다른 사용자가 동시에 데이터를 전송하고 있어서 충돌이 생기기 때문에 전송을 성공하지 못할 수도 있다. 충돌이 발생한 경우에 충돌된 데이터의 재전송이 행해지고 추가적인 전송지연이 발생한다.

그러므로 시간에 예민한 서비스에 대한 QoS와 전송용량의 예약뿐만 아니라 전송우선권의 실제화가 보장되지 않는다. 게다가 단점은 전체 네트워크에 도달하는데 불가능하다는 것이다. 경합 프로토콜에는 ALOHA(Pure, Slotted), CSMA(Carrier Sense Multiple Access), Collision 해결 프로토콜 등이 있다.

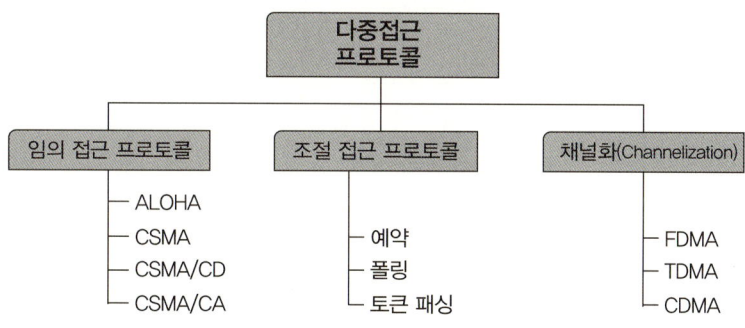

[그림 7.11] 다중 제어 프로토콜의 분류

조정 프로토콜은 각 네트워크의 국이 전송용량의 특정부문을 처리하는 것을 입증한다. 네트워크 국 사이의 전송용량 분배는 다음 두 방식에 따라 구현된다.

① **토큰 패싱(토큰-링, 토큰-버스)** : 한 네트워크 국이 다른 국으로 전송 권한을 주는 토큰을 변화시키는데 있어서 분산구조를 가진다.
② **폴링 시스템** : 네트워크에서 주/중앙국을 갖는 중앙 집중구조를 제공한다.

2) 임의 접근 프로토콜

임의 접근 프로토콜에는 ALOHA와 CSMA(Carrier Sense Multiple Access)가 있다. ALOHA는 최초 하와이 섬들에서 다른 섬에 있는 단말기와 통신을 위해 사용된 Pure ALOHA와 Slotted ALOHA로 분류된다. ALOHA보다 효율적인 CSMA는 반영구적 CSMA, 1-영구적 CSMA 및 p-영구적 CSMA로 구분된다. CSMA가 ALOHA보다 더 효율적이지만 아직 비효율적인 면이 있다. CSMA는 두 개의 프레임이 충돌하면 매체는 손상된 양쪽의 프레임의 전송이 지속되는 동안 매체를 여전히 사용할 수 없는 단점을 가지고 있다.

CSMA/CD(Collision Detection)에서는 매체가 사용 중이 아니면 전송하고, 매체가 사용 중이면 채널이 휴지 상태일 때까지 기다린 후 사용 중이 아니면 즉시 전송한다. 전송하는 도중에 충돌이 발생한 것을 검출하면, 짧은 신호를 보내서 모든 지국에 충돌 발생 사실을 알린다. CSMA/CD 시스템의 규칙은 충돌을 감지하는 데 걸리는 시간은 종단 간의 전파 지연시간의 두 배보다 크지 않으며, 프레임 전송이 끝나기 전에 충돌을 감지할 수 있도록 프레임의 크기가 충분히 길어야 한다는 것이다.

3) 조절 접근 프로토콜

예약(Reservation) 기법에서는 각 국이 데이터를 송신하기 전에 예약하는 것을 필요로 한다. 시간은 어떤 간격들로 나누어지고, N 개의 지국시스템이 존재한다면, N 개의 예약된 미니슬롯이 예약 프레임 안에 존재하게 된다. 폴링시스템은 하나의 주국과 그 외의 종국들로 구성된 토폴로지에서 동작한다. 주국장치는 링크를 제어하고 항상 세션의 처음 시작자(Initiator)이다. 폴링은 주국장치가 데이터를 받기를 원한다면, 종국장치에게 송신할 것이 있는지를 물어보는 기능을 가진다.

선택(Selection)은 주국 장치가 데이터 송신을 하고자 한다면 목표인 종국장치에게 수신을 준비하게 하는 기능으로, 종국은 수신 준비가 되면 확인응답을 주국에 전송한다. 토큰패싱 방식에서는 국이 토큰이라 불리는 특별한 프레임을 받으면 그 지국에게 데이터를 송신할 권한이 주어진다. 토큰의 운행은 선행자로부터 후행자로 전달된다. 토큰 전달은 보낼 데이터가 없을 때, 토큰은 링을 따라 회전하며, 보낼 데이터가 있을 때, 토큰을 기다리고 토큰을 잡고 자신이 보낼 프레임을 할당 시간 동안 보낸다. 토큰을 후행지국이 사용할 수 있도록 풀어놓는다.

4) 채널화(Channelization)

채널화는 서로 다른 국들 사이에 사용 가능한 링크의 대역폭을 시간, 주파수 또는 코드를 통해서 공유할 수 있도록 하는 다중 접속방법을 말한다.

5) 고속 PLC를 위한 MAC 기술

구조화(Framing), 스케줄링(Scheduling) 등은 모두 현 표준이 KSX 4600-1과 Home Plug AV이다. 국내 표준에서의 MAC은 Link 계층에서 내려받거나 MAC 계층에서 생성한 데이터를 캡슐화 과정을 수행한 후 PHY 계층을 통해 전송한다. HomePlug AV는 각 MSDU를 처리하고 MAC 프레임을 발생시킨다. MAC 프레임은 MAC 프레임 헤더, 부가항목인 ATS(Arrival Time Stamp) 혹은 램덤 컨파운더(Confounder), 부가항목 MSDU Pay load, 부가항목 관리 메시지, 그리고 ICV(Integrity Check Value)로 구성된다. 현재의 PLC 표준은 P2P(Peer-to-Peer) 통신프로토콜에 적합한 형태이다. 홈 네트워크 환경은 상당히 복잡한 환경을 가지며, 각 홈 네트워크 장비들은 제 각각의 부속시스템과 주소와 데이터 패킷 구조로 되어 있다. 현존 표준이 고속화와 신뢰성 있는 PLC 채널을 제시하지만, 각 다른 물리계층의 장비들을 지원할 필요가 있다.

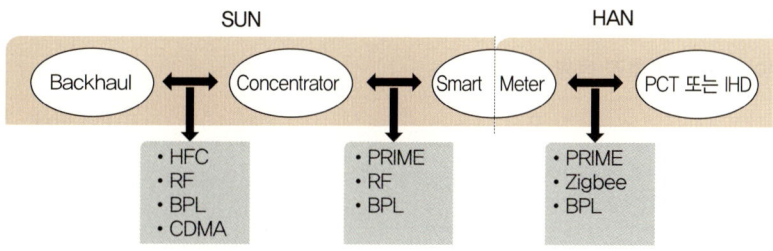

서로 다른 기술의 공존 문제
가령 서로 다른 BPL 기술은 함께 사용될 수 없다.(스루풋은 다른 표준에 심각한 영향을 준다)

[그림 7.12] Candidate PHY/MAC Technologies

Section 06
전력 IT의 국제표준화

6.1 전력 IT 표준화 개요

1) 스마트그리드와 IEC 61850

전력 IT의 표준규격으로 자리매김하는 IEC 61850 표준규격에 대한 이해와 응용을 위해 분산전원 및 변전소 구성언어(SCL)의 개념과 응용기법을 알아야 하며, 통신 적합성 시험에 대한 개념, 시험방법 및 상세절차도 알아야 한다.

[표 7.4] 분야별 표준화 추진 동향

기술 분야	표준 내용	표준화 단체
지능형 전력관리 기술	댁내 지능형 전력관리 프레임워크, 시스템, 장치, 전력제어/관리 프로토콜	IEC/ISO
	스마트유틸리티 네트워크 PHY & MAC 기술	IEEE 802.15.4 g/e
	메쉬 라우팅(Mesh Routing) 기술	IEEE 802.15.5
	스마트그리드 인프라를 위한 와이브로(WiBro) 기술	IEEE 802.16
	스마트그리드와 마이크로그리드 연동	ISO/IEC
	지능형 에너지관리시스템과 전력소비량 수집 네트워크 간 인터페이스	Open AMI, IEEE
	스마트그리드 기기/시스템의 상호호환	IEC TC 57
지능형 전력망 보안기술	스마트그리드 기기/시스템 보안	IEEE 1686-2007, UCAIug, AMI-SEC SSR
	스마트그리드/인프라 보안	NERC CIP 002-009
	스마트그리드에서의 데이터 통신보안	IEC 62351
	스마트그리드 개인정보 보안	NIST SP, NERC CIP
정책	전력IT 시스템 자율관리 정책	TTA, 기술표준원
	전력에너지 사용량 기반 전력절감관리 정책	

2) DNP 3.0 통신 프로토콜 개념

현재 국내 전력시스템에서 대표적으로 사용되는 프로토콜인 DNP 3.0 표준규격에 대한 개념을 이해해야 한다.

3) 전력 IT용어 표준화 및 산업계 보급체계

전력 IT 분야 신생용어 등장과 국내 관련법규, 표준 등에서 전력 IT 용어해석에 대한 혼란 시 업계의 직·간접인 피해발생을 대비하고 전력 IT 분야 기술 표준화 작업을 위한 전력 IT용어 표준화 및 산업계 보급체계 구축과정을 파악한다.

4) ISO/IEC 12139-1

KS X 4600-1을 기반으로 ISO/IEC 12139-1는 시스템과 PLC 간의 통신과 정보교환 기술 및 PHY 계층의 일반요건을 포함한다.

5) IEEE P1901 & IEEE P2030

2005년 6월에 시작한 MAC/PHY 계층에 초점을 맞추고, 댁내와 액세스를 위한 광역 PLC의 공급범위와 2008년 12월에 승인된 IEEE 1901 표준에 대한 기초자료 등이다. IEEE P2030은 2009년 3월에 시작된 에너지기술과 정보의 상호 운영성 지침에 초점을 맞추고 있으며, 전력계통시스템의 스마트그리드 상호 운용성을 위한 성능평가기준을 정의하고 있다.

6) ITU-T G.9960(G.hn)

2006년 5월에 시작한 MAC/PHY 계층에 초점을 맞추고, 모든 댁내라인을 위한 광역 PLC의 공급범위와 2008년 12월에 동의된 PHY/MAC 일부에 대한 기초자료 등이다. G.hn은 홈그리드 포럼(Home Grid Forum)에 의해 지원되었다.

7) KS X 4600-1

정보기술-전기통신과 시스템 간의 정보 교환, 고속 전력선 통신(PLC) 매체접근제어 (MAC) 및 물리층(PHY)의 일반 요구사항을 포함한다. 적용범위는 옥내 및 옥외 고속 PLC 장치를 위한 연결성에 대한 PHY(물리계층) 및 매체접근제어(MAC) 계층 규격을 위한 것이다.

[표 7.5] KS X 4600-1 의 분류

Category	Application
Class A 장치	옥내 및 옥외 데이터 네트워크
Class B 장치	A/V 엔터테인먼트 네트워크

8) IEEE, 40 · 100 Gbps 이더넷 새 표준 발표

국제표준화 단체인 전기전자공학자협회(IEEE)가 2010년 6월 차세대 이더넷 새 표준규격을 발표했다. 업계에 따르면 IEEE는 최근 40Gbps와 100Gbps 이더넷을 지원하는 새로운 표준규격인 'IEEE 802.3ba'를 최종 승인했다고 발표했다. 'IEEE 802.3ba'는 두 가지 이더넷 속도를 모두 정의하는 첫 번째 표준규격이다. 갈수록 늘어나는 광대역 네트워크 수요를 충족시키기 위해 현존하는 이더넷이 지닌 전송 속도의 한계를 극복하는 단초가 될 것으로 보인다. 'IEEE 802.3ba'는 고성능 서버 아키텍처에서 발생하는 네트워크 병목현상을 획기적으로 개선할 수 있는 점이 가장 큰 특징이다. 또한 광대역 네트워크 환경 구축 시 저렴한 운영비용에 에너지 효율성을 높인 점도 진일보한 대목이다.

6.2 국외의 PLC 표준화 동향

스마트그리드 기술의 표준화는 아직 초기 진행상태로, 북미와 유럽은 독자적으로 스마트그리드에 대한 상호 운영 표준을 추진하고 있으며, 미국은 EPRI와 NIST를 중심으로 상호 운영 표준화를 주도하고 있으며, 유럽은 'European Technology Platform, Smart Grids'를 중심으로 표준화를 진행하고 있다.

1) 저압 전력선 통신 표준

그동안 X-10사의 제품을 Defacto-Standard로 인정하고 사용하였으며, 자동화, 제어 및 빌딩관리용 ISO/IEC 14908이 미국 론웍(Lon-works)사 제품으로 승인되었다. 홈전자시스템용 ISO/IEC 14543은 유럽 KNX사 제품으로 국제표준이 최근 승인되었다.

2) 고압 전력선 통신 표준

고속 전력선 통신의 표준화는 EMC관련 국제표준과 통신방식에 관한 국제표준으로 구분된다. EMC 표준은 EMC 영향을 최소화하는 기준으로 미국 · 캐나다 · 호주 · 한국 등에서는 EMC 출력값이 기준레벨 이하이면 허가 없이 사용가능한 반면 유럽은 ETSI와 CENELEC에서 공동 표준화한 CENELEC 205A 기준치와 각 나라 지정 EMC 기준을 동시에 만족해야 한다.

한국은 2005년 30MHz 이하에서 사용되는 무선 서비스와의 간섭측정 및 분석을 통해 사용을 인정하고 있다.

6.3 미국 및 북미 PLC 표준화 동향

스마트그리드 분야의 표준화는 전기, 전자, 통신분야의 공신력 있는 국제 또는 미국 내 기관 및 협회들의 공조 하에 추진된다. 국제전기기술위원회인 IEC 산하의 지능형 전력망 보안 기술위원회인 'TC 57'이 관련 국제기준 및 표준화 작업을 담당하고 있으며, 스마트그리드 기술에 연관된 표준은 변전소 자동화 국제규격(IEC 61850), 배전자동화 시스템과 같은 전력시스템 애플리케이션 국제규격(IEC 61970 & 61986) 등이다.

대표적인 미국 스마트그리드 기술표준화 작업은 NIST의 주도하에 연방 에너지부(DOE)와 연방에너지규제위원회(FERC)가 협업 형태로 진행 중이며, NIST와 FERC는 스마트그리드분야 중 현실적으로 가장 표준화 도입이 시급한 에너지저장장치 등 8개 부문을 우선적으로 표준화 작업에 박차를 가하는 상황이다.

1) 승인된 표준사양

HomePlug는 Intellon의 기술을 중심으로 표준화를 추진하여, 2005년 9월 Home Plug AV 표준 사양을 완료하였고, HomePlug BPL 표준사양 작업을 진행하고 있다. 2005년 2월에는 IEEE P1901 실무협의단(Working Group)에서 이종 BPL간 공존을 위한 MAC/PHY계층 사양을 제정하여, 2007년 7월 표준사양을 완료하였다.

2) 스마트그리드의 개념적 참조 모델

사용사례를 분석하고 상호 운용성이 필요한 인터페이스를 확인하며 사이버 안전전력을 수립하기 위해서는 주요 구성요소들과 이들의 상호 연관성에 대한 이해를 공유할 필요성이 있다. NIST의 스마트그리드 개념적 참조모델은 7개 영역(대량발전, 송전, 배전, 시장, 운영, 서비스 공급업자 및 고객)과 각 영역 내의 주요 참여자들 및 애플리케이션 등이 있으며, 참조모델은 정보교환, 상호 운용성 표준이 필요한 영역, 참여자 및 애플리케이션 간의 인터페이스가 확인되어야 한다.

3) 실행을 위해 확인된 표준

2009년 4월 NIST는 스마트그리드를 위한 16개 초기표준을 확인했고 이 목록에 대한 공청회와 그에 따른 분석 결과, 31개 표준으로 확대했다. 추가로 46개 표준 또한 워크숍 과정을 통해 스마트그리드에 적용될 가능성이 있는 것으로 확인했다. NIST는 추가 표준들을 본 보고서의 최종판에 포함시키기 전에 추가 표준에 대한 공청회도 최근 개최할 예정이다.

4) 전력사업자-고객간 양방향 데이터통신 표준 결정

미국 SGIP(Smart Grid Interoperability Panel) 운영위원회는 전력사업자와 그들의 고객 간 양방향 데이터 통신에 중요한 새로운 표준을 결정하고, 차세대 지능형전력망을 현실화시키는 계기가 될 것으로 기대되는 이번 결정은 전력사업자와 소비자 간 통신에 사용된 정보와 그 정보가 조직되는 방식에 대한 기본적 표준을 결정하는 것이다.

5) 스마트그리드 애플리케이션 적용 표준 2개 승인

국제전기통신연합(ITU)은 전력자동분배, 스마트미터, 스마트가전, 전기자동차 충전체계 등과 같은 비용 효율적 스마트그리드 애플리케이션에 적용할 새로운 G 계열(G.hnem) 표준 2개를 승인하기 위한 마지막 단계에 돌입했다. ITU-T(통신표준화) G.9955와 G.9956에는 물리적데이터 링크계층(Layer) 설계명세가 포함된다. 또한 500kHz 이하 협대역 직교주파수분할(OFDM) 방식 전력선 통신을 위한 표준으로 쓰일 예정이다. 특히 G 계열 표준이 스마트그리드 체계를 효율적으로 통제하기 위한 통신·전기 네트워크를 연계하는 데 큰 역할을 할 전망이며, 이더넷(Ethernet), 인터넷 주소체계인 'IPv4와 IPv6 프로토콜'을 지원하기 때문에 'G 계열 표준 기반 스마트그리드 네트워크'가 IP 기반 통신망과 쉽게 통합할 수 있을 것이다.

6) G3-PLC 연합 결성하여 새로운 통신표준 도입 추진

ERDF, Texas Instruments, Cisco, Itron, Landis & Gyr 등 12개 주요사업자 등이 참여하여 G3-PLC 연합(Alliance)을 2011년 10월에 결성하여 세계표준기구(IEEE, ITU, IEC, ISO)에 G3-PLC 도입을 독려하고 있다. G3-PLC는 10-490kHz 주파수대역에 설계되었으며, CENELEC, FCC, ARIB 규제기관의 규정을 준수한다.

[표 7.6] 정보분야 표준기관(JTC1) 분과별 국제 표준화 현황(2010년 하반기 기준)

구 분	No	기술위원회(TC)	국제표준 (종)	KS 도입 (종)	도입률 (%)	스마트그리드관련 표준 수
JTC1	1	TC1(정보기술)	473	225	47.5	-
	2	SC2(문자코드)	42	33	78.6	-
	3	SC6(정보통신기술)	121	-	-	-
	4	SC7(소프트웨어)	124	80	64.5	-
	5	SC17(식별카드)	48	-	-	-
	6	SC25(정보기기 상호접속)	193	61	31.6	-
	7	SC27(정보보안기술)	79	-	-	-
	8	SC32(데이터관리서비스)	46	-	-	-

7) 사이버 안전

스마트그리드의 사이버 안전은 매우 중요하며 이를 달성하기 위해 안전은 아키텍처 수준에서 설계되어야 한다. NIST가 주도하고 민간 및 공공 부문에서 참여하는 200명

이상의 참여자들로 구성된 사이버안전협력 업무그룹(Task Group)이 스마트그리드를 위한 사이버 안전전략과 요건개발을 선도한다. 동 그룹은 사이버 안전을 고려한 사용사례를 확인하여 취약성, 위협 및 충격평가 등의 위험평가를 수행하고, 스마트그리드 개념모델과 연계된 안전 아키텍처 개발, 안전요건 기록 및 조정 등을 진행한다.

6.4 일본 PLC 표준화 동향

일본은 CEPCA(CE-Powerline Communication Alliance)가 2005년 1월에 고속 PLC 간의 공존을 위한 표준화를 제정하였고, 옥외/옥내 PLC 간, 인접 가옥 PLC 간, 이종 PLC 간, 선박통신, 항공기 비콘 등이 표준화를 완성하였다.

6.5 국내의 PLC 표준화 동향

한국은 'PLC Forum Korea'가 2000년 54개 국내단체가 참여하여 결성되었고, 2003년에는 한전에서 PLC 사업팀이 구성되었고, 젤라인에서 24Mbps 고속 PLC 칩을 개발하였다. 2004년 12월에는 저속 PLC 표준화를 완성하였다. 또한, 2005년에는 PLC 주파수 사용범위 확대 등 규제를 완화하였고, 인터넷, 카드VAN, 변압기감시, 부하제어, 무인농장감시 등 PLC 기반 원격검침 및 부가서비스 시범사업을 완료하였다. 2006년 5월에는 고속 PLC 표준화를 완성하여 고속 PLC(24Mbps) 국제표준화(ISO)를 추진하였으며, 2008년 12월 채택되어 등록을 마쳤다.

2007년에는 한전에서 원격검침 2차 시범사업 및 통합검침 시범사업을 완료하여, 2009년 7월 말 한전의 원격검침용 PLC 기술이 세계 최초로 국제표준화기구(ISO) 표준으로 등록되었다.

1) 표준화 및 기술기준 제정 추진

PLC 상용화 추진에서 중요한 요소는 표준화 및 제도정비, 기술기준 제정이다. 앞으로 PLC의 상용화 환경에 부합되는 PLC 기술 표준화를 위해 노력해 왔으며, 국내의 PLC Forum Korea 및 TTA에서 PLC 규칙 및 모뎀기술 표준을 논의하고 앞으로 각국의 표준화 단체와 연계 국제적 표준화를 추진하고 있다.

또한 정보통신부의 전파법 시행령 개정 및 기술기준 제정 작업에 참여하고 있다. PLC의 사용 주파수대역을 9~450kHz로 제한하고 있었고 PLC 기기설치 시 정보통신부 장관의 허가를 얻도록 규정하고 있었다. 이에 초고속 인터넷 서비스가 가능하도록 30MHz까지 PLC 주파수대역의 확대와 기기설치에 대한 허가제도의 완화를 제정하였다.

2) 한국정보통신기술협회, 댁내 스마트그리드 표준화 추진

협회는 스마트그리드 실무반을 신설하고, 댁내 스마트그리드 관련표준화를 추진할 예정이다. 본 실무반은 디지털 홈 영역 내에서 스마트미터, 스마트가전 등 스마트그리드 관련 기기별, 표준추진을 목표로 다양하고 복잡한 유·무선 기술의 상호운용성 측면에 중점을 둘 예정이며, 요구사항·서비스, 시나리오 정의를 시작으로 2011년까지 에너지 사용과 관련된 데이터 및 가전제어 메시지 포맷 표준을 제정할 계획이다.

특히, 최근 신설된 ITU-T의 스마트그리드 포커스 그룹(Focus Group on Smart Grid)과 같은 국제표준화 기구에서 국제표준화도 연계 추진함으로써 한국 표준의 확산에 기여할 것으로 기대하고 있다.

3) 국내 고속 PLC 기술 표준화

2005년 1월에는 고속 PLC 표준기술 연구회를 발족하였으며, 같은 해 12월에는 고속 전력선 통신기술 표준 제정을 예고하고, KS X 4600-1을 발표하였다. 2006년 5월에는 KS X 4600-1을 제정고시하였다. 2008년 2월에는 ISO/IEC JTC1에 Fast Track으로 표준을 제안하였고, 2009년 7월에는 ISO/IEC 12139-1의 국제표준을 발간하였다.

4) 국내 전력선 통신 표준화의 전망

한국은 HFC·ADSL·VDSL 등 통신 백본(Backbone)망 구축이 타국에 비해 잘 돼 있기 때문에 지금까지 PLC에 대한 관심은 주로 저압 PLC를 활용한 원격검침에 집중됐다. 최근 한전이 제주나 서울 일부 지역에서 진행한 원격검침 시범사업 모두 저압 PLC 방식이며, 젤라인 등 PLC 칩 개발사도 저압에 치중했다. 전국에 퍼진 2만 2900V의 고압 배전선로를 활용하여 원격검침에 들어가는 비용을 획기적으로 줄일 수 있는 고압 PLC는 2000년대 초반 2km 구축 이후 2010년 9월 제주시 월평동 일대에 10km 장거리 고압 PLC 망이 구축되고 있다.

고압 PLC기술을 개발하면 초고속인터넷 등 원격검침 외 다른 용도로도 PLC를 본격적으로 활용할 수 있으며, 게다가 고압 배전선로를 PLC에 광범위하게 활용할 수 있게 되면 PLC를 활용한 통신을 본격적으로 할 수 있게 된다. 저압 PLC 분야에서 한전의 원격검침용 PLC 기술이 세계 최초로 국제표준화기구(ISO) 표준으로 등록되었고, 고압 PLC 분야에서도 제주시 월평동 구축시험이 성공되어야만 진정한 의미의 PLC 국제표준화를 완료하여 명실상부한 세계 스마트그리드 선도국가가 될 것이다.

Chapter 08

「전기자동차 실증사업 및 응용 분야」

Section 01 전기자동차의 육성 및 국내·외 동향
Section 02 스마트수송 국내·외 시장 동향
Section 03 플러그인(Plug-in) 전기 충전소
Section 04 전기자동차의 연료탱크
Section 05 미래 전기자동차 응용
Section 06 스마트수송 표준화

Section 01
전기자동차의 육성 및 국내·외 동향

1.1 전기자동차의 의미

친환경 전기자동차의 확산이 거스를 수 없는 대세로 자리 잡고 있다. 세계 각국 정부의 자동차 연비 및 배기가스 규제가 갈수록 강화되면서 전기자동차의 입지는 갈수록 확고해질 전망이다. 당분간 기름과 전기를 함께 사용하는 하이브리드형 전기자동차가 주류를 이루겠지만, 앞으로 10년 후면 전기로만 가는 자동차의 비중이 이에 못지않게 높아질 것이다. 이러한 전기자동차의 확산과 진화는 자동차산업은 물론 관련 산업에 적잖은 변화의 물결을 예고하고 있다.

전기자동차의 핵심부품의 하나인 전지를 둘러싼 공급사슬 구조가 기술발전과 충전 인프라의 영향을 받아 재편될 것이다. 세계 자동차 시장에서 전기자동차 비중이 아직은 1% 내외에 불과하다. 최근의 에너지 및 환경 관련 규제의 흐름은 전기자동차가 비약적으로 성장할 수 있는 발판을 마련하는 형국으로 전개되고 있다. 일반적으로, 전기자동차는 다음과 같이 3가지로 구분한다.

① **전기자동차** : BEV(Battery Electric Vehicle)이며 배터리(Battery)만으로 차체를 움직이는 자동차
② **플러그인(Plug-in) 하이브리드** : PHEV이며 동력원으로 전지에 저장한 전기만을 사용하고 필요에 따라 충전을 시켜줄 수 있는 조그만 내연기관을 가진 자동차
③ **하이브리드 전기자동차** : HEV이며 전동기나 내연기관을 동시에 사용하는 엔진이 둘 이상인 자동차를 말한다.

1.2 전기자동차 육성정책과 지원방안

국토해양부는 2010년부터 전기자동차 운행의 실증사업을 추진한다는 계획하에 정부 예산에 전기자동차 도로주행 실증사업이 반영되었다. 현재 정부는 도로주행 모니터링을 통해 문제점을 파악하고, 안전기준을 보완키로 하는 등 적극적인 움직임을 보이고 있다. 이를 위해 정부는 2010년 4월 14일부터 이미 법이 발효되어 서울 시내에서

전기자동차 운행을 가능하게 되었다. 지경부는 2010년도 하반기 신규 R&D 지원과제 31건을 선정·확정하고 국책연구원 및 기업 등 86곳에 총 262억 원을 지원키로 하였다. 이 중 '전기자동차 일체형 동력시스템'을 개발하여 에너지효율화와 상용화 기술력을 한층 더 높이는 계획이 포함되어 있다.

지경부는 중국·일본과 공동으로 스마트그리드·모바일 공개 소프트웨어 적용을 추진하고 있으며, 일본과는 비즈니스 협력을 강화하고, 중국과는 스마트그리드와 클라우드 컴퓨팅 및 앱스토어간 상호호환성을 제공하는 공통 규격개발 등 공개 SW분야 연구개발 협력을 강화할 것으로 보인다. 또한 이는 전기자동차의 상용화는 스마트그리드가 활성화 되어야만 가능한 것으로 정부가 스마트그리드 사업에 사활을 걸고 있음을 전적으로 보여주는 것이다.

[그림 8.1] 전기자동차 시장전망

또한, 지경부는 그린카 산업발전전략에서 약속한 준중형 전기차 개발을 위해 현대차 컨소시엄(총 44개 기관)과 2011년 8월부터 본격 착수를 했다. 이번 프로젝트는 전기차 활성화에 큰 걸림돌로 작용해 온 낮은 성능과 비싼가격을 해결하는 데 그 특징이 있다. 2010년 상용화한 블루온이 전기차 생산기술을 입증하는 데 목적이 있었다면 이번 프로젝트의 목적은 전동기, 공조, 차량경량화, 배터리, 충전기와 같은 전기차 핵심부품 성능개선을 통해 가솔린차와 같이 운전자가 불편없이 운행 가능토록 하는데 있다.

1.3 각국 정부, 배기가스 규제 및 전기자동차 확산

선진 각국 정부들이 내놓은 2020년 온실가스 배출기준은 현재의 내연기관 자동차의 효율증대로는 도저히 달성할 수 없는 목표로 평가되고 있다. 배기가스가 전혀 없는 자동차를 라인업에 추가시켜 생산, 판매해야만 도달할 수 있는 목표라고 할 수 있다. 또한, 전기자동차 보급을 위해 미국, 일본, 프랑스 등은 물론 심지어 중국까지도 파격적인 보조금이나 세제혜택을 내놓고 있다.

1) 일본정부

그동안 2020년 전기자동차의 비중이 40% 정도면 되는 배기가스 규제 목표를 제시했지만, 최근 50% 이상이 되어야만 하는 목표를 내놓았다.

2) 미국 연방정부

국가 연비 기준을 2016년 당초 목표보다 상향 조정하기로 하였다. 2010년 5월 연방정부는 까다롭기로 소문난 캘리포니아의 자동차 배기가스 규제 기준을 채택하기로 원칙적으로 합의했다. CARB(California Air Resources Board)의 계획에는 2017년경 온실가스 40%가량을 감축하려면 HEV의 비중이 30% 수준으로 높아져야 하는 것으로 분석된다. 게다가 미국 도로교통안전관리청(NHTSA)이 좌우하던 자동차 관련 규제에 대하여 환경청(EPA)의 영향력이 높아진 것도 앞으로의 미국정책을 가늠할 수 있다.

3) 유럽의 대응

유럽은 2015년 기준으로 자동차의 이산화탄소 배출량이 km 당 130g을 넘으면 초과배출량 수준에 따라 누진적인 벌금을 자동차 기업에 부과할 계획이다.

4) 한국정부의 대응

2009년 11월 정부는 한국의 총 온실가스 배출량을 2020년까지 30%(BAU 기준)를 줄이기로 했다. 바뀐 탄소배출량 목표에 맞춰 국가에너지 기본계획을 수정해야 한다. 지경부는 2020년까지 성능은 지금의 2.5배, 가격은 6분의 1 수준의 2차 전지를 만들겠다는 것이다. 또한, 전기차를 활용하여 수도권 최소 10개 지점에 Carsharing시범사업을 실시한다. 총 35억 원이 지원되고 전기차량 20대 가량이 투입될 이 사업은 2011년 11월말까지 사업자가 선정되고, 2012년 7월에 서비스가 개시될 예정이다.

5) 전기자동차 확산의 최대 걸림돌

문제는 전기자동차 내부에 있다. 전기자동차 확산에 영향을 미치는 많은 요인이 있겠지만 충전인프라와 전지가 가장 대표적이라 할 수 있다. 먼저 전지의 가격과 신뢰성 문제인데, 현재는 가격이 kWh당 1,200달러에 이른다. 많은 전문가는 재료혁신, 규모의 경제 실현, 최적 전지솔루션 확보 등으로 다소 낙관적이긴 하지만 10년 뒤 절반 이하로 전지가격이 하락하리라는 예측을 하고 있다.

1.4 전기자동차-ICT 융합신기술 국외 동향

1) EU, 새로운 전기자동차 프로젝트 계획

EU는 전기자동차 시장에서 우위를 확보하기 위해서는 EU차원의 전기자동차 개발에 대한 재정지원, 기술표준 마련이 필요하다고 강조했다. 전기자동차 프로젝트는 2010년 2월 8일 스페인의 산 세바스티안(San Sebastian)에서 열리는 EU 산업장관회의에서 착수되었으며, 유럽연합 집행위원회(EC : European Commission)는 그린카 액션플랜을 공개했다.

동 액션플랜에는 유럽기업들이 글로벌 그린 자동차 산업에서 앞서 나가기 위한 8가지 전략이 담겨 있으며, 전기자동차 사용을 장려하기 위해 전기자동차 충전 표준을 개발하기로 했다. 또한 연구개발 관련 허가를 간소화하고 EU 차원의 그린카 종류별 배출가스 연구를 진행하는 방안도 포함돼 있다.

2) 대만, 전기자동차 지원방안 발표

대만 행정원은 앞으로 3년간 전기자동차에 대한 물품세 면세와 전기자동차 한 대당 10만 대만달러의 공기오염방지비 지원을 실시하기로 했다. 동 정책은 '전기차 발전전략 행동방안'과 관련한 제1차 시범정책으로, 1차 시범정책 실시기간 동안 대만 전기자동차 규모는 약 3,000대에 이를 것으로 예상하며, 3년간 물품세 감세금액은 7억 대만달러에 달할 것으로 보인다.

3) 중국, 전기자동차 부양정책 계획

중국정부는 전기자동차 구입자에게 보조금을 지급하는 전기자동차부양정책을 실시할 계획이다. 수입 전기자동차는 이번 부양책에서 제외될 전망이다. 또한 11차 5개년 개발계획에 따라 지난 5년간 집중됐던 하이브리드카보다는 100% 전기를 사용하는 순수 전기자동차에 집중될 것이다.

4) 프랑스, 전기자동차 개발 및 보급

프랑스 정부는 전기자동차 개발 및 보급촉진을 위해 전기자동차 5만 대 구입을 추진한다. 프랑스 환경부 장관은 공기업 등 20개 정부관련 기관 및 업체에 전기자동차 공급을 위한 입찰을 실시한다.

5) 호주 뉴사우스웨일즈주 정부, 전기자동차 사용계획

호주 최대 주인 뉴사우스웨일즈 주 정부는 호주에서는 처음으로 주 정부기관에서 사용할 공용차로 전기자동차를 시험할 예정이다.

6) 아일랜드, 산업계와 전기자동차 산업촉진을 위한 MOU 체결

아일랜드 정부는 미쓰비시, ESB, MC Automobile, MMC Commercials 사와 아일랜드에서의 전기자동차 산업촉진을 위한 양해각서를 체결하였고, 이 자리에서 아일랜드의 첫 번째 전기자동차 실증 프로젝트를 TCD 엔지니어링학교에서 진행할 것으로 발표했다. 아일랜드 정부는 2020년까지 전기자동차 보급을 전체 자동차의 10%까지 끌어올리는 것을 목표로 하고 있다.

7) 일본 경제산업성 스페인에서 전기자동차 실증

일본 경제산업성은 2011년부터 재생가능 에너지 도입을 추진하는 스페인에서 전기자동차의 보급을 전제로 계통에 미치는 영향조사와 인프라 구축에 착수하기로 한다. 이와 관련 스페인정부는 2010년 4월에 2014년까지 25만 대의 EV 또는 PHEV를 도입할 계획을 발표한 바 있었다. 또한 재생가능 에너지의 도입이 현재 진행 중인 것으로 알려졌으며, 앞으로는 EV 축전지와 전력계통을 양방향에서 연결하고, 태양광과 풍력의 출력변동을 흡수할 에너지관리(Energy Management) 기술이 주목받을 전망이다.

8) 유로스타(Eurostar International), 전기기차 동향

지멘스가 생산한 10대의 새로운 유로스타 e320 기차는 20% 이상의 승객을 수송할 수 있을 것이며, 시속 320km 이상의 유럽 고속철도 네트워크에서 운행되었다. 이에 유로스타는 새로운 국가 첨단 차량에 7억 파운드를 투자할 계획이라고 밝혔으며, 새로운 전기기차는 현재의 모델보다 10% 적은 에너지를 사용하며, 유럽 내 단거리항공의 저탄소 대안으로 자리 잡을 것이다.

9) 인도, 전기자동차에 보조금 지원

인도정부는 대체에너지 자동차 사용 확대방안으로 전기자동차 제조업체들에 자동차 공장도가격의 20%를 보조금으로 지급하기로 했다. 이번 조치는 11차 경제개발계획(2007~2012년)의 일환으로 시행되며 2012년까지 전기자동차, 전기이륜차 등의 보급확대를 위해 9.5억 루피(약 237.5억 원)의 예산을 투입하여 추진된다.

1.5 전기자동차-ICT 융합신기술 국내 동향

1) 국토해양부, 전기자동차 관련 정책동향

국토해양부는 2009년 자동차 관리법을 개정하여 저속전기차도 자동차관리 법령상 차량으로 정식 인정되었으며, 운행구역 지정, 도로표지판 문양 및 차량 안전기준 등 도로주행에 필요한 법령정비가 완료됐다. 국토해양부는 저속 전기자동차의 특성상 도로주행 안전성 확보가 조기 정착의 관건이 될 것으로 판단하고 앞으로 1년간(2010.4.1~2011.3.30)을 시범운행기간으로 정하여 저속 전기자동차의 도로운행이 교통안전 및 흐름 등에 미치는 영향에 대한 집중 모니터링을 실시하였다. 또한 국토해양부는 교통안전공단 자동차성능연구소에 위탁하여 하이브리드 및 전기자동차의 안전기준을 바탕으로 2010년 8월부터 의정부, 안산, 상주 등 5개 지역을 모니터링 하고 있으며, 2011년 3월부터 창원, 여수, 대구 등 5개 지역에 전기자동차를 투입하여 도로주행 실증사업을 시행하고 있다.

2) 서울시, 국내 전기자동차 관련 정책

서울시는 2010년 전기버스, 관용 전기차, 전기이륜차 등의 친환경전기차 보급과 전기차 운행에 필수적인 전기충전기 등의 인프라도 선도적으로 구축할 계획으로 EV Network를 통해 차량개발, 충전시스템, 전력수급, 전기요금, 부과시스템, 제품 표준화 등 전기자동차 개발 및 인프라 구축 관련사항에 대한 정보교환과 자문, 기술개발, 정책 발굴 등을 통해 전기자동차 개발 및 보급에 적극적으로 나설 계획이다.

3) 친환경 하이브리드 자동차 프로젝트, 농업용전기차 개발 성공

호남 광역경제권 선도산업으로 추진되는 친환경 하이브리드 자동차 프로젝트에서 농업용전기차(AEV : Agricultural Electric Vehicle) 시제품 개발에 성공했다. 농업용전기차 시제품은 기존 내연기관을 사용하고 있는 농업용 운반차를 전기시스템을 대체하기 위한 것으로, 기존 골프용 차량 등에 사용되는 전동용 운반차의 동력모터를 고출력화 하고, 축전지 사용시간을 크게 연장할 수 있는 니켈이온 축전지를 사용하여 농기계의 전기화 가능성을 확인하는 데 의의가 있다.

4) 한국전기연구원-한국교통연구원, 전기자동차 연구개발

전기자동차 산업의 발전과 관련 기술의 연구 및 개발을 위해 상호 협력하기로 하였으며, 이에 따라 양 기관은 전기자동차 관련분야의 공동연구 및 학술행사의 공동개최, 인력·학술자료·정보 및 출판물의 교류, 기타 양 기관의 상호 관심분야에 관해 협력해 나갈 예정이다.

특히 교통부문의 스마트그리드 적용 방안 연구, 전기자동차 기반 교통체계 전력망 구성에 관한 연구를 집중 추진할 계획이다.

5) 전기자동차 개발업체 에이디모터스

전기자동차 '오로라'는 한번 충전으로 120km를 달릴 수 있다. 최고속도는 시속 60km, 하루 100km를 달려도 한 달 연료비가 1만 원 정도에 불과한 전기자동차를 2011년 4월 국내 출시하였다. 전기자동차도 일반 도로에서 달릴 수 있어 국내에서도 본격적인 전기차 시대가 열릴 전망이다.

6) 환경부, 전기자동차 실증사업 추진

환경부는 2010년 10월부터 국내에서 개발한 전기자동차와 충전기의 성능 및 경제성 등을 평가하는 '전기자동차 실증사업'을 추진하고 있다.

① **전기자동차** : 고속(현대, 르노삼성, GM대우), 저속(CT&T, AD모터스), 버스(현대, 한국화이바) 등 3종 20여 대 투입
② **충전기** : LS전선, LS산전, 코디에스, 피엔이솔루션에서 개발한 4종이 참여

③ **충전인프라** : 서울, 인천, 과천 등 수도권 일대 공공시설과 마트, 주유소 등에 완속, 준급속, 급속충전기 및 태양광발전과 연계한 충전기 등 모든 유형의 충전기 16기

환경부는 동 실증사업을 통해 2020년까지의 전국단위 전기자동차 보급 및 충전인프라 구축 로드맵을 수립함과 동시에, 보조금 지급 기준과 충전인프라 구축지침도 마련할 계획이다. 또한, 다양한 운행패턴을 시험해 전기자동차의 장단점을 고려한 최적화된 운행모델을 개발하고 보급하고, 전기자동차 운전자에게 충전시설 등 운행정보를 실시간으로 제공하는 전기자동차 운행정보 시스템을 개발해 편의성을 향상시킬 계획이다.

7) GS건설, 아파트단지 내에 전기자동차 운행

GS건설은 고양 식사지구 일산자이 위 시티에 적용할 아파트단지 안에서 전기자동차를 운행하는 것을 비롯한 친환경 단지조성 프로젝트 '그린스마트자이'를 개발했다. 국내 아파트단지 처음으로 전기자동차를 단지별로 2~3대씩 제공함은 물론, 태양광 미디어 파고라, 태양광 넝쿨시스템, 태양광 가로등, LED 갈대 등을 적용한다.

8) 광주광역시, EV-Cluster 협의체와 MOU 체결

광주시는 EV-Cluster 협의체 참여회사인 지앤디윈텍, 이룸지엔지, 탑알앤디, 윌링스, 전자부품연구원 광주지역본부 5개사와 MOU를 체결해 단계별 투자계획으로는 1단계로 관공서 등의 관용차 경차를 전기자동차로 개조하여 시범 적용하며, 2단계로 지역 내 1톤 화물차(택배 등)를 개조하여 경제적 효용가치를 높이고, 3단계로 하이브리드 시내버스 및 소형차를 전기자동차로 개조하여 대기오염이 없는 깨끗한 청정도시로 바꾸며, 마지막 4단계에서 EV 완성차 생산과 일반차량까지 개조하여 생산할 예정이다.

9) 태광이앤시, 온라인 전기자동차 해외 수출

태광이엔시가 한국과학기술원과 공동으로 세계 최초 국내기술을 이용해 개발한 온라인 전기자동차의 해외 수출을 추진하고 앞으로 온라인 전기자동차 충전소까지 해외시장에 진출할 계획이다. 온라인 전기자동차는 차량에 장착된 고효율 집전장치를 통해 주행 및 정차 중 도로에 설치된 급전라인으로부터 전력을 공급받아 운행되는 자동차로서, 기존 전기자동차 배터리 용량의 약 1/5 수준으로 축소된 전기자동차이다.

10) 서울시, 전기이륜차 민간배달업소로 보급 확대

서울시는 전기이륜차를 음식점, 신문배달업소 등에서 배달용으로 사용하는 소형오토바이를 전기이륜차로 교체 보급하기 위해 전기이륜차 제작업체의 성능 및 AS능력 등에 대한 객관적 평가를 실시하여 사업자를 선정한다.

11) 현대차, 전기자동차 '블루온' 최초 공개

현대자동차는 국내 최초로 개발된 전기자동차 '블루온'을 공개하였고 2010년 10월 말까지 총 30대의 전기자동차를 지경부, 환경부 등 정부기관 및 지자체 등에 제공해 시범 운행하였다. 뿐만 아니라 2010년 11월 개최된 G20 정상회의 행사차량으로 활용돼 국가적인 친환경 이미지 제고에도 이바지하였다. 블루온은 양산개념의 전기자동차로는 일본 i-MiEV에 이어 세계 2번째의 차량이지만 성능은 세계 최고 수준으로 알려진다.

[표 8.1] 현대차 BlueOn과 미츠비시 i-MiEV 성능비교

구 분	현대차 BlueOn	미쓰비시 i-MiEV	비 교
제원(mm)	3585×1595×1540	3395×1475×1610	우세
모터출력(kW)	61	47	우세
100km/h 도달시간(초)	13.1	16.3	우세
배터리용량(kWh)	16.4	16.4	동등
1회 충전 주행거리(km)	140	130	우세
완속/급속 충전시간(시간/분)	6/25	7/30	우세
최고속도(km/h)	130	130	동등

출처: 한국스마트그리드 협회

한편, 현대자동차는 소형 전기자동차 '블루온'에 이어 전기버스 '일렉시티(Elec-City)'의 시범운행을 실시한다.

12) KAIST, 온라인전기자동차(OLEV) 동향

KAIST는 미국시장 진출을 본격 착수하기 위해, 유타주립대학교 부설 연구기관인 에너지 다이내믹스 연구소(EDL, Energy Dynamics Lab)와 OLEV 기술 적용에 대한 구체적 방안을 협의하였다. 협의내용은 KAIST가 OLEV 기술은 제공하고, 시스템 구축은 KAIST와 EDL이 공동으로 수행하는 것으로 양측은 합의했으며, 유타주 내 표준 및 인증절차, 외부 환경에 따른 대처, 급전설비 설치구간, 부품공급, 전력수급 방안, 사업계획 등이다. EDL은 KAIST의 비접촉 충전기술을 시범사업에 적용하는 '전기자동차 무선첨단충전(WAVE, Wireless Advanced Vehicle Electrification)프로젝트'를 파크시티 의회에 제출했으며, 시의회에서는 만장일치로 이를 승인한 바 있다. 이번 프로젝트의 전체 예산은 30~50억 원이 소요될 것으로 보이며, 예산확보를 위해 파크시티의 초기 지원금에 추가로 미국 DOE 등 연방 연구자금을 지원받을 계획이다.

Section 02
스마트수송 국내·외 시장동향

2.1 스마트수송 해외시장 동향

GigaOM Pro에서 출간된 분석자료에 의하면 전력사업자들과 전기자동차 서비스 업체들은 꾸준히 앞으로 5년 동안 전기자동차 관리와 관련된 정보기술에 투자를 확대하고 있다. 가트너는 상업용 충전소뿐만 아니라 가정용 충전장비까지 포함하여 전기자동차 공급장비가 2015년 까지 거의 4억 달러 규모의 산업으로 성장할 것으로 전망하고 있다.

Pike 리서치사의 2009년 6월 보고서에 따르면 2015년까지 전 세계에 설치된 전기충전소가 5백만 개를 넘을 것으로 예상한다.

1) 미국 대표적인 전기차업체인 테슬라 모터스(Tesla Motors)

테슬라 모터스의 모델 S는 45분 급속충전을 통해 무려 300마일(약 480km)을 달리며 시동을 걸고 출발 후 5.6초 만에 시속 60마일(96km)에 도달하였다. 리튬이온 배터리팩(수명은 7~10년)으로 가동되는 100% 전기차이며, 집이나 사무실 등의 주차장에서 110V나 220V 전원만 있으면 충전할 수 있다. 동사의 로드스터(Roadster) 스포츠카는 4초 이내에 시속 100km에 도달하며, 최고 속도는 시속 200km가 넘는다.

2) GM, 미국 자동차업체 최초로 자국 내 전기자동차 생산 공장 설립

자동차업체 최초로 2억4,600만 달러를 투입해 미국에 전기자동차 생산공장을 설립할 예정이며, 동 사업에는 DOE가 지원한 1억500만 달러의 투자자금이 포함된다.

3) 미국 DOE, 닛산 전기차 생산설비 구축에 14억 달러 대출지원

DOE는 닛산 북아메리카의 테네시주 서머나 공장의 전기자동차 및 배터리 생산설비 구축을 위해 14억 달러의 대출을 승인했다. LIB(Lituum Ion Battery)를 장착한 전기자동차 Leaf를 연간 15만대 정도 생산할 것으로 보이며, DOE는 동 프로젝트를 통해 1,300개의 일자리가 창출될 것으로 기대된다.

4) 미국 크라이슬러, 2012년에 전기자동차 출시

크라이슬러는 피아트 500의 전기자동차 모델을 개발, 2012년에 미국시장에 출시될 계획이다. 미국 미시간주 크라이슬러 기술센터에서 배터리와 엔진시스템이 개발 중이며, 한번 충전해서 160km 이상을 주행할 수 있도록 설계한다.

5) 일본 전기자동차 시장동향

일본 미쓰비시자동차는 2009년 4월부터 전기차 i-MiEV의 개인판매를 시작하였으며, 동 자동차는 1회 충전으로 160km를 주행할 수 있으며, 소비자들로부터 가격이 저렴하고 승차감도 좋다는 평을 받고 있다. 한편, 일본 우정그룹은 2009년 우편배달용 전기자동차를 입찰방식으로 모집한 바 있으며, 공급업체로 선정된 자동차 제조사 제로스포츠에 맞춤형 1,000여 대를 주문했으며, 제로스포츠가 납품하는 전기자동차는 후지중공업이 만든 상용 미니자동차를 개조한 것으로, 리튬이온 배터리를 사용하고 있으며, 8시간 충전하면 최소 100km가량 속도를 낼 수 있다.

2011년 10월에는 일본 오사카부와 오사카부립대학에서 개발을 지원한 TGMY사 전기자동차가 1회 충전으로 약 587.5Km 주행을 달성하였다. 전지의 분산배치로 차체의 균형을 개선함으로써 주행저항을 경감하였고, 측정은 국토교통성 국토기술정책종합 연구소 시험주로에서 실시되었다.

6) 미일 GE-닛산, 전기자동차 공동연구

미국 GE사는 일본 닛산자동차와 전기자동차를 활용한 스마트그리드 공동연구를 시작했다. 양사는 앞으로 3년간 전기자동차의 축전기능을 사용해 가정이나 직장에 전력을 공급하거나 전기자동차를 충전할 수 있는 시스템을 개발할 계획이다.

7) 오스트리아, 전기자동차 시장 동향

오스트리아 환경청의 최근 발표에 따르면, 2009년부터 불기 시작한 전기자동차 인기에 힘입어 2020년에는 등록 대수가 20만대를 넘어서고 자동차 등록대수 중 전기자동차 비중이 17%로 증가될 것으로 예상한다. 연구자료에 의하면, 100만 대의 전기자동차 보급 시 필요한 배터리 충전소의 수는 약 1만6,200개인 것으로 보고되고 있으며, 오스트리아에서는 2,100여 개의 배터리 충전기가 설치운영 중이다.

8) 중국 전기자동차 추진현황

중국은 국유자산 감독관리위원회가 주도하고 16대 국영자동차 기업이 참여하는 전기자동차 연합을 베이징에서 최근 출범시키고, 이는 세계 전기자동차 시장 선점을 위한 중국기업 간 협력이 정부지원을 등에 업고 탄력을 받을 것임을 예고한다.

9) 미국 Proterra사, 남부 캘리포니아에서 전기버스 운행 시작

Proterra사의 68인승 전기버스가 남부 캘리포니아에서 Tesla Roadster보다 더 큰 배터리팩을 장착하여 10분 이내에 완충할 수 있다. 미국 캘리포니아주 상가브리엘(San Gabriel) 및 퍼모나(Pomona) 지역의 대중교통 기관인 Foothill Transit에서 EcoRide BE35 3대와 충전소 2곳에 2010년 말부터 도입되어 운행되고 있다.

10) 일본 도요타, 2015년까지의 친환경차 비전 공개

도요타는 2012년까지 출시예정인 하이브리드카와 플러그인 하이브리드카의 목표가격을 설정하고, 전기자동차도 대량 양산할 계획으로, 앞으로 5년 동안 개발할 친환경차의 비전을 공개했다. 1회 충전으로 100km 이상 주행할 수 있고, 최고속도가 120km/h인 iQ기반 순수전기차도 일본과 유럽에 출시할 예정이며, 중국 출시도 고려해 2011년에 중국에서 도로주행 테스트를 계획하고 있다. 이 외에도 도요타는 2015년부터 미국, 유럽, 일본의 수소공급 인프라가 갖추어질 것으로 예상하는 지역에 세단형 수소연료전지차를 판매할 예정이다.

2.2 한국의 스마트수송 실증단지 추진현황

1) 제주도 스마트수송 실증단지

국내보급 및 해외수출형 스마트수송 모델 실증, 전기자동차 충전설비와 한전 전력계통 연계 및 실증, 전기차 충전인프라, 운영시스템 구축 등이 목표이다.

2) 서울대공원 내 카이스트의 '온라인 전기자동차' 실증운행

서울시는 서울대공원 내 카이스트에서 연구 중이던 '온라인 전기자동차' 실증운행을 시작하였고, 앞으로 온라인 전기버스 도입도 계획하고 있다.

3) 울산시, 그린자동차 개발사업 추진계획

기재부와 지경부가 한국개발연구원(KDI)에 의뢰하여 완료되었던 '그린자동차 개발 및 연구기반 구축사업 예비 타당성조사' 결과에 따라 울산시는 그린자동차 개발사업을 본격 추진하고 있다.

2.3 V2G(Vehicle to Grid) 개발 동향과 실증사례

계통운영자 입장에서 전기자동차 역송전(V2G : Vehicle to Grid, 전기자동차와 전력망이 연결된 상태에서 전기자동차의 전력을 전력망으로 전송할 수 있는 체계)은 중요하기 때문에 실증단지에서 이에 대한 기술 실증을 전개하는 중이다. 전력을 안정적으로 사용하는데 있어서 전기자동차 충·방전 제어는 상당히 중요한 문제이며, 이를 계통운영에 유익하게 활용해야 한다.

1) 기술개발 차원에서 구분
- 1단계(2010~2012년) : 전기자동차 부품 소재 및 충전장치 기술개발
- 2단계(2013~2020년) : 저가 고성능 배터리 및 충전장치 기술개발
- 3단계(2021~2030년) : 발전된 형태의 전기자동차 부품개발, 차세대 충전장치 개발

2) 비즈니스 차원에서 구분
- 1단계(2010~2012년) : 전기차 충전 서비스사업을 위한 법제도 정비 및 인증체계를 구축
- 2단계(2013~2020년) : 전기차 충전 서비스 사업, 배터리 임대 및 재생사업 등을 활성화
- 3단계(2021~2030년) : 이동통신 기술에 기반을 둔 전기자동차 운행이력 관리와 전기자동차 전력정보 제공 등 소비자 맞춤형 서비스를 활성화

3) 전력거래소, V2G 기술개발 공식논의

전력거래소는 제주스마트그리드 실증단지에서 정차된 전기자동차들을 모아 가상의 발전기처럼 사용할 수 있는 전기자동차 양방향 전력전송(V2G, Vehicle to Grid) 기술개발의 첫 공식논의를 시작하였다. 이번에 시행되는 기술개발 사업은 제주 실증단지 사업에 참여하는 컨소시엄의 협조를 받아, 개별 전기자동차 또는 전기자동차 Aggregator를 대상으로 계통에 연계하여 양방향 충·방전 서비스를 시험할 예정이다. 또한 원활한 전기자동차 계통연계를 위한 '전기자동차 계통접속기준'과 'V2G의 경제적 가치를 고려한 보상방안' 등에 관한 연구도 함께 이루어질 계획이다.

2.4 V2G 글로벌 시장 동향

Zpryme의 보고서에 의하면, 세계 V2G 시장 규모가 2015년 32억 달러에서 2020년 266억 달러로 성장할 전망이다. 최근 미국 행정부는 미국 내 4,000만 스마트미터 설치, 2015년까지 100만 PHEV를 목표로 하고 있으며, 새로운 배터리와 전기자동차 기술개발을 장려하기 위해 투자한 24억 달러는 2%에 불과한 미국의 고급 전기자동차 배터리 생산능력을 2015년까지 40%로 끌어 올릴 것으로 DOE 보고서는 전망하고 있다. 다음 표는 글로벌 V2G 기술전망과 각국의 시장규모 및 연평균복합성장률(CAGR)을 보여준다.

[표 8.2] 2015~2020년 V2G 시장동향

구 분	시장	시장규모 (2015년 → 2020년)	연평균 복합성장률
세계	V2G 차량 판매		59.0%
	V2G 인프라	6억 5,690만 달러 → 67억 달러	
	V2G 기술 시장	15억 달러 → 105억 달러	46.8%
미국	V2G 차량 시장	11억 달러 → 81억 달러	46.8%
중국	V2G 차량 판매	1만4,500대 → 29만4,000대	82.6%
일본	V2G 차량 시장	1억1,860만 달러 → 12억 달러	57.2%
영국	V2G 차량 시장	1억 달러 → 13억 달러	56.0%
덴마크	V2G 차량 시장	5,000만 달러 → 3억8,000만 달러	48.2%
독일	V2G 기술 시장	9,900만 달러 → 5억8,740만 달러	42.8%
한국	V2G 수익	480만 달러 → 532만 달러	62.1%

| Section 03 |

플러그인(Plug-in) 전기 충전소

3.1 충전인프라의 개요

전력산업은 충전인프라는 전력판매의 새로운 수익원이 될 것이며, 이를 지능적으로 관리 운영하는 것과 관련된 산업들이 성장할 것이다. 전기자동차 확산에 영향을 미치는 많은 요인 중 충전인프라와 전지가 대표적이다.

산업분석 전문가인 John Gartner에 따르면, 전기자동차는 우선적으로는 집에서 충전될 것이지만, 정부에 의한 강력한 자금투입은 2015년까지 전체 충전소의 절반 이상이 공용 충전소가 되리라는 것을 의미한다고 한다. 그는 소매사업자들 또한 마케팅 도구로서 공용 충전소를 설치할 것이고, 많은 기업 또한 직원들을 위한 직장 내 충전소를 제공할 것이라고 했다.

3.2 국내 충전인프라 수요 분석

1) 환경부, 민관 공동 전기자동차 충전인프라 실증사업

전기자동차 충전인프라 실증사업(EVE Project) 협약식을 개최하고, 민관 공동으로 전기자동차 운행을 위한 충전인프라 실증사업을 추진하기로 했다. 충전시설은 급속, 준급속, 완속 충전기 및 태양광을 이용한 충전장치 등 4개 유형의 충전기로 구분하여 설치하기로 했으며, 자동차 운행에 따른 충전성능 및 소요시간, 주행거리, 충전횟수 등을 종합적으로 모니터링하여 충전방식별 충전효율, 적정 충전시설 규모, 비용·편익을 분석 평가하는 한편, 주차장소별 적정 충전시스템 구축모델 등을 제시할 계획이다.

2) 국토해양부, 민관 공동 전기자동차 충전인프라 실증사업

전기자동차 충전인프라 실증사업(EVE Project) 협약식을 개최하고, 민관 공동으로 전기자동차 운행을 위한 충전인프라 실증사업을 추진하기로 했다.

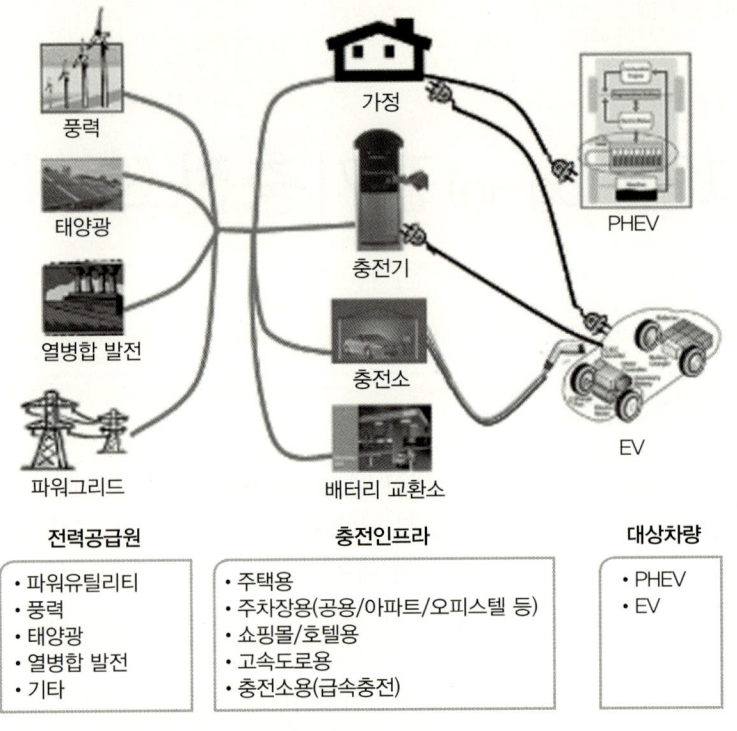

[그림 8.2] **전기자동차 충전 계통 구성**(출처 : 손홍관, 2009.11)

[그림 8.3] **전기자동차 충전기의 종류**(출처 : 손홍관, 2009.11)

3) 한국전기연구원, 창원시에서 SG연계 전기자동차 모니터링

한국전기연구원(KERI)은 지경부가 전기자동차 보급을 위해 추진하는 '스마트그리드 연계 전기자동차 모니터링 기술사업'의 주관사업자로 선정돼 본격적인 사업을 추진한다. KERI 전기추진 연구센터에서 8개 민간기업과 함께 추진하는 동 사업은 행정구역 통합으로 7월에 출범한 통합 창원시와 반경 30km의 경남지역 시군구에 전기자동차용 충전인프라를 설치하고 전기트럭, 전기승용차 등을 실생활에 활용하면서 보급과 확산을 위한 개선점을 찾아내는 것을 목표로 한다.

4) 한전, 현대·기아자동차, 전기자동차 급속·완속충전기

한전과 현대·기아자동차는 '전기자동차 충전인터페이스 표준화 세미나'를 열고 전기자동차의 급속 및 완속충전기, 전기자동차와 충전기의 통신프로토콜 등에 대한 기술규격을 공개했다. 이번에 공개된 50kW 급속충전기는 주유소와 같이 주행 중 긴급하게 충전하기 위한 장소에 설치되고 충전시간은 20분 정도 소요되며, 7.7kW 완속충전스탠드는 주차장, 쇼핑몰 등 장시간 주차가 예상하는 장소에 설치되고 충전시간은 약 5시간 정도 소요된다.

5) LS전선, 국내 최초 전기자동차 충전인프라 구축

LS전선은 한국환경공단의 전기자동차용 충전 인프라 시범 구축사업을 수주하여, 2010년 10월에 급속충전기 6대, 준급속충전기 1대, 완속충전기 6대 등 총 13대를 GS칼텍스 주유소, 롯데마트, 과천시청, 연구단지 등에 설치하였다. 또한 한국환경공단의 종합환경연구단지에도 태양광 완속충전기 1대, 급속충전기 1대, 준급속충전기 1대가 설치되어 차세대 충전 인프라를 위한 연구자료로 쓰이고 있다.

3.3 해외 구축 및 운영사례

1) 독일 'RWE E-Mobility'

독일 최대의 전기·가스 공급회사인 RWE는 다임러사와 함께 베를린에서 전기자동차 실증을 진행하고 있다. EU는 기후변화에 대응해 이산화탄소를 2020년까지 2006년 대비 41% 감축을 목표로 하고 있다. 전기자동차 분야에 35억 유로 규모의 보조금을 전기차 기술개발에 지원한다.

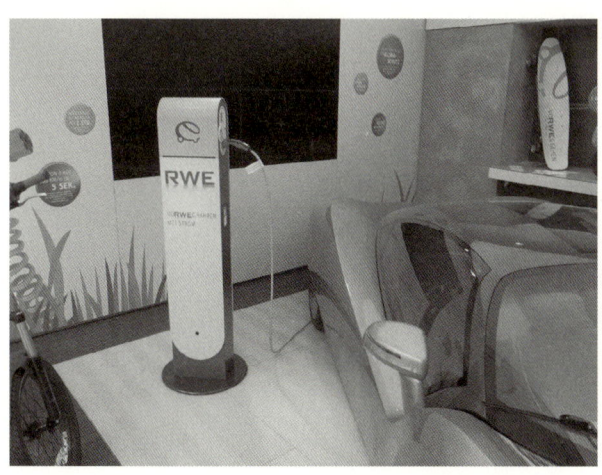

[그림 8.4] 독일 RWE 전기자동차 및 전기 충전소

전기자동차 인프라에 대한 핵심과제는 첫째는 기술 및 표준화이고, 둘째는 투자 및 비즈니스 모델이며, 셋째는 시장모델 및 프레임워크이다. RWE 실증현황은 플러그 인터페이스 전기차/충전포스트의 독일 표준, 45개 도시에서 400곳의 충전소를 구축했으며, 2010년까지 1,000곳 이상의 충전소를 독일 내에 구축하여 실증을 진행하고 있다.

2) 미국

미국 상원은 전기자동차 신규 구입 시 현재 7,500달러 수준인 세금지원을 1만 달러까지 확대하는 내용을 담은 법안을 연방의회에 제출했다. 법안에 자국 내 15개 기초자치단체와 도시들이 정부 보조금을 받아 충전소 등 인프라 구축에 도움을 받을 수 있도록 하여 미국 내 전기자동차의 대중화가 촉진될 것으로 기대하고 있다. 이산화탄소를 2020년까지 2006년 대비 27% 감축목표에서 배터리, e-Power Units 등에 16억 유로 상당의 보조금을 지원한다. Coulomb Technology는 미국 9개 지역에 약 4,600개소의 전기자동차 충전소를 설치하는 ChargePoint America Programme을 진행하고 있다.

3) 일본

일본 미쓰비시 상사와 미쓰비시 토지는 전기자동차 보급 확대를 위한 전기자동차 충전 인프라 구축계획을 발표했다. 동 계획은 고속도로 회사와 지자체 등과 협력하여 진행될 예정으로, 수십억 엔을 투자해 2012년까지 주요 도시와 간선도로를 중심으로 최대 1000개의 충전기를 설치해 기업이나 개인에게 유료로 제공할 계획이다. 일본 닛산자동차는 2010년 10월 전기자동차용 급속 충전기의 설치장소에 대해 발표했으며, 일본 국내지점 약 2,200개 가운데 181개 지점에 급속충전기를 반경 40km 마다 설치하여 전국에서 충전할 수 있게 할 계획이다.

4) 중국, 신에너지 자동차 발전

현재 중국에서 많은 기대를 받고 있는 신에너지 자동차산업은 많은 어려움에 직면하였다. 신에너지 자동차 발전을 위한 4가지 관건사항은 아래와 같다.

① **충전소 건설문제** : 엄청난 자본이 필요한 충전소 건설은 과연 충분한 고객으로 생산효과를 창출할 수 있을지가 문제이다.
② **저속전동차, 공신부(工信部) 자동차 목록에 포함할지 여부** : 저속자동차는 현재 공신부 자동차 목록에 포함되지 않았으며, 최고 속도 50km 정도로 대부분 오래된 VRLA(Valve Regulated Lead Acid) 전지를 사용해 짧은 전지수명 등의 결함에도 판매량은 계속 상승 중이다.
③ **순수 전기자동차(Pure Electric Vehicle) 진입여부** : 현재 사용 중인 혼합 전기자동차는 일종의 과도기 제품으로 신에너지 자동차의 최종 목표는 순수전기자동차가 되어야 할 것이다.

④ **신에너지 자동차 보급영역 확대** : 중국 정부는 개인이 신에너지 자동차를 구매할 시 보조금을 지급하는 방안과 함께 '공공서비스 영역에서 신에너지차량 보급 확대를 위한 업무통지'를 시행하였고, 신에너지차량 보급 시범도시를 기존의 13개에서 20개로 확대하기로 했다.

SGCC(State Grid Corporation of China)는 상하이 시와 스마트그리드 구축을 위한 협력협정을 최근 체결하였으며, 상하이의 첫 번째 전기자동차 파일럿 프로젝트에서 7개의 충전스테이션(Charging Station)과 360곳의 충전장소(Charging Spot)를 구축할 계획이다. SGCC는 현재까지 6개의 충전스테이션과 100곳의 충전장소를 구축한 것으로 알려진다. 상하이는 이 외에도 5,000개의 충전스테이션을 3년 내에 추가로 건설할 계획이다. 또한, 상하이시는 스마트그리드 분야에서 500억 위안의 산업생산을 위해 3~5개의 스마트그리드 선도기업 개발을 목표로 하고 있다.

3.4 국내 충전소 설계 및 시장동향

1) LS산전의 PCU모듈

CT&T와 친환경 전기자동차 조기 활성화를 위해 MOU를 체결하여 CT&T의 도시형 전기자동차에 인버터와 차량 탑재형 충전기, LDC(Low Voltage DC-DC Converter)를 일체화한 통합 PCU 모듈을 개발할 예정이다.

2) 한전 전기자동차용 충전기 개발

한전에서 전기자동차용 급속형 및 완속형을 개발하였다. 충전기충전소에 설치되는 최대출력 50kW 급속형은 전체용량의 80%를 충전하는 데 20분 정도 걸리며, 100% 충전 시는 수명이 쉽게 떨어진다. 최대출력 7.7kW 완속형은 충전시간이 5시간이 걸리며, 공용주차장이나 대형마트 주차장 등에 설치된다.

3) SK 에너지

제주국제자유도시개발센터(JDC)와 제주 첨단과학기술단지에 전기자동차용 충전기 설치를 위한 협약식을 체결하고, 단지 내에 있는 엘리트빌딩 앞에 완속충전기 2기를 설치하게 된다. 이번 전기자동차 충전소 설치로 SK에너지는 제주지역 내 충전인프라를 확보해 전기자동차 기반 확대 구축사업이 보다 탄력을 받을 전망이다.

4) 카이스트의 도로 밑 충전장치

전기자동차 충전소 설치대신에 도로 밑 충전장치를 심는 새로운 프로젝트가 개발되고 있다. 카이스트 IT 융합연구소에서 전기가 무선으로 전달되는 성질을 이용하여 고속도로에 전력무선전송장치를 심으면 그 위를 달리는 전기차가 계속 충전을 하면서 달린다는 것이다.

5) KT-GS칼텍스 스마트수송사업 협력

전략적 업무 제휴에 관한 양해각서를 체결, 스마트그리드 사업 협력, 환경친화적 녹색성장 신사업 발굴 등 전 방위적 신규 사업분야의 협력을 추진키로 합의했다.

양사는 '스마트수송(Smart Transportation)' 사업에서 KT의 와이브로(Wibro)와 3G(WCDMA)망을 활용하여 실시간으로 자동차 및 충전기의 상태를 파악, 사용자에게 전달하는 양방향 서비스를 제공하는 시스템을 구축하고, 앞으로 무선망과 연계한 충전 과금시스템 및 위치정보 서비스를 제공할 예정이다. 또한 장기적으로는 KT의 그린 IT 솔루션과 GS칼텍스의 신·재생에너지 관련 역량을 결합하여 녹색성장 분야에서도 협력을 추진할 계획이다.

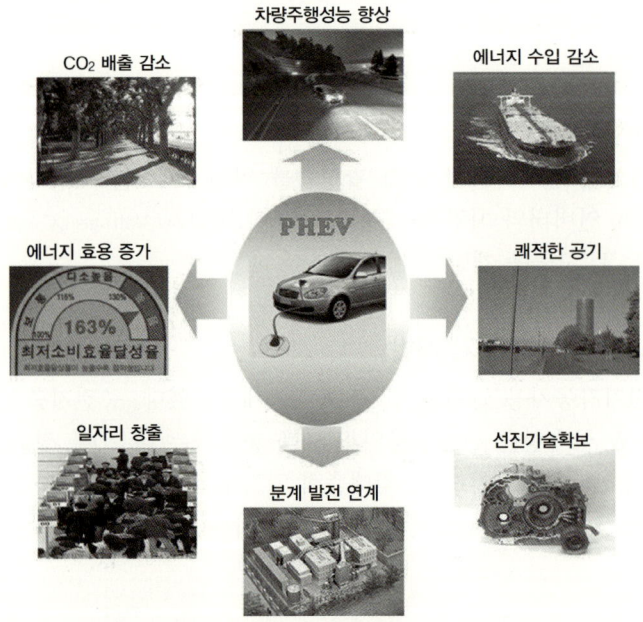

[그림 8.5] 전기자동차에 의한 경제적·산업적 효과(출처 : 그린에너지 전략로드맵(에기평))

3.5 국외 충전소 설계 및 시장동향

1) GE-Better Place, 전기자동차 인프라 가속화 위해 협력

미국의 GE와 Better Place는 표준 기반기술 개발, 배터리 재정(자금조달), 전기자동차 프로그램, 소비자의 인식 등 4가지 분야에서 협력을 통해 전 세계적으로 전기자동차 인프라 구축을 가속화 하기 위한 기술 및 재정 협력을 체결했다. 이에 따라 가정마다 전기자동차 충전소를 보유하게 되며 전기자동차 충전소가 전국 어느 곳에나 설립되어 고객에게 3~4달러의 싼 비용으로 전기를 제공하고 업소에 따라 15분 급속충전 제공도 가능해질 전망이다.

2) 네덜란드 암스테르담 '전기 이동성 실행계획(Action Plan for Electric Mobility)'

2009년 4월 암스테르담 자치행정위원회는 '전기 이동성 실행계획'을 마련하였고, 2015년까지 1만 대의 전기자동차, 즉 시내 주행거리의 5%를 전기자동차로 운행하는 것을 목표로 도시에서 전기를 사용한 운송을 촉진하기 위해 다음 일을 명시했다.

① 암스테르담시는 공공장소 외에 기업체 구내에도 충전소를 설치하여, 2009년 말 기준으로 약 50개소의 충전소가 설치
② 충전소는 충전용도 외에도 전기자동차 주차장으로 활용
③ 기업체의 자체 전기자동차 보유에 대한 인센티브 제공
④ 급속충전 기술 촉진 및 주행 중에 배터리를 충전하는 추가 전동기를 사용하는 레인지 익스텐더를 통합, 2010년에 이를 사용한 전기택시 실험프로젝트를 시작

이 계획의 2009~2011년 일정으로 암스테르담 시는 거리, 공용주차장, 주차환승구역, 전기자동차 공동이용 장소를 따라 지방자치단체 건물 내에 충전소와 같은 인프라를 다음과 같이 설치할 계획이다.

① 암스테르담 중심가의 충전소에서 2년 시범운영기간 동안 전기 무료제공하며, 네트워크 점진적으로 확대해 도시 전역 포괄할 수 있는 인프라 구축
② 지자체의 모든 주유소는 자체 충전소 운용
③ 주차환승구역에 전기자동차를 위해 최소한 두 군데의 주차장을 예비
④ 암스테르담의 모든 공용 주차장은 최소 두 개의 충전소 구비

3) 영국 사우스햄톤대, 전기자동차 충전 컴퓨터 스케줄링 연구

전기자동차 충전을 위한 컴퓨터 스케줄링은 전력망의 지체를 완화하고 소비자의 요구를 만족하게 할 수 있다. 대학 연구진들은 전기자동차 소유자들이 충전하기 위해 전력망 사용을 신청하고, 충전가능한 시간대에 시간을 확보하도록 할 수 있는 컴퓨터 Agents를 사용하는 시스템을 고안했다. 또한, 연구진들은 전기자동차 충전을 위한 자동 스케줄링에 대해 연구하기 시작했으며, 이것은 개별적인 자동차 소유자들이 충전시스템을 이용할 수 있는 시간을 표시하여 자동적인 스케줄링을 제공하고 전력배전망 네트워크의 혼잡을 해결해 줄 것이다.

Section 04
전기자동차의 연료탱크

4.1 2차 전지, 시장전망

전지를 둘러싼 각축전은 지분참여나 제휴 형식을 통하여 다양하게 이루어지고 있다. 전기자동차용 전지를 제대로 공급할 수 있는 능력을 갖춘 기업들은 손에 꼽을 정도로 적고, 현재까지는 정형화된 전지 기술 유형이 확립되지 않았기 때문이다. 만일 전지가 빠른 기간 내에 표준화가 된다면 전지 전문기업들은 가격 경쟁에 휘말릴 것이고 자동차 기업들은 차별화 포인트로 내세울 만한 부분이 그만큼 줄어들 수 있다. 다양한 기술로 무장한 기업들이 자동차용 전지 시장에 뛰어들면서 표준을 주도하려는 움직임도 활발하다. 전기차용 2차 전지 세계시장은 2010년 28억 달러에서 2020년 302억 달러가 될 것으로 전망하고 있다.

1) 전기자동차용 리튬이온 배터리 수요 전망

전기자동차의 상용화를 위한 필수조건은 전지기술의 개발이며 전지기술의 발전 여부에 따라 앞으로 전기자동차의 성패가 달려 있다.

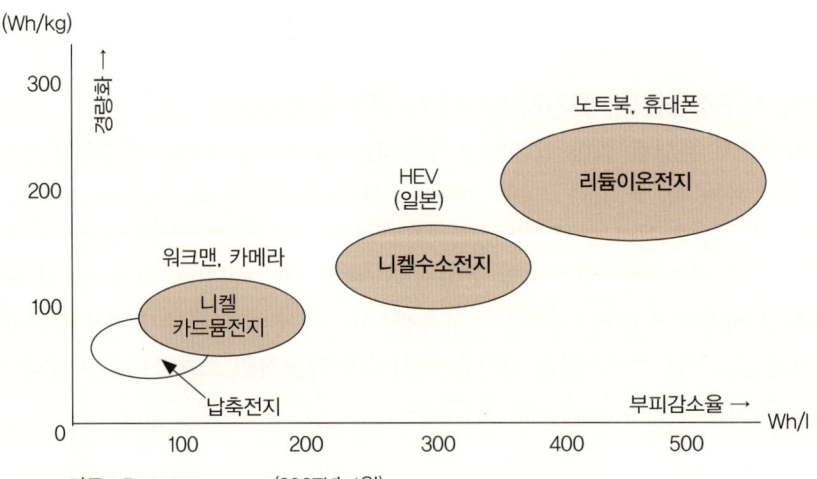

자료 : Battertspaco.com(2007년 4월)

[그림 8.6] 2차 전지 에너지밀도 비교

현재는 가격이 상대적으로 저렴하고 안전한 니켈수소전지가 이용되고 있으나 에너지밀도가 낮고 용량이 작아 전지만으로 운행할 수 있는 거리가 제한적이라는 점이 단점이다. 이에 따라, 장기적으로는 에너지밀도와 수명이 높은 리튬이온전지가 주류를 이룰 것으로 전망된다. 전기자동차용 리튬이온전지 시장은 2009년도 3만 개 정도에서 2020년에는 1,015만 개로 급증할 것으로 예상한다.

4.2 2차 전지 기술개발현황 및 발전방안

우리정부는 2010년 7월에 오는 2020년까지 2차 전지 세계시장의 절반을 차지하기 위해 중대형 전지에 5조 원의 연구개발 자금과 10조 원의 시설자금 등 총 15조 원을 투자한다고 발표했다. 정부는 소형전지는 시장에 맡기고 중대형 전지제조와 소재산업 지원에 역량을 집중하기 위해 ① 중대형 전지 경쟁력 강화, ② 2차 전지 핵심소재산업 육성, ③ 선순환적 산업생태계 구축, ④ 범국가적 2차전지 산업통합 로드맵 추진 등 4대 정책과제를 제시했다. 기술개발을 통해 전기자동차의 주행거리는 100km에서 250km로 2.5배로 늘리고 가격은 kWh당 130만 원에서 20만 원으로 6분의 1가량 낮춰 실용성과 경제성을 확보할 방침이다. 이 방안이 성공적으로 추진되면, 한국이 전 세계 2차 전지 시장의 절반을 차지할 것으로 기대한다.

1) LG 화학

북미 상용차 1위 업체인 이튼(Eaton)사에 하이브리드 상용차용 리튬이온 배터리를 2010년부터 4년간 공급하기로 하였으며, 이로 인해 LG화학은 일반 전기승용차에 이어 상용차 시장에도 본격 진출한다. 배터리 셀뿐만 아니라 배터리 제어시스템(BMS) 등 다양한 부품으로 구성된 팩(Pack)형태로 이루어지고 있어, 승용차에 비해 한층 높은 수준의 성능을 필요로 해 LG화학의 기술력을 입증하는 계기가 되었다.

유럽에는 볼보자동차가 추진 중인 '미래형 전기자동차 프로그램'에 적용될 리튬이온 배터리 공급업체로 최종 선정되어 안전성을 최우선으로 하는 볼보에 배터리를 공급함으로써 성능뿐만 아니라 안전성에서도 세계 최고의 독보적인 기술력을 다시 한 번 입증하게 되며, 동 공급은 배터리 셀뿐만 아니라 배터리 제어시스템(BMS : Battery Management System) 등 다양한 부품으로 구성된 토털 팩 형태로 이루어진다.

미국 GM에 리튬이온 배터리를 공급하고 있는 LG화학은 2011년 양산해 판매할 포드의 전기자동차 'FOCUS'용 리튬이온 배터리 단독 공급업체로 선정되었다. FOCUS는 한번 충전으로 100마일을 가는 순수 전기자동차로 배출가스가 전혀 없는 무공해 친환경자동차이다.

2) LS엠트론

전기자동차용 2차 전지 음극재를 국산화한 LS엠트론은 출자사인 카보닉스에서 일본 쇼와덴코사와 공동으로 개발, EIG에 공급하여, 인도 자동차사인 타타모터스의 인티카 비스타 전기자동차용 2차 전지에 적용될 예정이다. 음극재는 2차전지 4대 소재(양극재, 음극재, 전해질, 분리막) 중 하나로 국산화가 미흡한 소재로 지적됐다. 현재 음극재 시장은 약 5,000억 원이며, 2015년에는 기존 소형전지와 함께 대형전지가 폭발적으로 증가해 약 1조4,000억 원에 이를 전망이다.

3) GS 칼텍스, 탄소소재 본격양산 개시

전기이중층 커패시터(EDLC : Electric Double Layer Capacitor)용 탄소소재 생산법인인 파워카본테크놀러지의 생산시설 준공식을 했다. ELDC는 차세대 물리전지의 일종으로 리튬이온 전지에 비해 수명이 반영구적이며, 급속 충·방전 및 고출력이 가능하며, 풍력발전소, 태양열발전소 등의 에너지저장 및 전압보전용으로 사용된다. 동 공장은 연산 300만톤 규모로 탄소소재 생산규모로는 세계 최대이며, 세계 최초로 원유정제과정에서 발생하는 부산물인 코크스를 원료로 ELDC용 탄소소재를 상용화했다.

4) 넥스콘테크놀러지, PHEV배터리시스템 관련 특허 획득

넥스콘테크놀러지는 플러그인 하이브리드 전기자동차의 배터리 시스템에 대한 특허권을 취득하였으며, 동 특허는 하이브리드 전기자동차의 주 배터리시스템 외에 외부충전이 가능한 보조 배터리팩을 병렬로 추가 장착함으로써 배터리 용량을 증대시켜 엔진 역할을 축소하고 작은 배기량의 엔진을 사용하도록 하여 전기차 모드의 주행거리를 더 크게 만들 수 있다. 또한 기존 하이브리드 전기차를 플러그인 하이브리드 전기차로 개조할 수 있게 되어 엔진의 사용을 최대한 억제함으로써 연비를 향상시킬 수 있게 됨은 물론 배기가스의 배출량을 저감할 수 있는 효과를 기대할 수 있다.

5) POSCO ICT 전기자동차 충전시스템

POSCO ICT는 포스코건설과 함께 아파트단지에 설치될 전기자동차 충전시스템의 개발 및 특허를 출원한다. 개발 중인 전기자동차 충전시스템은 스마트미터기와 연동하여 아파트 단지 내 주차장에서 심야 시간대에 충전하거나 사용자가 충전시간을 직접 설정할 수 있게 해 상대적으로 요금이 저렴한 시간대에 이용할 수 있도록 하는 것이다.

시스템 작동원리는 비접촉식(RF) 카드를 통해 입주민 정보를 자동으로 입력받거나 사용자가 아파트 동-호수와 비밀번호를 직접 입력하면 단지관리서버와 통신하여 입주민 여부를 우선 확인, 사용자 인증과정이 끝나면 곧바로 충전이 시작되고, 충전이 완료되면 전기자동차 충전기의 공급전원을 차단하고, 사용한 전력량을 단지 내 관리서버로 전송한다. 특히 아파트에 적용된 홈 네트워크 시스템과 연계해 사용한 전기요금을 해당 세대의 관리비에 합산하여 청구할 수 있도록 하고, 집에서 충전상태를 모니터링하고 제어할 수 있다.

[그림 8.7] 전기자동차의 2차 전지

| Section 05 |
미래 전기자동차 응용

5.1 새로운 비즈니스인 전기자동차 응용

스마트그리드가 전기에너지 저장능력과 방전 옵션능력을 갖춘 장치와 결합하면 발전하는 대로 소비하는 것이 아니라 적절하게 사용량을 조절할 수 있게 됨으로써 재생에너지원의 변수를 줄일 수 있다. 그렇게 되면 전기가 긴급하게 필요한 경우 저장된 전기를 요긴하게 사용할 수 있고, 전체적으로 가장 효율성이 높은 수준에서 재생에너지원 전기를 사용할 수 있게 된다. 또한 재생에너지원 발전정보를 실시간으로 확인할 수 있게 되면서 어디에서 어떤 재생에너지원이 얼마만큼의 전기를 생산하고 있는지를 파악하게 되고 궁극적으로 전력계통운영의 안정성을 향상시킬 수 있다. 스마트그리드는 소비자 관점에서 전기요금이 가장 낮은 시간대에 전기자동차를 충전할 수 있게 유도할 수 있으며, 소프트웨어를 통해 재생에너지원을 통한 전기만 충전 가능하도록 할 수도 있다.

1) 전기자동차 충전으로 인해 파생되는 비즈니스 모델

다수의 충전소 관리 및 고객서비스에 기반을 둔 과금을 중심으로 각기 다른 사업모델을 가진 새로운 충전 서비스 사업자들이 등장할 것으로 전망된다.

2) 미국 휴스턴의 전기자동차 활성화 시범도시

닛산은 2009년 11월 'LEAF'로 Reliant Energy와 함께 미국 휴스턴을 전기자동차 사용 활성화를 위한 시범도시로 구축하기로 협약을 체결했으며, 이번 협약은 대규모로 전력교통 에코시스템 채택을 신속하게 하기 위한 Reliant Energy의 전 방위적 노력의 일환으로 진행되고 있다.

닛산은 하이브리드카 생산단계를 생략하고 곧바로 전기자동차 시장으로 투자를 강화했다. 미국 휴스턴에서 전기자동차 사용을 활성화하기 위해서는 사용전력에 대한 정확한 금액청구를 위해 스마트미터 장착이 중요한 역할을 할 것으로 전망되며 Reliant Energy는 전기자동차 충전소 설치와 가정 내 충전을 가능케 하는 포괄적인 전력서비스 개발을 진행할 예정이다.

3) 플러그 필요없는 전기자동차충전 기술개발

미국 버지니아에 소재한 Evatran은 자사의 플러그가 필요없는 전력충전기(Plugless Power Chargers)를 2010년 7월 말에 출시하였다. 플러그리스(Plugless) 전력시스템은 3가지 주요부품으로 구성되는데 ① 벽에 플러그 되어 있고 전기를 충전기에 적합한 주파수로 변환하는 타워, ② 신발 상자 크기의 25~30파운드의 무게가 나가는 어댑터로, 이 어댑터는 자동차 밑판 앞쪽에 부착되어야 한다. ③ 충전지면에 설치될 길고 평평한 패드, 충전패드와 자동차 어댑터는 모두 금속코일을 갖고 있다. 자동차가 충전패드 위로 들어올 때, 패드안에 있는 코일이 자동차 어댑터에 있는 코일의 2~3인치 이내에 접근할 때까지 움직인다. 이때 충전기는 배치절차를 요구하는데, 이 배치절차는 자기센서(Magnetic Sensor)에 의해 안내되고, 코일이 서로 정렬되면, 충전타워에서 전기흐름이 패드의 코일에서 강한 자기장을 형성한다. 이 자기장은 자동차에 설치된 코일로 전류가 흐르도록 하여 충전된다.

4) 미국 환경보호청, 전기자동차 배터리시험 시스템 개발

미국 환경보호청은 2015년까지 100만대 전기자동차 운행을 위해 배터리 시험시스템 개발에 나섰다.

또한 하이브리드와 전기자동차를 위한 전기화 표준을 설립하고 연비와 관련된 프로젝트의 일부분으로 배터리 수준에서 기술기반의 시험을 할 수 있는 자동차 시뮬레이션을 포함하는 시스템을 개발할 계획이다.

5) 클라우드기술 기반 네트워크 자동차 개발

마이크로소프트와 도요타가 클라우드기술에 기반한 네트워크 자동차를 공동 개발하기로 하였으며, MS 클라우드컴퓨팅 기술인 '애저'를 이용해 최적의 스마트그리드 전기공급 정보는 물론 자동차 운행에 필요한 각종 정보를 제공하기로 했다. 이번 제휴로 도요타 전기자동차는 시스템의 전기공급 및 각종 정보를 더욱더 효율적으로 공급하게 되었으며, 도요타는 이 기술을 이용해 고객들에게 주행정보와 차량진단서비스를 제공한다.

이로써 운전자들은 에너지소비가 가장 낮고 가격이 가장 싼 시간대를 골라 자동차를 충전할 수 있다.

5.2 전기자동차 시대의 필요성

뉴욕타임스지의 Jim Montavalli가 전기자동차 시대가 도래할 수 밖에 없는 이유를 발표했다. 전 세계는 오일 수요가 공급을 초과할 수 있는 오일피크 상황에 항상 노출되어 있으며, 현재는 경제 위기로 인해 오일 수요가 감소되었으나 앞으로 중국 및 인도 등 신흥개도국에 의한 오일 수요 증가로 오일피크 도래가 항상 불안요소로 존재하고 있다.

1) 기후변화 대응
현재보다 더 강한 감축안 도출과 감축의무 압박이 심해질 것으로 전망되며, 이런 상황에서 수백만 대의 온실가스 무배출 전기자동차의 생산은 각국의 온실가스 감축계획을 이행되도록 도움을 줄 수 있다.

2) 오일가격 상승 가능성
전 세계는 오일 수요가 공급을 초과할 수 있는 오일피크 상황에 항상 노출되어 있고, 현재 경제 위기로 인해 오일 수요가 감소하였으나 앞으로 중국 및 인도 등 신흥개도국에 의한 오일 수요 증가로 오일피크 도래가 항상 불안요소로 존재한다.

3) 스마트그리드 구축
적절한 전기시스템 최적화를 시작하면서 스마트그리드 구축을 서두르고 있으며 전력회사는 자동차 메이커와 파트너 계약을 체결하고, 플러그 인 하이브리드 시스템이 완비되면 피크없는 일정한 전력생산 및 송전능력 향상을 통해 73%의 운송수단 이용 통근자에게 가솔린 연료를 대신해 사용된다.

4) 향상된 전기자동차
기존 가솔린 자동차보다 성능이 뛰어난 전기자동차 출현으로 기존에 우려되었던 속도 및 이동거리의 한계를 극복하고 자동차 휠에 전동기를 장착하는 것이 최선의 방법이다.

5) 가정용 플러그인 시스템 구축
가정마다 전기자동차 충전소를 보유하게 되며 전기자동차 충전소가 전국 어느 곳에나 설립되어 고객에게 3~4달러의 싼 비용으로 전기를 제공하고 업소에 따라 15분 급속 충전 제공도 가능해질 전망이다.

5.3 전기자동차 구매와 충전수요 문제

액센추어의 글로벌 조사(13개국 7,000명 이상)로는, 소비자의 60%가 플러그인 전기자동차(PEV)를 차기 자동차로 구매할 의향이 있는 것으로 나타난다. 이 중 68%는 앞으로 3년 내에 PEV 자동차를 구매할 의향이 있다고 답했으며(23% : 반드시 구매, 45% : 아마도 구매할 것), 특히 중국이 가장 긍정적으로, 응답자의 96%가 앞으로 3년 내에 PEV 구매 의사가 있다고 답했다. 그러나 PEV 충전에 대한 소비자 선호도는 망 혼잡도와 피크타임 전력수요를 증가시켜 유틸리티와 충전서비스 업체에 문제가 될 수 있다. 소비자의 67%는 충전소 운영자들이 PEV 충전을 제한해서는 안 된다는 입장이며, 20%는 선택한 시간(충전제한을 통해 전력수요를 관리하고 망혼잡을 피할 수 있음)에만 제한할 수 있는 것은 수용할 것이라고 응답했다.

1) 충전방식에 대한 질의

62%가 방전된 배터리를 정비소에서 완충된 배터리로 빠르게 교환하는 배터리 교환방식에 반대하였으며, 55%는 PEV를 주차할 때마다 충전하는 것보다 충전할 때만 충전하는 것을 선호했다. 이러한 방식은 충전패턴을 잘 예측할 수 없고, 공공충전소의 수요를 줄이게 된다.

2) 충전인프라 지원

앞으로 운전자들이 순수 전기자동차와 배터리 교환서비스에 점점 더 긍정적이 될 것이다. 그러나 조밀한 충전네트워크와 급속충전이 요구되고 있으며, 플러그인 전기자동차에 대한 불확실한 수요와 망에 주는 영향은 에너지 공급자들이 네트워크 부하 리스크와 대규모 인프라 투자에 대한 필요성, 또는 현지 전력수요와 공급을 선행해서 관리할 수 있는 스마트 기술의 초기개발을 선택해야 한다는 것을 의미한다.

① 운전자의 29%만이 순수 PEV를 선호하며, 71%는 배터리가 다하면 가솔린·디젤로 움직이는 플러그인 하이브리드자동차(PHEV)를 선호하였다.
② 또한, 85%는 순수 PEV 배터리가 매일 주행거리를 소화하기에는 불충분하다고 응답하였으며, 83%는 충전소의 부족, 70%는 순수 PEV의 충전시간이 너무 길다고 답했다.

3) 비용만이 아니라, 연료원도 중요

① 80%는 자동차 충전에 사용되는 전력자원이 무엇인지 알기를 원한다.
② 45%는 연료원이 PEV 구매 결정에 영향을 줄 수 있다고 응답했다.
③ 85%가 연료원이 신·재생에너지인 경우 PEV를 구매할 의향이 있었다.
④ 전기를 생산하는 원자력과 화석연료는 각각 48%, 51% 줄어들 것이다.

4) 전기자동차 구매의 주요 요인

현재 PEV가격은 주요 요인이 아니며, 소비자의 51%가 PEV 총 유지비용이 일반 자동차보다 낮을 경우 구매할 의향이 있음을 밝힌다. 그러나, 더 중요한 사항은 충전소의 이용 여부(63%) 및 PEV 배터리 용량이 일반자동차의 탱크를 가득 채웠을 경우와 동일한 것인가(53%)의 여부이다.

5) 어떠한 인센티브가 PEV로의 전환을 촉진시킬지에 대한 질문

65%가 무료주차라고 응답하였고, 44%는 통행요금 할인, 43%는 우선차선 이용이라고 응답했다. 구매·유지비용이 플러그인 전기자동차 도입의 주요 사항이 될 것으로 보이나, 비재정적인 방법으로 운전자들에게 동기를 부여해야 하고, 민간과 공공부문이 시장을 형성하고 재정과 관계없는 인센티브(주차할인과 신재생연료원의 개런티 등)를 주는 것이 필요하다.

5.4 전력 및 에너지 산업에의 영향

BEV나 PHEV와 같은 전기자동차는 충전 인프라의 확산과 운명을 함께한다. 충전인프라는 기존 에너지 유통에 일대 변혁을 일으킬 가능성이 크다. 전력서비스 측면에서 볼 때 충전 인프라는 전력판매 채널이며, 충전기는 판매 단말인 셈이다. 서비스 기업이 충전기를 요소요소에 설치하고 이를 관리하며 수익을 낼 수 있다.

1) 새로운 전력서비스

새로운 유형의 전력서비스에서는 그 운영이 다소 복잡해진다. 실시간 소비 양상을 모니터링하고 대처해야 한다. 부하초과로 단전이나 정전이 될 때 그 피해가 막대하기 때문이다. 이를 위한 인프라는 대부분 현재의 기술과 시스템으로도 충분히 대응할 수 있다.

2) 충전 인프라의 구축

충전기는 길가나 일반 가정 혹은 공동주택 주차장에 설치할 수 있고, 사람들이 모여드는 마트나 백화점, 각종 체육시설이나 공원 등에서도 볼 수 있을 것이다. 규모가 큰 소비단위일 수 있고 소규모로 야간에만 작동할 수도 있을 것이다. 이러한 복잡한 네트워크를 관리하고 제어하기 위한 시스템이 필요한 것은 당연하며, 전력부하가 일시적으로 쏠릴 경우 전체 전력망에도 피해가 갈 수 있기 때문에 충전부하의 지역별, 시간대별 편재를 효과적으로 관리할 수 있어야 한다.

3) 충전전력사용량 정보수집, 분석 및 관리시스템

값싼 시간대에 충전하면 경제적일 수 있지만 전기란 본래 무차별하기 때문에 소비 기기별 인증이나 검침 없이는 전체 양으로 밖에 파악할 수 없다. 따라서 전기자동차 자체, 사용자, 충전위치를 파악하고 소비량 정보를 수집, 분석, 관리하는 시스템과 관련된 사업의 성장도 고려된다.

4) 직류전원 공급방식의 성장

전기자동차 확산은 전력산업에서 직류전원 공급의 성장을 부추길 공산이 크다. 교류–

직류 변환 시 약 10%가량의 전력이 소실된다. 전기자동차에 충전하려면 직류전원이 필요하며, 충전할 때 컨버터를 거치면서 직류가 만들어진다. 태양광발전은 반대다. 인버터를 통해 직류를 교류로 바꾸어 전력망에 공급해야 한다. 세 번만 전환해도 27%의 전력이 손실되는 셈이다. 가장 효율적인 것은 교류-직류변환을 최소화하는 것으로 최근 들어 일본 등을 중심으로 데이터센터, 공장, 백화점, 빌딩 등에 직류전원 공급방식이 빠르게 늘고 있다.

5) 신개념 에너지 충전

단순히 플러그를 콘센트에 꽂고 정해진 인증절차를 거쳐 충전하는 방식과 전지자체를 통째로 바꿔주는 방식으로 구분할 수 있다. 양자 모두 인프라 구축에는 기술적으로 큰 어려움이 없을 것으로 보인다. 기존의 연료 네트워크에 그대로 연결할 수 있는 모델들이다. 전자는 충전소에서 15분 이상 기다려야 하는 단점이 있지만, 후자는 교환이 쉽게끔 전지와 자동차 디자인 사이의 호환성을 확보해야 하는 어려움이 있다. 그리고 고압 쾌속 충전과 자동차와 전지 사이의 연결 설계에 대한 표준화는 양측 모두에서 중요해질 것이다.

6) 친환경차 부상의 파급영향

① **시장구조가 지역 및 차종별로 세분화** : 친환경차의 주도적인 모델이 없고 각국 정부가 중점적으로 개발·보급하는 차종이 달라 친환경차의 판매모델이 지역별로 달라질 가능성이 크고, 친환경차와 저가차가 지역 및 차종별로 세분화된 구조로 변화할 전망이다.
② **생산방식의 다양화** : 전기차는 부품구성이 단순하고 핵심부품인 전지·전동기 및 플랫폼의 공용화를 통한 '개방 모듈형 방식'으로 개발·생산될 가능성이 크다.
③ **수익모델의 스마일 커브화** : 스마일 커브는 사업단계별 이윤율 분포에서 조립과 부품생산, 판매보다 제품개발과 애프터서비스의 이익률이 높은 형태의 수익구조를 의미한다. 전기자동차는 전지와 전동기의 표준화를 중심으로 개방 모듈형의 산업구조가 형성되고 있어 수익률 구조가 스마일 커브 형태로 전기차 조립보다 전지와 전동기 등의 핵심부품과 충전서비스 및 통합정보서비스 등에서 고수익이 발생할 전망이다.

7) 친환경차 부상의 대응전략

① 지역별로 세분화된 다양한 모델에 대응하는 동시에 비용경쟁력을 확보하기 위해 제품보다 플랫폼 단위의 전략구상이 적합하다.
② 개방형 제휴 확대를 통해 기술을 확보하고 표준을 선점한다.
③ 스마트그리드, 스마트 시티 등 스마트 인프라와의 연계를 고려한 친환경차 전략이 필요하다.

| Section 06 |
스마트수송 표준화

6.1 전기충전소 국내·외 표준화 동향

1) 유럽, 전기자동차 배터리 충전시스템

유럽연합이 전기자동차 배터리 충전시스템의 단일 표준화를 위한 움직임을 본격화하고 있다. 유럽집행위원회와 표준화 그룹인 ECES(The European Committee for Electrotechnical Standardization), ETSI(European Tele-communications Standards Institute)는 플러그와 소켓 시스템의 형태와 기능을 통일되게 정의하기로 상호 합의했다.

2) 중국

중국정부는 '전기자동차 충전소 구축' 관련 3건의 기술 표준인 '전기자동차 전도(Conduction)식 충전플러그인(Plug-in)', '전기자동차 충전소 범용 요구', '전기자동차 배터리관리시스템 및 비차량 탑재 충전기 간의 통신프로토콜'이 이미 전문가들의 심사단계를 거쳐 최종 중국 국가표준으로 제정, 발표할 예정이다. 중국의 전기자동차 충전소 관련 국가 표준제정은 다른 국가에 비해 빠른 편으로, 앞으로 중국이 국제적으로 선행적인 위치를 차지할 수 있게 될 것으로 전망된다. 최근 다국적 업체들도 중국과 협력제안을 통해 중국 내 관련 기술표준 제정에 참여하려고 노력 중이다.

3) 한국

업계에서는 전기자동차 충전소 설치근거 등과 관련하여 법제도정비와 스마트계량기 구입 보조금 지급을 정부에 건의했다.

정부는 2010년 5월 말에 '지능형전력망 구축 및 이용촉진법(안)'을 제정하여 몇 차례 공청회를 거쳐, 2011년 5월 제299회 임시국회 본회의에서 통과함에 따라 저탄소 녹색성장을 구현하는 데 필수적인 국가 융합에너지 인프라를 안정적으로 구축하고, 보조금 등 산업을 체계적으로 육성하기 위한 제도적 기반이 마련되었다.

4) 미국과 일본

미국 자동차공학회(SAE International)와 ZigBee Alliance는 최근 'ZigBee Smart

Energy' 표준개발에 관한 공동협력을 선언했다. 이 방식은 플러그인 전기자동차를 지원하고, 필수적인 V2G 통신과 전력생산 역량을 가능케 하는 우선 선택적인 기술이 되도록 할 것이다. SAE에 따르면, 이 방식은 가정 중심의 네트워크 분야에서 시장을 선도하는 기술이며, 스마트그리드 사업에서 발전한 미터링 인프라시설 표준방식이다. 이처럼 PEV에 'ZigBee Smart Energy' 방식을 추가하는 것은 자동차 제작회사와 유틸리티에 PEV의 에너지사용과 충전 그리고 저장을 관리할 수 있는 일반적인 언어를 제공하게 될 것이다.

세계 주요 자동차 제조업체들을 포함하고 있는 SAE는 이미 46개의 전기자동차 관련 표준을 개발하였고, 현재 30개 이상의 표준을 개발하고 있다. 미국 및 일본의 일반 가정에서는 단상공급방식이 일반적이기 때문에 그 표준은 SAE J1772 및 IEC 62196-2 Type1에 따른다. IEEE은 100개의 스마트그리드 표준을 개발 중이며, 그 중 직접적으로 미국 NIST의 스마트그리드 상호운영성 표준 프레임워크 및 로드맵에 영향을 줄 만한 표준이 30개 정도이다.

이번 양 표준화단체 간 협력으로 전기자동차 호환성과 안전성에서 소비자들과 제조업체들의 의견이 충분히 반영되는 기술표준을 정립하는 방향 설정이 이루어질 것으로 기대하고 있다.

6.2 전기자동차 관련 법령 및 표준화 활동

국토해양부는 2009년에 자동차 관리법을 개정하여 저속전기차 도로주행에 대한 근거를 마련한 이후, 구체적인 사항을 정하기 위한 하위규정(자동차관리법 시행규칙, 자동차안전기준에 관한 규칙)을 마련하여 저속전기차도 자동차관리 법령상 차량으로 정식 인정되었으며, 운행구역 지정, 도로표지판 문양, 자동차보험 및 차량 안전기준 등 도로주행에 필요한 법령정비가 완료되었다. 운행구역이 지정·고시되면 해당 지자체 별로 저속전기차의 등록을 하게 되며, 등록은 일반자동차 등록절차와 동일하다. 한편, 제주도의 도내에서도 저속전기차의 도로운행이 가능하도록 운행구역 지정고시안을 마련해 전기자동차의 운행이 가능하다.

지경부와 스마트그리드 사업단이 참여하는 '국내 전기차 충전인프라 법·제도 4차 회의 (2010.4)'에서는 전기자동차 산업 활성화 방안을 협의하였다. 협의 주요 내용은 3개 Task Force(법·제도, 보급, 표준화)의 목차 확정 후 앞으로 통합보고서 작성, 충전인프라 설치 기준 및 안전규정 신속한 마련 요구(미국 NEC 규정 625및 IEC 표준으로 가이드마련 후 제공 필요), 서울시 현재 급속 충전인프라 100대를 구축하여 문제점을 사전 해결할 예정이다.

국립환경과학원은 국내자동차제작사, 자동차협회 등 시험기관과 공동으로 저공해자동차분야 등이 포함된 UN 산하의 자동차 법규 표준화기구(WP29 : World Forum for Harmonization of Vehicle Regulation) 대응 전문 위원회(Task Force)를 구성, UN의 자동차 인증제도 표준화 활동에 대응하고 있다. 국제기술표준 제정과정에서 국내 산업계 의견이 반영될 경우 국내 제작자동차의 생산성과 가격 경쟁력 측면에 긍정적 영향을 미쳐 자동차 수출에 유리한 환경이 조성될 것으로 기대된다. 표준화의 주요내용은 다음과 같다.

1) **전기자동차 전도성 충전장치 - 제1부 : 일반요구사항**(KSC IEC 61851-1)

    1,000V 이하의 표준 교류전압과 1,500V 이하의 직류전압을 이용하여, 전기자동차를 충전하는 충전장치와 전원망에 연결될 때 자동차에 전력을 공급하는 충전장비의 일반 시스템 요구사항, 감전보호, 전기적 안전성 등의 요구사항을 규정한다.

2) **전기자동차 전도성 충전장치 - 제22부 : 교류 충전소**(KSC IEC 61851-22)

    1,000V 이하의 교류전압으로 전기자동차에 직접 연결하기 위한 교류충전소의 정상사용상태에서 장치가 화재의 위험과 전기쇼크 또는 사람들에게 손상을 줄이면서 작동할 수 있도록, 일반 요구사항을 규정한다.

3) **전기자동차 전도성 충전장치**
    - 단상 교류 접속용 플러그, 소켓-아웃렛, 커넥터 및 인렛(KSC 9900)

    전기자동차의 전도성 충전에서 사용하기 위한 교류 500V, 70A 이하의 정격전류를 갖는 부속품으로서, 표준화된 충전기의 핀 및 접촉관을 가진 플러그, 소켓-아웃렛, 자동차 커넥터 및 인렛에 관한 요구사항을 규정한다.

4. **전기자동차 전도성 충전장치 - 직류 충전소**

    1,000V 이하의 교류전압 또는 1,500V 이하의 직류전압에서 전기자동차에 접속하여 직류로 전력을 공급하는 전도성 충전장치 및 직류충전소의 요구사항을 규정한다.

5. **전기자동차 전도성 충전장치**
    - 직류 접속용 플러그, 소켓-아웃렛, 커넥터 및 인렛

    전기자동차의 전도성 충전에서 사용하기 위한 직류 1,000V, 400A 이하의 정격전류를 갖는 부속품으로서, 표준화된 충전기의 핀 및 접촉관을 가진 플러그, 소켓-아웃렛, 커넥터 및 인렛에 관한 요구사항을 규정한다.

6. **전기자동차와 충전기간 전도성 D.C 충전을 위한 통신 프로토콜**

    직류 충전장치 표준과 함께 전기자동차와 직류 충전기 사이의 통신 프로토콜에 관한 요구사항을 규정한다.

[표 8.3] 전기자동차 인터페이스 구성 유형(출처 : 스마트그리드 협회 뉴스레터)

Pin No.	기능	최대 하용전류	비고
1	Chassis GND	2A	
2	–	2A	
3	–	2A	
4	PILOT	2A	
5	D–	150A	
6	D+	150A	
7	BMS Wake-Up	2A	
8	CAN High	2A	
9	CAN Low	2A	
10	–	2A	

6.3 EU의 전기자동차 충전규격 표준화 현황

2010년 4월 유럽위원회는 유럽의 EV추진전략을 발표하고 표준화된 충전 인터페이스, 표준 추진 및 국제표준 준수를 유럽 표준화 기관에게 요구했다. 이에 유럽표준화 기구(CEN, CELENEC 및 ETSI)는 다음 목표에 따라 표준을 작성중이고 IEC 62196-2 표준을 준수하는 것으로 정하였다.
① 운전자가 안전하게 EV를 충전할 수 있을 것을 보증
② 전력공급 지점 및 모든 종류의 EV와 EV충전기(분리형 배터리 포함)의 상호운용성을 보장
③ 유럽위원회의 지침은 표준화기관이 '스마트충전'을 고려할 것을 요구

1) 충전플러그 표준

2011년 1월 교류전원을 사용하는 급속충전기는 메네케스사가 제안하는 방식(IEC 62196-2 Type2 준수)과 EV플러그 Alliance가 제안하는 방식(IEC 62196-2 Type3 준거) 두 종류가 있다. 교류충전 규격정도는 개발이 진행되고 있지는 않으나 직류 충전 규격은 IEC에 의해 개발 중이며, 표준화는 현재 논의되고 있으며, 유럽자동차공업회(ACEA)와 같은 단체는 직류충전기에 대해 현재 특정 견해는 없다.

2) 각국의 급속충전기 표준

① **영국** : 2011년3월 현재 실증실험은 가정용 콘센트와 같은 3핀식 240V 13A 일반 충전기

② **독일** : 상호운용성을 가진 충전인프라 조기 도입을 목표로 우선순위 제안
  - 교류충전 : 최고 63A/44kW삼상(모드3)이 전력네트워크 저장도 가능하고 재생에너지 사용에 최적으로 우선순위
  - 직류충전 : 미래의 충전전력은 50kW이상
  - 유도충전
  - 전지교환 또한 Redox플로우 전지(Redox-Flow)

③ **프랑스** : 2011년 2월말 현재 급속충전기 표준이 정해지지 않았다.

④ **이탈리아** : 롬바르디아주의 E-Moving프로젝트에서 유일하게 개발 중이며, 참여기업들은 독일 VDE -AR-E2623-2-2 Mennekes 표준을 채택하기로 결정하였다.

⑤ **스페인** : 2011년 2월 현재 급속충전기 표준이 정해지지 않았다

3) 급속충전기 국제규격기준 작성에 대한 EU의 자세
① 유럽에서는 삼상공급이 널리 사용되고 있어 표준은 IEC 62196-2 Type2 및 Type3가 일반적으로 채용
② 따라서 ACEA는 유럽에서 IEC 62196-2 Type2 기준 추천
③ 유럽기술산업협회(ORGALIM)는 유럽안전지침을 준수하기 위해 IEC 62196-2 Type3 표준을 요구
④ 유럽위원회는 표준규격이 2011년 말까지 최종 결정되어 채택될 것으로 기대한다.

Chapter 09

실시간 전기 요금제를 위한 스마트엘렉서비스

Section 01 전기요금제의 개요
Section 02 실시간요금제도의 도입 및 계산과정
Section 03 스마트엘렉서비스 국·내외 시장동향
Section 04 실시간요금제의 국·내외 도입현황
Section 05 최적 전력계통운영 및 사이버보안
Section 06 데이터관리 공동 플랫폼과 표준화

| Section 01 |

전기요금제의 개요

1.1 전기도 인터넷처럼 골라 쓴다

2010년 7월에 발표한 한국개발연구원(KDI)의 '전력산업 구조 정책방향' 보고서에는 전력시장의 경쟁과 효율성을 높이기 위해 일반 기업도 가정에 전기를 판매하는 방안을 제안했다. 민간 기업이 한국전력의 송배전망을 이용해 일반가정과 건물, 사업장에 전기를 판매하는 것으로, 대신 기업은 한전에 송배전망 이용료를 지불한다. 이렇게 되면 가정에서는 가장 저렴한 가격에 전기를 공급하는 사업자를 자유롭게 선택할 수 있다. 지식경제부 관계자는 '이미 스마트그리드 등에 통신사업자들의 참여가 활발하며, 통신비와 전기요금을 묶는 통합 상품으로 전기료를 낮출 수 있을 것'이라고 말했다.

이미 미국과 유럽, 일본 등 선진국에서는 전력 판매시장이 경쟁 체제로 운영되고 있다. 미국에서는 보통 주마다 2~3개의 민간 사업자가 전기를 판매한다. 유럽은 프랑스의 전기회사가 영국에 전기를 판매할 정도로 완전 경쟁시장이다. 일본은 10개의 전기사업자가 판매경쟁을 벌이고 있으며, 한국은 2014년 이후 민간기업의 전력판매 참여가 가능할 것으로 본다.

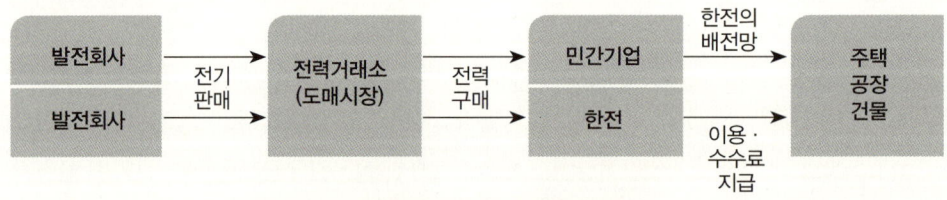

[그림 9.1] 민간기업의 전기 판매 개념도

1.2 국내 현행요금제도

1) 현행 요금제도

산업용, 일반용, 주택용, 농사용, 심야전력 등 다양한 종별요금체제를 적용하고 있으며, 상호 교차보조 발생 및 공급비용과의 격차가 크다. 일반용, 산업용 대상으로 계절차등, TOU(Time of Use) 요금제를 시행하고 있다. 계절별 차등요금제는 여름이 가장 높으며, 겨울 및 봄·가을 순으로 높게 책정된다. TOU 시간대별 요금제는 최대부하 〉중부하 〉경부하 순으로 요금이 높고, 계절별로 시간대별 요금차등 수준에도 차이가 있다. 일반적으로 경부하 시간 요금수준 대비 최대부하 요금수준은 3.42~3.48배로 기록되며, 저압은 계절별 차등요금제, 고압은 시간대 차등요금제가 많이 적용된다.

2) 현행 요금제도의 문제점

현행 요금제도의 문제점은 크게 요금의 경직성, 시간대별 재화가치 변화를 무시 및 시장메커니즘의 부재 등을 들 수가 있다. 요금의 경직성은 시간별/일별 공급비용의 변동을 요금에 반영하지 못하며, 이에 따라 공급비용 상승이 지속하는 경우에 적자가 누적된다는 것이다.

3) 실시간요금제 장단점

① **장점** : 경제적 효율성을 높여 공공복리를 증진하고, 수요예측의 유연성과 직접부하 관리의 효율성을 높인다. 또한, 수용가 부문 간 교차보조 문제 해결과 요율의 투명성 확보 및 설비투자에 대한 정확한 시그널을 제공해 준다는 데 있다.
② **단점** : 과도한 거래비용의 발생소지와 수익보정 방법에 따라 저소득층에 불리하고, 고도의 전산 및 통신시스템의 구축이 필요하며, 수용가에 대한 홍보 및 교육과 방대하고 정교한 자료가 필요한 것이 기존 요금제보다 불리하다.

1.3 전기요금제의 종류

1) 고정요금제도

① **SMP(System Marginal Price)** : 현행요금제에서 전력가격 결정의 기준이 되는 요금제이다. 도매전력가격은 SMP에 의해 결정되며, 하계의 SMP는 심야와 주간의 차이가 크고, 동계의 SMP는 심야와 주간의 차이가 작다. 연료비 변동에 따라 SMP 변동폭도 영향을 받는다.
② **용도별 요금제** : 주택용, 일반용, 교육용, 산업용, 농사용, 심야전력, 가로등 전기 등으로 구분하여 일방적으로 청구되는 요금제이다.
③ **계절별 차등요금제** : 여름, 겨울철이 높고, 봄·가을은 낮게 책정된 차등가격제이다.

2) 변동요금제도의 종류

① **TOU(Time of Use)** : 사용 시간대별 요금제도
② **RTP(Real Time Price)** : 휴대전화 요금제처럼 사용시간대에 따라 다른 가격을 적용하며, 스마트그리드의 궁극적인 요금제도이다.

③ **CPP(Critical Peak Pricing)** : 에너지 피크시간을 고려한 피크요금제로 RTP와 병행하여 추진되어야 할 요금제이다.
④ **전압별 요금제** : 한국에는 고압, 저압의 구분 없이 용도별로 적용되는 현행 요금제를, 2012년부터는 전압별 요금제로 전환될 것이다. 이는 즉 전압레벨별, 전압품질별로 다른 차등요금제를 의미한다.
⑤ **RTP(Rebate Time Price)** : 대용량 전력사용 사업장과 계약에 의해 피크부하 시 일정기간 단전을 한 후 이를 보상하는 요금제도이다.

Section 02
실시간요금제도의 도입 및 계산과정

2.1 탄력적 요금의 단계적 도입

정부는 지난 1997년 IMF 이후의 전력산업의 경쟁체제 구축을 통한 효율성 향상을 명분으로 전력산업 구조개편을 통해 한전의 발전부문을 6개 발전회사로 분리하고 발전경쟁시장(CBP)기반 전력거래시장을 운영해오고 있다. 그러나 CBP로는 합리적인 수요관리 및 적정한 공급설비 투자비 제공과 가스, 석유, 에너지절약 등 대체재 사이에 최적 자원배분의 유도를 하지 못하고 있다. 이에 전력산업발전방향은 요금체계의 합리적인 개편과 디지털 경제시대의 도래에 따른 전력산업 패러다임의 변화, 즉 스마트엘렉서비스 구축에 필요한 전력시장의 개선방향 등에 탄력적으로 대응해 나가야 한다.

1) 실시간요금 구조설계

① **수용가 부하특성 및 공급비용 분석** : 부하패턴과 기본요금 상관관계 분석, 한전 송전, 배전, 판매비용 분석, 용도별, 업종별 부하패턴 분석 등
② **시간대별 가격분석** : 도매전력 요금, 시장가격과 실시간 요금 연동메커니즘 분석
③ **RTP기법 및 요금모델** : 수용가별 RTP 구조설계, 수입조정모델링
④ **요금제 구비조건** : 선택의 자유, 경제적 효율성, 공평성, 전력회사의 관리, 운영 및 계획, 투명성, 적용의 용이성, 비용회수의 보장 등
⑤ **인센티브 지불방식** : 참여 수용가 요금납부는 RTP 요금제와 한전 전기요금의 차이는 다양한 인센티브 방식으로 산정하여 지불하며, 수용가가 RTP 요금신호에 반응하여 부하패턴 변경에 대한 인센티브 평가 및 지불 메커니즘을 한시적으로 운영한다.

2) 새로운 전기요금제의 적용

여름철에 최대 전력수요가 예상 최고치에 도달하면 예비전력은 비상상황에 근접하고, 만일 발전소 한두 곳에서 고장이나 사고라도 일어나면 곧바로 '비상상황'이 벌어진다. 이는 우리나라가 전기를 많이 쓰기 때문이다. 갖가지 명목으로 전기료를 원가 이하로 책정하다 보니 산업용이나 농업용뿐만 아니라 주택과 상가의 냉·난방마저 너도나도 전기로 대체하는 등 인위적으로 낮게 억눌러 온 전기요금이 전기 과소비 구조를 고착

시켜 온 것이다. 결국 전기절약의 최종해법은 그동안 정부에서 지속적으로 해오던 전기절약 캠페인과 같은 시민의식 개선보다는 전기요금 체계의 정비와 요금인상이 효율적인 방법이다.

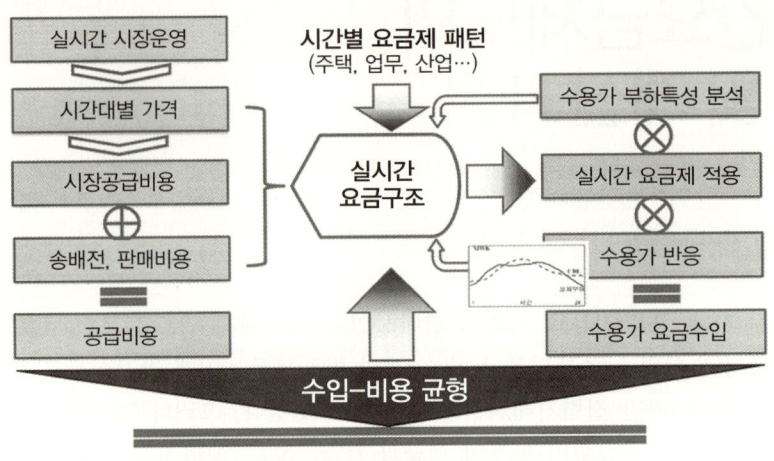

[그림 9.2] 실시간요금제(RTP)의 구조설계

2.2 실시간요금의 계산 및 수익보정

실시간가격이란 한계비용 가격을 개별 수용가에게 실시간으로 적용하는 것으로 정의되며, 공공복리의 극대화를 목적으로 한다.

1) 실시간가격의 구성요소

실시간가격의 구성요소로는 연료비(Fuel Cost), 수선유지비(Maintenance Costs), 발전제한부과금(Generation Curtailment Premium), 송전제한부과금(Transmission Curtailment Premium), 수익보정분(Mark-up) 등이 있다.

2) 계통한계비용(System Lambda)

계통한계비용은 경제급전 계획에서 한계발전기의 증분발전비용으로 정의된다.

3) 발전제한부과금

발전제한부과금은 OPF의 수요/공급제약조건에서 계통수요가 공급능력을 초과하지 않도록 부과하는 가산금으로 정의된다.

4) 송전제한부과금

송전제한부과금은 최적조류계산(OPF)의 선로제약조건에서 선로 조류량이 선로용량을 초과하지 않도록 부과하는 가산금으로 정의된다.

5) 실시간가격 계산과정

실시간 가격은 단기수요예측 ⇒ 발전기 기동정지계획(UC) ⇒ 경제급전(ED)/OPF 수행 ⇒ 모선별(수용가별) 한계비용 계산 ⇒ 수익보정 순으로 계산된다.

6) 실시간가격제 운용 메커니즘

제주 실증단지의 실시간요금제는 고압고객은 15분 단위로, 저압고객은 1시간 단위로 설계됐으며 고객의 사용 환경에 따라 계절시간별요금 · 피크요금 · 실시간요금제로 전환할 수 있다. 운용 메커니즘은 다음 그림을 참조한다.

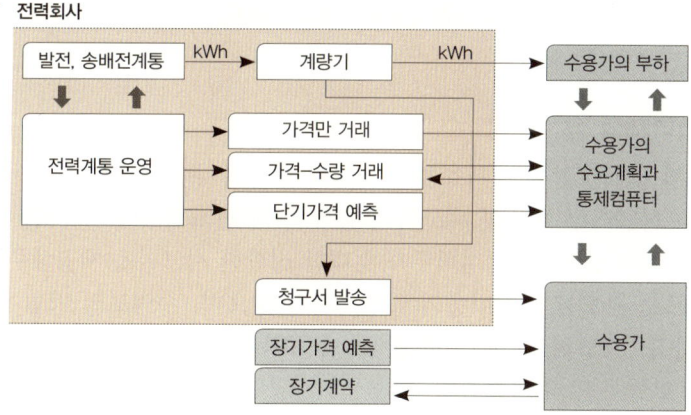

[그림 9.3] 실시간가격제 운용 메커니즘

7) 수익보정(Revenue Reconciliation)

수익보정의 목적은 투자비의 적절한 횟수를 통한 건전한 재무구조를 확보하기 위함이다. 수익보정 방법은 Surcharge 혹은 Refund 사용, 리볼빙 펀드(Revolving Funds)를 사용하는 것과 스팟가격(Spot Price)을 교정하는 방법 등이 있다. 수익보정과 사회적 효용은 생산자여유분(PS, Producer Surplus)+소비자여유분(CS, Consumer Surplus)에 의해 결정된다.

그러므로 완전 경쟁시장은 수요-공급의 균형점에서 사회적 효용이 극대화된다. 수익보정 절차는 [그림 9.4]를 참조한다.

8) 한계비용의 조정방법

한계비용의 조정방법에는 Ramsey Method, Adder Method, Multiplier Method 및 LOLP Method가 있다.

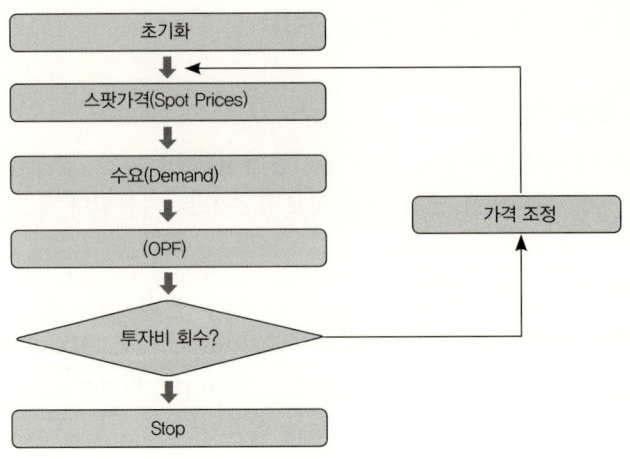

[그림 9.4] 실시간가격제 수익보정 절차

9) 실시간가격제의 장·단점

실시간가격제의 장점은 경제효율성 제고로 공공복리를 증진하며, 수요예측의 유연성 및 직접 부하관리의 효율성 제고와 수용가 부문 간 교차보조 문제를 해결해 준다. 또한, 요율의 투명성 확보 및 설비투자에 대한 정확한 시그널을 제공해주는 장점이 있다.

단점으로는 과도한 거래비용의 발생소지가 많으며, 수익보정 방법에 따라 저소득층에 불리하고, 고도의 전산 및 통신시스템 구축, 수용가에 대한 홍보/교육, 방대하고 정교한 자료들이 많이 필요하게 된다.

Section 03
스마트엘렉서비스 국·내외 시장동향

3.1 미국 IBM 등 스마트엘렉서비스 해외시장 동향

비효율과 낭비가 가져오는 이슈들로서는 IBM에서는 크게 3가지로 압축하였다. 첫 번째는 전력 사용량에 관한 정보가 부족한 탓에 소비자들이 매년 낭비하는 전력은 소양강댐 81개의 연간 발전량과 맞먹는 1,700억 kWh로 추산된다. 두 번째는 수도권 연간 교통혼잡 비용이 연간 12조8천억 원, 이에 따른 대기오염 피해 비용은 연간 10조 원으로 추산된다. 세 번째는 전 세계적으로 의료비용 지출 과다로 빈곤층으로 내몰린 사람들이 1억 명이 넘는다는 것이다.

이를 근간으로 IBM은 스마트그리드산업에서 기회요인을 찾아 국내외 프로젝트를 실행하고 있다.

1) 에너지 효율 및 환경 개선에 기여

① **스마트그리드 구축** : 대규모 정전에 따른 재난이나 전력 서비스 품질 저하를 사전에 예방하고, IT의 첨단기술을 통해 장애감지, 현황분석, 사전대비에 집중하며, 안정적인 전력공급으로 경제적 손실을 감소했다.

② **지능형 교통시스템 구축** : 자동차 통행량과 연동된 혁신적인 교통혼잡세 징수 시스템 개발로 자동차 통행량 20% 감소, 대중교통 승객수 매일 4만 명 증가, 탄소배출량 감소로 환경 개선에 기여했다.

③ **환경 관리 및 개선** : 슈퍼컴의 대용량 데이터처리 기술을 이용한 수자원 관리로 물 부족을 해결하고, IBM은 전사적 관리로 16년간 CO_2 300만 톤(2억 9천만 달러) 절감하며, 원자력을 비롯해 에탄올, 풍력, 지열, 바이오매스 등의 대체에너지 개발 및 연구에 이바지하고 있다.

④ **스마트 그린 데이터센터** : 운영효율 증대 및 에너지 소비 감소를 효과적인 냉각방식 도입, 대체에너지 활용 등 처음부터 에너지 효율을 고려하여 최적화 설계, 가상화 기술 사용으로 서버 수를 줄여 상면면적을 축소, 운영비용 및 에너지 비용을 대폭 절감한다.

2) 새로운 비즈니스 성장의 기회

① **이산화탄소 관리** : 탄소배출관리 및 최적화 사업 개발, 에너지관리 사업개발 및 비즈니스 프로세스 개선 수요 증가로 새로운 비즈니스 성장의 기회가 있다.
② **상수원 관리** : 수자원관리 사업 개발, 데이터 분석 및 시각화 사업 수요 증가 및 생태계 센서 네트워크 구축 수요 창출 기회가 있다.
③ **신·재생에너지** : 대체에너지 자원 개발 수요 증가, 첨단계측 인프라 수요 창출 및 태양열발전 사업 수요 증대에 따른 새로운 비즈니스 성장 기회가 있다.
④ **컴퓨터 모델링** : 교통량 예측 및 과금 기술 수요 증가, 기후 날씨예측 수요 증가, 에너지자원 개발 효율화 수요 증대 및 공급망 관리 수요 증대에 따른 비즈니스 기회가 있다.

3) 새로운 비즈니스 기회의 실 사례

① **그린 시그마(Green Sigma) 사업** : 2010년 탄소배출권 세계 시장규모가 1,500억 달러로 추산되는 가운데, 그린 시그마는 탄소배출 규제 조건 준수, Carbon Trading 등을 위한 전략 및 실행 기반을 마련하기 위한 IBM의 컨설팅 및 IT 서비스 솔루션이다.
② **수자원 관리 시스템(Advanced Water Management) 사업** : 전 세계 인구 1/3 이상이 물 때문에 고통 받는 점에 착안하였다.
③ **IBM이 참여하고 있는 미국 에너지성 사례** : 가정 내 지능형장치(자동온도조절기 등)를 시스템에 연결, 가격 정보와 고객 설정을 통해 전력 소비를 자동 조절, 컴퓨터 기반의 자동 입찰(옥션)로 지역 에너지 시장에서 가장 싼 곳에서 전력을 제공 받으며, 발전소 추가 설립을 줄여 환경 개선에 이바지하고 있다.

4) IBM Project 'Big Green'

IBM은 매년 10억 달러를 그린 IT 분야에 투자하여, IT 에너지 효율화 기술의 연구 및 개발, 전 세계 850명의 에너지 효율화 전문가 집단 '그린 팀' 육성, IBM 스스로의 데이터 센터를 Linux on System Z 가상화기술을 활용한 스마트 그린 데이터센터로 전환하였다.

5) IBM 스마트 그린 데이터센터(Smart Green Data Center)

IBM은 전 세계 데이터 센터들을 통합하여 매우 의미 있는 Smarter Green IT 사례를 만든다. 데이터센터의 물리적 통합의 장점은 운영비용 감소와 관리의 용이성이 증대한다는 것이다.

[표 9.1] IBM의 IT 인프라 통합 현황

IBM Metrics	1997	Today
CIOs	128	1
Host data centers	155	7
Web hosting centers	80	5
Network	31	1
Applications	15,000	4,700

센터 설계 및 신기술 적용의 장점은 최적화된 온도 관리 설계, 자연친화적 냉각기술 적용으로 냉방비를 절감하며, 풍력, 지하수 등 대체에너지 사용으로 탄소 배출을 감소한다. 또한, Z Linux 기반의 가상화기술 적용으로 고밀도 설계, 상면 면적 절약 등이 있다.

통합센터의 효과는 운영비용을 70% 감소시키며, 에너지 사용량을 80% 감소시키고, 상면 면적을 85% 절약시킨다. 이로써 기존 3,900대 서버를 단 40대 메인프레임으로 콤팩트하고, 효과적으로 통합할 수 있다.

7) 공공 분야의 사례

미국 오바마 정부의 디지털 뉴딜정책에 부응하기 위해, IBM은 2009년 초 오바마 당선자에게 경기부양책의 가장 중요한 프로그램으로 미국 디지털 인프라를 보다 똑똑하게 하는 3대 투자 강화를 제안했다. 아래 표와 같이 초고속 브로드밴드, 스마트헬스케어, 스마트그리드에 300억 달러를 투자함으로써 94만 9천 여 개 일자리 제공이 가능하다.

[표 9.2] IBM의 IT 인프라 투자 현황

중점 투자분야	투자 규모	창출될 일자리	기대효과
초고속 브로드 밴드	100억 달러	연간 49만 8천개	• 통신 설비 제조 산업 활성화 • 고성능 컴퓨터 산업 활성화 • 원격의료, 전자상거래, 온라인교육, VoIP, 스마트 가전 등 혁신적 애플리케이션과 서비스 산업 신규 창출
스마트 헬스케어	100억 달러	연간 21만 2천개	• 컴퓨터, 소프트웨어, IT 서비스 산업 성장 • 의료연구, 신약 개발 등 R&D 활성화 • 개인의료정보 활용한 신규 의료 서비스 시장 창출 • 병력, 약물 부작용 등 정보 공유로 의료 사고 감소
스마트그리드	100억 달러	연간 23만 9천개	• 송배전 인프라, 센싱, 계량 등 IT 관련 산업 활성화 • 에너지 재판매 산업, 에너지저장솔루션 시장 등 창출 • 하이브리드 및 전기자동차 산업 성장 촉진

출처: 'The Digital Road to Recovery'(ITIF)

3.2 유럽 스마트엘렉서비스 실증단지 추진현황

정보통신기술(ICT)을 활용하여 EV보급을 도모하며, 독일 'E-에너지' 예산을 능가하는 5억 유로의 예산이 투입되는 국가 프로젝트가 바로 'E-Mobility' 실증사업이다. 수요측에서 확대되고 있는 재생가능에너지의 수용과 수요측의 최적 수급관리를 목적으로 독일 각 도시에서 실증이 진행 중인 스마트그리드 프로젝트, 유럽·국제표준화를 목표로 한 전력·정보통신기술(ICT)관련 신 비즈니스모델 창출을 내세우고 있지만 몇 가지 과제가 있다.

1) 계통과의 협조

독일에서는 2020년까지 EV를 100만대 도입한다는 목표를 세우고 7개 워킹그룹에서 검토가 시작되었다. EV 보급을 위한 ICT의 활용에도 기대를 걸고 있다. 공공장소에서는 충전기를 설치하여, EV 보급을 감안한 차량의 운행관리와 충전제어, 계통과의 협조를 도모하기 위하여 ICT 활용이 필요하다. ICT에 기반을 둔 차세대 에너지 시스템을 추구하는 'E-에너지'실증과도 겹치는 면이 많아, 실제로 두 가지 실증사업은 같은 지역에서 이루어지고 있다.

2) 정보의 공유

예를 들면 스마트미터 등을 이용하여 수집한 고객정보를 어느 정도까지 비즈니스에 연관시킬 수 있을지가 과제이다. 독일 경제기술부는 'E-에너지'사업에서도 수집한 데이터가 개인정보보호법에 저촉되지 않는지 신중하게 검토하고 있다. 시장이 분리된 현 상황에서는 송배전·소매사업자 모두가 정보를 공유할 수 없다면 스마트그리드의 최적운용은 불가능하다고 EnBW는 지적한다.

3.3 국내 스마트엘렉서비스 실증단지 추진현황

국내 스마트엘렉서비스는 주로 한국전력거래소(KPX)에서 운용하게 되며, 제주 실증사업 컨소시엄들은 수요 자원들을 일반수요 입찰, 수요 감축, 수요측 발전 등 크게 3가지로 입찰하게 되는데, 이것을 기존 자원과의 경합성 관계를 따져서 최적화 발전계획을 통해 어떤 자원을 선택할지를 결정하고, 실시간으로 그 자원들에 급전지시를 수행하고 계통에서 운전된 결과를 바탕으로 정산해 주는 것이다.

1) 시스템 구축성과 및 계획

2010년 4월에 TOC 시스템 기술규격서를 개발하고, 5월에 시스템 제반 응용프로그램과 Interim 시스템 개발에 착수했다. 1단계인 TOC Interim 시스템 구축이 6월에 완료되어 7월부터 인터넷을 통해 입찰 및 1일 전·실시간 가격신호가 제공되고 있다. 2단계는 TOC Full Scale 시스템 1단계 구축으로 2010년 10월에 완료되었다. 2단계에서는 TOC기반 플랫폼 및 시장운영 응용시스템 구축과 TOC 현황판(시장·계통) 화면설계 및 구현이 완료되었다. 마지막 3단계는 TOC Full Scale 시스템 2단계가 구축되는 것으로, EMS/계통운영 응용시스템 및 시장운영 부가시스템(시장분석·통계)이 구축되어 TOC-NOC, TOC-스마트파워그리드 연계에 의한 계통운영이 2011년 4월부터 진행되고 있다.

2) 스마트엘렉서비스의 소비자 고려사항

전력거래소는 최종 소비자를 상대로 시스템을 운용하는 것이 아니며, 굳이 나누자면 각 컨소시엄이 시장과 계통의 고객이라고 할 수 있으며, 컨소시엄들이 최종 소비자를 상대로 서비스를 시행하게 된다. 계통운영자 입장에서 V2G도 중요하므로 실증단지에서 이에 대한 기술실증을 전개하는 중이다. 전력을 안정적으로 사용하는 데 있어서 전기자동차 충·방전 제어는 상당히 중요한 문제이며, 이를 계통운영에 유익하게 활용해야 한다. V2G에는 에너지 사업의 개념보다 주파수를 안정적으로 유지하는 서비스가 있는데, 이는 보조서비스 중의 하나의 상품으로 볼 수 있다.

3) 실증단지 구축에 있어 제안할 점

제주도가 스마트 신재생이나 스마트 수송 등을 실증하는데 있어서는 좋은 환경인 데 비해 스마트 플레이스 실증은 더 많은 표본을 대상으로 실증할수록 정확한 데이터를 도출할 수 있어 현재 구좌읍에서 제주시내까지 실증지역을 확대할 것과 앞으로 거점 도시까지 스마트그리드를 운용하면서 제도적인 측면이 정립되어야 할 것으로 생각한다. 스마트그리드가 추진되면, 기존 전력회사 뿐만 아니라 통신 등 다양한 분야의 사업자들이 전력산업에 뛰어들게 되었다. 스마트그리드가 융합산업으로 기존 시스템과 차이가 있는 만큼 다양한 분야의 사업자들이 함께 갈 수 있도록 제도적인 부분도 함께 고민해야 한다.

또한 표준을 따르는 것 자체가 상호운용성(Interoperability)을 보장하지는 않음으로 다양한 공급업체들의 하드웨어와 함께 소프트웨어 기능을 조율하는 것이 주요과제이다.

3.4 스마트엘렉서비스 국·내외 시장동향

1) LG전자, 국내기업 최초로 스마트그리드 사업 유럽 진출

LG전자는 독일 연방정부가 아헨(Achen) 시내 500여 가구를 대상으로 추진하는 스마트그리드 실증사업인 '스마트왓츠(Smart Watts)'에 참여하기로 독일 켈렌동크 일렉트로닉(Kellendonk Elektronik)사와 한국스마트그리드사업단 등 2개사와 사업협력에 관한 양해각서를 체결했다. 이번 협약에 따라 LG전자는 켈렌동크 일렉트로닉과 스마트그리드 관련 소프트웨어 표준기술 연구에 협력하고 2012년까지 가전제품과 스마트 서버 등을 공급하게 된다.

2) 마이크로소프트, Hohm으로 소비자에게 에너지 사용정보 제공

마이크로소프트는 자사의 Hohm과 캐나다 저비용 에너지관리 가젯(Gadget)업체인 Blue Line Innovations의 에너지 추적 장치를 결합해 소비자에게 에너지 사용량에 대한 실시간 정보를 제공하기로 했다. 이는 마이크로소프트 Hohm의 첫 번째 Device Partnership으로 가정 내 에너지 소비량, 가격 정보가 한눈에 알아볼 수 있도록 쉬운 그래프와 함께 제공된다.

Blue Line PowerCost 모니터는 가정용 전력 유틸리티 미터에 부착해 사용 가능하며, WiFi Gateway Device는 무선으로 에너지 사용 데이터를 30초 단위로 소비자의 마이크로소프트 Hohm 계정으로 전송, 에너지 권장사항을 제공한다.

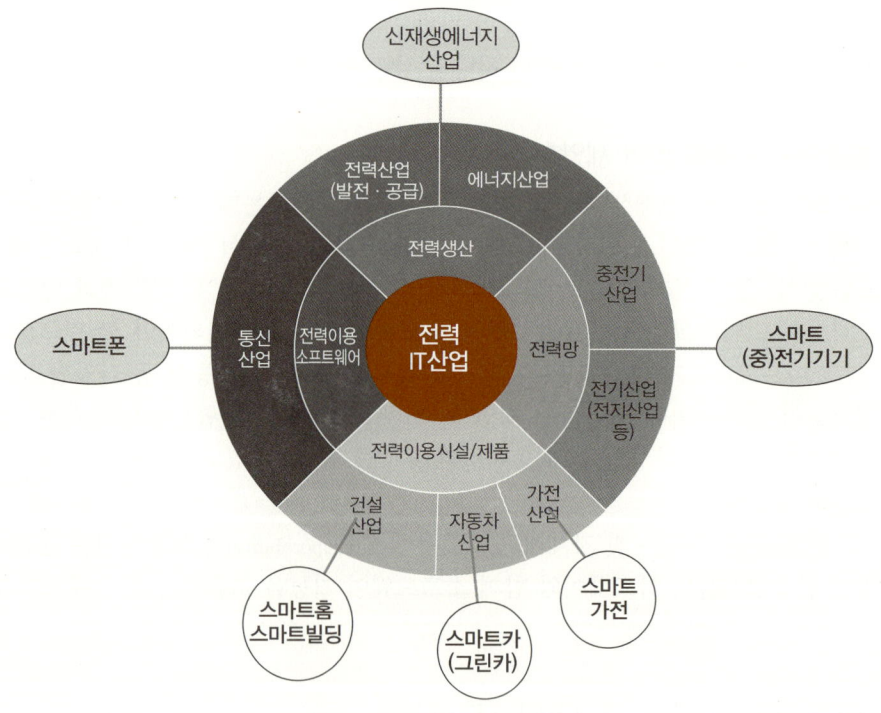

[그림 9.5] 전력 IT산업의 구성

3) 터키, 전력분야 민영화 가속화

터키정부가 2001년 이후 터키 경제효율성 및 경쟁력 제고를 위해 지속적으로 추진해온 민영화 사업을 전력분야에서도 추진한다. 터키의 전력분야 민영화는 단순 서비스 품질

개선, 원가절감, 대외 에너지 의존도 개선, 에너지원 다양화 등을 위해 추진되고 있으며, 배전과정에서의 손실 및 불법 사용 등의 해결을 위해 필요한 사업으로 인식된다.

4) 한국IBM, 제주 스마트그리드 통합운영센터 CIM 컨설팅

2011년 6월 한국IBM은 KEPCO가 구축한 제주 스마트그리드 실증단지 통합운영센터의 공통정보모델(CIM, Common Information Model) 설계 및 통합시스템 설계지침에 대한 컨설팅과 소프트웨어를 공급하기로 했다. CIM은 이들 여러 컨소시엄 간 데이터 연계 및 통합을 위한 공통정보 모델로서 한국IBM이 이를 IEC 표준규격 기반으로 설계하는 컨설팅을 제공한다.

한국IBM은 CIM 시스템 통합 적용을 위한 SOA(Service Oriented Architecture) 플랫폼의 설계지침 컨설팅 제공 외에도 통합 소프트웨어 IBM 웹스피어 ESB(Enterprise Service Bus)를 공급한다. IBM 웹스피어 ESB는 컨소시엄의 새로운 표준시스템과 기존 시스템 연계 시 발생할 수 있는 여러 가지 문제를 효과적으로 해결해 주는 솔루션으로 새로운 스마트그리드 비즈니스 모델을 창출하고 검증하는데 유연하고 안정적인 환경을 구현해준다.

| Section 04 |

실시간요금제의 국·내외 도입현황

4.1 국외 RTP 도입현황

1) 미국

변동요금제를 시행하는 유틸리티 회사 수는 2008년 기준 503개에 이른다. 이 중 RTP 운영회사는 지난 2년간 66% 증가한 100개 회사이다. 주요 전력사의 RTP 형태로는 대부분 Bundled, Multi-part 요금 제도를 채택하고 있으며, CBL에 대해서는 기존 요금 제도를 적용하며, CBL과 실제부하와의 차에 대해서는 시간대별 한계비용을 적용하고 있다.

주요 전력사의 RTP 운용효과는 수용가 탄력성, 수용가 반응, 수요패턴으로 구분하여 소비자 반응 및 탄력성과 Georgia Power의 RTP-DA 부하반응 사례, 가격수준에 따른 수용가 반응분석 및 수요패턴 등을 분석하였다.

4.2 국내 RTP 도입현황

1) 한전, 스마트그리드 시범 서비스 제공

2010년 4월부터 200가구를 대상으로 시범실시하고 있으며, 스마트서비스는 양방향 통신을 기반으로 고객에게 다양한 에너지정보를 제공하고, 에너지 이용 최적화를 돕는 신개념 전력서비스로, 2020년까지 3단계로 나누어 단계적으로 추진한다.

① 1단계(2010.4~2010. 12) : 다양한 채널을 통한 에너지정보 및 컨설팅 제공
② 2단계(2011.1~2012. 12) : 에너지포털을 활용한 수요관리 및 에너지관리 서비스
③ 3단계(2013.1~2020. 12) : 수요반응요금제 시행 및 맞춤형 토털 에너지케어 서비스

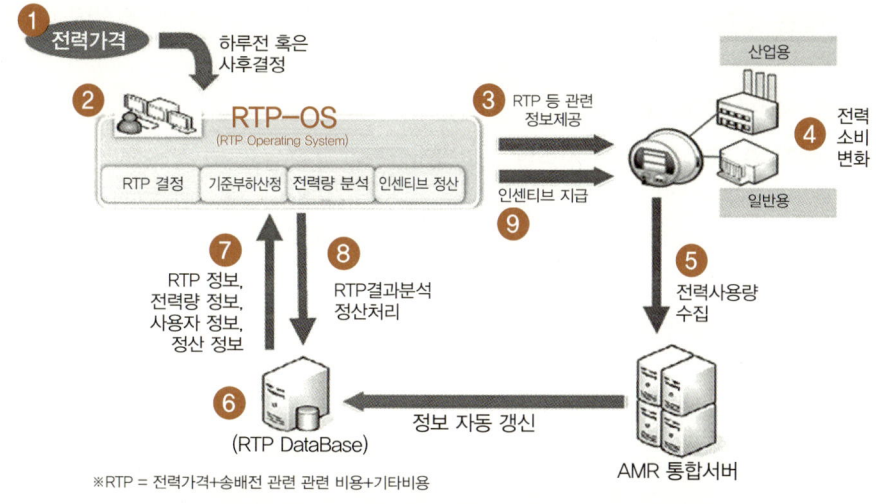

[그림 9.6] 시범 시스템설치 운영(대규모)

2) 한전, 시범 서비스 시스템 구축

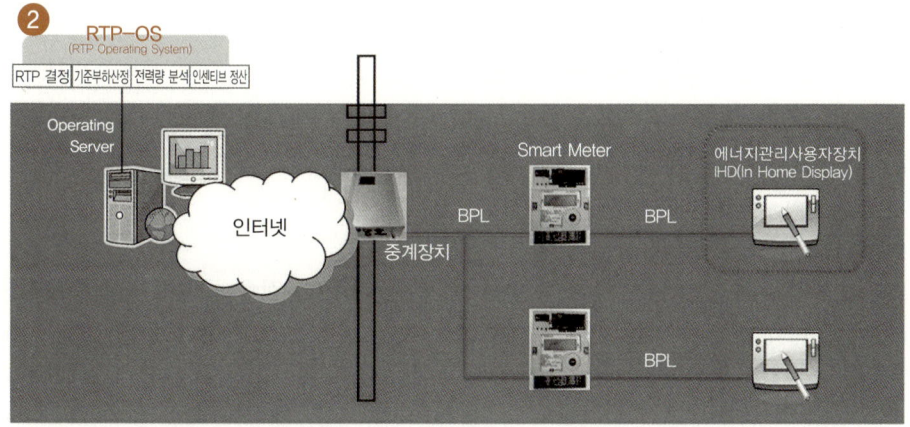

[그림 9.7] 시범 시스템설치 운영(주택용)

3) 한전, 시범 서비스 시범대상 선정

① **주택용 100가구** : 제주지역 대상 수용가의 분포특성을 분석하여 선정한다. 수용가의 분포특성은 단독주택, 연립주택, 아파트 등의 분포와 월사용 전력에 따른 분포로 분류

② **일반용 및 교육용 55가구** : 사무실, 쇼핑, 공공기관, 교육용 등 부하사용 특성에 따른 분류

③ **산업용 45가구** : 한전의 산업용 통계분류 체계에 의한 부하사용 특성에 따른 분류

4) 한전, 시범시스템 구축

① **공급자 측 RTP 운영서버 시스템** : 소비자 측 계량시스템 연동 참여고객에게 RTP 요금제를 제공한다. 전력연구원 보유 상시 수요관리 시스템 업그레이드 활용하여 RTP 운영 가능하도록 운영 소프트웨어 개선과 RTP 요금 제공, 정산, Billing 소프트웨어 개발 및 개선을 한다.

② **소비자 측 계량기 및 단말** : 고압수용가(산업용 및 일반용)는 기존 한전 보유 AMR을 이용하여 실증시스템을 구축하며, 저압수용가(주택용)는 AMR 인프라 구축이 미비하므로 상용 또는 신규개발 전자식계량기 및 정보단말장치를 신규로 설치한다.

③ **RTP 정보 전달** : 고압수용가(산업용 및 일반용)는 웹사이트, 이메일 활용으로 에너지관리 책임자 상존을 가정하며, 저압수용가(주택용)은 웹사이트, 이메일, IHD(In Home Display)를 활용한다.

5) 소비자 반응 및 행태분석

① **실시간 요금 소비자 반응 및 장애요인 분석** : 주기적 데이터 취득 및 반응도 추이 분석, 웹사이트, 이메일, 소비자 단말 등 다양한 반응도 유도 수단 실험, 소비자 반응 효과 및 장애요인을 분석한다.

② **실시간 요금 소비자 전력사용 행태분석** : 요금 변동에 따른 고객 전력소비 행태 및 효과 분석, 유사 규모의 미 참여 소비자와 비교, 소비자 유형별 전력소비 반응조사 및 통계분석, 부하이전 및 절감효과를 분석한다.

6) 수용가 반응 및 경제성 평가

① **실시간 가격 변동에 따른 반응을 분석** : 수용가 CBL 산정을 통하여 기준수요를 도출하고, RTP 요금구조별 반응도 및 대체탄력성 분석(업종별, 그룹별)한다. 시장가격 변동과 함께 특정일에 대하여 시장가격의 불안을 가정한 시뮬레이션 및 시장반응을 개발하며, 반응결과의 피드백(Feed-back)을 통한 요금제를 설계한다.

② **실시간요금 도입의 경제성** : 부하반응에 따른 공급비용 변동의 경제성을 분석하여 에너지, 설비투자 회피 등을 분석하고, 경제성을 평가한다.

③ **실증단지 적용방안** : 실증단지 부하특성 분석과 시범사업 대상 수용가의 특성과 비교 및 조정 메커니즘을 이해하고, 전체계통 확대 시 고려사항을 제시한다.

7) RTP 소비패턴 및 효과 분석

① **참여자 전력사용 행태변화 분석** : RTP 실증시스템 운영을 통한 주기적 데이터를 취득하며, 소비자 그룹별 분류(생활수준, 근무패턴, 주거형태)와 전기요금 정보 전달 수단에 따른 반응분석 등의 다양한 반응도 유도 수단을 실험하고, 소비자 전력소비 패턴

및 반응도 추이분석을 실행한다.

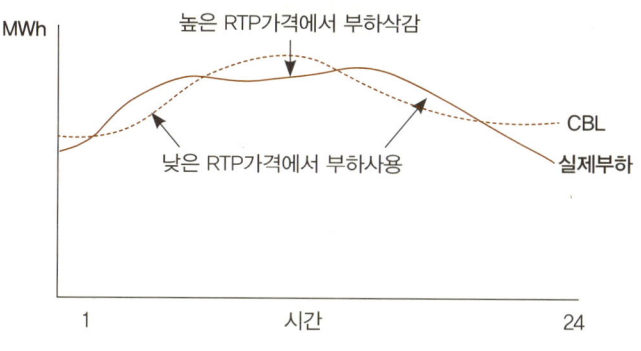

[그림 9.8] RTP 소비패턴 및 효과 분석

② **장애요인 분석** : 요금변동에 따른 소비자 그룹별 반응도 분류 및 저하요인 등을 분석하고, 요금정보 전달수단에 따른 반응도 및 개선사항을 설문조사 등으로 분석한다.
③ **효과분석** : 실시간요금제 미 적용 소비자 전력사용 패턴과 비교 분석하며, 실시간 요금제 가격 탄력성 및 효과를 분석한다.

8) 성과 및 활용

① **기대성과** : 수용가 요금선택 확대와 효율적 전력사용으로 에너지 소요비용 절감, 설비투자수요 억제, 전력시장 안정을 이루며, 제주 시범운영을 통한 실시간요금제 문제점 및 개선방안 도출하여 스마트그리드 실증단지 적용 시 문제점을 최소화한다. 실시간요금제 도입 시 소비자 및 전력회사 양측 면을 고려한 균형 있는 적용방안을 도출하며, 정부의 실시간 요금제 확대 시행 대비 핵심기술 기반 구축으로 실시간 요금 설계 및 시스템 운영기술을 확보한다.
② **활용방안** : 제주 스마트그리드 실증단지와 연계한 실시간 요금제의 기본모델 및 정책방안에 활용하며, 수용가 가격반응 및 탄력성 분석과 RTP, CPP 요금제 개발과 적용확대에 활용할 예정이다.

Section 05
최적 전력계통운영 및 사이버보안

5.1 신송전 기술 개요

신 전력망에서 요구되는 것은 첫째, 새로운 전력기기 서비스를 활용(Thermostst, 태양광 발전 등)하여, 고객에게 전기가격 및 신뢰도 상태정보와 도구를 제공하는 것이다. 둘째는 신·재생에너지 계통연계와 저장장치 신기술을 통합하는 등 전력망의 효율성을 증대한다는 것이다. 셋째는 사이버공격 및 자연재해로부터 보호하고, 이상 징후 조기발견 및 자기치유(Self Healing)를 통한 전력품질을 개선하는 것이다.

1) 신송전 배경 및 추진방향

미국은 송배전설비가 노후화되고, 기후변화 및 전력부족을 해소하기 위해 신송전 기술개발을 추진하고 있으며, 추진방향은 에너지 안보, 에너지 효율제고에 중점을 두어 민간이 기술개발을 주도하고, 정부는 재정지원을 하고 있다.

유럽에서는 분산전원(신재생에너지)이 급증하고, 에너지효율 제고 측면에서 신송전 기술개발을 추진하고 있으며, 추진방향은 환경보전, 분산형 전원의 보급 확대, 국가 간 전력거래, EU 차원의 그리드 서비스에 초점을 두고 있다. 한편, 일본은 온난화 대응 및 에너지 안보 측면에서 신송전 기술개발을 추진하고 있으며, 추진방향은 에너지 및 환경문제 해결 및 일본 산업의 경쟁력 강화에 중점을 두고 있다.

2) FACTS(Flexible AC Transmission Systems)

유연송전시스템(FACTS) 기술은 대전력용 반도체 소자를 이용하여, 송전능력과 설비이용률을 증대시킬 수 있는 차세대 전력전송시스템이다. 가령 도로망이 가변차선제 도입, 유연 신호체제 도입, 병목현상 해소 등으로 교통수송능력을 향상시키듯 전력전송망을 전력흐름제어(병목구간 해소), 계통안정화제어(전력품질 향상), 송전선 이용률 극대화 제어 등으로 전력전송능력을 향상시키는 것이 유연송전시스템이다.

국내외 FACTS 기술개발 현황으로는 미국은 EPRI를 중심으로 FACTS 기기제작 및 운용기술을 확보하고 있으며, 일본은 CRIEPI를 중심으로 FACTS 기술을 개발 중이다. 국내에는 한전 KEPRI를 중심으로 FACTS 기술개발을 주도하고 있다.

[표 9.3] FACTS의 응용

항 목	계통 현상 및 대책	FACTS 기술
고장 전류	고장전류의 차단기 정격 초과 • 차단기 교체 • 모선 분리, Reactor 적용	한류기 BTB(Back to Back) STATCOM
전력 조류	Transmission Corridor 병목현상 • 선로 보강, 계통구성 변경 • 발전 재배분	UPFC, TCSC, STATCOM, SSSC, Phase Shifter
전압 Profile	발전기 전압제어 변압기 탭제어 Capacitor 및 Reactor	STATCOM, SVC Dynamic Voltage Regulation
안 정 도	송전선로의 송전용량 제한 • 계통보강 및 SPS 적용	UPFC, TCSC, STATCOM, SSSC의 선택 혹은 조합 적용
계통 연계	비동기 연계 및 조류제어 동기연계 및 조류제어	BTB STATCOM Phase Shifter

5.2 전력계통 운용을 위한 최적조류계산(OPF)

전력계통이란 발전설비, 송배전설비 및 전력부하 등의 하드웨어로 구성된 전기에너지 공급망(Electric Energy Supply Network)을 의미한다. 발전설비는 전력의 생산을 담당하므로 경제급전(ED)이, 송/배전설비는 생산된 전력을 소비지점(전력부하)에 이르도록 하는 전력의 수송 또는 유통을 담당하므로 전력조류계산(PF)이 전력계통 운용 측면에서 주요하게 부각되어 왔다.

1) OPF 문제의 특징
① OPF 문제는 제약조건이 있는 비선형최적화(NLP) 문제로 정의
② 기존의 경제급전(ED) 문제가 유효전력 발전비용 최소화만을 목적으로 제약조건을 전력수급제약만 고려한 것과는 달리, OPF 문제는 다양한 종류의 목적함수와 제약 조건들을 고려할 수 있는 일반적인 최적화 문제로 정식화가 가능하다.
③ 목적함수로 가장 일반적인 것은 유효전력 생산비용이다.
④ 등식제약조건은 전력조류계산식에 의해 주어진다.
⑤ 부등제약조건은 선로 최대용량, 발전기 출력한계, 상정사고 제약과 같은 운전조건을 포함한다.
⑥ 이 외에도 환경제약과 같은 수많은 변수와 제약조건의 고려가 가능하다.

2) DC-OPF

P-Q 분할(Factorization)에 기반을 두며, 발전기와 송전선의 정격은 각각 독립된 유효/무효전력 발전량과 송전선 용량에 의해 표현된다. 투자계획 측면에서, DC-OPF는 투자결정 변수에 대한 민감도를 상대적으로 쉽게 도출하기 때문에 서로 영향을 미치는 통합자원계획의 실행에 적합하다. 그러나 선형화된 전력조류방정식은 작은 전압상차각과 거의 일정한 전압크기에만 적합하므로 그 결과가 정확하지 않다는 단점을 내포한다.

3) AC-OPF

모든 발전기에서의 유효/무효전력과 모든 모선에서의 전압크기와 전압위상각을 계산할 수 있으며, 계산 결과는 DC-OPF에 비해 상세하고 정확하지만, 해의 수렴성 및 실행속도가 느리다는 단점이 있다.

4) OPF의 주요 응용분야

① **제약조건이 있는 경제급전(Constrained ED)** : 전력수급조건 외에 모든 계통운영 제약조건을 만족하면서 생산비용을 최소화하기 위해 유/무효전력을 제어한다.
② **Constrained Economic Voltage/Var Control** : 유효 전력제어가 고정된 동안 무효 전력제어를 조정함으로써 경제적 운전을 도모하고 우수한 전압특성을 도출한다.
③ **송전선 이용료 산정(Transmission Service Pricing)** : 모선증분비용(Bus Incremental Costs)은 모선에 유입되는 유효전력에 대해 송전손실과 혼잡요소를 고려한 생산비용의 민감도를 반영한다.
④ **전력거래 손실계산(Wheeling Loss Calculation)** : 전력거래 손실은 거래가 있을 때와 없을 때의 손실 차로 추정하며, 이를 위해 기준모선(Stack Bus)에서의 발전량이 변하지 않을 때까지 PF와 ED를 반복 계산한다. 그러나 OPF를 이용하면 이러한 반복과정 없이 한 번에 손실을 계산할 수 있다.
⑤ **반발적 자원할당제(Reactive Resource Allocation)** : OPF는 생산비를 최소화하는 최적화 기법임과 동시에 계통안정도 및 안전도의 확보를 위한 필수 도구이다. 따라서 용량 추가 및 새로운 무효전력원의 최적 위치에 대한 정보제공이 가능하다.
⑥ **경쟁상황에서 계통운용을 위한 OPF의 도입** : OPF를 이용하면 계통운용을 효율적으로 수행할 수 있으며, 계통에 영향을 주는 여러 가지 요소들을 고려하여 정확한 분석이 가능하다.
⑦ **선로혼잡문제 해결** : OPF는 혼잡선로 유무판단 및 제거를 체계적으로 수행하며, 선로양단의 잠재비용을 비교함으로써 혼잡선로의 식별이 가능하다.
⑧ **계통의 안정도 향상** : 계통의 상정사고 즉 선로사고, 발전기 고장정지, 부하탈락 등을 고려할 수 있다.

5.3 사이버보안에 대한 대응

다양한 정보통신 기술이 전력망에 접목되고, 양방향 통신을 통한 소비자와 공급자의 정보교환이 잦아지면서, 기존의 전력 제어시스템에 비해 더 많은 보안 위협이 발생할 수 있다. 보안에 대한 고려 없이 스마트그리드를 구축한다면 영화 '다이하드 4'처럼 테러리스트가 모든 네트워크를 장악해 교통, 통신, 금융, 전기 등을 마음대로 조종하는 장면이 현실화될 개연성이 충분하다. 그렇기 때문에 스마트그리드의 기대효과를 충분히 달성하기 위해서는 반드시 전력인프라의 신뢰성과 보안을 함께 높여나가야 한다.

미국의 경우, 정책적으로 자연환경조사국(NERC)이 중심이 되어 신뢰성 기준을 마련하고, 다양한 표준화 성과를 발표하고 있다. 하지만 스마트그리드 사이버보안 대응책이 여전히 미진하다고 판단해, 추가 그룹결성을 통해 보안문제에 재접근하고 있으며, 지속적인 의견수렴과 과정을 통해 스마트그리드 취약성을 극복한다는 계획이다.

전력망 사이버보안에 대한 인식이 취약한 우리나라도 '전력인프라의 사이버보안'을 스마트그리드 추진 시 최우선 정책과제로 설정하여 제주 실증단지에서부터 추진하고 있다.

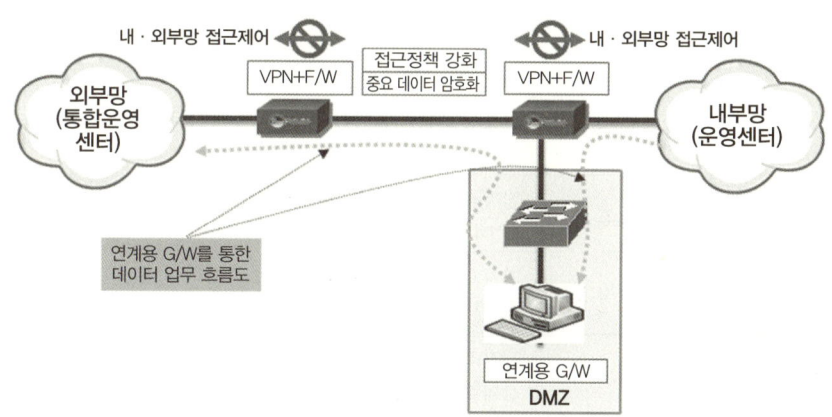

[그림 9.9] 망간 보안계통 구성도(통합운영센터)

1) 전력인프라 사이버보안에 대한 경고

전력인프라의 보안문제는 수년 동안 연속해서 제기되어 왔으며, 시장분석기관 Gartner는 2004년 핵심 인프라에 IP 네트워크를 사용하는 것이 사이버 공격자들을 강하게 유인할 수 있다고 경고한 보고서를 낸 바 있었다.

2) 미국 국토안보부 해킹 공격위협이 증가

미국 국토안보부는 해킹 공격 위협이 증가하자 전국의 산업시설에서 일어나는 사이버 관련 긴급 상황에 신속하게 대처할 수 있는 전문팀을 신설했다. 미국 발전소와 주요 사회기반시설들이 노후화돼 어떤 경우에는 주요 통제시스템이 회사 행정에 쓰이는 컴퓨터, 심지어 인터넷이 연결되는 컴퓨터와도 완전하게 분리돼 있지 않은 것으로 나타났다.

3) 미국의 전력인프라 사이버보안 정책

미국의 에너지규제를 총괄하고 있는 FERC는 스마트그리드 표준이 정립되어 있지 않고, 전력인프라 보안에 대한 명확한 기준이 마련되지 않은 상태에서 다양하게 추진되고 있는 여러 사업 및 기술개발 활동들이 전력인프라의 물리적, 사이버보안에 대한 걱정을 증대시키고 있다고 보고 있다. 통제센터 시스템이 인터넷에 연결되어 있지 않더라도 인터넷과 연결된 자사의 마케팅 시스템과 연결될 경우 간접적으로 인터넷 보안 취약성이 발생할 수 있다.

[표 9.4] NERC가 마련한 8가지 CIP 신뢰성 기준

신뢰성 기준	내 용
중요 사이버 자산 확인	리스크 기반 평가방법을 통해 해당기업의 중요 자산과 중요 사이버 자산 확인
보안관리 통제	확인된 중요 사이버 자산을 보호하기 위해 보안관리 통제방법을 개발하고 실행
적정 인사배치 및 교육	인증작업과 범죄확인 등을 위해 중요 사이버 자산에 접속할 수 있는 직원을 갖추고, 별도의 직원교육 시행
전자적 보안 경계보호	전자적 보안경계와 접속점을 확인하고 보호(전자적 보안경계는 확인된 중요 사이버 자산 포괄)
중요사이버 자산의 물리적 보안	전자적 보안경계 내에 있는 모든 사이버 자산이 물리적으로 안전할 수 있도록 계획을 세우고 관리
시스템 보안관리	전자적 보안경계 내에서 사이버 자산으로 인식되는 시스템의 보안을 강화하기 위한 방법과 절차 정립
사고 보고와 대응책 기획	중요 사이버 자산과 관련된 사이버보안 사고를 확인, 분류, 대응, 보고
중요 사이버자산의 복구계획 마련	기존 기업의 재난 복구 기술 및 지침을 통해 주요 사이버 자산 복구계획 마련

4) 스마트그리드 사이버보안의 5가지 원칙

FERC는 지속적으로 전력인프라의 사이버보안을 강조하고 있다. FERC가 2009년 3월에 작성한 스마트그리드 표준정책 및 액션플랜에 스마트그리드 표준화에서 보안지침이 다른 표준화 원칙들과 조화되도록 요구하였다. 그리고 FERC는 스마트그리드 기술이 다음의 다섯 가지 원칙을 지켜야 한다고 강조하였다. 이 5가지에는 다음과 같다.

① 전송되는 데이터의 무결성
② 통신의 인증절차 포함
③ 비인가 된 수정조치 금지
④ 스마트그리드 장비의 물리적 보호
⑤ 스마트그리드 장비의 비인가 된 사용 시 잠재적 영향 평가가 포함되어 있다.

5) NIST, 스마트그리드 사이버보안 가이드라인 발표

미국의 NIST는 미국이 개발 중인 스마트그리드에 안전한 디바이스 구축을 위해 필요한 가이드라인을 발표했다. 동 가이드라인은 보안위협 사전방지 및 탐지, 대응 및 복구 등으로 구성되어 189개의 보안기준을 포함하고 있으며, 이들 기준은 전체 스마트그리드에 적용하거나 시스템 특정 부문에 적용되어 기업과 조직이 사이버공격과 악성코드에 의한 침입, 그리고 다양한 위협 등에 대한 대비책으로 활용할 수 있다.

6) 캘리포니아주, 스마트미터 사용자 정보보호규정 제정

캘리포니아주 공공시설위원회(CPUC, California Public Utilities Commission)는 가정 부문 소비자들의 전력소비 데이터가 전력회사와 제3의 기업 간 공유되고 저장되는 방식을 결정하는 차원에서 프라이버시 규정을 제시했다. 채택된 프라이버시 및 보안규정은 유틸리티 운영을 돕는 기업과 유틸리티와의 계약업체, 인터넷이나 스마트미터를 통해 유틸리티에서부터 고객 데이터까지 접근할 수 있는 권한을 획득한 기업에 적용된다.

7) EIS, 소비자에너지관리시스템(CEMS)에 대한 백서 발간

EIS(Energy Information Standards) Alliance에 따르면 CEMS는 스마트그리드와 호환되는 데 있어 가장 비용절감적이고 유연하며 안전한 입증기술을 제공해주고, 가정용, 상업용, 산업용 고객들에게 최적화된 에너지사용을 관리하는 핵심허브라고 언급한다. 상호운용성과 보안은 스마트그리드와 에너지제어시스템에 있어 핵심적인 요소들이며 CEMS는 안전한 무선 IT네트워크를 가능하게 해주고, 에너지정보를 받아서 고객들이 냉난방을 어떻게 효율적으로 관리할 것인지를 결정하게 해줄 것이라고 한다.

Section 06
데이터관리 공동 플랫폼과 표준화

6.1 스마트그리드를 위한 데이터관리 공통 플랫폼

스마트엘렉서비스의 핵심기술은 아래 표와 같으며, 이 중 문제점은 사이버보안과 소비자의 수용성이라 할 수 있다. 특히 소비자의 스마트그리드에 대한 수용도가 지속적으로 증가하고 있지만, 실제비용 지불 의사 및 전력사업자들의 인지도 측면에서 여전히 개선점이 많은 미국의 상황은 시사하는 바가 크다. 우리나라의 입장에서는 '어떻게 합리적 제도를 마련할 것인가?' 뿐만 아니라 '제도의 수용성을 어떻게 높일 것인가?' 역시 매우 중요하다.

[표 9.5] 스마트엘렉서비스의 핵심기술

핵심 기술	기존 기술현황	스마트그리드
통합운영센터 (TOC)	EMS, SCADA, DAS	• 5분단위로 실시간 데이터 수집(Data Acquisition) • 양방향 통신 • 고객 서비스포털 구축·고객 참여 극대화 • 종합분석으로 다양한 비즈니스모델 제공 • 기상정보 활용한 48시간 미리 출력예측
실시간요금제	TOU	• 효율적인 수용가 반응에 따른 전기요금제
사이버보안	한계적인 보안	• 다층구조 네트워크 접근제어 보안 • 침입차단시스템, 비정상트래픽관리시스템

1) SK C&C · 한전KDN 컨소시엄, SG 공통 플랫폼 과제 수행

SK C&C와 한전KDN 컨소시엄이 지경부에서 추진하는 공개 소프트웨어 커뮤니티 지원 사업 중 '스마트그리드 공통 플랫폼 과제' 수행사로 선정되었으며, 이에 따라 전력 데이터 전송·수집기술, 대용량 데이터 저장·분석·처리기술, 공개 소프트웨어 커뮤니티 운영인력 및 클라우드 컴퓨팅 기술개발 인력 상호지원 등의 분야에서 상호 협업을 수행한다.

2) 제1차 범정부 클라우드 컴퓨팅 정책협의회

지경부·행안부·방송통신위원회 공조체계를 통해 본격 실행하기로 하였으며, 범정부 클라우드 컴퓨팅 정책협의회 발족을 통해 그간 부처마다 독립적으로 진행돼온 클라우드 컴퓨팅 활성화 정책이 3개 부처의 공조체계를 통해 본격적으로 실행될 전망이다.

지경부는 클라우드 핵심기술 R&D를 통한 기술경쟁력 강화를 위해 공동 인프라·플랫폼 기술(77억 원) 및 신뢰성 보장기술 개발(12억 원), 응용시스템 개발(60억 원) 등 총 149억 원을 투자하고, 행안부는 공공부문 정보자원 운영 효율성 향상과 수요자 중심의 서비스 제공을 위하여 정부통합전산센터 통합자원풀 구축(1,290억 원), 범정부 클라우드 플랫폼 서비스 시범 구축(3억 원), 공공 클라우드 서비스 개방(65억 원), 표준화(4억 원)에 총1,362억 원을 투자하기로 하며, 방송통신위원회는 클라우드 서비스 활성화와 신뢰기반 조성 등을 위한 민·관 공동의 클라우드 서비스 테스트베드를 구축(40억 원), 법제도·인증·보안체계 구축 등의 생태계 조성(7억 원), 플랫폼 통합 IPTV 서비스 시범사업 추진(19억 원) 등 총 66억 원을 투자할 계획이다.

3) EnergyConnect, 통합 소프트웨어 플랫폼

스마트그리드 수요반응 기술 제공회사인 EnergyConnect 그룹은 차세대 수요반응 프로그램에 참여가 가능한 통합 소프트웨어 플랫폼 'GridConnect'를 론칭(Launching)했다. 이 플랫폼은 상업, 공공기관, 산업의 소비자에게 실시간 에너지정보를 제공하고, 수요반응 전략의 최적 조합을 통해 소비자들의 에너지 요구를 충족시킬 수 있도록 해준다. 이를 통해 최종소비자가 가격신호를 쉽게 받고 대응할 수 있게 되어 소비자들이 요금을 효율적으로 관리하고, 수요가 줄어듦으로써 전체 전력망의 안정을 가져와 도매 전력가격에 영향을 미치게 된다.

4) 한전, 공기업 최초 클라우드 도입

한전은 공기업 최초로 데스크톱(Desktop) 가상화 방식 클라우드 컴퓨팅 환경을 시범 도입한다.

5) Green Energy, GreenBus 2.0 플랫폼 출시

소프트웨어 업체 Green Energy사는 자사 스마트그리드 플랫폼의 새로운 버전인 GreenBus 2.0을 공개했다. GreenBus 2.0은 유틸리티가 변전소 및 운영을 현대화할 수 있도록 한다. 또한 GreenBus 플랫폼은 이전에 액세스할 수 있는 망 데이터를 사용할 수 있게 하고, 이 데이터를 수동개입 없이 다른 애플리케이션과 안전하게 공유할 수 있게 한다.

6.2 스마트그리드와 신사업 기회

전력은 수요·공급에 따라 결정된 가격으로 전력시장에서 거래가 이뤄지고 있으며 전력수급을 책임지는 유틸리티사는 전력시장에서 전력을 구입, 가정과 산업체 등에 공급하고 있다.

1) 삼성경제연구소 보고서

스마트그리드 관련시장은 연평균 19.9%씩 성장해 2014년 1,714억 달러로 확대될 것으로 예상한다. 스마트그리드가 도입되면 첫째, 기존에 없던 공급자와 수요자 간 전력거래시장이 형성되고 수요자들도 전기를 생산, 이용, 판매할 수 있는 프로슈머(Prosumer)로 변모하면서 관련 시장이 확대될 것이며, 둘째, 전력요금 정보를 실시간 모니터링하는 스마트미터와 전력저장장치 같은 관련 장비 시장이 급성장할 것으로 전망된다.

또한 세 번째로 기존 가전제품에 에너지 효율화라는 이슈가 부각되면서 스마트 가전이 가전제품의 경쟁력을 위해 반드시 필요한 제품이 될 것으로 내다봤으며, 넷째, 전력제어 솔루션이 등장해 스마트미터에서 들어온 정보를 가공하고, 전력제어 및 전력저장장치 활용 등 종합적인 에너지절감 플랜을 세우고 실행하는 솔루션으로 활용될 것으로 예측된다.

삼성경제연구소는 전력산업이 새로운 패러다임으로 전환되는 시점에서 IT 산업과 전력산업이 융합할 수 있는 정책이 필요하고, 기술표준화 진행 및 경쟁과 혁신을 촉진하는 장기적인 마스터플랜을 수립해야 한다고 언급했다.

2) LG경제연구소 보고서

LG경제연구소에서는 최근 녹색산업도 소프트한 가치가 필요하다고 역설했다. 정부의 지원이 줄고 제품이 대중화되는 미래에는 녹색산업에서도 실적과 경험에서 나오는 혁신능력, 녹색가치의 본질에 대한 이해, 운영관리 서비스 및 솔루션 제공 능력, 지식정보 활용 및 융합기술 개발능력 등 소프트한 역량이 중요해질 전망이라고 분석했다.

현재 녹색산업은 민간기업의 참여가 늘면서 시장규모가 확대되고 있지만 아직 녹색산업은 규제 및 보조금 등의 정부정책에 좌우된다며, 제품의 경제성이 확보되기 전까지 정부가 정해놓은 규제 및 보조금 가이드라인에 맞추기 위해 제품의 가격, 효율에 집중할 수밖에 없는 상황이라고 평가한다. 하지만 녹색산업이 성장할수록 정부지원이 줄어들고, 소비자 저항이 약화될 것이기 때문에 이러한 상황은 오래가지 않을 것으로 예상했으며, 제품의 범용화로 가격 및 성능의 차이가 좁혀지며 경쟁이 치열해질 것으로 전망되고 있다. 이에 따라 무형의 소프트한 가치가 녹색산업에서도 중요해질 공산이 크다고 분석하고 있다.

6.3 스마트엘렉서비스 표준화

1) SEP(Smart Energy Profile)

2008년 6월에 스마트에너지 관련 최초의 Data Profile인 ZigBee SEP 1.0을 발표했다. 이는 무선 HAN 네트워크 애플리케이션의 DR과 Load Management를 위한 디바이스 설명과 표준절차를 정의했다. 다양한 제조사에 의해 만들어진 ZigBee 제품들의 상호 운용성이 가능하도록 표준 인터페이스와 디바이스의 정의를 제공한다.

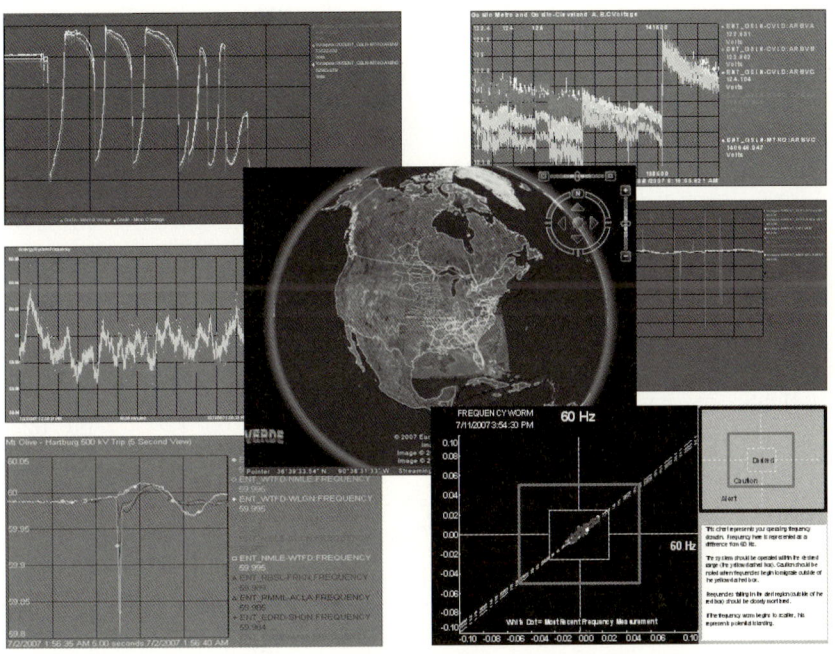

[그림 9.10] 전력운용 프로그램의 실례(OSI Soft)

현재 유틸리티 회사와 제조사들의 수정사항을 반영하여 SEP 1.5를 지원하고 있으나, 시장에는 인증 받은 SEP 1.0의 제품들만 있는 상태이다. 2009년 5월에는 ZigBee와 HomePlug Joint Working Group에서는 스마트그리드에 보다 효율적으로 적용 가능한 SEP 2.0을 만들기 위하여 MRD(Market Requirement Document)를 발표했다.

2) 미국 스마트그리드 표준화

미국은 스마트그리드 관련 모든 기술의 표준화를 NIST에서 진행하며, 2009년 9월에는 스마트그리드를 위한 현재 존재하는 표준들을 조사하고 스마트그리드 표준화 로드맵과 관련하여 Draft Release 1.0을 발표했다. Draft Release 1.0에서는 스마트그리드의 비전, 참조모델, 77개의 표준화가 필요한 대상과 우선적으로 표준화하여야 하는 14개의 액션 및 보안 관련 전략을 포함한다.

현재 NIST와 EPRI에서는 스마트그리드 상호 운용성을 위한 표준화작업을 진행하고 있다.

[표 9.6] 분야별 표준화 추진 동향(출처 : 한국스마트그리드협회)

기술분야	표준내용	표준화단계
지능형 전력관리 기술	댁내 지능형 전력관리 프레임워크, 시스템, 장치, 전력 제어/관리 프로토콜	IEC / ISO
	Smart Utility Network PHY & MAC 기술	IEEE 802.15.4 g/e
	Mesh Routing 기술	IEEE 802.15.5
	스마트그리드 인프라를 위한 WiBro 기술	IEEE 802.16
	스마트그리드와 마이크로그리드 연동	ISO / IEC
	지능형 에너지관리시스템과 전력 소비량 수집 네트워크 간 인터페이스	OpenAMI, IEEE
	스마트그리드 기기/시스템의 상호호환	IEC TC 57
지능형전력망 보안기술	스마트그리드 기기/시스템 보안	IEEE 1686-2007, UC Alug AMI-SEC SSR
	스마트그리드/인프라 보안	NERC CIP 002-009
	스마트그리드에서의 데이터 통신보안	IEC 62351
	스마트그리드 개인정보 보안	NIST SP, NERC CIP
정책 정책	전력 IT 시스템 자율관리 정책	TTA, 기술표준화
	전력에너지 사용량 기반 전력절감관리 정책	

상호운영성 표준화작업의 일례로는 2009년 NIST에 의해 가정 내장치의 스마트에너지 관리를 위한 표준 프로파일로 선택된 SEP 2.0으로 2011년8월에 Home Plug, WiFi Alliance, ZigBee, HomeGrid Forum, ZigBee Alliance 등으로 구성된 컨소시엄을 결성하여 공동시험과 인증을 통해 상호운용성 있는 제품 시현을 가속화시키고 있다. SEP 2.0은 다양한 IP기반 기술에서 운용되기에 적합하며, IP기반 스마트에너지 애플리케이션, 그리고 온도조절기나 게이트웨이와 같은 사용자 말단장치를 지원하는 유무선 장치들을 인증하게 될 것이다.

6.4 스마트그리드 평가 프로그램 소개

Galvin Electricity Initiative는 소비자 요구를 포용함으로써 전력산업계의 혁신을 추진하는 프로그램인 PPSoA(Perfect Power Seal of Approval™)를 소개하면서, 이 프로그램은 더 성능이 좋은 전력시스템을 요구할 수 있도록 소비자·산업계·커뮤니티 및 규제기관에 권한을 부여할 수 있는 매트릭스를 설정했다.

1) 매트릭스 설정목적
① 현재 독점으로 추진하고 있는 비즈니스 모델에서는 참여자들이 전력서비스의 질에 대한 책임을 지지 않는다.
② 스마트그리드 프로젝트들은 프로그램 기준 충족을 위해 혁신시킴에 따라 소비자에 중점을 둔 기준을 제공함으로써 스마트그리드 프로젝트를 지속적으로 발전시키는 것이 목적이다.

2) 조사결과
① 소비자와 커뮤니티는 안정성·소비자 권한·효율성·환경·가격 측면에서 극적인 변화를 기대하고 있다.
② PPSoA는 이러한 소비자 요구에 성능을 측정하고 벤치마킹할 수 있는 간단하고 효과적인 매트릭스로 변환한다.
③ 6시그마 품질 측정에 기초한 이 프로그램은 보다 소비자 요구사항을 만족시키려는 공격적 목표를 달성하기 위해 에너지 낭비를 줄이는 등 업계가 필요한 전략과 개선 요소를 정의하는 데 도움이 될 것이다.
④ 하나 또는 그 이상의 카테고리로 평가된 프로젝트들은 프로그램이 주요 분야에서 High Standards의 우수한 성능을 인정하고 개선해 나갈 수 있도록 하는 각 세부 카테고리별 Seal을 받게 될 것이다.
⑤ Galvin Electricity Initiative와 배전, 유틸리티 벤치마킹, 환경옹호론자, 그린빌딩과 제품 안전을 포함한 산업계 다양한 분야의 자문위원회 전문가들이 평가시스템을 개발한다.

3) 신규 매트릭스별 우선순위
① 현재까지 소비자 관점에서 본 전력시스템 성능의 전체 그림은 만들지 못했으나, 위원회(Initiative)는 이와 관련 소비자 보호 인증기관인 UL과 협력 중이다.
② UL은 PPSoA가 소비자의 의견을 반영한 전력시스템 혁신을 활성화하는 주요 요소가 될 것이며, 앞으로 모든 스마트그리드 활동의 추진요소가 되어야 한다는 의견이다.
③ 파일럿 단계에 있는, PPSoA 프로그램은 프로젝트 선정그룹을 평가함으로써 평가시스템의 베타 버전을 테스트할 예정이며, 이후 더 다양한 이해관계자 프로세스의 도움을 받아 프로젝트 타입을 추가로 확대할 것이다.

Chapter 10 「에필로그」

| Section 01 |
스마트그리드의 정리

1.1 스마트그리드의 필수요소 및 문제점

스마트그리드(지능형 전력망)는 신·재생에너지, 에너지효율, 전기자동차 등과 연계되어 녹색기술에서 없어서는 안 될 산업의 인프라로서 자리 잡아가고 있다. 그럼에도 현재 스마트미터는 소비자들로부터 큰 환영을 받지는 못하고 있다. 많은 홈네트워크 기업들이 전력사업자와 제휴하여 자동화 기술을 통해 에너지소비를 줄이기 위한 비즈니스 모델을 제시하고 있지만, 소비자들은 그러한 통신 및 자동화 장비에 들어가는 비용을 선선히 지불하려 하지 않는다. 이 문제는 오랫동안 해결되지 못하고 있는 과제가 되고 있는데, 지금까지도 설치비용이 여전히 높아 자동화기술이 소비자에게 확산하지 못하고 있다.

제2장에서 기술한 바와 같이 Pike Research는 2010년과 2015년 사이 스마트그리드 시장규모가 2,100억 달러 수준이 될 것으로 전망하였다. 2014년 북미 시장 기준 스마트그리드 시장 크기를 구분해보면, 전체 중 송전망 업그레이드가 44%, 분산자동화가 24%, 수요반응이 11%, 첨단검침인프라(AMI)가 11%, 변전자동화가 8%, 전기자동차 관리시스템이 2% 수준을 보이고 있다. 주목할 만한 사실은 AMI를 구성하는 스마트미터의 시장규모가 현재 언론에서 집중 보도하고 있는 수준에 비하면 그다지 비중이 크지 않다는 것이다. 지역별로는 2008년부터 2015년까지 아시아의 스마트그리드 시장이 가장 큰 비중을 차지할 것으로 전망하였고, 역시 중국의 송전망 업그레이드 시장 규모가 매우 클 것으로 전망되며, 그 뒤를 이어 북아메리카와 유럽이 큰 규모를 보이고 있다.

투자자의 입장에서 볼 때는 분명히 송전망이나 배전 자동화 부분이 시장규모가 크고 높은 수익을 제공할 수도 있지만, 소비자의 전력소비효율을 높이는 차원에 있어서는 스마트계량기의 역할이 크다는 것을 알 수 있다. 전력망에 대한 변화는 이미 시작되었다. 신·재생에너지원이 총 전력공급의 더 많은 부분을 차지할 가능성이 커지고 있다. 신재생전력인 태양광과 풍력발전은 전통적인 방법과 상당히 다르게 생산된다. 낮은 전압이 소량으로 생산되며, 항상 일정한 양을 생산할 수 없는 '파트타임 전기'일 뿐이다. 소비자가 필요로 하는 시간대에 나와 일하는 파트타임도 아니다. 아무리 전기가 필요한 때라도 바람이 안 불고 구름이 끼어 있으면 일을 하지 않고 놀아버리는 제멋대로의 파트타임이다. 풍력·태양광 비중이 미미한 수준이면 전기 공급을 수요량에 맞추는 데 큰 문제가 없다. 그러나 풍력·태양광 비중이 10%, 20% 수준으로 늘어나면 전기 공급 시스템은 불안정해질 수밖에 없다. 이와 같은 문제로 태양광발전과 풍력발전은 발전할 수 없는 시간대에 같은 용량의 양수발전, 대용량 배터리 및 수소에너지 등의 2차 에너지원이 필요하다. 그러나 2차 에너지원은 충분한 양을 대체하기에는 아직도 기술개발이 미진하고, 경제성을 확보하기가 어렵다. 그렇다고 연료를 넣어 출력을 내기까지 1~2일이 걸리는 원자력발전소를 백업용으로 써먹을 수는 없다.

화력발전의 터빈은 발전기가 식어버린 상태에서 전기 생산을 재개하기까지 6~24시간 예열이 필요하다. 그래서 대부분 화력발전소는 가동률을 100%까지 올리지 않고 90~95%까지만 올려놓는다. 어느 발전소가 고장 나거나, 전기수요가 느닷없이 상승하는 경우에 대비해 남은 5~10%의 출력을 언제라도 돌릴 수 있는 상태로 대기시켜 놓는 것이다. 연료전지가 대규모로 실용화되면 풍력·태양광의 파트타임 문제가 해결될 수도 있다. 풍력·태양광으로 생산한 전기를 이용해 물을 분해하면 수소가 나온다. 풍력·태양광 생산전기로 수소를 만들어 저장해놨다가 바람이 안 불고 햇빛이 없는 시간대에 연료전지에 수소를 공급하여 전기를 생산하는 것이다. 하지만 이 기술이 실용화되는 건 정말 먼 훗날에나 기대해 볼 수 있다.

백업용의 2차 에너지원 및 연료전지가 대규모로 실용화될 때까지 당분간은 화력발전과 병행하며, 소비자의 수요반응 및 연료원가연동제 등을 적용하여 에너지절감을 유도하고, 양방향 통신이 가능한 전력망인 스마트그리드로 구축해 가야한다. 스마트그리드는 전기자동차의 인프라를 구축할 것이며, 자기치유 기능으로 시스템 고장을 사전에 예방하여 안정적인 전원공급을 가능케 함으로, 현재 예비율의 적정성을 높일 수 있다.

스마트그리드는 미래 수요증가에 대응할 수 있는 신뢰성 있고, 안전한 전기 인프라를 유지하기 위한 국가의 송전(Electricity Transmission)과 배전(Electricity Distribution) 시스템의 첨단화(Modernization)를 의미한다. 마지막으로 스마트그리드가 무엇인지? 계속해서 고민하고, 해결해 나가야 할 필수요소 및 문제점을 7가지로 선정하여 정리해 본다.

1) 지능형 전자기기(IED, Intelligent Electronic Device)

지능형 전자기기는 기본적으로 다음의 세 가지 요소를 갖추어야 한다.

① 현재의 상태를 모니터하기 위한 전자센서와 계측장치,
② 기기자체의 기본적 의사결정을 위한 디지털 지능장치,
③ 정보의 교류와 의사소통을 위한 통신능력이다.

이러한 요소들은 원거리 원격조작, 원거리 실시간 감시, 사용된 전력의 정확한 양과 품질의 측정 및 계량 등의 기능을 수행한다.

2) 스마트그리드 통신 인프라

스마트그리드 장치는 인터넷, 전력선 통신, 이동통신, 인공위성 등의 다양한 방법으로 서로 간 정보를 교환할 수 있다. 현재 스마트그리드는 혼합통신방법을 이용하고 있다. 일반적으로 대도시에는 케이블, 이동통신, DSL, WiFi, 전력선 통신 등 복합적인 통신 인프라들이 설치되어 있다. NIST 보고서에 의하면, 미래의 스마트그리드는 인터넷 프로토콜과 비허가대역의 무선 통신망을 이용할 필요가 있다고 한다. GE와 인텔과 같은 대기업 및 Grid Net와 같은 신생기업의 적극적인 노력으로 광대역 무선통신 기술인 WiMAX가 에너지효율 프로젝트인 스마트그리드의 구축에 효과적으로 이용될 수 있는지 시험하고 있다. 전력망에 디지털 지능형 기술을 가미시킴에 있어 WiMAX를 이용하는 이점은 WiMAX가 개방형 표준이기 때문에 GE, 인텔, Motorola와 같은 기업을 참여시키게 되고, 규모의 경제를 만들어 낸다는 데 있다.

3) 고급제어시스템

2003년 미국과 캐나다에 걸쳐 약 5천만 명에게 영향을 미쳤던 북동부 대정전(The Northeast Blackout) 사태 때, 제어시스템에서 최초로 문제가 발생한 이후 오하이오에서 뉴욕에 이르는 범위가 통제 불능상태가 되는 불과 9초밖에 걸리지 않았다. 이는 사람이 컨트롤하기에는 너무 짧은 시간이었다. 이와 같은 문제점을 보완해줄 스마트그리드 핵심기능 중 하나가 바로 '자기치유(Self-healing)'시스템이다. 스마트그리드는 지리정보시스템(GIS)에 연동한 계량기와 센서(Sensor)를 통해 문제발생 지점 파악과 가능한 최적의 복구 작업 방식에 대한 정보를 즉각적으로 알 수 있게 해주어 복구 작업에 소요되는 시간을 크게 줄여 준다.

4) 상호운영성(Interoperability)

주요 대규모 전력송전변압기의 상태를 모니터링하는 경우, 여기에는 변압기 내 또는 위에 장착된 센서를 포함한 요소, 변압기에 연결된 모니터링 및 진단장비, 변압기와 관리실 간의 양방향통신, 관리실 내의 마스터스테이션 등이 있다. 온도변화에 모니터링 및 진단장비가 제대로 작동 않거나, 제어센터 PMU, PDC와 제어센터 간 양방향 통신 및 WAMS를 생각해볼 때 PDC가 동기위상기 데이터양과 속도를 조정하지 못하면 전체 WAMS가 작동하지 않게 된다.

즉, 시스템의 각 요소의 통합과 상호운용성은 스마트그리드 성공을 보장하는 필수 요소라는 것이다. 나아가 스마트그리드 솔루션은 거주 지역 및 상업고객, 전력회사, 전략적 공급업체 등 다양한 이해당사자가 연관되어 있어 모든 이해당사자 간 정보공유도 성공적인 솔루션 개발에 있어 매우 중요한 요소이다. 상호운용성을 위해, NIST가 제시한 일곱 가지 핵심 실천사항은 다음과 같다.

① 공통의 의미론 모델을 개발한다.
② 공통의 가격 모델기준을 개발한다

③ 앞선 사용 측정법, 수요반응과 전기 수송을 위한 공통의 의미론 모델을 개발한다.
④ 스마트그리드 응용을 위한 인터넷 규약(Internet Protocol Suite) 개요 선택을 하기 위한 분석을 시행한다.
⑤ 허가되지 않은 전파대역에서 통신간섭을 조사한다
⑥ 공통의 시간동기화와 관리를 개발한다.
⑦ 전체 표준개발 조직에서 이루어지는 노력을 조율한다.

이런 핵심 실천사항과 다른 많은 보조적인 실천을 시행함으로써 스마트그리드를 만드는 데 필요한 상호운용성 틀을 제공하는 것과 세계의 에너지와 환경 목표에 부응하는데 도움을 줄 것이다.

5) 스마트그리드 보안문제

보안회사 IOActive는 연구원들이 하나의 기기에 코드를 주입하고 이를 다른 기기들에 전파하는 것을 가능하게 해주는 스마트미터 기기의 결점을 발견했다. 보안 전문회사인 InGuardians는 전력회사 3곳으로부터 의뢰를 받아 다섯 군데의 제조업체가 만든 스마트계량기와 계량기관리 시스템의 보안 취약성을 분석하였다. InGuardians 측은 스마트계량기에서 사용되는 통신표준이 특히 보안문제를 일으키는 주요 문제 영역이라고 주장하였으며, 특히 스마트계량기 통신표준으로 많이 활용되고 있는 ZigBee의 보안 문제점을 집중 제기했다.

Itron은 스마트계량기 암호화를 위해 사이버보안 전문 업체 Certicom과 계약을 맺고, 자사의 계량기가 인증 및 인가절차를 거치도록 명령하는 방식을 설계했다고 주장했다. 여전히 IP 기반 네트워크를 계량기 수준까지 확장하는 것은 내부 및 외부 해킹 위험을 증가시킬 수 있으며, 그 위험을 줄이기 위해 우리는 중앙 집중형 아키텍처가 아닌 분산형 지능(Distributed Intelligence)을 전력망에 구축해야 한다고 강조한다.

6) 전기자동차와 스마트그리드

제8장에서 기술한 IBM사가 덴마크의 4만 가구를 대상으로 불규칙한 풍력발전과 전기자동차 충전을 일치시키는 방법을 시뮬레이션하면서 Dong Energy사와 Better Place사와 함께 전기자동차 보급에 앞장서고 있다. 이외에도 IBM은 텍사스주의 CenterPoint, 오하이오주의 AEP, Michigan Utility Consumers Energy, 프랑스 유틸리티 기업인 EDF 등과 파트너십을 맺고 있다. 미국의 EPRI, GridPoint 사 등도 소규모 전기자동차 충전 시범을 진행하고 있다.

160개 회원사를 가진 자동차기술자협회(SAE, Society of Automotive Engineers)는 전기자동차들과 스마트그리드를 연결하는 네트워크를 위한 물리(PHY) 및 매체접속 제어(MAC)계층을 정의할 표준에 대하여 결정하고, 또한 네트워크의 사용범례와 메시징 프로토콜도 정의할 것이다. 사양서는 ZigBee Alliance와 HomePlug Alliance 간의 협력에 의해 개발 중인 SEP 2.0에 부분적으로 기반을 두고 있으며, 많은 연구가 진행 중이다. SAE는 2010년 중순까지 자동차 배터리로부터 가정 또는 스마트그리드로의 DC 에너지 전송 및 역에너지 흐름시스템(V2G)을 위한 표준을 정의할 것을 목표로 하고 있다.

7) 스마트그리드 기반시설용 첨단소재

스마트그리드에 복합재료를 사용하여 현재보다 많은 전류와 전압을 흐르게 할 수 있을 것이다. 복합재료들은 이미 기존의 전송케이블보다 2~4배 이상의 효율을 가지는 복합재료 케이블로 사용되고 있다. 몇 년 이내에 나노복합재료 유전체는 전압 내구성, 파손강도, 부품크기 및 우수한 내구성을 향상시킬 수 있는 그리드 절연체의 충진재로서 사용될 것이다.

탄화규소는 이미 그리드 전력 전자장비에서 실리콘을 대체하여 사용되기 시작하였으며 질화갈륨, 산화아연 및 산업용 다이아몬드도 앞으로 사용될 예정이다. 2017년경에는 초전도체 케이블 및 누전제한(FCL, Fault Current Limiting) 장비가 스마트그리드에 사용될 것이다. 스마트그리드 케이블에 초전도체를 사용하면 라인 손실을 줄일 수 있고, 안정된 전압을 제공할 수 있으며, 전류 수송능력을 확대할 수 있다. 나노튜브 와이어만이 초전도체보다 높은 전도도를 제공할 수 있으나, 나노튜브 와이어의 사용 가능성은 앞으로도 여러 해가 걸릴 것으로 보고 있다.

1.2 해외 신·재생에너지와 스마트그리드 정책

신·재생에너지를 육성하기 위해서는 풍량이나 일조량이 풍부한 지역에서 도심으로 전력을 운송할 수 있는 전력망이 필요하다. 10년 전 포르투갈은 이전의 한전처럼 전력사가 발전소와 송전시스템을 동시에 소유했다. 2000년 정부는 효율성을 높이기 위해 전력발전과 송전을 분리시켰다. 그리고 정부는 풍력과 수력을 건설하고 운영할 수 있는 사기업에 계약을 경매에 부쳤다. 입찰자들은 그들이 생산하는 에너지에 대한 정부의 보장가격을 받는 대신, 일자리 창출과 더불어 벤처투자 등 재생에너지 경제에 투자할 의지가 있어야 했다. 일부 낙찰자들은 해외기업이었다.

한편 포르투갈은 수십 년간 수력으로 전기를 생산해 왔다. 새로운 프로그램은 풍력과 수력을 통합한 것이다. 바람이 거센 밤에 풍력으로 물을 끌어올려 낮 동안 물을 흘려 전기를 생산하는 시스템이다. 풍력 공급률이 높은 덴마크는 바람이 없을 때 이웃 국가이며, 수력발전이 풍부한 노르웨이(수력비중 99%)와 스웨덴(40%)에서 전력을 수입한다. 즉, 노르웨이의 수력자원과 양국 간의 송배전망의 인프라가 없었다면 오늘날의 덴마크와 같은 풍력 강국이 탄생하지 않았을 것이다. 포르투갈은 최근 스페인과 전력망을 연결하고 있지만, 비교적 고립된 지역으로 아직 자유로운 전력거래가 이뤄지지 않고 있다.

포르투갈은 양방향 배전시스템을 채택하고 있으며, 10년 전부터 전력망 현대화 사업을 시작했다. 그러나 더 큰 재생에너지원을 끌어오기 위해서는 추가적으로 6억 3,700만 달러가 투입되어야 한다고 포르투갈 REN사는 추산한다. 미국도 그리드 현대화에 수십억 달러를 투자했다. 그러나 재생에너지 확대를 위한 적절한 노력이 이뤄질 지는 불투명한 상태다.

2009년 퓨센터가 수행한 보고서에 의하면 미국이 2030년까지 풍력비율을 전체 전력의 20%로 채우려면 새로운 전력망이 필요한데, 앞으로 20년간 연 30~40억 달러를 투입해야 가능하다. 중국에서도 최근 해상풍력발전 및 태양광발전사업을 주력에너지로 부상하기 위해 스마트그리드 개발이 필수라고 강조하며, 투자를 확대하고 있다.

최근 뉴욕에 38도에 달하는 더위가 찾아와 사람들의 외부활동을 자제하라는 폭염경보를 내리는 이러한 불볕더위에 유틸리티가 스마트그리드 기술에 투자하는 것이 얼마나 중요한지 생각해야 할 것이다. 실제로 이런 날을 대비하는데 몇 년을 소비하고 있으며, 유틸리티가 이런 피크에 대처하는 한 가지 방법은 비상발전기를 사용하는 것이며, 인구증가와 더불어 지구온난화와 극한 날씨로 인해 이러한 새로운 수요 기록치가 계속될 것으로 보이기 때문에 향후에는 전력망에 더욱 많은 세금이 부과되어야 할 것이다.

이미 팽창된 전력망에 대한 해답은 클린에너지라 할지라도 발전소를 더 건설하지 않고, 유틸리티가 효율적으로, 실시간으로 부하를 낮추기 위한 더 많은 선택사항을 갖도록 스마트그리드 인프라를 구축하는 것이다. 일부 유틸리티들은 피크타임에 기업이나 일반소비자에게 전력소비 기기와 가전을 끄게 요청하는 DR을 기 시행하고 있지만,

[그림 10.1] 일본 Cool Earth-21 주요 에너지 혁신 기술(출처: 그린에너지 전략 로드맵(에기평))

현실은 DR이 주로 수동 프로세스이다. 망에 연결된 스마트 온도조절장치나 가전, 에너지 알고리즘이 전력부하를 줄이고 소비자는 요금을 절약할 수 있도록 더 자동화되어 훨씬 더 효과적이 될 수 있다.

에너지저장 기술을 그리드에 추가하는 것도 발전기의 필요성을 낮추고 수요가 많을 때 사용할 수 있는 비상전력을 저장하는데 도움이 된다.

일본에서는 스마트그리드를 '기존의 전력망과 신재생에너지 및 분산전원의 연계를 통해 안정적이고 효율적으로 운영되는 발전된 형태의 전력망'으로 정의하고 있으며, 에너지와 환경문제를 해결하고 산업 경쟁력을 강화하는 차원에서 오는 2030년까지 스마트그리드 구축사업을 완료한다는 방침이다. 특히, '태양광'과 '기술개발'을 스마트그리드 관련정책의 주제로 설정하고 사업을 본격화하고 있다. 일본은 신 재생에너지원 중 태양광 에너지 보급 확대를 중심으로 정책을 진행하고 있다. 2010년 태양광발전설비 용량 4GW 달성을 시작으로 2020년 34GW, 2030년 100GW에 도달하는 것을 목표로 각종 정책을 운영하고 있는 것이다. 특히, 태양광을 선택한 것은 신·재생에너지원 가운데 가장 안정적인 공급이 가능해 국가 프로젝트로 진행하기에 유리하고, 기술개발과 선점이 유리한 분야라고 판단했기 때문이다. 이와 관련 일본 NEDO는 하치노헤와 아이치, 교도에 실증단지를 구축하고 있으며, 하치노헤시와 미쓰비시연구소, 미쓰비시전기가 공동으로 참여하고 있다. 태양광과 풍력, 바이오매스 등 다양한 신에너지들을 IT 기반으로 제어해 전력을 공급하는 소규모 분산형 전원 네트워크를 구성하고 있는 것이다. 또 국가 차원의 신재생에너지 자원을 수용할 수 있는 마이크로 그리드 개념의 신 전력 인프라 개발과 시범단지를 구축해 개발기술의 상용화를 촉진하고 있다.

최근 NIST가 발표한 보고서를 보면 일본 주요 기술동향의 핵심은 스마트그리드 전 분야에 대한 기술개발로 압축할 수 있으며, 이는 완성된 기술을 바탕으로 정책개발을 더 수월하게 하고, 스마트그리드 어떤 분야의 기술을 요구하더라도 대응할 수 있도록 하는 것을 목표로 하고 있다. 기술개발을 중심으로 사업을 진행하고 있다는 것은 스마트그리드의 선점에서 정책적인 선점이 아닌 기술력과 권리(License)의 선점을 가져가겠다는 포석으로 풀이된다.

이와 관련 2009년부터 스마트미터 등에 300억 엔 규모의 투자계획을 수립하고 본격적인 기술개발에 의지를 보이고 있다. 특히 스마트미터 보급에 적극적인 투자 의지를 보이고 있어 앞으로 그 귀추가 주목된다. 일본 경제산업성은 2050년까지 온실가스 감축 50% 달성을 목표로 ITS, 고효율 IT기기·망, HEMS/BEMS·지역 에너지관리시스템(EMS) 등과 같은 21개의 핵심기술을 선정하고, 지난 2007년 12월부터 'Cool Earth-21'이라는 이름의 에너지 혁신기술 개발을 추진하고 있다. 또한, 일본의 전력중앙연구소에서는 전력의 안정적인 공급과 신재생에너지의 원활한 도입과 활용, 수요와 일체화된 에너지절약·에너지 유효 이용을 실현하기 위하여 지능적(Intelligent), 상호영향적(Interactive), 통합적(Integrated)의 뜻을 가지는 TIPS(Triples 'I' Power Systems)를 제안해 사업을 추진하고 있다.

미국 EPRI는 '스마트그리드 편익보고서'에서 미국이 앞으로 20년 동안 4,760억 달러를 투자할 것이지만 소비자들이 얻는 혜택은 투자비를 뛰어넘는 2조 달러에 달할 것으로 전망한다. 매년 약 170억 달러에서 240억 달러의 투자가 필요할 것으로 예상하며, 스마트그리드는 전력공급자와 수용가 간의 가장 효율적인 소비를 유도하는 프로세스라고 설명한다. 또한, 당장은 납부요금이 절감되지 않더라도 수용가는 비용절감을 위해 전력시스템의 변화를 추진해 나갈 것이며, 스마트그리드가 구축된 상황에서 2050년에 다다르면 전기요금은 지금에 비해 50%가량 증가하지만, 만약 스마트그리드가 구축되지 않는다면 전기요금은 약 400배까지 상승할 것이라고 밝히고 있다.

스마트그리드와 재생에너지는 미국을 비롯한 세계 주요국 정부로부터 강한 지원을 받고 있고, 청정기술에 대한 정부 인센티브가 일자리 창출 및 신사업 구축에 크게 이바지하고 있다. 글로벌 컨설팅 기업인 SBI는 청정기술에 대해 앞으로 5년 동안 연평균 두 자릿수 이상의 성장을 보이고, 우리 삶의 방식을 바꿀만한 6대 청정에너지를 다음과 같이 제시하였다. 이중 원유회수증진(EOR)기술 이외에는 스마트그리드 자체와 관련된 기술들이 대부분이다.

1) 녹색건물 자재 및 건축

전통적인 건축은 상당한 쓰레기 파편을 배출하고 우리의 토양 및 신선한 물 공급에 장애를 준다. 나아가 건축에 활용되는 비효율적인 물질들은 높은 에너지비용을 일으킨다. 이에 재활용 자재, 지속가능한 숲에서 얻은 재목, 더 효율적인 절연재 및 창문, 향상된 건축기술 등을 제대로 활용하면 원자재 수요를 줄일 뿐만 아니라 소비자의 에너지비용을 크게 줄일 수 있다. SBI Energy의 조사에 의하면, 세계 녹색건물 자재시장이 2010년 1,600억 달러에서 2015년 5,800억 달러로 연평균 21% 성장할 것으로 전망한다.

2) 원유회수증진(EOR, Enhanced Oil Recovery)기술

EOR은 다양한 원유생산 방식을 의미하는데, 전통적인 생산방식보다 70~90%가 더 많은 원유를 생산할 수 있다. 일반적인 EOR방식은 증기, 가스 또는 화학적 주입이 포함되어 있는데, 원유를 유정 밖으로 보다 자유롭게 흐르도록 하면서 원유의 점성(Viscosity)을 향상한다. SBI Energy조사에 의하면, 지속적인 성장을 하는 EOR 시장은 2010년부터 2015년까지 연평균 63%의 성장을 보이며, 2015년에 시장규모가 1.3조 달러에 달할 것으로 보인다.

3) 태양에너지 기술

일반 가정집 지붕에서 태양광 패널(모듈)이 설치된 것을 쉽게 볼 수 있는데, 최근에는 에너지공급업체들이 대형 태양에너지단지를 설치하고 집광형 태양에너지 기술을 활용하면서 태양에너지를 통한 전력생산이 빠르게 증가하고 있다. 전 세계 집광형 태양에너지 시설은 이제 확대되기 시작하였는데, SBI Energy는 2012년 초에 실질적인 성장을 기대하고 있다. 집광형 태양에너지 시장은 2010년 7억 달러 규모에서 2014년 30억 달러로 확대되어, 이 기간 연평균 42%의 성장을 보일 것이다. 시스템과 패널(모듈)을 포함하여 세계 태양에너지 시장은 2014년까지 1,730억 달러로 성장하여 연평균 23%의 성장률을 기록할 것이다.

4) 해상풍력단지

해상풍력단지는 육상 풍력터빈 부문보다 훨씬 빠르게 성장할 것으로 보인다. 최근 미국 매사추세츠(Massachusetts)주의 Cape Wind 승인과 뉴저지(New Jersey)주의 The Offshore Wind Economics Development Act 제정과 같이 해상풍력을 장려하는 프로젝트 및 지원이 강화되면서 터빈 및 부품제조 부문도 빠르게 확대되고 있다. 특히 미국과 유럽지역에서 경기부양, 에너지비용 축소, 에너지안보 강화를 목적으로 해상풍력에 대한 정부지원을 확대하고 있다. SBI Energy의 조사에 의하면, 전 세계 시장이 5년간 연평균 11%로 성장하여 780억 달러 이상으로 확대될 것으로 전망하고 있다. 이 중 영국이 가장 빠른 성장이 예상되는 지역으로 2015년까지 현재 대비 2배로 확대하여 동지역 시장이 거의 50억 달러 규모에 이를 것으로 보인다.

5) 전기자동차

전기자동차는 수년간 정부와 자동차업계의 마케팅과 광고에도 불구하고, 현재 가솔린과 전동기를 결합한 하이브리드 형태의 전기자동차가 이제야 보급되기 시작하였다. 전기자동차 시장이 얼마나 빠르게 성장할 것인지는 휘발유 가격, 정부 인센티브, 자동차 가격 등을 포함한 여러 요인에 달려 있다. SBI Energy의 조사에 의하면, 세계 하이브리드 전기자동차 판매는 2009년 70만 이하의 판매량에서 2014년 150만대로 확대될 전망이다. 하이브리드 전기자동차 시장의 지수함수적인 성장은 유럽, 호주, 한국과 같은 기존시장과 인도, 중국과 같은 신흥시장에서 빠르게 성장할 것으로 전망한다.

6) 스마트그리드 기술

모든 종류의 신재생에너지를 이용 가능하게 하는 것은 지난 100여 년간 유지되어 온 기존 전력망을 스마트그리드로 전환할 때 이루어질 수 있다. 스마트그리드는 세 가지 핵심부문 ① 전력망, ② 정보통신기술, ③ 애플리케이션 및 서비스 등으로 구성된 구조로서 이해할 수 있다.

상기에서 제기한 프라이버시와 비용과다 등의 소비자 걱정에도 스마트그리드는 디지털 그리드 운영과 분산 네트워크를 통해 세계의 신재생에너지 공급과 전력망 신뢰성 향상을 증진시킬 것이다. SBI Energy는 세계 스마트그리드 시장이 2009년과 2014년 사이 150% 성장하고, 2014년에 1,710억 달러로 증가할 것으로 전망하였다. 한편, 미국은 2014년까지 430억 달러 시장규모로 2009년과 2014년 사이 시장이 두

배로 확대될 전망이다.

스마트그리드를 구축할 경우 정전이 줄고, 전력전달 및 품질의 신뢰성 향상이 기대됨은 물론, 에너지 손실감소와 최대전력수요관리 능력 향상으로 신규 발전소 건설 필요성이 줄어들게 된다. 또한, 신·재생에너지 및 전기자동차 보급 촉진으로 환경적 편익증대, 전기요금 선택권 확대 및 에너지정보 제공으로 소비자들의 에너지비용 절감 잠재력 확대 등의 편익이 발생하게 된다.

7) 전기혜택을 받지 못하는 세계 인구

그림과 같이 전기의 혜택을 받지 못하는 세계 인구가 2002년에는 16억 명, 2030년에도 14억 명에 달한다고 한다. 신·재생에너지에 의한 분산전원과 전력저장설비, 마이크로그리드 등의 전력화(Electrification)사업 등으로 아직도 전기문명의 혜택을 보지 못하는 후진국 사람들에게도 이바지할 수 있는 스마트그리드 기술로서의 역할도 매우 크다.

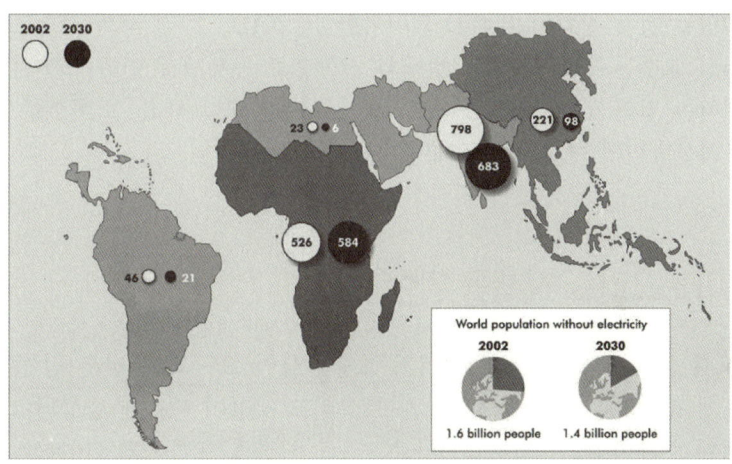

[그림 10.2] 세계 각 지역의 전기혜택을 받지 못하는 인구(출처 : 그린에너지 전략 로드맵(에기평))

1.3 9·15 정전사태와 에너지정책 전환

2011년 7월 30일자 한경시론에서 서울대 이승훈 교수가 경고했던 미증유의 전력대란이 9·15 정전으로 50년 만에 터지고 말았다. 이번 전력대란은 관리능력의 실패 등 미시적인 문제는 물론 간과할 수 없지만 국민들이 적절하게 대응할 수 있도록 하는 경고 시스템이 움직이지 않았다. 그러나 근본적인 요인은 전력시장에 정부가 개입하면서 수급원리가 전혀 작동되지 않았던 점이다. 실제로 명목전기요금은 30년 전에 비해서도 2배 상승하였고, 글로벌 기업들이 전력피난처(Electricity Haven)로 한국을 선택하고 IT데이터 센터를 세우려 하는 것도 물가상승률대비 30년 전보다 훨씬 싸진 전기요금 때문이다. 그나마 원자력 발전이 무너진 가격체계를 메우는데 한 몫하고 있지만 환경단체들은 막무가내 식으로 원전 건설을 방해하고 있다. 2003년 18%였던 전력설비 예비율이 제3차 전력수급기본 계획 수립당시 원전 10기에 해당하는 1,000만 kW를 수요관리로 조달하겠다는 수요관리 중심 정책으로 전환되었으나, 전기요금 현실화와 후속조치 미흡 등으로 수요관리 목표를 실현하지 못하여 현재 4.1% 밖에 안 된다.

또한, 제5차 전력수급기본계획도 불확실성이 높은 발전전원 중 하나인 신재생에너지와 수요관리에 초점이 맞춰지면서 기존발전설비의 추가 건설이나 증설 등이 제외되거나 연기됨에 따라 2013년 설비예비율은 3.7%까지 떨어진다.

즉, 제5차 전력수급기본계획에 의거 오는 2013년까지 발전설비 예비율은 4.8~8.6%의 수준이지만 단기수급측면에서 적극적인 수요관리 부재시 언제든지 전력대란이 발생할 수 있는 여지는 더욱 높아진다.

전력수급사항 불안, 전력부족 시그널 '주파수 감소'도 무시, 전력공급 능력 잘못 계산, 전력 컨트롤타워 대부분 비전문가 등 여러 가지 원인이 있겠지만 시장원리에 맞는 책임성 있는 정책 전환이 우선시 되어야한다. 2011년 10월 국회 정책토론회에서 경원대 김창섭 교수는 '책임성 있는 정책의 전환으로 등유세를 인하하고 전기요금 현실화를 추진하는 것과 RPS 보다 스마트그리드가 우선돼야 하고, 소비부문 직접규제를 통해 비용지불방식의 변경을 유도해야 한다.'고 주장했다.

1.4 한국 스마트그리드 정책을 위한 제언

최근 신재생에너지의 확산과 에너지 효율향상이 요구되는 것은 당연하고 국가에너지 안보에 필수적인데 왜 아직도 스마트그리드 시장이 빠르게 형성되고 있지 않을까? 또한 세계적 IT기업인 구글이 스마트그리드 시장을 포기하고 더 이상 자사제품인 파워미터(PowerMeter)를 공급하지 않기로 한 것은 우리들에게 많은 시사점을 주고 있다. 불과 몇 년 전에 많은 국가들이 스마트그리드 정책을 집중 지원하겠다고 발표하였으며, GE, IBM, 구글과 같은 전력, IT기업들이 스마트그리드와 신재생에너지 사업에 진출하기로 했을 때 많은 사람들의 지대한 관심을 끌었다. 그러나 아쉽게도 스마트그리드는 대규모 시장으로 빠르게 진행할 수 없는 것이 현실이었다.

전력시장은 우리나라 뿐 아니라 미국, 유럽에서도 매우 복잡하고 정부 에너지정책에 크게 좌우될 뿐 아니라 중장기적으로도 불확실한 상황에 있어서 대규모 솔루션을 발전시키고 성장시키는 것이 결코 쉬운 일은 아닐 것이다. 그리고 전력산업의 특성상 정보통신 산업에 비하여 대폭적인 기술과 환경변화에 따라 폭발적인 시장을 기대하기 어려운 것이 사실이다. 이러한 시점에서 이제는 스마트그리드가 21세기 분산전원과 전기자동차, 에너지효율화를 위해 혁신적인 플랫폼을 제공할 것이며 더 큰 가치를 얻을 수 있는 것인가에 분명히 답을 줄 수 있어야 한다.

스마트그리드 본격적인 상용화를 위해 전력거래소 정도영 실장은 기존 사업자와 서비스뿐만 아니라 신규서비스와 산업 활성화가 필요함을 강조하고, 스마트그리드 상업 불확실성 해소를 위한 '국가계획 및 시행계획 조기수립', '스마트그리드 산업 생태계 조성 필요' 등을 언급하였다.

스마트그리드가 성공적으로 확산되기 위해서는 3가지 요소인 ①기술, ②수요, ③정책의 3박자가 맞아야 한다. 현실적으로 기술의 완성도 보다 더 중요한 것이 비즈니스 모델, 즉 스마트그리드 수요시장이며 현재 발표되는 각국의 스마트그리드산업 시장은 대부분 정부의 활성화 지원정책에 의한 시장의 성격이 강한 것을 알 수 있다. 스마트그리드는 미래 국가 에너지 플랫폼이다. 이는 몇몇 기술로 하루아침에 이루어지는 기술이 결코 아니다. 이제 시대적으로 전력산업의 혁신을 갈망한다면, 신규 일자리 창출과 국내 에너지 독립성을 늘리고 환경도 개선할 수 있는 스마트그리드를 실현하려는 정부의 강력한 의지와 제도개선, 국내외 전문기술진의 협력체제, 그리고 에너지절감에 대한 국민적 이해와 응원이 절실히 필요하다.

[그림 10.1] **스마트그리드의 미래모습**(출처 : 그린에너지 전략 로드맵(에기평))

| Section 02 |
맺는 말

　돈만 잘 버는 기업이 번영을 구가하던 시대는 지나간 지 오래다. 규제준수에 그쳐서도 안 된다. 기업이 지속가능 경영을 펼치려면 경제적인 이익뿐만 아니라 이윤창출의 과정에서 사회에 미치는 영향, 환경에 미치는 파급효과까지 모두 고려해야만 하는 시대가 왔다.

　영국의 대표적인 사회학자인 앤서니 기든스는 '기후변화는 더 이상 환경문제가 아닌 정치적인 문제다.'라고 그의 저서에서 경고했다. 인류의 그릇된 욕심으로 파괴된 자연을 살리는데 모두가 나서야 한다는 것이다. 이런 점에 주목한 대부분 선진국은 스마트그리드, 신재생에너지를 포함한 녹색성장에 올인하고 있다. 녹색성장은 결코 어렵거나 멀리 있지 않다. 모든 국민이 에너지사용을 줄이는 일, 녹색성장은 거기에서부터 출발한다. 예를 들면, 에너지효율기기 설치, 신·재생에너지 개발과 보급, 스마트그리드 구축으로 가능하다. 이 중 스마트그리드는 실로 산업전반에 미치는 영향은 측정할 수 없으리만치 엄청나고 혁신적이다. 머지않은 미래에 제2의 인터넷 혁명은 가시화될 것이고, 이런 시대적 흐름에 편승하지 못한다면 우리의 미래도 담보하지 못한다. 경영자의 입장에서 본다면 지금은 과거 어느 때보다 관리할 항목이 많다.

　예로부터 측정할 수 있어야 눈에 보이고, 눈에 보여야 관리할 수 있다고 했다. 지속가능 경영을 위해서도 무엇보다 한눈에 현황을 파악할 수 있는 가시성의 확보가 급선무이다. 스마트홈을 통해 전기사용량을 한 눈에 파악하고 시간대별 요금을 고려해 전기료를 아낄 수 있는 것도 이러한 가시성을 확보했기 때문이다. 기업경영도 마찬가지다. 지속가능 경영에 필요한 모든 관리항목과 성과지표를 일목요연하게 파악하는 가시성을 확보하고, 경영전략을 기업 활동 전 부문에 걸쳐 실행에 옮기는 능력은 이제 정보통신기술의 힘을 빌리지 않고는 어려운 상황이다. 기업 활동이 글로벌 시장으로 확대될수록 관리항목은 더욱 늘어나고 업무에 필요한 정보와 지원시스템도 예측할 수 없으리만큼 증가한다. 그야말로 정보의 홍수에 빠져 정작 의사결정에 꼭 필요한 지원정보는 제때 얻기 어려운 경우가 늘고 있다.

　스마트그리드를 비롯한 에너지 효율화, 탄소배출량 저감, 나아가 지속가능 경영을 실현하려는 기업이라면 가시성 확보가 급선무다. 이런 경영에는 스마트그리드를 반드시 이해해야 하며, 전력과 IT의 신융합 비즈니스 모델에 대한 필요성이 급증하면서 이에 대응하기 위한 기업의 정보기술 환경변화도 시급하다. 지속가능경영으로 가시성 확보 및 정보기술의 환경변화가 이루어졌더라도, 전략적인 의사결정 없이는 새로운 비즈니스 모델 창출이 더욱 어렵다. 우리는 이런 세 가지 필수요건이 융합되고, 새롭고 차별화된 고객가치를 창출하는 것을 '스마트경영'이라고 명명해본다.

경영 효율화에서 한 걸음 더 나아가 경쟁 차별화를 실현하기 위해서는 기업이 사용 중인 비즈니스 애플리케이션의 경계를 넘나들며 정보와 프로세스를 연결하고 완성하는 플랫폼이 필수이다. 스마트그리드 역시 지능형 에너지 서비스 플랫폼 구축을 통해 미래의 에너지 상품과 서비스 제공을 지원하는 동시에 새로운 비즈니스 모델 창출에 이바지할 것이다.

최근 거의 모든 산업부문에서 도전을 시도하는 기술개발 트렌드는 융복합(融複合)이라고 할 수 있다. 융복합이라 함은 곧 발상의 전환이며, 지금까지 해오던 것에 새로운 것을 더한다는 의미도 될 수 있다. 새로이 부각되고 있는 융복합을 실행하는 주체는 다름 아닌 인재이며, 인재 중에서도 두려움 없이 담대한 마음으로 도전하여 국가의 기술 경쟁력을 향상시키는 바로 전문가를 말한다. 발상의 전환으로 새로운 기술개발 트렌드에 적응하는 진정한 전문가가 되어야 한다. 아울러 전문성 강화를 기초로 설계품질을 대폭 향상시켜야 하며, 설계품질 향상은 고객에 대한 신뢰의 척도이며 새로운 스마트그리드 경쟁력의 근간이다.

업체들의 관점에서는 프레임워크나 각 요소기술 간의 아키텍처들이 하나하나의 나무가 아닌 숲처럼 설계가 되어 몇 년 후가 감안된 통합된 설계안이 나와야 한다. 소비자 입장에서는 스마트그리드를 단순히 기술로만 보지 말고, 스마트기술들로 인한 미래의 사람, 공간, 시간, 상호작용을 어떻게 바꿔나갈지에 대한 코드를 읽는 것이 중요하다. 이런 변화를 읽는 업체와 국가가 승리할 것이며, 이것은 기술뿐 아니라 인문학적 상상력, 문화적 코드를 읽을 수 있어야 한다. 마지막으로 일관된 정책적 방향 설정을 한 후에, 이를 스마트그리드 사업에 참여하는 국가, 업체 및 소비자들에게 개방함으로써 전체적인 방향설정을 명확히 할 수 있다. 이런 부분들이 일관성 있게 진행되면 기업들의 불안감도 해소되어 자발적이고 적극적인 스마트그리드를 추진할 수 있다.

색인
Index

A
AC-OPF 362
ADA 54, 79
ADDRESS 프로젝트 61
AINDE 55
ALOHA 296
AMI 30, 192, 199
AMI-SEC 204
AMI 기술 분석 193
AMI 시스템개발 195
AMI 시스템 구성도 196
AMI-표준화(SEC) 193
Andris Piebalgs 59
API 284
ARRA 74
AS(Autonomous System) 275
ATS(Arrival Time Stamp) 297

B
Barriers 220
BAU 19
BedZED 49
Berg Insight 73
BESS 226
Binary CDMA 무선기술 107
Blue Line PowerCost 모니터 354
BMS 227, 327
BTB STATCOM 180

C
CDMA(Code Division Multiple Access) 176
CES(Consumer Electronics Show) 57
CIM 119
CIP 신뢰성 기준 364
Constrained Economic Voltage/Var Control 362
CPP(Critical Peak Pricing) 32, 344
CSMA 296

CTF(The Clean Technology Fund) 70

D
DAS 30
DAS-RTU 직접 연계방식 170
DAS-송전망감시중앙시스템(PIS) 연계방식 169
DC-OPF 362
DER 54, 79
DII 258
DVR 234

E
ECIS 114
EC Joint Research Center 77
ECMA(ECMA International) 113
ECMS 30
EMI(Energy Market Inspectorate) 63
EMS 30, 150, 151
EnergyConnect 367
EOR 381
EPRI 54, 152
ETP 2010 20
EV/PHEV 충전기 75
EV 급속충전 32
E-에너지 프로젝트 61

F
FACTS(Flexible AC Transmission Systems) 179, 360
FACTS용 변압기 245
FACTS 제어기 245
Feeding Grid 281
FEP 프로그램 173
FFT 설계 293
FP7(EU R&D 프로그램) 82
Frost & Sullivan 72
FSM(Fast Simulation & Modeling) 80

GOSIP 272
Grid 2030 프로젝트 54
GridWise Alliance 114
Grid 지능화기술 42
GTM Research 76

HAN(Home Area Network) 시스템통신 구성도 196

ICT인프라 표준화 42
ICV 297
IDC 70, 119
IEC 111
IEC 61850 168, 298
IEC 61850 SAS 167, 168
IEC 61970/68 CIM 168
IEC/TC82 266
IEC/TC88 266
IEC/TC105 267
IEEE 113
IEEE, 40·100 Gbps 이더넷 300
IEEE P1901 123, 299
IEEE P2030 299
IEEE PCIC2002 219
IGBT 182
IPSO 285
IPv4 273
IPv6 273
ISO 111
ISO/IEC 12139-1 299
ISO/TC197 267
ITU 111
ITU-T G.9960 299

K-EMS 151
K-EMS의 최적운영 174
KS X 4600-1 299

LonMarkk International 113
LS엠트론 328

M2M 271
MAC(Media Access Control) 280
MAC 기술 297
MCP 분석 257
MidHelper 프로그램 173
MI 비즈니스 모델 211
MI 연구주요내용 197
Multi-carrier 변조방식 292
MultiSpeak Initiatives 113

NEDO 86
NELHA 82
NERC 364
NWP(Numerical Weather Prediction) 모델 257

ODM(Operational Data Manager) 171
OFDM 292, 293
OFDMA 295
OFDM 변복조방식 293
OFDM 시스템 295
OGEMA 83
OPERA Project 124
OSI 272
OSI 7구조 273

PAR 293
PAR 감소기법 293
PCS 229
PCT 192
PDPS 30
Pike Research 73
PLC 42, 276, 286
PLC forum 124
PLC의 기본원리 43
PLC의 종류 43
PLC 채널 모델링 291
PMS 30
POSCO ICT 328
PPSoA 371
PQMS 30
P-Q 분할(Factorization) 362
Pre-Standard SOC 202

Reed-Solomon 부호 294
RPR 245
RSO/TC28 & TC238 267
RTP(Real Time Price) 32, 343
RTP(Rebate Time Price) 32, 344
RTP 소비패턴 358
RWE E-Mobility 321

SAS 30, 166
SBB 14
SCADA 30, 169
SCADA-DAS 169
SCADA-DAS 연계 구성 170
SEP(Smart Energy Profile) 369
SFSS 227
Smart Green Building 30
Smart Green Factory 30
Smart Green Home 30
SMES 181
SMP 32
SMP(System Marginal Price) 343
SOC 202
Soft Cut-in법 263
SSFG 234
SSSC(Static Synchronous Series Compensator) 180
STACOM 234
STATCOM 179
Super IED 167
SVC(Static Var Compensator) 180, 219

TCSC(Thyristor Controlled Series Capacitor) 180
TOU(Time of Use) 32, 343
TRS(Trunked Radio System) 176

UPA 124
UPFC(Unified Power Flow Controller) 180
USN 271
U-에코시티 108

V2G(Vehicle to Grid) 개발 316

VME(Virtual Mode Extension) 245

Western Power 69
White Space 무선네트워크 285

ZigBee 285
Zpryme 71

가용도(Availability) 275
가전기기 제어용(HAN : Home Area Network) 107
감시·제어 프로그램 173
경쟁상황에서 계통운용을 위한 OPF의 도입 362
경합 프로토콜 295
계몽된 소비자층 육성(Smart and Informed Customers) 86
계통연계 상용운전 인허가 264
계통연계 시뮬레이션 263
계통한계비용(System Lambda) 346
고급 제어시스템 190, 376
고속 PLC 284
고속 PLC의 변조방식 292
고속 전력선 통신 120
고압 전력선 통신 표준 123, 300
고전압 전력 IGBT 182
고정요금제도 343
고조파(Harmonics) 212, 213, 215, 220
고조파 곡선 178
고조파 왜형(Harmonics) 214
과도서지(Transients-Spikes) 220
광대역 PLC 43
광케이블 280
국가 표준화 코디네이터 제도 118
국내 고속 PLC 기술 표준화 304
국내 전력선 통신 표준화 304
국내형 스마트 신재생 운영시스템 236
국외 RTP 356
국제 신·재생에너지기구 59
국제에너지기구(IEA) 110
그리드 와이즈(Grid-Wise) 54
그린 시그마(Green Sigma) 사업 350
그린에너지 전략로드맵 2011 16
글로벌 녹색성장연구소(GGGI) 19

녹색기술 10대 분야 101

다기능 원격소장치(MRTU) 167
다기능 전력변환장치(PCS) 구성도 229
다중 액세스(Multiple Access) 292
다중 제어 프로토콜 295
단독운전 263
단주기 운전시스템 244
대용량 전력저장용 전력변환장치 244
데이터관리 공통 플랫폼 366
데이터오류검출 프로그램 175
데저텍(Desertec) 프로젝트 258
도입지연그룹(Leggards) 200
동기화 기법 293
동적 접속방식 295

ㄹ

라우팅(Routing) 273
리튬이온 배터리 326
리튬이온전지 245
리튬폴리머 전지 244
링크 적용(Link Adaptation) 292

ㅁ

마이크로그리드 231
망간 보안계통 구성도 363
메레지오(MeRegio : 배출최소지역 프로젝트) 83
무효전력 보상장치 229
무효전력보상장치 234
미국 EPRI 152
미국 SBI Energy 74
미래 방송통신 융합 ICT 270
미래 신개념 전력품질 217

ㅂ

반발적 자원할당제(Reactive Resource Allocation) 362
발전제한부과금 346
배전망 레벨 219
배전선로 고장처리 프로그램 174
배전설비 RCM 175
배전센터 광역화 175
배전자동화시스템(DAS) 171

배전자동화시스템 구성도 172
배터리 관리시스템 227
배터리 에너지 저장장치 226
배터리 제어시스템 327
변조(Modulation) 293
보고서 작성기 177
보안시스템 구성 45
보안시스템 구축 전략 245
보안시스템 구축 전략 구성도 246
보안/통신 시스템 239
보안/통신 시스템 추진체계 240
보안통합(Security Integration) 기술 46
보호협조 프로그램 174
복조(Demodulation) 293
부호화(Channel Coding) 293
분산전원(Distributed Resource) 39
분산형 전원 계통연계 264
불명확 그룹(Ambiguous Movers) 200
불평형(Imbalances) 214
블록 부호 294

사용자 정보 게이트웨이 45
사이버보안 363
상시 개방점 최적화 프로그램 173
선단기술(Front End Skill) 280
소규모 보급형 스마트 신재생 운영시스템 238
소규모 보급형 전력변환장치 244
소극적 그룹(Wavers) 200
소비자구축에너지(User-Created Energy) 145
소형 원격소장치(SRTU) 167
손실감소 비용 174
송배전 자동화 40
송신 다이버시티 292
송전망 레벨 219
송전선 이용료 산정 362
송전설비 온라인 감시시스템 159
송전설비 온라인 감시시스템 로드맵 161
송전제한부과금 346
수배전반 운용기술 235
수요반응(Demand Response) 40
수요자 전압 조절(Consumer Voltage Regulation) 41
수용가 레벨 219
수익보정(Revenue Reconciliation) 347
순간 전압강하(Voltage Sag) 213, 214, 220
순간 전압상승(Voltage Swell) 214
스마트 PMS 구성 185
스마트 가전제품(Smart Appliance) 41

스마트그리드 ICT 포럼 기술분과위원회 118
스마트그리드 ICT 포럼 응용분과위원회 119
스마트그리드 가정용 에너지관리시스템(HEMS) 118
스마트그리드 거점도시 구축 134
스마트그리드 네트워크 272
스마트그리드 배전시스템 180
스마트그리드 소비자 연합 57
스마트그리드 실증 프로젝트 259
스마트그리드 연계 탄소제로도시 99
스마트그리드 통신 인프라 376
스마트그리드 평가 프로그램 370
스마트그리드 표준화 119
스마트그리드 표준화 포럼 114
스마트 그린빌딩 191
스마트 그린스쿨 191
스마트 그린팩토리 191
스마트 그린홈 190
스마트 네트워크의 개념도 207
스마트 미터(Smart Meter) 41, 115
스마트배전시스템 172
스마트분전반의 구성 206
스마트 빌딩(Smart Building) 41
스마트 세대분전반 204
스마트 세대분전반 부하예정표 206
스마트 소비자 210
스마트 수송(Smart Transportation) 32, 130, 314
스마트 수송 표준화 336
스마트 시티 83
스마트 신재생 EMS 226
스마트 신재생(Smart Renewable) 128
스마트 신재생 계통연계 기술 241
스마트 신재생 비즈니스 모델 255
스마트 신재생 시스템 구성도 230
스마트 신재생 운영시스템(EMS) 225, 226
스마트 신재생 운영시스템 개발전략 243
스마트 신재생 통신 네트워크 구성도 230
스마트 신재생 표준화그룹 266
스마트 에너지관리(Smart Energy Management) 85, 194
스마트 에듀(Smart Education) 22
스마트 에코(Smart Eco) 22
스마트엘렉서비스 353
스마트 전력서비스(Smart Elect. Service) 131
스마트 트래픽(Smart Traffic) 22
스마트파워그리드(Smart Power Grid) 16, 29, 126
스마트파워그리드 종류 30
스마트플레이스(Smart Place) 16, 30, 127, 190
스마트플레이스의 핵심기술 188
시장 주도그룹(Market Drivers) 200
시험·인증제도 117

신개념 전력품질 216
신뢰도(Reliability) 275
신송전 기술 360
신재생 실무위원회(REWP) 110
신·재생에너지 TC(Technical Committee) 266
신·재생에너지 발전원 225
신·재생에너지용 전기설비 해석 235
신재생에너지원 관리시스템 243
실시간가격 346
실시간가격 계산과정 347
실시간가격제 운용 메커니즘 347
실시간 감시 40
실시간요금 구조설계 345
실시간요금제(RTP) 346

액센추어(Accenture) 55
양방향 통신 190
양수발전(Pumping Water) 152
에너지관리시스템 151
에너지이동(Energy Shifting) 제어 모드 237
에너지 자동관리시스템 153
에너지저장 R&D 인프라 구축 103
에너지저장시스템 개발전략 244
에너지저장장치 181
에러 제어(Error Control) 275
열에너지저장방식(TES) 39
예약(Reservation) 기법 296
예측 프로그램 256
옥내 PLC 43
옥외 PLC 43
온라인전기자동차(OLEV) 313
온실가스·에너지 목표관리 제도 35
외부망 연계구간 보안 체계 239
용도별 요금제 343
원격검침(AMR) 68
원격단말장치(RTU) 167
원유회수증진 381
월 패드(Wall-Pad) 207
위성망을 이용한 위기관리시스템 163
위성망을 이용한 위기관리시스템 로드맵 165
유럽 AMI 194
유럽재생에너지협회 59
유틸리티 산업 144
이종 산업간 컨버전스 270
인터넷 연계구간 보안 체계 239
인터리빙(Interleaving) 293
인터페이스 모델(CIM) 116

인텔리그리드(Intelligrid) 53, 78
인텔리그리드(IntelliGrid) 아키텍처 79
임의 접근 프로토콜 296

자동감시제어기술 185
저속 PLC 제품 283
저압 전력선 통신 표준 123, 300
적극 추진그룹(Dynamic Movers) 200
전기요금제 342
전기이중층 커패시터 226, 328
전기자동차 306
전기자동차 양방향 전력전송 317
전기자동차 충전 계통 구성 320
전기자동차 충전기의 종류 320
전기자동차 충전인프라 116
전기철도 급전시스템 185
전기품질 유지 기준 216
전력 IT 표준화 298
전력 IT 프로젝트 개념도 78
전력거래소 317
전력거래 손실계산(Wheeling Loss Calculation) 362
전력계통 무효전력 관리시스템 161
전력변환장치 182, 229
전력선 채널용량 측정 292
전력선 통신 42, 291
전력선 통신 MAC 프로토콜 294
전력선 통신(PLC) 기술 276
전력선 통신 국제표준화 123
전력선 통신사업 282
전력선 통신 전송거리 279
전력연구센터(EPRI) 152
전력저장기술(Energy Storage Integration) 39
전력저장장치 31
전력전자기기 265
전력품질 212
전력품질 모니터(PQ Monitor) 177
전력품질 모니터링 시스템(PQMS) 176
전력품질 솔루션 핵심기술 220
전력품질 측정·해석·보상 프로그램 177
전압 무효전력제어 179
전압별 요금제 344
전압불평형(Voltage Imbalance) 220
전자식 보호 계전기능 205
접속 임피던스 291
정보기술 산업체 표준곡선(ITIC) 218
정보분야 표준기관(JTC1) 302
정보 전송속도 280

정전(Outages) 214
정전력(Constant Power) 제어 237
제약조건이 있는 경제급전(Constrained ED) 362
제어 알고리즘 도출 244
제주실증단지 94
조절 접근 프로토콜 296
종합 배전자동화시스템 175
주택용 EV 충전 32
중대형 이차전지 227
지능형에너지 생산 및 저장(Smart Energy Generation and Storage) 85
지능형 전자기기 375
지능형 통합 보안시스템 229

차데모(CHAdeMO) 65
채널 부호화(Channel Code) 294
채널 코딩화(Channel Coding) 280
채널화(Channelization) 296
천안 후비변전소 구축 156
초고속 광 통신네트워크 229
초고압변압기 감시시스템 167
초전도 전력기기 개발 182
초전도플라이휠 에너지 저장장치 227
최적조류계산(OPF) 361
충격전압/과도(Transients) 214
충전인프라 319

커패시터 스위칭 213
컨버전스 IT 270
컨슈머 포털(Consumer Portal) 80
콘벌루션 부호(Convolution Code) 294
클라우드기술 331

타워그림자현상 262
터널링(Tunneling) 273
토큰 패싱 296
통신 네트워크(Communication Networks) 45
통신망 구축 및 보안전략 245
통합 EMS 급전운영자 훈련시뮬레이터 개발 158
통합 EMS 연계 SCADA 시스템 개발 156
통합 EMS용 발전계획 응용프로그램 개발 157
통합 EMS용 전력계통 해석프로그램 개발 157
트렐리스 부호화 변조 294

ㅍ

평활화(Smoothing) 기능 226
평활화(Smoothing) 제어 237
폐기물고형연료 49
포스코 ICT 108
폴링 시스템 296
표준 프레임워크 115
풍력발전 계통연계 262, 263
플러그인(Plug-in) 하이브리드 306
플러그인 충전소 121
플러그인 하이브리드카 64
플리커(Flicker) 212, 213, 262
플리커 계측기 215

ㅎ

하이브리드 전기자동차 306
한계비용의 조정방법 347
한국 PLC Forum Korea 124
한국형 스마트그리드 140
한국형 에너지관리시스템(K-EMS) 100
한전 종합 배전자동화시스템 172
해외진출형 스마트 신재생 운영시스템 237
헬리오트롭(Heliotrop) 50
협대역 PLC 43
혼잡제어(Congestion Control) 275
홈 시큐리티 사업 287
회복성 패킷링 245
회선별 단선도 자동생성 프로그램 175

제주행원풍력단지
[杏源風力發電團地]

제주특별자치도 제주시 구좌읍 행원리 563번지의 바닷가 일대 5만 6900㎡ 부지에 건립된 풍력 발전 단지이다. 제주특별자치도는 1995년 '제주도 지역 에너지 계획'을 수립하고, 1996년 무한한 풍력 자원을 청정 대체 에너지로 개발하기 위한 풍력 발전 실용화 사업에 착수했다. 1997년 도내 4개 지역에 대한 풍력 자원 조사를 실시해 행원 지구를 사업지로 선정했다. 1997년 행원 지역에 600kW급 풍력발전기 2호를 설치해 1998년 8월부터 상업 운전에 들어가 국내 최초로 풍력 발전의 상업화에 성공했다. 국비 156억, 도비 43억, 민자 4억 등 총 203억 원을 들여 2003년 4월까지 600kW급 2기, 750kW급 5기, 660kW급 7기, 225kW급 1기 등 총 15기 10MW 규모의 풍력발전기가 설치되었다. 국내 최대규모를 자랑하는 행원풍력발전단지는 제주의 바람을 이용해 연간 7~8천가구가 사용할 수 있는 에너지를 생산해내고 있다.

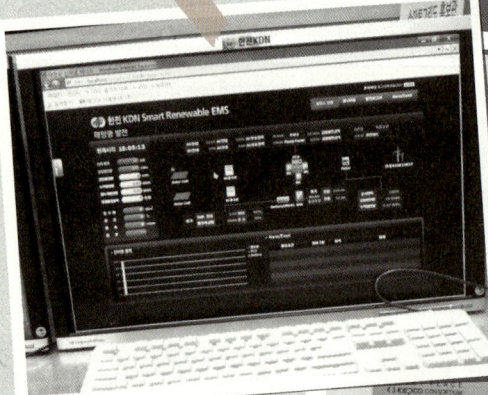
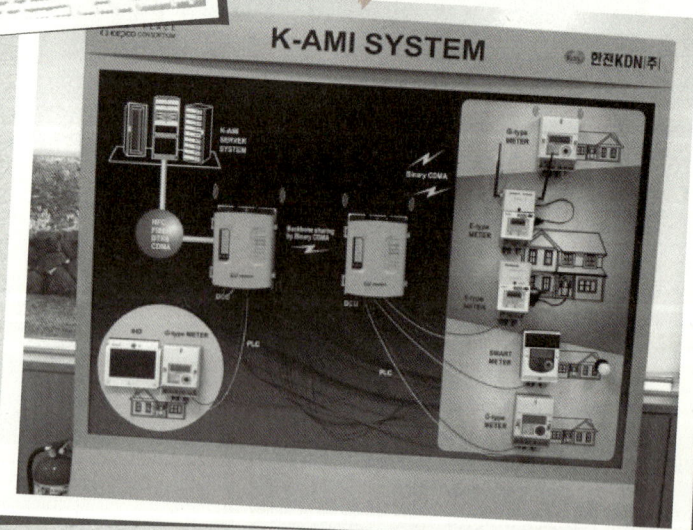